Helmut Leutenbauer (Hrsg.)

Das praktische Handbuch für den Mathematikunterricht in der Hauptschule
Band 2 – Geometrie

Helmut Leutenbauer (Hrsg.)

Das praktische Handbuch für den Mathematikunterricht in der Hauptschule

Band 2 – Geometrie

Erarbeitet von:
Klaus Halden, Gerhard Kempf, Karl-Heinz Kolbinger, Helmut Leutenbauer

LA Verlag Ludwig Auer Donauwörth

Gedruckt auf umweltbewußt gefertigtem, chlorfrei gebleichtem
und alterungsbeständigem Papier.

3. Auflage. 1994

Zeichnungen: Wolfgang Marx, Donauwörth
Umschlaggestaltung: Klaus Halden, München
Gesamtherstellung: Ludwig Auer GmbH, Donauwörth
ISBN 3-403-0**1551**-3

Inhaltsverzeichnis

Vorwort

Der Geometrieunterricht in der Hauptschule stellt heute hohe Anforderungen an das methodische Geschick des Lehrers. Eine Hilfe hierbei sollte „Das praktische Handbuch für den Mathematikunterricht in der Hauptschule“ sein, dessen erster Band den arithmetischen Bereich und das Sachrechnen zum Inhalt hat. Dieser zweite Band befaßt sich ausschließlich mit dem umfangreichen Gebiet der Geometrie, wobei bewußt auch Randthemen, die nicht in allen Lehrplänen verbindlich sind, miterfaßt wurden.

Im theoretischen Teil A sind vor allem für Mobile Reserven, Lehramtsanwärter und jene Lehrkräfte, die ohne vertiefte Grundkenntnisse dieses Fach unterrichten müssen, die wesentlichen wissenschaftlichen und fachdidaktischen Aussagen in komprimierter Form zusammengestellt.

Alle in der Hauptschule zu behandelnden geometrischen Stoffinhalte wurden im Teil B neun Hauptkapiteln zugeordnet, die ihrerseits wieder bis auf Feinzielebene durchstrukturiert wurden.

Diesem Aufbau lag der Gedanke zugrunde, sowohl für die lang- und mittelfristige Planung einen raschen Überblick über den Stoff und dessen sinnvolle Anordnung zu ermöglichen als auch für die tägliche Unterrichtsvorbereitung konkrete Arbeitshilfen und Übungsvorschläge anzubieten.

Dabei war es nicht die Absicht der Autoren, fertige, reproduzierbare Stundenbilder zu liefern, sondern Möglichkeiten eines schülerorientierten, aktivierenden Geometrieunterrichts aufzuzeigen. Deshalb wurden mit Blick auf das Leistungspotential der Hauptschüler solche Übungen und Aufgaben bevorzugt, die das „*handelnde*“ und das „*entdeckende Lernen*“ in ihrer ursprünglichen Form erfordern, wobei das spielerische Element angemessene Berücksichtigung fand.

Mein besonderer Dank gilt wiederum Herrn Professor Dr. Josef Lauter für die kritische Durchsicht des Manuskripts und für seine wertvollen fachlichen Hinweise.

Helmut Leutenbauer

A) Grundlagen des Geometrieunterrichts

1. Fachwissenschaftliche Grundlagen

1.1 Geschichtliche Entwicklung der Geometrie

Das Wort Geometrie stammt aus dem Griechischen und bedeutet Erdmessung. Die Begründer, die Ägypter und auch die Babylonier, betrieben Geometrie auf empirische und experimentelle Weise. So mußten die Ägypter nach jeder Überschwemmung des Nils ihre Landstücke neu aufteilen.

Die Griechen verhalfen etwa im 6. Jahrhundert vor Christus der Geometrie unter Einbezug der Logik und Systematik zur Wissenschaft. Euklid faßte das ganze Wissen der Geometrie ebenso wie seine eigenen Entdekkungen in den „Elementen" zusammen. In diesen 13 Büchern wurde die Geometrie auf wenige formale Grundsätze (Axiome) zurückgeführt. Diese Axiome sind mathematische Aussagen, die zwar als allgemeingültig akzeptiert werden, trotzdem aber unbeweisbar sind.

In unserem Jahrhundert werden nicht mehr wie bei Euklid Figuren und die Teile dieser Figuren betrachtet, sondern die Figuren bzw. die Teile dieser Figuren werden durch Abbildungen zueinander in Beziehung gesetzt, so daß diese Beziehungen durch die Abbildungen selbst Objekte der Untersuchung werden. Zur Durchdringung dieser heutigen Geometrie ist gegenüber der euklidischen Geometrie ein hohes Abstraktionsvermögen sowie das Beherrschen und Umgehenkönnen mit einer Vielzahl formaler Begriffe und Bezeichnungen notwendig. Zwar werden durch die Abbildungen Aktivitäten wie Drehen, Spiegeln und Schieben ermöglicht; jedoch wird diese Basis der Aktivitäten allzuschnell verlassen. Aus diesem Grund wird im heutigen Geometrieunterricht der Hauptschule diese moderne fachwissenschaftliche Geometrie nicht als alleinige Grundlage akzeptiert. Vielmehr wird der euklidische Aufbau an geeigneter Stelle mit Hilfe der Abbildungsgeometrie aufgelockert.

1.2 Definition der Fachwissenschaft Geometrie

- „Geometrie ist in herkömmlicher Sicht die Disziplin der Mathematik, in der Größe und Gestalt der Dinge aus der physikalischen Welt betrachtet und behandelt wird. Heute versteht man unter Geometrie ein System von Dingen und Relationen, das für die Beschreibung des Raums geeignet ist oder doch als Verallgemeinerung eines solchen Systems verstanden werden kann" (Meschkowski Herbert, Mathematisches Begriffswörterbuch, Bibliographisches Institut Mannheim 1966)
- „Geometrie (griech. Erdmessung) ist die Theorie einer Menge R, genannt Raum, deren Elemente Punkte heißen. Bestimmte Teilmengen von R heißen Geraden, andere bestimmte Teilmengen Ebenen. Die Beziehung zwischen den Elementen und diesen Teilmengen werden durch Axiome beschrieben" (Athen und Bruhn, Lexikon der Schulmathematik, Band 2, Aulis und Deubner Verlag 1977).

1.3 Teildisziplinen, die in der Hauptschule Verwendung finden

Geometrie ist sehr vielschichtig. Deshalb wird sie in Teildisziplinen wie Planimetrie, Stereometrie, Darstellende Geometrie, Goniometrie (Umgang mit Winkelfunktionen), Trigonometrie (Dreiecksberechnung und -messung), analytische Geometrie (Verschmelzung der Geometrie mit der Algebra) aufgeteilt. Für den Geometrieunterricht in der Hauptschule kommen folgende Teildisziplinen in Betracht:

- Planimetrie: Sie befaßt sich mit ebenen Figuren, ihren Konstruktions- und Berechnungsmöglichkeiten (Punkt, Gerade, Strahl und Strecke, Winkel, Dreieck, Viereck, Vieleck, Kreis, Umfangs- und Flächenberechnung dieser Figuren).
- Stereometrie: Sie befaßt sich mit dreidimensionalen Körpern, ihren Konstruktions- und Berechnungsmöglichkeiten

(Säulen und spitze Körper; Kugel, Oberflächeninhalt und Volumen dieser Körper).
- Darstellende Geometrie: Sie bestimmt Körper zeichnerisch nach Gestalt, Größe und Lage (Eintafel-, Zwei- und Dreitafelprojektion, Schrägbildkonstruktionen).

1.4 Behandlungsmethoden, die auch in der Hauptschule Verwendung finden

Diese Teildisziplinen lassen sich herkömmlich euklidisch oder auch mit Hilfe von Abbildungen behandeln. Der Stoff ist derselbe und von der Methode unabhängig. Bei der Behandlung mit Abbildungen verlieren gewisse Begriffsbildungen und Sätze, die bei der traditionellen Behandlung wichtig waren, an Bedeutung. Dafür müssen aber neue Begriffe aufgenommen werden, wie z. B. der Begriff der Punktmenge. Eine Punktmenge ist dann gegeben, wenn von jedem Punkt eines Raumes genau feststeht, ob er zur Menge gehört oder nicht. Es lassen sich eindimensionale (Strecke, Gerade, Strahl), zweidimensionale (Dreiecke, Vierecke, Vielecke, Kreise) und dreidimensionale Punktmengen (Körper) bilden. Bei der Abbildungsmethode wird untersucht, welche Eigenschaften und Bestimmungsstücke von Figuren und Körpern sich beim Abbilden nicht verändern. Mit der Abbildung ist eng der Begriff der Invarianz verknüpft. Alle Abbildungen, die eine bestimmte Menge von Eigenschaften nicht verändern, bilden eine Abbildungsgruppe.

Abb. 1:

Kongruenzabbildungen	geradentreu	parallelentreu	verhältnistreu	winkeltreu	längentreu
Ähnlichkeitsabbildung	geradentreu	parallelentreu	verhältnistreu	winkeltreu	–
affine Abbildung	geradentreu	parallelentreu	verhältnistreu	–	–

In der Hauptschule bleibt die Abbildungsmethode weitgehend auf Kongruenzabbildungen (Ur- und Bildfigur sind deckungsgleich) beschränkt. Die Deckabbildungen eignen sich im Unterricht besonders gut, um geometrische Eigenschaften der Figuren entdecken zu können, so wird zum Beispiel das Wesentliche eines gleichschenkligen oder gleichseitigen Dreiecks durch die zwei bzw. drei Faltachsen in tätiger Auseinandersetzung entdeckt. Die Tabelle soll die Arten der Kongruenzabbildungen und ihre Beziehungen aufzeigen.

Abb. 2:

Abbildungsart	*Spiegelung*	*Drehung*	*Verschiebung*
zeichnerische Ausführung	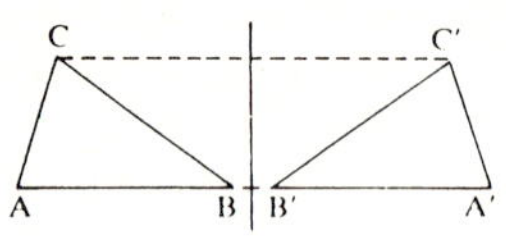	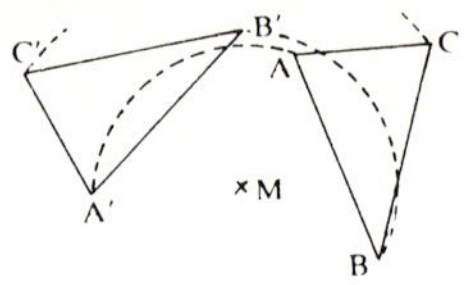	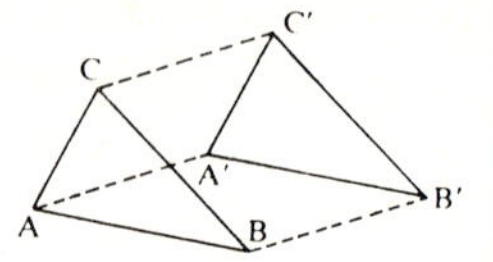
Bestimmungsstücke	Spiegelgerade	Drehpunkt, Drehwinkel, Drehbetrag	Verschiebungspfeil mit Richtung und Länge der Verschiebung
Fixpunkte	Punkte, die auf der Spiegelgeraden liegen, werden auf sich selbst abgebildet	Punkte, die auf dem Drehpunkt liegen, werden auf sich selbst abgebildet	keine Fixpunkte vorhanden
Umlaufsinn der Figur	Umlaufsinn ändert sich.	Umlaufsinn bleibt erhalten.	Umlaufsinn bleibt erhalten.
Ausführungsmöglichkeiten	– Spiegelgerade liegt außerhalb der Figur. – Spiegelgerade liegt an der Ecke (oder läuft entlang einer Seite) der Figur. – Spiegelgerade liegt innerhalb der Figur.	– Drehpunkt liegt außerhalb der Figur. – Drehpunkt liegt an der Ecke (an der Seite) der Figur. – Sonderfall: Drehwinkel 180° (Punktspiegelung) Verbindungsstrecken laufen durch den Drehpunkt. Sie werden von ihm halbiert. 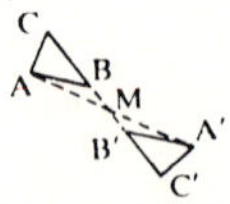	– Figur und Bildfigur liegen getrennt. – Figur und Bildfigur überlappen sich.
Deckabbildungen (Figur und Bildfigur liegen aufeinander)	Achsensymmetrische Figuren: Die Figuren werden durch Spiegeln an einer Achse (Faltachse) mit sich selbst zur Deckung gebracht.	– Drehsymmetrische Figuren: Figuren, die nicht nur durch eine Drehung um 180° auf sich selbst abgebildet werden, z. B. Kreis, regelmäßige Vielecke. – Punktsymmetrische Figuren: Figuren, die durch Drehung um 180° auf sich selbst abgebildet werden.	

Seit Piaget festgestellt hat, daß Kindern topologische Begriffe schon sehr früh zugänglich sind, werden in der Grund- und Hauptschule topologische Grunderfahrungen erworben (Untersuchungen über Äußeres, Inneres und über den Rand von Gebieten . . .). Die Topologie ist eine neuere Disziplin der Mathematik. Sie beschäftigt sich mit Eigenschaften bei geometrischen Figuren, die bei elastischer Verzerrung unverändert bleiben.

2. Psychologische Untersuchungen zum Geometrieunterricht

Der zur Zeit gültige Geometrieunterricht wird von psychologischen Forschungsergebnissen von Stückrath und von Piaget beeinflußt.

2.1 Untersuchungen von Stückrath

In dem 1954 erschienenen Buch „Kind und Raum" stellt Stückrath fest, daß die Entwicklung der Raumauffassung im Schulalter (7. bis 15. Lebensjahr) durch fortschreitende Differenzierungen im Laufraum (in dem Raum, in dem wir uns bewegen) und im Handlungsraum (in dem Raum der Gegenstände, mit denen wir umgehen) vollzogen wird.

Im Laufraum unterscheidet Stückrath drei Stufen:

a) Stufe der dynamischen Ordnung (7. bis 8. Lebensjahr)
„Wesentlich für die ganze Stufe ist die anschauliche Ganzheit von Situationen. Der Raum wird von der Bewegung her erlebt, aufgeschlossen und angeeignet" (Stückrath).
Das Kind vollzieht die Raumwahrnehmung in dieser Stufe nach seinem Erlebniswert aus einer impulsiven Aktion heraus.
b) Stufe der gegenständlichen Ordnung (9. bis 11. Lebensjahr)
Der Raum wird unabhängig vom Erlebnis erfaßt. „Der Raum löst sich aus der Bewegung heraus und gewinnt einen vom erlebenden Subjekt unabhängigen Bestand" (Stückrath). Wesentlich in dieser Stufe ist „das gegenständliche Einzelding" (Stückrath).
c) Stufe der figuralen Ordnung (12. bis 15. Lebensjahr)
Der durchwanderte Raum wird als zusammenhängendes Raumgebilde erfaßt. „Die Schüler orientieren sich mit Hilfe vorgestellter Raumbilder. Sie werfen gleichsam aus der Vogelperspektive ein Netz schematischer Raumformen über das Gelände, die nach Formzusammensetzung und Proportionalität immer größere Wirklichkeitsannäherung erreicht" (Stückrath).

Zur Überprüfung der Raumauffassung im Handlungsraum erhielten die Kinder Papierbögen, Pappbögen und Holzplatten sowie das notwendige Werkzeug. Sie wurden aufgefordert, Gegenstände nach Wunsch zu bauen. Das Verhalten der Kinder bei der Arbeit und die psychologische Interpretation dieser Gestaltungsvorgänge zeigte wieder drei Entwicklungsstufen.

a) Die Dingstruktur des Objekts (7. bis 9. Lebensjahr)
„Der Schüler gestaltet die Gegenstände nach seiner Erlebnisvorstellung. So erhalten die Einzelteile der Gegenstände ihren Stellenwert im Ganzen nach subjektiver Bedeutsamkeit und nicht nach objektiven Bezugskriterien" (Stückrath). Die Bauteile der Gegenstände sind von einfacher und klarer ganzheitlicher Form.
b) Die Formstruktur des Objekts (9. bis 11. Lebensjahr)
Der emotionale Bezug tritt zurück. Die Gegenstände werden versachlicht, sie werden unter dem Gesichtspunkt der Form durchgegliedert. Bei der Zerlegung des Ganzen in seine Formteile wird die Sprache benützt, die jedem Funktionsteil eine klare Bezeichnung zuordnet (z. B. Giebeldreieck, Vorwand . . .).
c) Die geometrische Struktur des Objekts (12. bis 15. Lebensjahr)
Diese abstrakte Auffassungsgabe ist dann erreicht, wenn der Schüler einen Überblick über Art, Zahl, Form, Größe und Platz der Einzelteile besitzt und wenn er die Einzelteile aus dem Ganzen wegnehmen und dann sicher wieder zum Ganzen zusammenfügen kann. Die Raumgebilde können für sich betrachtet werden, die einzelnen Elemente bilden eine räumliche Grundordnung. Die Form wird von der sinnlichen Grundlage abgehoben. Das Kind ist fähig, den Raumkörper frei von der stofflichen Ausfüllung in sich zu erzeugen. Die Raumstruktur gewinnt Gestalt in sich und ermöglicht das Durchdenken an Hand von abstrakten Elementen (geometrische Struktur).

2.2 Untersuchungen von Piaget

Piaget basiert seine Untersuchungen nicht auf Beobachtungen und Begriffe der Wahrnehmungspsychologie, sondern auf Logik. Wie für die Entwicklung des Zahlbegriffs die Invarianz (Unveränderbarkeit) der Menge von Bedeutung ist, so ist für die Entwicklung des Raumbegriffs die Invarianz der Länge, der Entfernung und des Flächeninhalts wichtig. Die Invarianz ist bei Piaget als die Fähigkeit zu verstehen, bei der gewisse Eigenschaften eines Objektes unverändert bleiben, auch wenn es sein Aussehen ändert. Mit diesen Invarianzexperimenten prüfte er Stadien der Intelligenz von der frühen Kindheit bis zur Adoleszenz.

2.2.1 *Invarianzexperimente*

2.2.1.1 Invarianz von Längen

Vor das Kind werden zwei gleich lange Stäbe gelegt. Das Kind stellt fest, daß sie gleich lang sind. Jetzt wird einer der Stäbe weiter nach oben gerückt. Für das Kind haben jetzt die beiden Stäbe nicht mehr die gleiche Länge. Erst mit sechseinhalb Jahren wird die *Längengleichheit* entdeckt.

2.2.1.2 Invarianz von Entfernungen

Piaget setzte zwei Spielzeugbäume etwa 60 Zentimeter voneinander entfernt auf den Tisch und fragte das Kind, ob sie nahe oder weit voneinander entfernt seien. Dann setzte er eine Trennwand aus Pappe zwischen die Bäume und er wiederholte seine Frage. Die meisten Kinder meinten, daß die Entfernung nun verkleinert wurde. Für diese Kinder ist die Entfernung gleich dem leeren Raum; der Raum, der von Objekten ausgefüllt ist, zählt nicht. Erst mit fast sieben Jahren stellten die Kinder fest, daß dazwischenliegende Objekte die Entfernung nicht beeinflussen.

2.2.1.3 Invarianz des Flächeninhalts

Piaget und seine Mitarbeiter benutzten zwei deckungsgleiche Kartons und bemalten sie grün. Diese beiden Kartons sollten nun Kuhweiden darstellen. Auf jede Wiese wurde eine hölzerne Kuh gestellt. Die Kinder erkannten, daß jede Kuh dieselbe Menge Gras zu fressen hat. Nun stellte Piaget ein Haus auf die Wiese und erklärte, daß der Bauer Platz zum Wohnen brauche. Die Kinder erkannten, die Weide mit Wohnhaus biete weniger Platz zum Grasen. Erst wenn auf der zweiten Weide auch ein Haus steht, haben die Kühe gleich viel Gras zur Verfügung. Ein zweites Haus wird auf dem einen Karton in eine Ecke, auf dem anderen mehr in die Mitte des Kartons gestellt. Einige sechsjährige Kinder meinten, daß es auf der Wiese, in der das Haus in der Ecke steht, mehr zu fressen gibt. Schließlich stellt Piaget immer mehr Häuser in die zwei Weiden. Einige Kinder hielten bis zu je vierzehn Häuser durch, bis sie einen Fehler machten.

2.2.2 *Qualitative Begriffsbildung*

Die in 2.2.1 aufgezeigten Untersuchungen sind bei oberflächlicher Betrachtung nur für den Unterrichtenden in der Grundschule von Bedeutung. Sie zeigen aber bei genauerer Betrachtung dem Hauptschullehrer auf, daß Begriffe wie Länge, Entfernung und Flächeninhalt vor ihrer quantitativen Nutzung (in Meßprozessen und in Sachaufgaben) erst qualitativ verarbeitet werden müssen (z. B. Entfernungen werden durch dazwischenliegende Objekte nicht verkürzt; Längengleichheit wird nicht beeinflußt von Lagebeziehungen, Flächeninhalt wird nicht beeinflußt von Eckenlagen usw.). Die Einführung der geometrischen Begriffe muß sorgfältig geplant werden, zum einen geht es dabei darum, die Begriffe von im Schüler haftenden falschen Sichtweisen zu bereinigen (z. B. Volumen ist nicht abhängig von Masse; Vergleich eines voluminösen Styroporkörpers und einer kleinen Stahlkugel; oder Flächeninhaltsgleichheit darf nicht gleichgesetzt werden mit Deckungsgleichheit, Figuren können trotz verschiedener Form flächeninhaltsgleich sein), zum anderen müssen Begriffe aus ungünstigen Umwelterfahrungen losgelöst werden (z. B. eine Eisenbahnstrecke kann gewunden sein; in der Geometrie ist eine Strecke durch zwei verschiedene Punkte auf einer geraden

Linie bestimmt). Im Unterricht der Hauptschule ist darauf zu achten, daß geometrische Begriffe wie Länge, Strecke, Umfang, Winkelgröße, Flächeninhalt, Oberflächeninhalt, Volumen nicht vorschnell in Verbindung mit rechnerischen Vollzügen gebracht werden, sondern daß das logische Vorfeld durch eine qualitative Bildung der Begriffe genügend beachtet wird.

2.2.3 Verinnerlichung

Eine weitere Folgerung aus Piagets Untersuchung ist in der Erkenntnis zu sehen, daß Geometrie nicht gelernt werden kann, wenn sie durch bloßes Betrachten oder Vor-die-Sinne-Stellen vollzogen wird, sondern daß selbständiges Handeln und Tun als Grundlage für die geistige Entwicklung und für einen effektiven Geometrieunterricht unbedingt erforderlich sind.
Bei Piaget wächst jede Phase der geistigen Entwicklung aus der vorausgegangenen heraus und nährt sie. So wachsen äußere Aktionen langsam in das innere Bewußtsein, in die geistige Vorstellung.
Nach Aebli vollzieht sich die Verinnerlichung in drei Phasen: „Am Anfang steht der effektive Vollzug am konkreten Gegenstand. Auf der zweiten Stufe wird der Gegenstand bildlich dargestellt und der Schüler stellt sich die Operation aufgrund dieser Gegebenheit vor. Auf der dritten Stufe bedient sich der Schüler bei ihrem Vollzug ausschließlich der Zeichen, welche Gegenstand und Operation vertreten." (Aebli, H., Grundformen des Lernens, Stuttgart 1977).

2.2.4 Operatives Denken

Der zentrale Begriff der Piagetschen Denkentwicklung ist die Operation. Unter der gedanklichen Operation versteht Piaget verinnerlichte Handlungen (2.2.3). Am deutlichsten wird der Begriff „Operation", wenn man ihm Gewohnheitshandlungen gegenüberstellt. Gewohnheitshandlungen verlaufen vom Start bis zum Ende automatisch ab. Sie sind in ihrem Ablauf nicht veränderbar, sie sind nicht umkehrbar (z. B. Schnürsenkel binden). Operationen hingegen sind beweglich und umkehrbar.

Operationen im Geometrieunterricht:

- Umgehen mit geometrischen Größen (Länge, Flächeninhalt, Winkel, Oberflächeninhalt, Volumen)
- Bewegen von Figuren (Figuren drehen, schieben und spiegeln)
- Ausführen von Grundkonstruktionen (Mittelsenkrechte zeichnen, Strecke oder Winkel halbieren, zu einer Geraden durch einen Punkt eine Senkrechte zeichnen, Parallelen in einem bestimmten Abstand zeichnen)
- Klassifizieren von Dreiecken bzw. Vierecken
- Umgehen mit Körpern (Modell eines Körpers erstellen, Netz zeichnen . . .).

2.2.5 Merkmale der Operation

Die Operation ist nichts anderes als ein wirkliches Handeln, das sich innerlich vollzieht. Sie hebt sich durch ihre Beweglichkeit von Gewohnheitshandlungen ab. Das wichtigste Merkmal der Operation ist die Reversibilität (Umkehrung).

Beispiele:

- In einer Figur sollen die Längen, der Flächeninhalt, die Winkelgrößen gemessen werden. Umkehrung: Figuren sollen nach Vorgabe der Längen, des Flächeninhalts, der Winkelgrößen angefertigt werden.
- Eine Figur soll um einen Drehpunkt um 60° gedreht werden (Drehung im Gegenuhrzeigersinn). Umkehrung: Drehung der Bildfigur um −60° (Drehung im Uhrzeigersinn).
- Halbieren einer Strecke. Umkehrung: Verdoppeln einer Strecke
- Vom Körper das Netz abwickeln (von der Drei- in die Zweidimensionalität). Umkehrung: Aus dem Netz den Körper formen (von der Zwei- in die Dreidimensionalität).

Operationen treten nie einzeln auf. Sie stehen miteinander in vielfältiger Verbindung. Die Operation „Ermitteln der Umfangslänge einer Figur" setzt sich aus folgenden Operationen zusammen: Messen der Länge der einzelnen Teilstrecken (bzw. Seitenlängen), Summenbildung der einzelnen Teilstrecken, jetzt erst erhält man die Gesamtstrecke (Umfangslänge).
Das Drehen einer Figur hat folgende Operationen: Ausgangsfigur (Urfigur) zeichnen,

Drehpunkt festlegen; Eckpunkte der Figur nach vorgegebenem Winkelmaß drehen, Bildfigur zeichnen.

Die gegenseitige Beziehung dieser Einzeloperationen wird zusätzlich zur Reversibilität, durch Kompositionsfähigkeit und durch Assoziativität geprägt.

Kompositionsfähigkeit besagt, daß mindestens zwei Operationen zu einer umfassenderen Operation kombiniert werden, z. B. Ausgangsfigur kombiniert mit Drehung ergibt Abbildfigur; Einzeichnen der Mittelsenkrechten einer Kreissehne kombiniert mit dem Einzeichnen der Mittelsenkrechten einer weiteren Kreissehne dieses Kreises ergibt als Schnittpunkt den Kreismittelpunkt. Vom Schüler fordert Kompositionsfähigkeit, daß er die Einzeloperationen richtig koordinieren kann.

Assoziationsfähigkeit besagt, daß mindestens drei Operationen auf verschiedene Weise bei gleichem Endresultat aneinandergereiht werden können, z. B. kann der Schüler beim Bestimmen der Umfangslänge eines Rechtecks die Länge jeder der Seiten ermitteln oder er stellt die Länge der Längs- und Breitseite fest und verdoppelt sie oder er mißt zunächst die Länge der Längsseite und verdoppelt sie und dann die Länge der Breitseite und verdoppelt sie ebenfalls. Assoziationsfähigkeit fordert vom Schüler, daß er die Einzeloperationen richtig koordinieren kann und darüber hinaus auf verschiedene Weise zum Ergebnis gelangt.

3. Didaktische Grundlagen

3.1 Stellenwert der Raumauffassung

Der Stellenwert der Raumauffassung wird allgemein anerkannt. Neben der zeitlichen Orientierung ist die räumliche Orientierung ein fundamentales System, mit dem die Wirklichkeit geordnet wird. Räumliche Vorstellung wird zudem in einer Vielfalt von praktischen Aufgaben und Berufen benötigt. Die Palette erstreckt sich etwa von handwerklichen Berufen (z. B. Verstehen und Lesenkönnen der Planskizze eines Werkstückes) bis hin zum Packer eines Containers.
Ebenso wird allgemein anerkannt, daß die Fähigkeit, räumliche Vorstellungen zu vollziehen, ein Faktor der Intelligenz ist. Unumstritten ist auch, daß räumliches Vorstellungsvermögen wie die meisten Intelligenzfaktoren, keine unveränderbare Intelligenzgröße darstellt, sondern daß dieses durch Lernprozesse geschult und damit optimiert werden kann.

Piaget macht für den Wissenserwerb der Schüler Reifungsprozesse verantwortlich. Nach Bruner basiert die Lernbereitschaft und Lernfähigkeit der Schüler nicht auf zeitlich hintereinander ablaufenden Denkplateaus, sondern auf Repräsentationsformen des Stoffes (Vermittlung des Stoffes). Bei ihm gibt es drei Arten, Wissen zu erwerben oder dieses zu erschließen.

a) Die enaktive Repräsentationsform: Der Stoff wird so dargeboten, daß er durch eigene Handlung erfaßt werden kann.
b) Durch ikonische Repräsentationsform: Der Stoff wird so dargeboten, daß er durch Bilder bzw. Graphiken erfaßt werden kann.
c) Die symbolische Repräsentationsform: Wesentliches Kennzeichen für diese Form ist die Verwendung von Zeichen. Diese Form ist am abstraktesten und ermöglicht bei Beherrschung die größten Leistungen.

Im Geometrieunterricht werden diese Repräsentationsformen immer wieder eingeplant und verwirklicht.

Abb. 3: Beispiele für die Darstellung in den verschiedenen Repräsentationsformen

Repräsentationsform	enaktiv (Erfassung des Sachverhaltes durch eigene Handlung)	ikonisch (Erfassung von Sachverhalten durch Bilder oder Graphiken)	symbolische Darstellung (Erfassung von Sachverhalten durch Symbole und Zeichen)
Vom Auszählen mit Einheitsquadraten zur Berechnungsformel des Flächeninhalts von Rechtecken	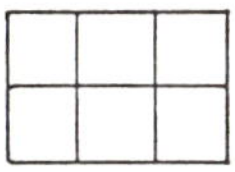 Rechteck aus Pappe wird mit Quadratdezimetern belegt	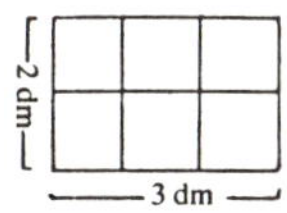 Tafelbild (Handlung wird als Bild dargestellt)	$A = 3\,dm \cdot 2\,dm$ $A = 6\,dm^2$ $A = a \cdot b$
Vom Umfüllexperiment zur Formel für das Kegelvolumen	Umschütten des Sandinhaltes eines Zylinders in Kegel (mit gleicher Körperhöhe und gleichem Radius)	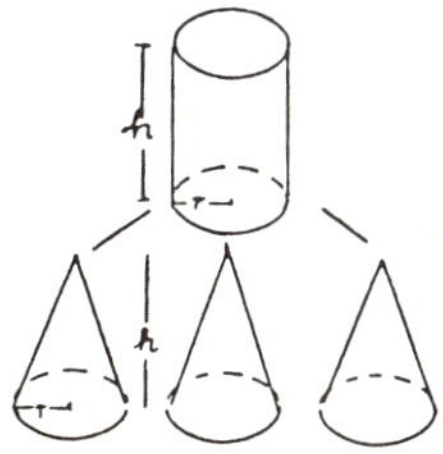	$V_{Zylinder} = 3 \cdot V_{Kegel}$ $V_{Kegel} = \frac{1}{3} V_{Zylinder}$ $V_{Kegel} = \frac{1}{3} r^2 \cdot \pi \cdot h$
Von der bekannten Flächeninhaltsformel zur unbekannten Flächeninhaltsformel	Ein Parallelogramm wird durch Schneiden, Wegnehmen und Anheften von Teilen zu einem flächeninhaltsgleichen Rechteck.	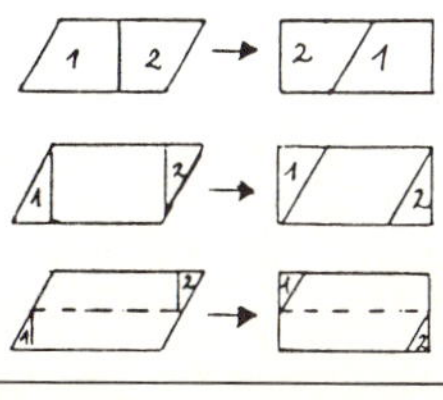	$A_{Rechteck} = A_{Parallelogramm}$ $a \cdot b = g \cdot h$ $A_{Parallelogramm} = g \cdot h$

3.2 Deskriptive und konstruktive Methode

Geometrische Eigenschaften und Begriffe werden durch Handlungen mit und an Gegenständen entwickelt. Dabei sind zwei Methoden möglich.
Zum einen kann der Lehrer die Vorgangsweise, wie mit dem Gegenstand umzugehen ist, damit eine bestimmte geometrische Erkenntnis erfolgen kann, genau vorgeben. Der Schüler führt die Handlung nach Vorschrift aus. Sein letzter Erkenntnisprozeß bleibt auf Betrachten der Gegenstände und auf daraus sich ergebenden Schlußfolgerungen bestehen (deskriptive Methode).

Zum anderen ist es möglich, daß der Schüler auf experimentelle Weise so mit dem Gegenstand umgeht, daß die geometrische Eigenschaft bzw. der Begriff vom Schüler intuitiv erfaßt wird. Der Erkenntnisprozeß ist jetzt nicht abhängig von logischen Schlüssen, sondern er entwickelt sich durch aktive Konstruktion (konstruktive Methode).

Abb. 4: Beispiele für deskriptive und für konstruktive Vorgangsweisen

	Deskriptive Methode	Konstruktive Methode (= Fundmethode)
Unterscheidung von Quadrat bzw. Rechteck und Raute bzw. Parallelogramm	Die Schüler werden aufgefordert, Quadrate, Rauten, Rechtecke und Parallelogramme auszuschneiden. Sie werden aufgefordert, die Figuren genau zu betrachten und Unterschiede zwischen den Figuren aufzusuchen. 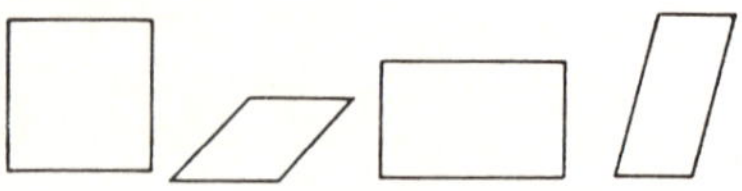	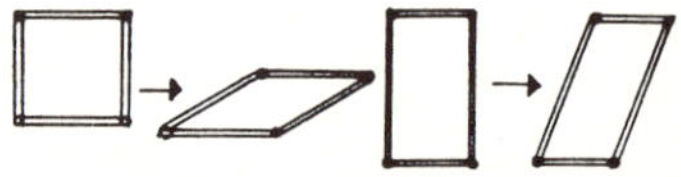 Durch den Umgang mit Gelenkmodellen stellt der Schüler selbst fest, daß das Quadrat (bzw. das Rechteck) sich zu einer Raute (bzw. zu einem Parallelogramm) verwandeln läßt. Er erkennt die geometrischen Eigenschaften durch die Invarianz der Seiten bzw. durch die Varianz der Winkel.
Nachweis der Winkelsumme im Dreieck	Die Schüler werden angewiesen, ein Dreieck aus Pappe zu erstellen und dieses auf eine bestimmte Art zu falten, so daß die drei Ecken im gleichen Punkt zusammenkommen. Der Schüler kann dann beobachten, daß die Schenkel des so gebildeten Gesamtwinkels eine gerade Linie bilden. 	Der Schüler schneidet die Winkelfelder des Dreiecks aus und zentriert sie um einen Punkt. 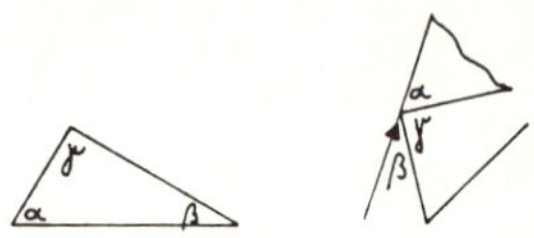
Geometrische Eigenschaften von gleichseitigen bzw. gleichschenkligen Dreiecken	Der Schüler wird aufgefordert, nach vorgegebenen Maßen Dreiecke aus Pappe auszuschneiden. Die Hälfte der Dreiecke ist gleichseitig, die andere Hälfte ist gleichschenklig. Der Schüler soll die Unterschiede zwischen gleichseitigen und gleichschenkligen Dreiecken ermitteln. 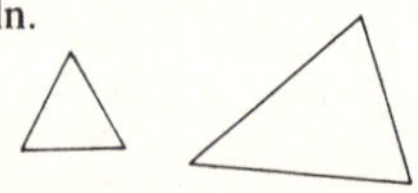	Der Schüler wird aufgefordert, nach vorgegebenen Maßen Dreiecke aus Pappe herzustellen. Die Hälfte davon ist gleichschenklig, die andere Hälfte ist gleichseitig. Der Schüler wird aufgefordert, alle möglichen Faltachsen einzuzeichnen. Die Dreiecke sollen um diese Faltachse geklappt werden. 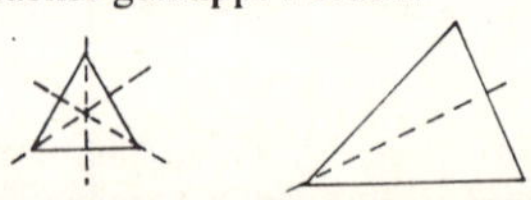
	Begriffsbildung erfolgt zwar über Handeln; jedoch wird die Erkenntnis durch Betrachten der Gegenstände vollzogen.	Erkenntnis erfolgt in einem Prozeß aktiver Konstruktion.

3.3 Operative Gesamtbehandlung von Begriffen

In der traditionellen Didaktik wurden Begriffe stets getrennt behandelt. In der neueren Mathematikdidaktik mehren sich die Befürworter, Begriffe nicht mehr getrennt zu behandeln. Der Lehrer, der nach traditioneller Vorstellung Umfang und Flächeninhalt, Oberflächeninhalt und Volumen in der Behandlung trennte, erlebte nicht selten, daß Schüler im 9. Schuljahr Umfang und Flächeninhalt, Oberflächeninhalt und Volumen miteinander verwechselten.
Aebli und Fricke zeigten auf, daß miteinander verwandte Begriffsbildungen sich gegenseitig stützen und daß gerade die Kontrastierung ähnlicher Begriffe erst eine vertiefte Abgrenzung zuläßt. Im Unterrichtsverfahren ist in jedem Fall auf ausreichende Unterscheidungsfähigkeit zu achten (Herausarbeiten des Gemeinsamen und des Unterschiedlichen; lernwirksame Tafelbildstruktur ist besonders angeraten).

3.4 Lernprozeß im Geometrieunterricht

Jeder Lehrende weiß, daß sich neue Erkenntnisse nicht durch eine einmalige Begegnung mit dem Inhalt aneignen lassen. Aus diesem Grunde ist ein behutsames Aufbereiten des Lernprozesses notwendig. Das Endziel der Behandlung, die in Unterrichtssequenzen durchgeführt wird, ist ein automatisiertes Können. Dies wird nicht durch Auswendiglernen, sondern auf operativem Weg erreicht. Im Gegensatz zum rein mechanischen Auswendiglernen wird die so erreichte Beherrschung gefestigter und beweglicher sein.

Phase und ihr Ziel	Inhalt der Phase; Repräsentationsebene dieser Phase	Behandlungsbeispiel: Flächeninhalt
3.4.1 Einführungsphase		
Erstes Gewinnen einer Einsicht; die neu zu lernenden Begriffe und Inhalte werden erarbeitet;	Jede mathematische Thematik besitzt ein mehr oder weniger umfangreiches Begriffsfeld; dies wird in vorwiegend enaktivem und ikonischem Operieren erarbeitet.	Vergleich bezüglich des Flächeninhalts: Figuren lassen sich bezüglich des Flächeninhaltes vergleichen; es gibt Figuren mit kleinerem (größerem oder gleich großem) Flächeninhalt; – Deckungsgleichheit: Figuren, die sich aufeinanderlegen lassen, besitzen gleiche Gestalt und gleich großen Flächeninhalt – Zerlegungsgleichheit: Figuren mit unterschiedlicher Gestalt können auch flächeninhaltsgleich sein.
3.4.2 Phase der operativen Durcharbeitung		
Ziel ist nicht Rechen- bzw. Verfahrenstechnik, sondern Herstellung des Zusammenhangs der neu eingeführten Begriffe untereinander und zu Nachbarbegriffen	Verfrühtes Mechanisieren ist zu verhindern; Begründungen und Begriffsfelder werden behutsam geklärt und wiederholt durchgearbeitet. Enaktives, ikonisches und formal symbolisches Operieren.	– Simultanbehandlung: Umfang und Flächeninhalt – Meßprozesse beginnen (Wahl von willkürlichen und konventionellen Maßeinheiten) – Vielzahl von Auszählübungen führt durch fortschreitende Vereinfachung zum Auffinden der Berechnungsformeln für Umfang und Flächeninhalt von Rechteck und Quadrat.

Phase und ihr Ziel	Inhalt der Phase; Repräsentationsebene dieser Phase	Behandlungsbeispiel: Flächeninhalt
3.4.3 Phase der Fertigkeiten		
Geläufigkeit, Sicherheit der Verfahren; zunehmende Automatisierung; das Denken soll allmählich für komplexere Probleme freigesetzt werden;	Die in der mathematischen Thematik enthaltenen Verfahren werden behutsam automatisiert.	– Anwendung der Formeln – Berechnungen mit den Formeln (Wechsel der Vorgaben) u, A, a, b
3.4.4 Anwendungsphase		
Die mathematisch-geometrische Struktur soll aus zahlbestimmten Sachverhalten herausgelöst werden.	Die automatisierten Verfahren werden in Sachaufgaben angewandt.	Von einfachen Sachaufgaben zu zunehmend komplexeren Sachaufgaben zur Thematik Umfang und Flächeninhalt.

Bei der Behandlung der Grundkonstruktionen werden in Phase 1 und 2 die Grundkonstruktionen mit Hilfe von Spiegelungseigenschaften und in Verbindung mit der Raute einsichtig gemacht. In Phase 3 werden sie etwa mit Hilfe eines Ablaufdiagramms automatisiert.

3.5 Übungsformen

3.5.1 Operatorische Übungen

Das in der operativen Durchdringung Erreichte wird durch diese Übungen gesichert und gefestigt. Die grundlegenden Begriffe, Einsichten und Begründungen von Verfahren werden vertieft. Da diese Übungen nicht die Schulung im Herauslösen und im Erkennen der mathematischen Struktur einer Sachaufgabe fordern, sind die Sachbezüge in dieser Übungsform möglichst einfach bezüglich des Sachinhalts, des mathematischen und des rechnerischen Aspekts zu wählen.

Beispiele:

– Parallelität von Geraden:

Jedes Kreuz in der Tabelle bedeutet „ist parallel zu“. Finde zwei Fehler in der Tabelle.

Abb. 5:

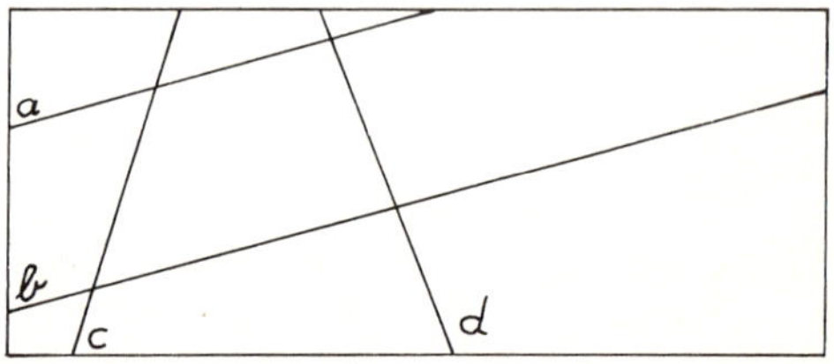

	a	b	c	d
a	X	X		
b	X	X		
c			X	X
d			X	X

– Strecken:

Streiche die Strecken an.

Abb. 6:

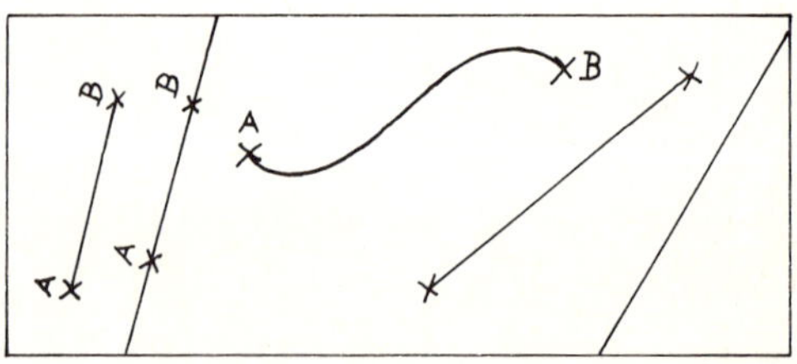

– Flächeninhalt:

Jedes Quadrat enthält eine schraffierte Fläche. Welche schraffierten Flächen haben gleichen Flächeninhalt?

Abb. 7:

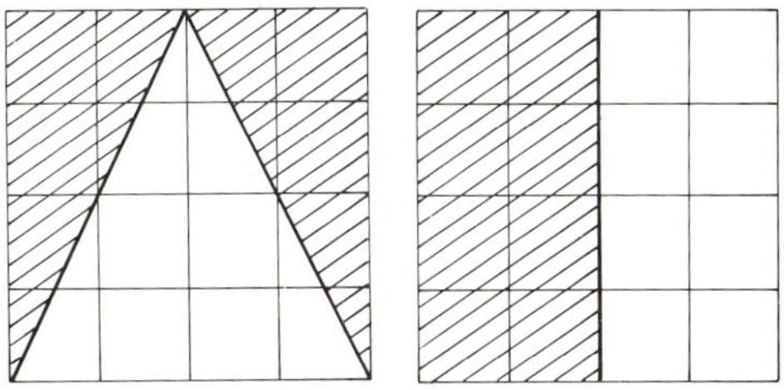

Operative Übungen finden im Lernprozeß in der Fertigkeitsphase statt. Sie zielen darauf ab, daß die in der operativen Durcharbeitung gewonnene Einsicht in neue Begriffe und Verfahren wachgehalten wird. Sie beabsichtigen Sicherheit und Geläufigkeit. Darüberhinaus beanspruchen sie aber auch die geistigen Aktivitäten des Vergleichens und des Kombinierens.

Beispiele:

– Parallelität von Geraden:

Zeichne drei Geraden so, daß sich insgesamt drei Schnittpunkte ergeben, zwei Schnittpunkte ergeben, kein Schnittpunkt ergibt.

– Strecken:

Zeichne alle möglichen Strecken ein. Welche der Aussagen sind wahr?

Abb. 8:

[AE] ∥ [BD]; [BD] ∥ [DB]; [EF] ∥ [DB]

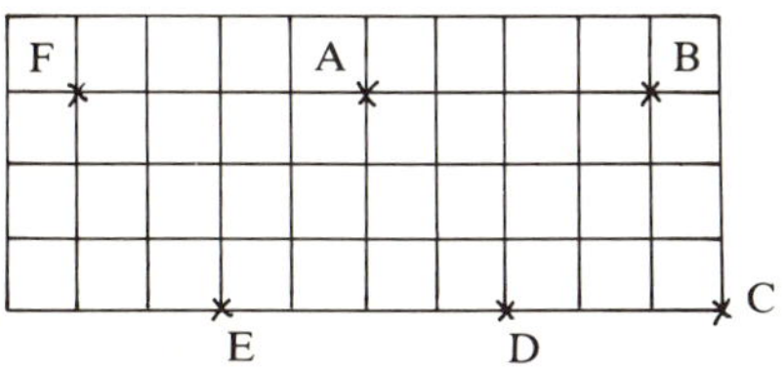

– Flächeninhalt des Rechtecks:

Berechne die fehlenden Größen:

Abb. 9:

a	5 cm		7 cm	5 cm	
b	7 cm	3 cm		5 cm	6 cm^2
A		12 cm^2	28 cm^2		36 cm^2

3.5.2 Mechanische Übungen

Sie haben im Lernprozeß in der gleichen Phase wie die operativen Übungen ihren Platz. Sie fordern nur geringe geistige Aktivität. Die Verfahrenstechnik wird durch sie automatisiert. Schwierigkeiten, die die Schüler in einzelnen Bereichen des Verfahrensablaufes haben, können isoliert werden.

Beispiele:

– Parallelität von Geraden:

Zeichne drei Geraden, die parallel zueinander sind.

– Strecken:

Zeichne eine Strecke mit der Länge von 5 cm.

– Flächeninhalt:

Berechne den Flächeninhalt der Rechtecke mit a (5 cm, 3 cm, 7 cm, 9 cm) und b (3 cm).

3.6 Kopfgeometrie

Aufgaben der Kopfgeometrie können bei den verschiedensten Unterrichtsgelegenheiten auflockern. Sie werden lerneffektiver, wenn sie vom Lehrer geplant in den Unterricht eingestreut werden. Durch sie kann Versäumtes, Vergessenes nachgeholt werden. Durch kopfgeometrische Aufgaben sind oft Inselbildungen in der für den Schüler erdrückenden Flut von neuen Stoffgebieten möglich. Permanente Wiederholungen durch diese Aufgaben können wichtige geometrische Stoffinhalte im Sinne des Überlernens sichern.
Die Aufgaben beabsichtigen ein sicheres, geläufiges und schnelles Verfügbarmachen einfacher geometrischer Inhalte in der Vorstellung (Kopfgeometrie!). Bei unzureichender Bewältigung oder zu Kontrollmaßnahmen werden die Aufgaben in enaktive bzw. in ikonische Repräsentationsebenen zurückgeführt.

Aufgabenbeispiele für Kopfgeometrie:

– Die vorliegende Zeichnung ist aus sechs einzelnen Flächen (Teilflächen) zusammengesetzt.

a) F_6 bildet ein Dreieck. Welche Dreiecke sind in der Figur noch zu finden?
b) Welche Teilflächen können zu Rechtecken zusammengesetzt werden?
c) Welche der Teilflächen bilden Trapeze?
d) Wie viele Dreiecke (F_6; F_5; F_4) passen in die Gesamtfläche?

Abb. 10:

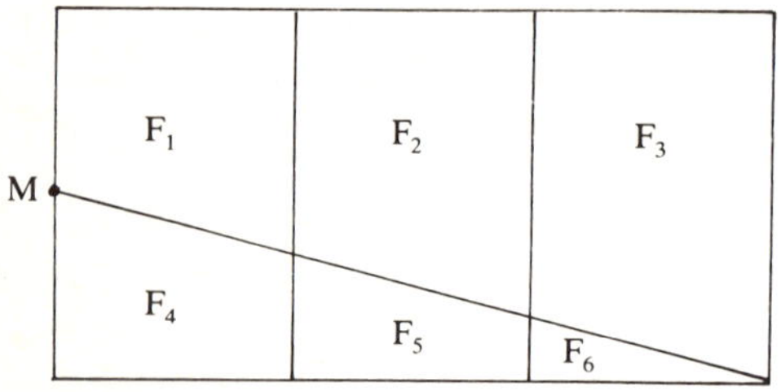

Lösung:

a) Dreiecke: F_6; (F_6; F_5) (F_6; F_5; F_4)
b) Rechtecke: (F_1; F_4) (F_2; F_5) (F_3; F_6) (F_1; F_2; F_3; F_4; F_5; F_6)
c) Trapeze: F_4; F_5; F_1; F_2; F_3; (F_4; F_5) (F_1; F_2) (F_2; F_3) (F_1; F_2; F_3)
d) (F_6; F_5; F_4) ist viermal in der Gesamtfläche enthalten.

- Teilflächen sollen numeriert und so genau wie möglich benannt werden. Mit der kleinsten Fläche soll begonnen werden.

Abb. 11:

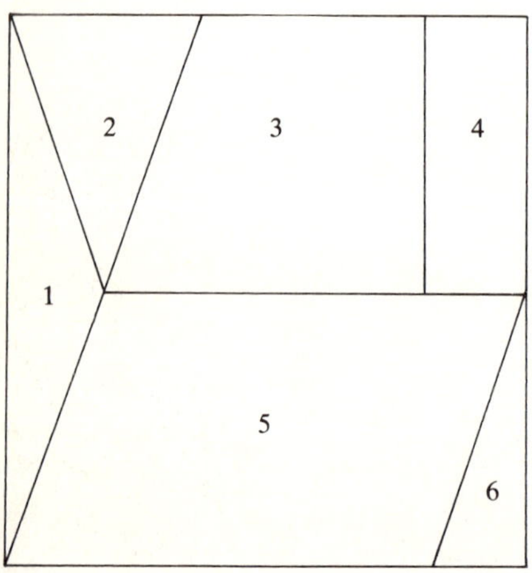

Die kleinste Teilfläche ist in anderen Teilflächen genau zweimal enthalten. In welchen?

Lösung:

1 und 2: gleichschenklige Dreiecke; 3: rechtwinkliges Trapez; 4: Rechteck; 5: Parallelogramm; 6: rechtwinkliges Dreieck;
Zweimal enthalten: 6 in 4; 6 in 2; 6 in 1;

Viele der im Teil B genannten Übungen eignen sich ebenfalls, so z. B.

- Bestimmen, welche der gegebenen Netze sich zu einem Körper formen lassen
- Erkennen, welche Spiegelachsen die gegebenen Figuren aufweisen
- Erkennen von Figuren (Rechteck, Dreieck, Trapez), besonders bei Abweichungen von der Ideallage
- Grundrissen die dazu passenden möglichen Körper zuordnen
- Festlegen von Schnittflächen.

3.7 Modelle und zeichnerische Darstellungen im Geometrieunterricht

3.7.1 Modelle und zeichnerische Darstellungen an räumlichen Objekten

3.7.1.1 Massive Körpermodelle

Massive Körpermodelle lassen sich aus Plastilin formen oder aus rohen Kartoffeln bzw. Schaumstoff (mit heißem Draht bearbeitbar) herstellen. Diese Modelle entsprechend nur annähernd der idealen geometrischen Form. Der didaktische Wert dieser Modelle liegt in der kritischen Beurteilung der charakteristischen Eigenschaften der geometrischen Körper (z. B. die Kanten stehen nicht genau senkrecht aufeinander; die Seiten stehen etwas schief). An diesen massiven Körpermodellen lassen sich auch Schnitte (Parallel-, Schräg-, Diagonal-, Achsen- und Eckschnitte) durchführen. Es lassen sich dabei die Schnittfläche sowie die Körperformen der Teilkörper untersuchen. Bei diesen Schnitten können eventuell auch Symmetrieeigenschaften der Körper deutlich werden. Die rein handwerkliche Tätigkeit fordert Geschicklichkeit und Geduld. Diese instrumentellen Tugenden müssen auch in ihrer zeitlichen Dauer ausreichend in die Unterrichtseinheit eingeplant werden.

Abb. 12:

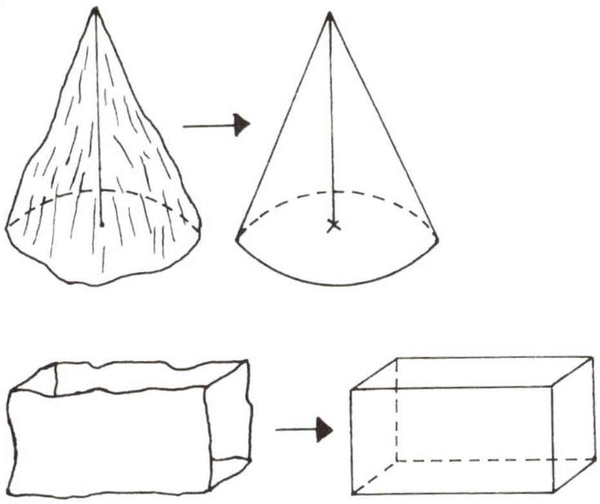

3.7.1.2 Kantenmodell

Das Kantenmodell kann mit Zahnstochern (Kanten) und Plastilinkugeln (Ecken) aufgebaut werden. Es eignet sich zum Ermitteln der Anzahl und der Längengleichheit bzw. Längenungleichheit der Kanten, der gegenseitigen Lage der Kanten (parallel zueinander, senkrecht aufeinander) und der Anzahl der Ecken.

3.7.1.3 Flächenmodell (Netzmodell)

Das Flächenmodell (Netz) bietet keinen räumlichen Eindruck des Körpers. Das Netz entsteht durch Überführen eines Körpers aus der Dreidimensionalität (Aufschneiden bzw. Abrollen) in die zweidimensionale Ebene. Die Erstellung des Körpernetzes ist zur Analyse bei der Oberflächenberechnung hilfreich.

Abb. 13:

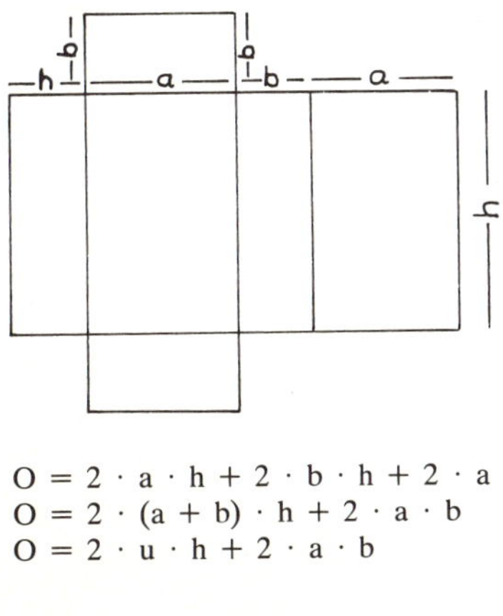

$$O = 2 \cdot a \cdot h + 2 \cdot b \cdot h + 2 \cdot a \cdot b$$
$$O = 2 \cdot (a + b) \cdot h + 2 \cdot a \cdot b$$
$$O = 2 \cdot u \cdot h + 2 \cdot a \cdot b$$

3.7.1.4 Entstehung von Körpern durch Drehung und Parallelverschiebung

Das Erzeugen von Körpern durch Drehen und Schieben zeigt den Zusammenhang zwischen der Form eines Körpers und der Dreh- bzw. Parallelbewegung einer ebenen Fläche auf. Gerade Zylinder, gerade Kreiskegel, gerader Kreiskegelstumpf und Kugel sind Drehkörper. Am Plastilin- bzw. Kartoffelmodell können die Drehachsen mit Stricknadeln markiert werden. Durch bewegliche Modelle lassen sich die Entstehung von Prismen und Zylindern durch Parallelverschiebung eines Vielecks bzw. einer Kreisscheibe aufzeigen. Zwei deckungsgleiche Vielecke bzw. Kreisscheiben werden in den Ecken bzw. in Punkten des Kreisrandes durch Gummischnüre verbunden. Werden nun die beiden Pappflächen senkrecht zu ihren Flächen auseinandergezogen, so entstehen gerade Säulen.

Abb. 14:

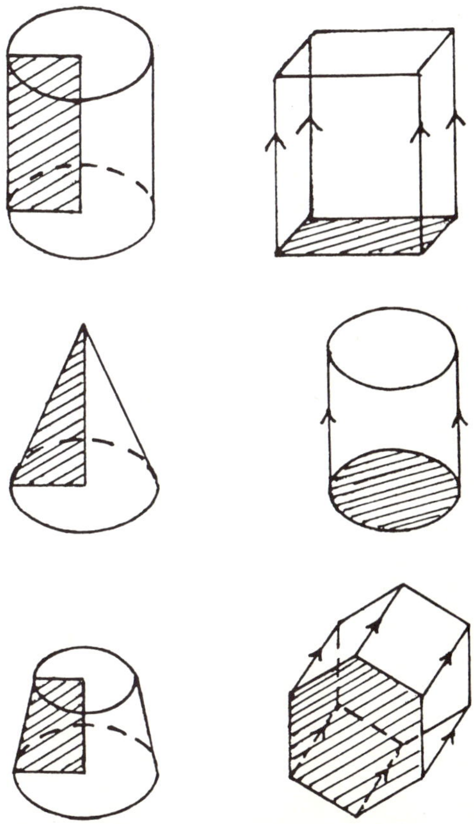

3.7.1.5 Zeichnerische Darstellungen

Die zeichnerischen Darstellungen sollen einerseits anschaulich sein, andererseits aber auch genaue Größenangaben enthalten. Die anschaulichste Abbildung eines Körpers erhält man durch perspektive Darstellung.
Schrägbilder bieten einen räumlichen Eindruck. Die Flächen und Kanten, die parallel zur Zeichenebene verlaufen, werden in wahrer Größe abgebildet. Kanten, die senkrecht zur Zeichenebene verlaufen, werden verkürzt und schräg abgebildet. Meist erfolgt die Verschrägung um 45° und die Verkürzung um den Faktor $^1/_2$. Das Schrägbild dient als Planfigur für viele praktische Aufgaben. Es muß deshalb zuerst durch genaue Konstruktionen aber auch durch Handskizzen geübt werden. Im Unterricht ist beim Lesen von Schrägbildern auf die Fehlinterpretation von verschrägten Grund- und Deckflächen zu achten.

Abb. 15:

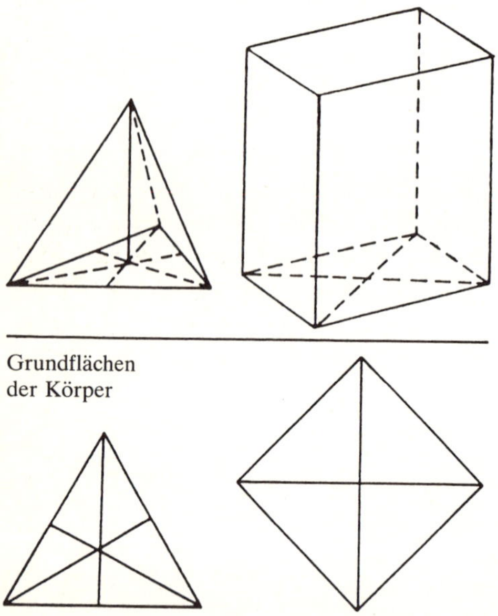

3.7.1.6 Zwei- und Dreitafelprojektion

Bei der Zweitafelprojektion werden zwei zueinander senkrechte Ebenen gewählt, eine horizontale Grundrißebene und eine vertikale Aufrißebene. Um einen Körper darstellen zu können, wird dieser senkrecht auf die Grundrißebene und senkrecht auf die Aufrißebene projiziert. Wird dieser Körper noch zusätzlich auf eine Seitenrißebene projiziert, so spricht man von der Dreitafelprojektion.
Beim Einführen der Zwei- bzw. Dreitafelprojektion muß der Schüler lernen, den Grund-, den Auf- und den Seitenriß von Körpern zu zeichnen. Mit Klapptafeln wird einsichtig, wie die Aufriß- bzw. die Seitenrißebene durch geeignete Drehung in die Zeichenebene gelegt wird.

Abb. 16:

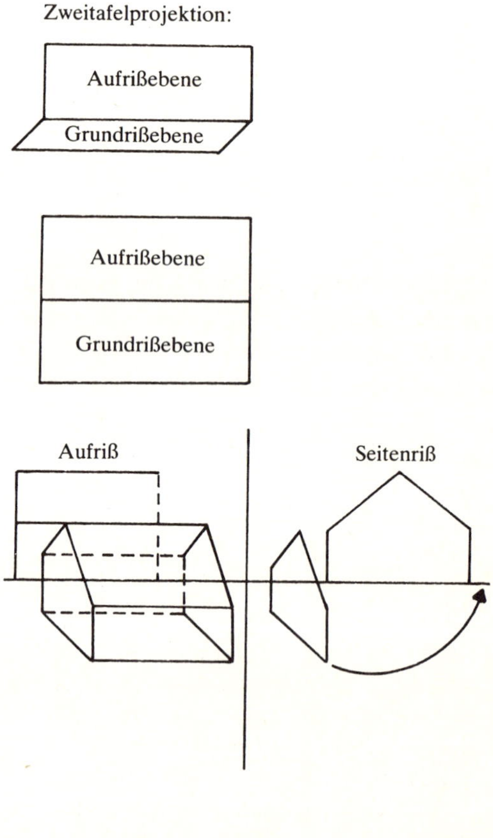

Dreitafelprojektion

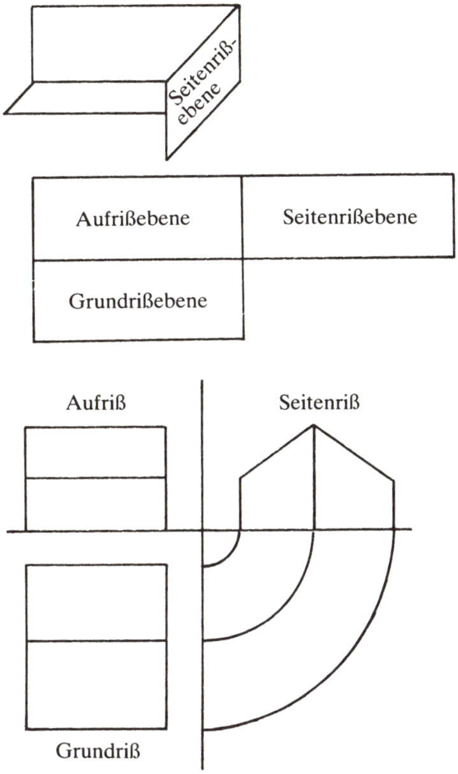

3.7.1.7 Handskizzen

Für das Anfertigen von Handskizzen von Säulen ist anzuraten, den Schülern zuerst die Grund- und dann die deckungsgleiche Deckfläche zeichnen zu lassen. Die Ecken dieser Flächen werden durch Parallelen miteinander verbunden (siehe Abb. 512, S. 237).

3.7.2 Modelle für zweidimensionale Objekte

3.7.2.1 Gelenkmodelle

Gelenkmodelle werden mit Holzleisten und Klammern so zusammengefügt, daß bewegliche Modelle entstehen. Durch Bewegung der Leisten verändert sich die Lage der Leisten bezüglich ihrer Winkel.
So läßt sich aufzeigen, daß die Sonderform eines Parallelogramms, einer Raute ein Rechteck, ein Quadrat ist (Winkel sind jeweils 90°) (siehe Abb. 196, S. 115).
In einem weiteren Beispiel werden die Diagonalen durch Holzleisten dargestellt, diese in ihrer Mitte miteinander vernietet. Die Enden der Diagonalen werden mit Gummischnüren verbunden. Bei der Bewegung der Holzleisten sind dann, wenn die zwei Holzleisten senkrecht aufeinander stehen, alle vier Seiten gleich lang und zwei gegenüberliegende Seiten parallel zueinander. Bei den anderen Bewegungen sind je zwei gegenüberliegende Seiten gleich lang und parallel zueinander (siehe Abb. 223, S. 123).

3.7.2.2 Aufeinanderlegen von Streifen und Winkelfeldern

Streifen (sie besitzen nur zwei Begrenzungslinien, die parallel laufen) und Winkelfelder (Gebiete zwischen den beiden Schenkeln eines Winkels) werden aufeinandergelegt. Auf diese Weise entstehen Vielecke als Schnittmenge von z. B. zwei Streifen, von Streifen und Winkelfeldern, von mehreren Winkelfeldern . . . (Beispiele: siehe Abb. 193–195, S. 114 f.).

3.7.2.3 Figuren im Geobrett

Ein Geobrett läßt sich mit einer Holzfläche und mit einer quadratischen Anordnung von Nägeln (Abstand der Nägel senkrecht und waagrecht 3 cm) herstellen. Mit dem Geobrett lassen sich durch Drehen des Brettes Figuren in ungewöhnlicher Lage erkennen.

Abb. 17:

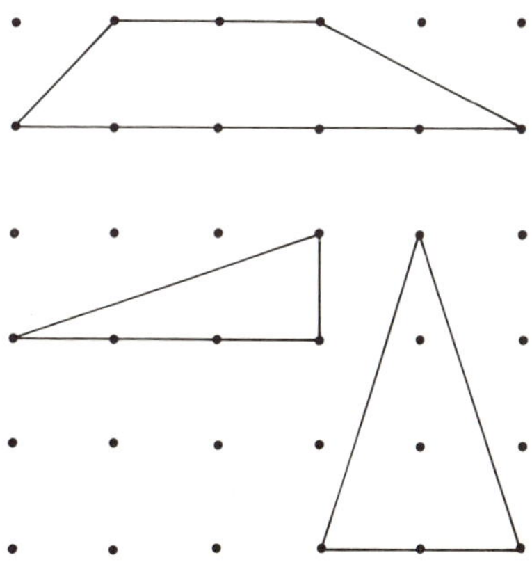

Der Flächeninhalt von Figuren läßt sich durch Auszählen der umspannten Quadrate bestimmen. So umspannt das Trapez $3^1/_2$ Quadrate ($31{,}5\ cm^2$), das rechteckige Dreieck $1^1/_2$ Quadrate ($13{,}5\ cm^2$) und das gleichschenklige Dreieck $4^1/_2$ Quadrate ($40{,}5\ cm^2$).

3.8 Aktivitäten im Geometrieunterricht

Im Mittelpunkt des Geometrieunterrichts steht das aktive einsichtige Lernen. Vom Schüler selbst ausgeführte Aktivitäten sind deshalb in den drei Phasen des konkreten Operierens, des effektiven, zeichnerischen und des vorstellenden Operierens immer wieder in die Unterrichtsvorbereitung einzuplanen.

- Aktivitäten im Bereich des effektiven Operierens: falten, drehen, spiegeln, verschieben, ausschneiden, aufeinanderlegen, anstückeln, auslegen, auszählen, zerlegen, umschütten, umgießen, messen ...
- Aktivitäten im Bereich des zeichnerischen Operierens: mit geometrischen Instrumentarien umgehen, zeichnen, spiegeln, drehen, verschieben, einfache Konstruktionen ausführen, ...
- Aktivitäten im Bereich des vorstellenden Operierens: mit geometrischen Größen umgehen, schätzen, berechnen, umwandeln, eine Berechnungsformel herleiten, in eine Berechnungsformel einsetzen, eine Berechnungsformel umformen und nach einer gesuchten Größe auflösen, durch Tabellen Gesetzmäßigkeiten erkennen, ...

3.9 Sachaufgaben in der Geometrie

3.9.1 Zielsetzungen

Sachaufgaben enthalten eine in Sprache bzw. Bild gekleidete Sachinformation. Sie erfordern eine sachliche und sprachliche Auseinandersetzung. Der Sachbezug wird in eine mathematisch-geometrische Struktur übergeführt.
Es werden, wie im Mathematikunterricht bei der Behandlung von Sachaufgaben, im Geometrieunterricht hauptsächlich zwei Ziele angestrebt. Zum einen wird die Fähigkeit geschult, aus einer Text- bzw. Bildinformation den geometrisch-mathematischen Gehalt herauszulösen. Auf diese Weise wird logisches, problemlösendes und funktionales Denken gefördert. Zum anderen erfolgt eine intensive qualitative und quantitative Auseinandersetzung im Sinne einer Sacherschließung. Diese sachlichen Vermittlungen verschaffen den Schülern nur in diesen Unterrichtseinheiten mögliche Sacheinblicke.

3.9.2 Arten von Sachaufgaben im Geometrieunterricht

Im Geometrieunterricht treten zwei Arten von Sachaufgaben auf:
Sachaufgaben, zu deren Lösungen die richtige Handhabung von geometrischen Größen (Länge, Flächeninhalt, Winkelgrößen, Volumen) erforderlich ist und Sachaufgaben, zu deren Lösung die sichere Ausführung von Grundkonstruktionen notwendig ist.

3.9.2.1 Beispiele für Sachaufgaben mit geometrischen Größen

- Das Turmzimmer in einer Burg hat die Form eines regelmäßigen Sechsecks. Die Seitenlänge des Sechsecks beträgt 2,50 m. Das Zimmer wird mit quadratischen Steinplatten von 0,30 m ausgelegt. Für den Verschnitt werden 20% berechnet. (Wie viele Steinplatten werden für das Auslegen des sechseckigen Bodens benötigt?)
- Auf einem 5t-Lastwagen werden drei Meter lange Röhren aus Eisen mit einem inneren Durchmesser von 5 cm und einer Wandstärke von 10 mm verladen – spez. Gewicht von Eisen: $7{,}8\ g/cm^3$. (Wie viele Rohre können auf den LKW geladen werden?)
- In einem zylindrischen Topf sind zwei Liter Wasser eingefüllt. Die Grundfläche des Topfes hat einen Durchmesser von 20 cm. (Wie hoch steht das Wasser in dem Gefäß?)

3.9.2.2 Beispiele für Sachaufgaben mit Konstruktionen

- Von einem Turm sieht man in 3400 m Entfernung den Ort A. Dreht man das Fernrohr aus Richtung A um 75 ° im Uhrzeigersinn, so sieht man das Dorf B in 5,4 km Entfernung. (Wie weit ist A von B entfernt?)

Abb. 18:

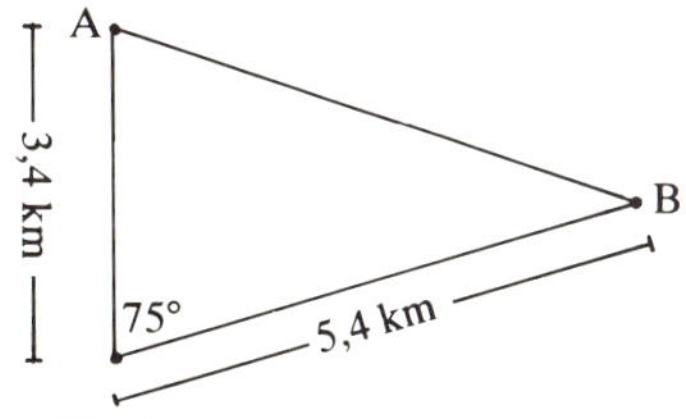

Die Lösung erfolgt durch Zeichnung einer maßstabsgetreuen Konstruktion. Für dieses Beispiel ist die Konstruktion eines Dreiecks nach zwei Seiten und dem eingeschlossenen Winkel auszuführen. Vor der Durchführung der Konstruktion ist zu empfehlen, daß der Schüler eine Planfigur zeichnet. Im Anschluß daran ist anzuraten, die gegebenen Stücke für die Konstruktion in maßstabsgetreuer Länge (also nach Maßstab 1 : 50 000) zu zeichnen (Länge der Strecke von Turm und Ort B: 10,8 cm und Länge der Strecke von Turm und Ort A: 6,8 cm).

- Die Orte A und B planen eine gemeinsame Eisenbahnstation, die von A und B gleich weit entfernt sein soll. Die Entfernung soll möglichst kurz sein. (Wo ist der Standort?)

Abb. 19:

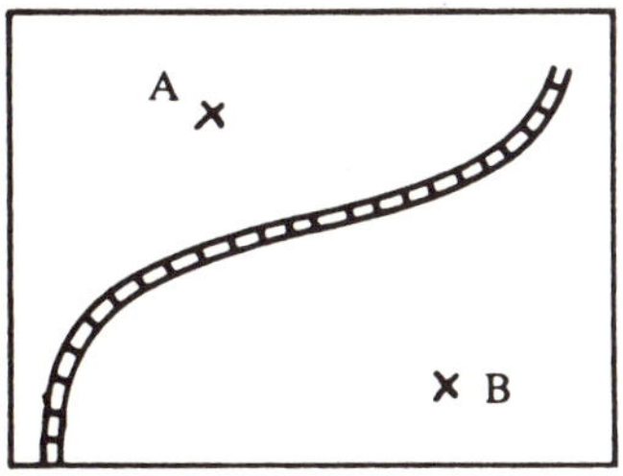

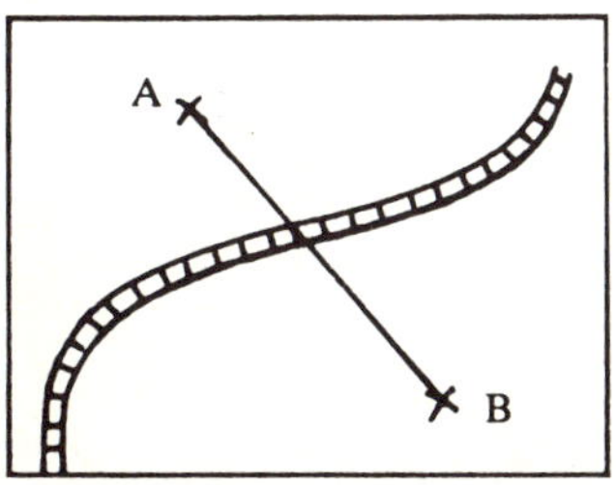

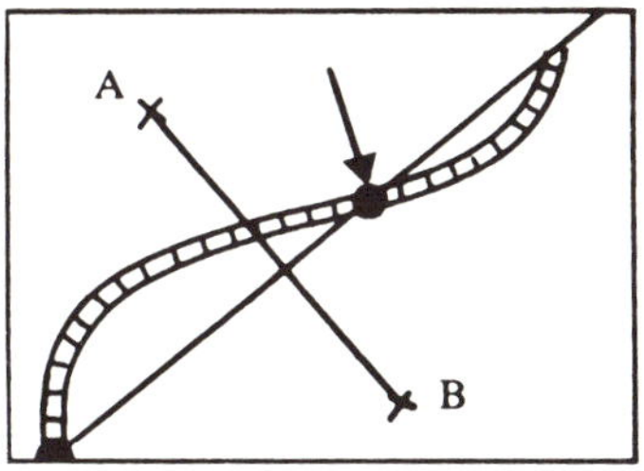

Die Lösung des Problems erfolgt mit der Konstruktion der Mittelsenkrechten.

- Die Talstation einer Bergbahn liegt 720 m über Normal-Null, die Bergstation ist von der Talstation 3600 m (Sichtentfernung) entfernt. Auf der Landkarte sind Berg- und Talstation 2300 m entfernt. (In welcher Höhe über Normal-Null liegt die Bergstation?)

Abb. 20:

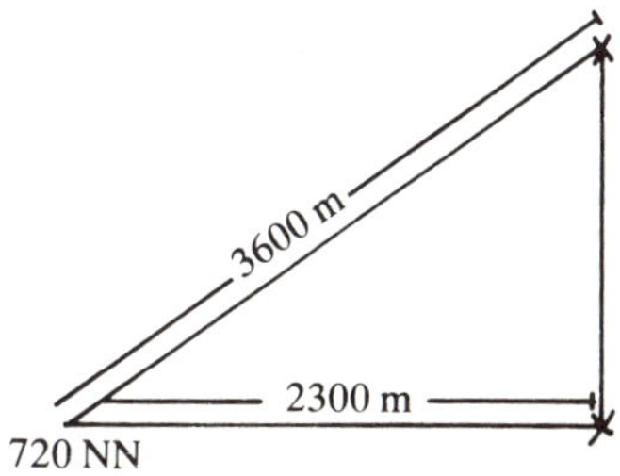

$\sqrt{3600^2 - 2300^2} = 2769{,}48$

Höhenangabe über NN: 3489,48 m

Die Lösung des Sachproblems erfolgt durch Zeichnen eines rechtwinkligen Dreiecks (das Auffinden der Lage des rechten Winkels und der Hypotenuse ist für die Planfigur entscheidend). Jetzt erfolgt die arithmetische Lösung des Satzes des Pythagoras.

4. Aufgaben und Ziele des Geometrieunterrichts

4.1 Aspekte des Geometrieunterrichts

Griesel stellt in Roth Leo, Handbuch zur Didaktik der Schulfächer, Ehrenwirth Verlag, 1980, (S. 311 ff.) folgende im Geometrieunterricht zu vermittelnde Aspekte auf:

a) Zeichnerischer (konstruktiver) Aspekt: Diese mehr manuelle aktive Seite des Geometrieunterrichts läßt sich in einen handwerklich-praktischen und in einen gedanklich-theoretischen Bereich aufgliedern. Der handwerklich-praktische Bereich bezieht sich auf die technisch perfekte Ausführung der Zeichnung, Skizze . . . Richtiger Umgang mit den geometrischen Geräten, wie Bleistift, Lineal, Geodreieck, Zirkel und Zeichendreieck, sowie eine genaue, sorgfältige und übersichtliche Darstellung sind die angestrebten Unterrichtsziele.
Gedanklich theoretische Vollzüge des zeichnerischen Aspekts finden meist vor einer auszuführenden Konstruktion (Planung der Durchführung und der Überlegung der Ausführbarkeit, Aufstellen von notwendigen Konstruktionsschritten . . .) oder nach der bereits ausgeführten Zeichnung statt (geometrische Erkenntnisprozesse lassen sich meist nur mit Hilfe von vorhandenen Darstellungen von Figuren und Körpern vollziehen).
Der handwerklich praktische und der gedanklich theoretische Bereich stehen immer wieder in Wechselbeziehung zueinander und bedingen einander. Eine Vielzahl von Berufen, die die Hauptschüler anstreben, fordern zeichnerische Fähigkeiten und Fertigkeiten.
b) Aspekte der Figurenlehre: An Figuren (Dreiecken, Vierecken, Vielecken, Kreisen usw.) werden geometrische Eigenschaften ermittelt. Aus geeignet vorgegebenen Stücken werden die Figuren konstruiert und die dazu notwendigen Schritte der Konstruktion angegeben. Schließlich werden die Dreiecke und Vierecke sortiert bzw. klassifiziert.
c) Räumlicher Aspekt: Ausgehend von Körpern wird das räumliche Vorstellungsvermögen des Schülers sowie sein räumliches Anschauungsvermögen geschult.
d) Aspekt des Messens und Berechnens: Dieser Bereich war im früheren Raumlehreunterricht dominierend. Heute ist er ein Aspekt unter vielen. Dieser Aspekt umspannt den Aspekt der Figurenlehre und den räumlichen Aspekt. Der rechnerische Umgang mit geometrischen Größen steht dabei im Vordergrund (geometrische Größen: Winkelgröße, Länge, Flächeninhalt und Volumen).
e) Aspekt des Begrifflichen: Gemeint ist damit die Entwicklung und Bildung grundlegender geometrischer Begriffe wie z. B. Fläche, Umfang, Flächeninhalt, Deckungsgleichheit, Zerlegungsgleichheit, Winkel, Winkelgröße, Oberfläche, Volumen, Parallelität, senkrecht und waagerecht . . . Dieser Aspekt wurde durch die genetische Denktheorie Piagets und durch die lerntheoretischen Ansätze Gagnés bedeutsam. Die geometrischen Begriffe werden nicht mitgeteilt, sie werden auch nicht durch Betrachtung von Gegenständen, sondern durch Operationen mit den Gegenständen aufgebaut.
f) Aspekt des Begründens und Beweisens: Dieser Aspekt wird nur noch am Rande von der Hauptschule berührt. Die Schüler sollen durch diesen Aspekt angeregt werden, Argumentationen zu einem geometrischen Satz zu präzisieren und logische Schlüsse zu ziehen.
Ein geometrischer Satz enthält eine Voraussetzung und eine Folgerung. Dies ist besonders dann gut zu erkennen, wenn dieser Satz in eine Wenn-Dann Form gebracht wird.
Beispiel: Ein geometrischer Satz lautet: In einem Rechteck sind die Diagonalen gleich lang. Dieser kann in eine Wenn-Dann Form gebracht werden: Wenn ein Viereck ein Rechteck ist, dann sind die Diagonalen gleich lang.
Die Umkehrung des geometrischen Satzes (Voraussetzung und Folgerung werden vertauscht) führt entweder zu einer wahren oder falschen Aussage. In unserem Beispiel entsteht eine falsche Aussage: Wenn in einem Viereck die Diagonalen gleich lang sind, dann ist das Viereck ein Rechteck.
Der Wahrheitsgehalt von geometrischen Sät-

zen läßt sich durch Meß-, Falt-, Dreh- und viele andere Aktivitäten überprüfen.

g) Aspekt des Problemlösens: Damit wird die kreative Seite des Geometrieunterrichts angesprochen. Dieser Aspekt gewinnt wegen der Einfachheit und Anschaulichkeit der Probleme besondere Bedeutung.

h) Anwendungsaspekt: Geometrieunterricht soll die Schüler befähigen, den wirklichen Raum zu erkennen. Die Forderung nach Umwelterschließung im Geometrieunterricht wird gerade in den letzten Jahren wieder heftiger. Die Schüler sollen Situationen der realen Umwelt mathematisieren lernen und ebenso Grundkenntnisse wie Grundtechniken für die Verarbeitung geometrischer Informationen und deren Anwendung kennenlernen.

Der Lehrer kann unter diesen genannten Aspekten Schwerpunkte je nach Interesse, Begabung, Vorwissen und Vorkenntnissen seiner Klasse setzen.

4.2 Zielbereiche

Bigalke, Hasemann, (Zur Didaktik der Mathematik in den Klassen 5 und 6, Band 2, Walter Diesterweg Verlag 1978, S. 13 ff.) stellen für den Geometrieunterricht vier Zielbereiche auf:

a) Die Förderung des räumlichen Anschauungsvermögens: Die Umwelt, die vorwiegend aus räumlichen Gegenständen mit Volumen und Oberflächen besteht, wird durch den Geometrieunterricht in qualitativer (formenkundliche Erkenntnisse von Säulen, spitzen Körpern, Kugeln sowie zusammengesetzten wie abgetrennten Körpern) und in quantitativer Hinsicht (richtiges Umgehen mit geometrischen Größen an diesen Körpern, u. a. Messen und Berechnen) aufgeschlossen.

b) Die Förderung des funktionalen Vorstellens und Denkens und Hinführung zum Beweisbedürfnis: Mit Hilfe der Abbildungen werden die Schüler an funktionale Abhängigkeiten herangeführt. Dabei sind Figuren und Körper nicht starr und vorgegeben, sondern sie werden bewegt und verändert abgebildet. Die Schüler können dadurch geometrische Zusammenhänge und Abhängigkeiten entdecken.

c) Förderung der zeichnerischen und sprachlichen Ausdrucksfähigkeit

d) Weckung einer „geometrischen Neugier“ an Hand interessanter und merkwürdiger Problemstellungen: An Fragestellungen aus der Topologie ist dabei in erster Linie gedacht, aber auch an das Entdecken vielfältiger Gesetzmäßigkeiten geometrischer Probleme. Wichtig ist dabei, daß der Lehrer behutsam ohne Gängelung zu einer von den Schülern selbst vollzogenen Erkenntnisgewinnung führt. Hilfe dabei sind tabellarische Anordnungen.

5. Artikulationsmodelle für den Geometrieunterricht

Die folgenden Artikulationsmodelle sollen als Anregungen für die Unterrichtsgestaltung verstanden werden. Bei der Vorbereitung des Unterrichts sind in jedem Falle der zu erwartende Erfahrungshintergrund, die bereits vorhandenen Kenntnisse, Einsichten, Begriffe und Fertigkeiten zu dem zu behandelnden Unterrichtsgegenstand zu eruieren. Die bereits im vorausgegangenen Unterricht gewonnenen Arbeitstechniken, Denkweisen und Darstellungsformen sind sinnvoll in die zu planende Unterrichtseinheit einzubeziehen. Neben der Vermittlung grundlegender geometrischer Begriffe sollen auch Arbeits- und Sozialtechniken, Denk- und Sprechfähigkeiten der Schüler eingeübt werden.

5.1 Artikulationsmodell für die Erarbeitung geometrischer Stoffinhalte

Artikulationsphase	Ziel	Methodische Möglichkeiten
5.1.1 Motivation 5.1.1.1 Problemausbreitung	Wecken des Interesses für das Neue. Sachbezogenes oder rein geometrisches Problem wird ausgebreitet; Problem soll aus dem Lebens- und Erfahrungsbereich des Schülers sein.	– Textdarbietung durch Lehrer, durch Schüler, durch akustische oder optische Medien – Sprechblasen, Rollenspiel . . . Hilfsmittel: Tafelskizze, maßstabsgetreues Modell, Diapostiv, Bild, Overheadprojektor . . .
5.1.1.2 Problemerfassung	Erfassen des sachbezogenen oder rein geometrischen Problems. Nach Möglichkeit sollte es zu einer Problemfindung durch die Schüler kommen; sollte dies nicht gelingen, so muß vom Lehrer eine Problemstellung erfolgen.	– Lautes, leises Lesen des Textes – Hinhören – Betrachten eines Bildes, eines Modells . . .
5.1.1.3 Problemerkenntnis	Erkennen und Trennen des Sachproblems und des mathematisch-geometrischen Problems. Das Problem muß für alle Schüler deutlich werden und formuliert werden. Die Problemfrage(n) ist (sind) deshalb sichtbar anzuschreiben. Die sachliche Fragestellung, die meist nur verbal angesprochen wird, wird in eine an der Tafel fixierte mathematisch-geometrische Fragestellung übergeführt.	Beispiele für sachliche und für mathematisch-geometrische Fragestellungen: – Welcher Spielplatz ist zum Spielen günstiger? Was ist das Besondere beim Quadrat gegenüber dem Rechteck? – Welche Verpackung ist am günstigsten? Welchen Zusammenhang finden wir zwischen Oberfläche und Volumen eines Quaders? Möglichkeiten für eine Schulung der Überführung: – Auswahlfragen anbieten: eine mathematisch-geometrische Frage paßt zur Sachfrage. – Schlüsselwörter werden für die mathematisch-geometrische Frage vorgegeben.
5.1.2 Überlegungen zur Problemlösung	Vorläufiges, hypothetisches Lösen des mathematisch-geometrischen Problems aufgrund von Vorwissen und Vorkenntnissen.	In Einzel-, Partner- oder Gruppenarbeit wird nach Lösungsvorschlägen gesucht. Die Lösungsvorschläge werden von den Schülern verbalisiert und an der Tafel festgehalten.

Artikulationsphase	Ziel	Methodische Möglichkeiten
		Hilfsmittel: Modelle, Zeichnungen, Geräte wie Lineal, Zeichendreieck, Schere, Geodreieck . . ., Pappfiguren . . .
5.1.3 Durchführung der Lösung	Die Lösungsdurchführung erfolgt meist in tätiger Auseinandersetzung mit dem geometrischen Lerngegenstand. Bei der Planung dieser Phase ist zu berücksichtigen, ob das Neue auf bereits Bekanntes zurückgeführt werden kann. Der Lehrer organisiert Materialien, die für die Lösungsdurchführung notwendig sind, so daß die praktische Ausführung von den Schülern selbst vollziehbar ist. Der Lehrer greift nur dann ein, wenn eine Steuerung notwendig wird.	Mögliche Tätigkeiten: zerlegen, drehen, ergänzen, zerschneiden, falten, verschieben, spiegeln, anstückeln, umschütten, einfüllen, messen, vergleichen . . . Zurückführen auf bereits Bekanntes: Auffinden des Flächeninhaltes des Trapezes → Zurückführung auf Flächeninhalt eines flächeninhaltsgleichen Rechtecks; Flächeninhalt eines Vielecks → Rückführung auf Flächeninhalt von bereits bekannten Figuren wie Dreiecke und Vierecke
5.1.4 Abstraktion der gewonnenen Ergebnisse	Die Ergebnisse und Erkenntnisse, die sich aus der Lösungsdurchführung ergeben haben, werden schrittweise abstrahiert. Die Schüler sollen in zunehmendem Maß an Abstraktionsfähigkeit gewinnen. Deshalb werden nach dem effektiven Operieren, das vorwiegend in der Durchführung der Lösung vollzogen wurde, durch graphisches Darstellen und formales Operieren unterschiedliche Abstraktionsniveaus geschaffen. Es ist allerdings vom Lerngegenstand abhängig, ob alle Phasen durchlaufen werden müssen, ob eine Phase nur kurz oder gar nicht notwendig ist. Das Abstraktionsniveau wird schrittweise gesteigert.	Mögliche Tätigkeiten für graphisches Darstellen: zeichnen, durchpausen, mit Schablone umgehen, spiegeln, drehen, verschieben, Skizzen, Diagramme anfertigen . . . Mögliche Tätigkeiten für formales Operieren: Berechnungsformeln gewinnen, anwenden, umstellen, mit Berechnungsformeln rechnerisch umgehen; grundlegende geometrische Begriffe und Verfahren kennenlernen . . . Am Ende wird die neue Erkenntnis, der neue Lehrsatz, die gefundenen Ergebnisse von Schülern in Merksätzen formuliert und an der Tafel, bzw. auf dem Arbeitsblatt festgehalten.
5.1.5 Sicherung der gewonnenen Ergebnisse	Die neu erworbenen Erkenntnisse werden gesichert und gefestigt. Eine vorschnelle Automatisierung im Sinne einer gedankenlosen Mechanisierung ist zu verhindern.	
5.1.5.1 Variation der gewonnenen Ergebnisse		Die gewonnene Figur bzw. das Verfahren, der Begriff werden verändert, indem man die Lage der Figur, die angegebenen Größen, die Sachsituation ändert.
5.1.5.2 Integration der gewonnenen Ergebnisse	Die Ergebnisse werden in größere Zusammenhänge eingeordnet. Strukturiertes Wissen haftet länger.	Beispiele für Einordnung: – Flächeninhaltsformel wird in den Zusammenhang von Umfangsformel gestellt; – Volumenformel wird in den Zusammenhang mit der Oberflächenformel gestellt; – Dreieck wird in Ordnungsübersicht der Dreiecke gestellt;

Artikulationsphase	Ziel	Methodische Möglichkeiten
		– Viereck wird in das „Haus der Vierecke“ gestellt; – Körper wird klassifiziert in Säulen, spitze Körper. Gemeinsamkeiten der Oberflächenberechnungen und der Volumenberechnung bei den Säulen, bei den spitzen Körpern werden herausgestellt.
5.1.5.3 Anwendung der gewonnenen Ergebnisse	Die gewonnenen Ergebnisse werden in zunehmend komplexeren Aufgabenstellungen angewandt.	Auf selbständiges Lösen der Aufgaben durch die Schüler ist zu achten. Differenzierungsmaßnahmen in qualitativer und quantitativer Sicht sind angebracht.

5.2 Artikulationsmodell für die Behandlung einer Sachaufgabe in Geometrie

5.2.1 Vorphase

5.2.1.1 Ergebniskontrolle der Hausaufgabe

- Vorlesen der richtigen Ergebnisse
- Einblenden von Kontrollfolien
- Kontrolle der Ergebnisse in Partnerarbeit
- Stichproben durch den Lehrer.

5.2.1.2 Exposition

Die Schüler sollen für die Unterrichtseinheit zur Konzentration und Arbeitsdisziplin hingeführt werden. Auf motivierende Aufgabenstellung muß geachtet werden.

- Kopfgeometrie (sicheres, geläufiges und schnelles Verfügbarmachen einfacher geometrischer Inhalte in der Vorstellung) oder
- Kopfrechnen (Schaffen eines einsichtigen Automatismus im Umgang mit geometrischen Größen).

5.2.2 Problemerkenntnis

5.2.2.1 Vorbereitung des Sachhintergrundes

- Sachgespräch führt in Verbindung mit optischen und akustischen Mittlern zur Sachaufgabe hin.
- Hörspielszene, Vorführen eines Situationsspieles durch Schüler führt in den Sachbereich ein.

Vorhandenes Wissen der Schüler zum Sachfall wird miteinbezogen.

5.2.2.2 Übergabe der Sachaufgabe

Um eine gründliche Durchdringung der Sachaufgabe zu ermöglichen, ist es notwendig, daß Text- bzw. Bildinformation der Sachaufgabe den Schülern während der gesamten Unterrichtseinheit zur Verfügung steht (Tafel, Arbeitsblatt, Schulbuch . . .).

5.2.2.3 Erfassen der Sachaufgabe

- Betrachten des Bildmaterials, Erfassen der Sachaussage des Bildes
- Lautes Lesen, leises Lesen
- Sachklärungen
- Verständniskontrollen des sachlichen und sprachlichen Aspekts (durch: Wiedergabe des Textes mit eigenen Worten, Textverkürzungen, Texterweiterungen)

5.2.2.4 Erkennen des Sachproblems

Mögliche Fragen:
- Darf der LKW über die Brücke fahren?
- Wie weit ist es von Ort A nach Ort B?
- Wie hoch ist der Turm?

5.2.2.5 Auffinden der gegebenen Daten

- Unterstreichen der gegebenen Daten im Text
- Die gegebenen Daten werden in Verbindung mit der Bild- bzw. Textinformation gebracht
- Die gegebenen Daten werden in geometrische Begriffe übergeführt (z. B. die Röhren sind Hohlzylinder, Wassergefäß hat die Form eines Zylinders, der Fußboden des Turmzimmers hat die Form einer regelmäßigen Sechseckfläche).

5.2.2.6 Auffinden und Formulieren des geometrischen Problems

Schüler formulieren nach Möglichkeit selbst die Zielangabe der Unterrichtseinheit in Frageform.
- Wieviel wiegen die Eisenhohlzylinder?
- Welche Höhe hat das Wasser im zylindrischen Gefäß?
- Welche Körperhöhe hat die Quadratsäule?

5.2.3 Problemlösung

5.2.3.1 Anfertigen von Situations-, Planskizzen bzw. Auswerten von vorhandenen Modellen

Die Skizzen und die Modelle sollen einerseits genügend Hinweise auf die konkrete Situation enthalten, andererseits aber auch die geometrische Durchdringung anbahnen.

5.2.3.2 Erarbeiten von Lösungsvorschlägen

In Einzel-, Gruppen- oder Partnerarbeit werden Lösungsvorschläge entwickelt. Diese Lösungsvorschläge werden gemeinsam diskutiert.

5.2.3.3 Aufstellen eines Lösungsablaufes

- Die Verbindung der Einzeloperationen miteinander wird mit Rechenplänen visualisiert; die Gesamtoperation wird aufgestellt; oder:
- Die notwendigen Einzelkonstruktionen werden aufgezeigt; der Ablauf der Einzelkonstruktionen wird in einem Ablaufschema festgehalten.

5.2.3.4 Überschlagen

Die Zahlenwerte der geometrischen Größen werden so gerundet, daß sie mühelos im Kopf berechnet werden können; die Größenordnung der Teilbzw. Gesamtergebnisse wird auf diese Weise ermittelt.

5.2.3.5 Vollzug der rechnerischen Bewältigung bzw. Durchführung der Verfahren

Auf Sorgfalt, Genauigkeit, Übersichtlichkeit, richtigen Umgang mit geometrischen Geräten wird Wert gelegt. Auf Vermeidung von Rechenfehlern wird geachtet.

5.2.3.6 Vergleich des Überschlages mit der schriftlichen Berechnung

Auf Differenzierung ist in der Problemlösungsphase (5.2.3) zu achten. Die Schritte 5.2.3.3–5.2.3.6 können die Schüler selbständig ausführen, die bereits Sicherheit bei der Herauslösung geometrisch-mathematischer Zusammenhänge aus einer Sachsituation und im technischen Bereich (Ausführung der Rechnung, Ausführen der Verfahren) besitzen. Schüler, die ein noch unsicheres Umsetzvermögen zeigen, aber relativ sicher die technischen Abläufe ausführen können, sollten nach 5.2.3.3 abgekoppelt werden.
Schüler, die ein noch unsicheres Umsetz- sowie eine unsichere Verfahrenstechnik zeigen, sollten durch Lehrer- oder auch Patenhilfe von Schülern eine Förderung in möglichst beiden Bereichen erhalten.

5.2.4 Ergebnisfeststellung

5.2.4.1 Publizierung der Ergebnisse

- Einblenden von Kontrollfolien
- Ergebnisse in den an der Tafel vorhandenen Rechenplan eintragen
- Ausdrücken der Ergebnisse in Antwortsätzen.

5.2.4.2 Aktualisierung der Zielsetzung

- Rückführung der Ergebnisse in den Sachbezug
- Vergleich der Ergebnisse mit Größenordnungen, die dem Schüler aus dem Alltag her bekannt sind.

5.2.5 Festigung und Sicherung der Lösungsstrategie

Sichern der geometrisch-mathematischen Lösungsstrukturen durch
- Angabe von Rechenvorteilen
- Aufzeigen anderer Lösungsmöglichkeiten
- Aufzeigen der funktionalen Abhängigkeiten durch Verändern der Größen (was wäre, wenn . . .)
- Ausführung von Aufgaben mit neuen Zahlenwerten und neuen Sachsituationen (zunehmende Schwierigkeit in sachlicher, sprachlicher sowie geometrisch-mathematischer und rechnerischer Hinsicht).

5.3 Artikulationsmodell für eine Übungseinheit

Vorbemerkungen: Auch in der Geometrie glaubte man in einem Überschwang der Mathematisierung, die notwendigen geometrischen Verfahren sowie der rechnerische Umgang mit geometrischen Größen werde sich als Folge einer Aufbereitung in enaktive, ikonische und formale Phase von selbst einstellen.
Auch heute noch verleitet die Stoffülle dazu, die Lerninhalte nur soweit einzuüben, daß sie bei der nächsten Leistungsüberprüfung verfügbar sind. Doch dann setzt leider das Vergessen dieser Lerninhalte sehr schnell ein. Eine Verwirklichung des spiralig aufgebauten Lehrplans fällt auch deshalb besonders schwer. Aus der Lernpsychologie ist bekannt, daß Inhalte besser behalten werden, wenn man sie trotz momentaner Beherrschung noch einige Male durchführt. Erneutes Üben dieser Sachverhalte bringt zwar keine weiteren Lernergebnisse mit sich, jedoch wird der Ver-

gessensprozeß aufgehalten, zumindest jedoch verlangsamt. Wird ein Lerngegenstand öfter als zur völligen Beherrschung notwendig ist, wiederholt, so spricht man vom Überlernen (Overlearning).
Dieses Überlernen ist bei immer wiederkehrenden geometrischen Stoffinhalten angebracht (z. B. Umfang und Flächeninhalt, Oberfläche und Volumen, Berechnungsformeln für Umfang und Flächeninhalt, Oberfläche und Volumen, Grundkonstruktionen). Überlernen darf aber nicht zu geistlosen Wiederholungen werden, die sehr schnell zum Überdruß führen. Diese wiederholenden Übungen müssen vielmehr immer wieder in einen neuen Zusammenhang gebracht werden. Als didaktischer Ort für Überlernen ist besonders die kopfgeometrische bzw. kopfrechnerische Phase geeignet.

5.3.1 Vorphase

a) Vorbereitung der für die Übungseinheit benötigten Arbeitsmaterialien (Block, Heft, kariertes Blatt, Zirkel, Geodreieck, Bleistift, Lineal . . .)
b) Ergebniskontrolle der Hausaufgabe (Vorlesen der Ergebnisse durch Lehrer oder Schüler; Vergleich und Diskussion verschiedener Lösungsausführungen; Kontrollfolien. Partnerkontrolle durch Heftaustausch).

5.3.2 Kopfgeometrische bzw. kopfrechnerische Phase

Kopfgeometrie: Einfache geometrische Inhalte, die in der Vorstellung ausgeführt werden. Sie sollen die räumliche Vorstellung der Schüler fördern und damit die Raumanschauung schulen.
Kopfrechnen: Vorwiegend soll die Rechenfertigkeit gesteigert werden. Die Übungen lassen sich auch in eine Sachsituation kleiden. In diesem Fall läßt sich neben der Rechenfertigkeit auch die Rechenfähigkeit schulen. Durch diese Übungen (5–10 Minuten) soll eine für die Unterrichtseinheit brauchbare Konzentration und Arbeitsdisziplin erreicht werden. Die Übungen können sichern (im Sinne des Überlernens), aber auch vorbereitenden Charakter für diese Unterrichtseinheit besitzen.
Möglichst Partnerkontrolle; Ergebnisse auf Kontrollfolie einblenden.

5.3.3 Hauptphase

a) Angabe des Übungsziels: Übungsnotwendigkeit sollte sich aus Selbsterfahrungen der Schüler entwickeln.
b) Gemeinsame Bearbeitung eines modellhaften Übungsbeispiels: Aufstellen und Begründen der Einzelschritte; Aufzeigen des Ablaufes der Einzelschritte; Hinweise auf oft vollzogene Fehler; Aufzeigen von Möglichkeiten zur Fehlervermeidung.
c) Arbeitsanweisung zur differenzierten Aufgabenstellung: Klare, deutliche Arbeitsanweisung, die auch Angaben über auszuführende Notationsform enthält; Leerlauf durch ausreichendes Übungsangebot vermeiden; qualitatives und quantitatives Aufgabenangebot einplanen.
d) Differenziertes Üben: Selbständiges Arbeiten; zunächst selbständige Arbeit, dann Lehrerhilfe; Betreuung durch Lehrer; Helfersystem durch Schüler; eventuell mediale Differenzierung durch enaktive, ikonische und formale Übungsangebote beachten; auf lustbetonte und abwechslungsreiche Übungsformen achten; Selbstkontrollmöglichkeiten (Kontrollzahlen, Auswahl von Ergebnissen . . ., einplanen).

5.3.4 Kontrollphase

a) Ergebnisfeststellung: Zunächst Selbstkontrolle, anschließend gemeinsame Ergebnisfeststellung durch Kontrollfolien.
b) Bewertung des Übungserfolgs durch Schüler: Schüler berichten von noch vorhandenen Lösungsschwierigkeiten; Schüler berichten über Lernfortschritte.
c) Arbeitsrückschau: Lösungsschritte und Lösungsschwierigkeiten werden noch einmal aufgezeigt.
d) Ausblick auf die nächste Übungseinheit.
e) Hausaufgabenstellung: Hausaufgabe entwickelt sich aus der Übungsarbeit.

B) Erarbeitung und Sicherung der geometrischen Stoffinhalte in der Hauptschule

Im praktischen Teil wurde die themenbezogene Strukturierung gewählt, die das rasche Auffinden der einzelnen Abschnitte anhand des Inhaltsverzeichnisses ermöglicht.
Innerhalb der Kapitel erfolgte die Aufgliederung des Stoffes in kleine, leicht nachvollziehbare Lernsequenzen, wobei das Bewußtmachen von Querverbindungen zu bereits bekannten Lerninhalten ein besonderes Anliegen war.

Bei den Beispielen wurde Wert auf leichte Transferierbarkeit gelegt. Die Lösungen sind meist gestrichelt, in Klammern oder darunter angegeben.
Die Abbildungen werden verkleinert wiedergegeben. Bei der schülergerechten Aufbereitung sollte jede Darstellung auf einem eigenen DIN A 4 erfolgen, wozu die entnommenen Maße nur verdoppelt bzw. verdreifacht werden müssen.

1. Topologische Grunderfahrungen

1.1 Grundlegende topologische Begriffe und Bezeichnungen

Sie befaßt sich wie die Geometrie mit Gebilden der Ebene und des Raumes, betrachtet diese Gebilde aber unter einem besonderen Aspekt. Um diese Besonderheit der topologischen Eigenschaften sowie Betrachtungsweisen anschaulich zu machen, denke man sich eine Figur auf einem gummiartigen Tuch aufgezeichnet. Verzerrt man dieses Gummituch, ohne es an irgendeiner Stelle zu zerreißen, so wird die Figur im Sinne einer topologischen Abbildung verändert.

1.1.1 Topologische Eigenschaften

Folgende Eigenschaften lassen sich erkennen:

Abb. 21:

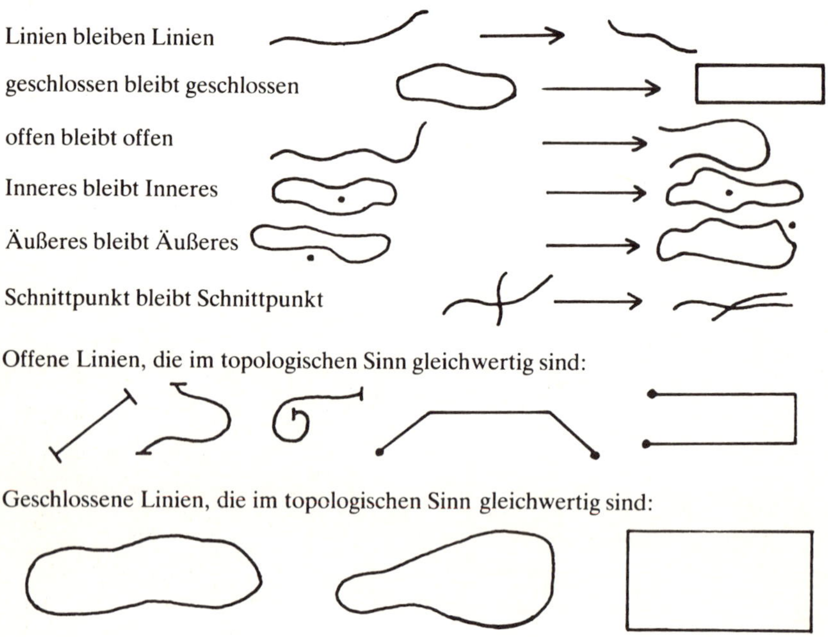

Untersuchungen von Stückrath sowie von Piaget haben ergeben, daß bei der Entwicklung des Raumverständnisses (siehe A. 2., Seite 17 f.) beim Kind die topologischen Beziehungen des Innen, des Außen, des Getrennten und Geschlossenen bereits schon im vorschulpflichtigen Alter erworben werden. Dann erst beginnt die Entwicklung des metrischen (euklidischen) Verständnisses für den Raum.

Im Unterricht werden die vom Kind vollzogenen topologischen Grunderfahrungen aufgegriffen und verständlich gemacht. Diese topologischen Grunderfahrungen haben ihren Stellenwert in entwicklungspsychologischer Hinsicht. Zum anderen sind die Lösungen der interessanten Aufgabenstellungen geeignet, einen erheblichen Beitrag zur Intelligenzförderung des Kindes zu liefern.

1.1.2 Geschlossene und nicht geschlossene Linien

– Welche Linien sind geschlossen, welche sind nicht geschlossen?

Abb. 22:

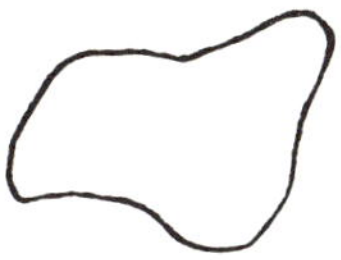

geschlossen ohne Knoten

nicht geschlossen; ohne Knoten

geschlossen; mit einem Knoten

nicht geschlossen; mit einem Knoten

- Es sollen geschlossene (nicht geschlossene) Linien mit einem (mit zwei, mit drei ...) Knoten gezeichnet werden.

Abb. 23:

geschlossene Linien mit ...			
einem Knoten	zwei Knoten	drei Knoten	vier Knoten

nicht geschlossene Linien mit ...			
einem Knoten	zwei Knoten	drei Knoten	vier Knoten
	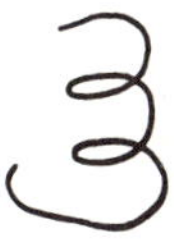		

- Möglichkeiten für Übungen mit tätiger Auseinandersetzung: Legen mit Schnüren, Drähten oder Wollfäden.

1.1.3 Innen, Außen, Rand

Eine geschlossene Linie zerlegt die Ebene in zwei getrennte Gebiete. Die Linie selbst ist die Grenze. Außen ist dasjenige Gebiet, in dem man sich beliebig weit von der Linie entfernen kann. Jede Verbindung eines Punktes, der innerhalb liegt, mit einem Punkt, der außerhalb liegt, schneidet die Linie in mindestens einem Punkt. Der Punkt liegt auf der Linie.

Für eine nicht geschlosssene Linie gibt es kein innerhalb und kein außerhalb.

Mögliche Übungsformen:

- Perlenschnur (bei geschlossener Perlenschnur läßt sich keine Perle abstreifen);
- Seile (Welche Schüler stehen innerhalb bzw. außerhalb des Seiles?);
- nicht geschlossene Seile (kein Bezug zwischen innerhalb und außerhalb möglich);
- Vorgabe von roten und schwarzen Punkten. Die roten bzw. schwarzen Punkte sollen innerhalb (außerhalb) eines Gebietes liegen. Die roten bzw. schwarzen Punkte sollen auf der Linie (auf dem Rand) des Gebietes liegen;
- Feststellen, ob Punkte innerhalb oder außerhalb eines Gebiets liegen.

Abb. 24:

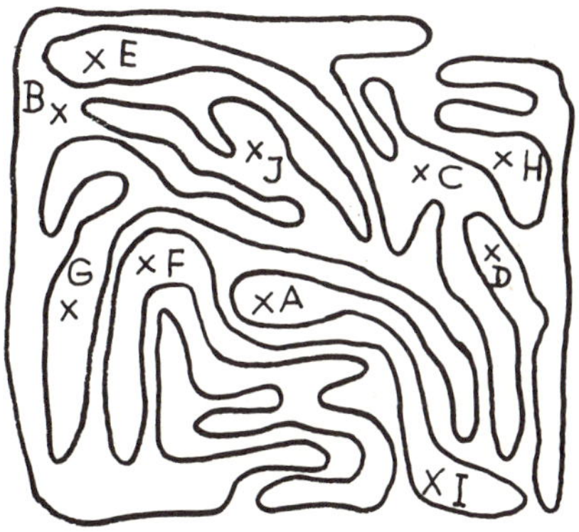

außerhalb des Gebietes	innerhalb des Gebietes
A	B
D	C
E	I
F	
G	
H	
J	

- Durchlaufen von Irrgärten: Bei diesen Aufgabenstellungen handelt es sich um eine Anwendung des Innen und Außen.
  Ein stetes Entlanglaufen an der Begrenzungslinie führt zwar oft unter Zeitverlust, aber dennoch sicher zum Ziel.

Abb. 25:

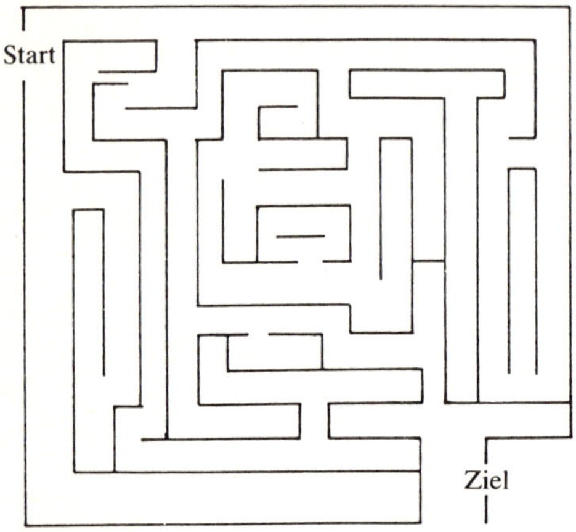

1.1.4 *Gebiete bei geschlossenen Linien*

Wie viele Gebiete entstehen bei einer geschlossenen Linie mit einem, zwei, drei, vier, n . . . Knoten?

Abb. 26:

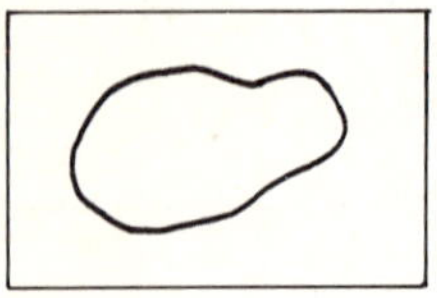

0 Knoten
2 Gebiete

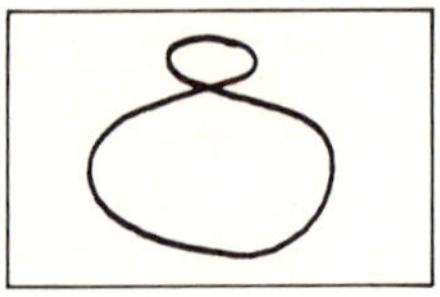

1 Knoten
3 Gebiete

2 Knoten
4 Gebiete

3 Knoten
5 Gebiete

4 Knoten
6 Gebiete

Es entstehen bei einer geschlossenen Linie mit n Knoten (n+2) Gebiete.

1.1.5 *Gebietseinteilungen*

Es geht bei diesen Übungen darum, Erfahrungen zu sammeln über verschiedene Lagebeziehungen von Gebieten. Dabei werden auch die logischen Verknüpfungen „nicht“, „und zugleich“ und „oder auch“ geübt.
Die Tabelle soll ausgefüllt werden:
Lösungen sind in Klammern angegeben.

Abb. 27:

	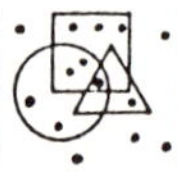		
Anzahl der Punkte, die im Quadrat, zugleich im Kreis und zugleich im Dreieck liegen	(1)	(0)	(0)
Anzahl der Punkte, die im Quadrat und zugleich im Kreis, aber nicht im Dreieck liegen	(2)	(1)	(0)
Anzahl der Punkte, die im Quadrat liegen	(6)	(6)	(2)
Anzahl der Punkte, die im Kreis, aber nicht im Dreieck liegen	(4)	(2)	(2)
Anzahl der Punkte, die nicht im Kreis, nicht im Dreieck und nicht im Quadrat liegen	(5)	(4)	(4)
Anzahl der Punkte, die nicht im Quadrat liegen	(8)	(8)	(8)

1.2 Netze

1.2.1 Bogen, Ecke, Ordnung der Ecken

Netze sind ein System aus Bogen (Linien) und aus Ecken (Kanten). Die Begriffe Bogen und Linien bzw. Ecken und Kanten sind gleichbedeutend. Jedoch werden im Zusammenhang mit Netzen die Begriffe Bogen und Ecken benutzt. Der Bogen ist eine Linie. Ecken sind die Eckpunkte der Linien.

Abb. 28:

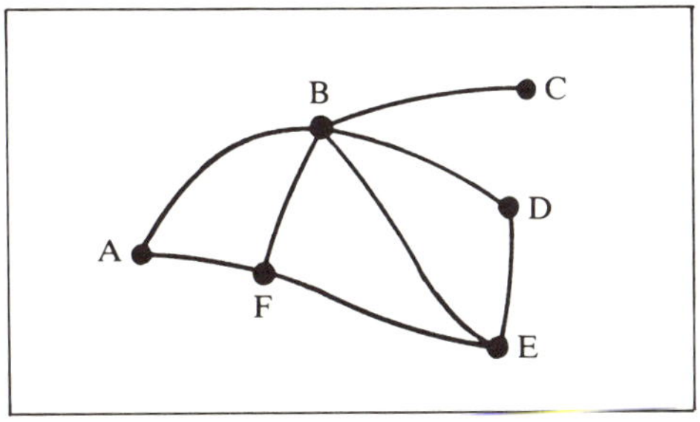

- In einer ersten unterrichtlichen Behandlung richtet sich der Blick auf die Art von Ecken: So gibt es Ecken mit einem Bogen, mit zwei Bogen, mit drei Bogen . . . Bei einer Ecke mit drei Bogen münden drei Bogen in die Ecke. Die Anzahl der einmündenden Bogen wird „Ordnung der Ecke" genannt.

Abb. 29:

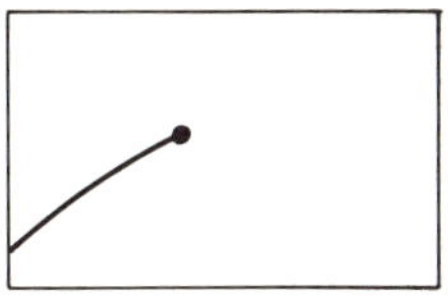

ein Bogen mündet in die Ecke.
Ecke der Ordnung 1

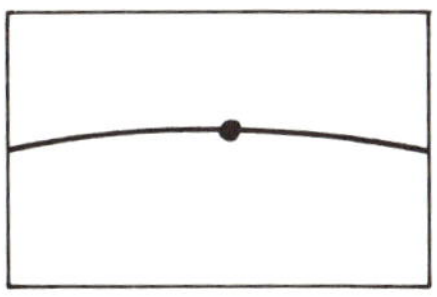

Zwei Bogen münden in die Ecke.
Ecke der Ordnung 2

Vier Bogen münden in die Ecke.
Ecke der Ordnung 4

- Die Ordnung der Ecken soll festgestellt werden. Die ermittelte Ordnung soll in die Tabelle eingetragen werden.

Abb. 30:

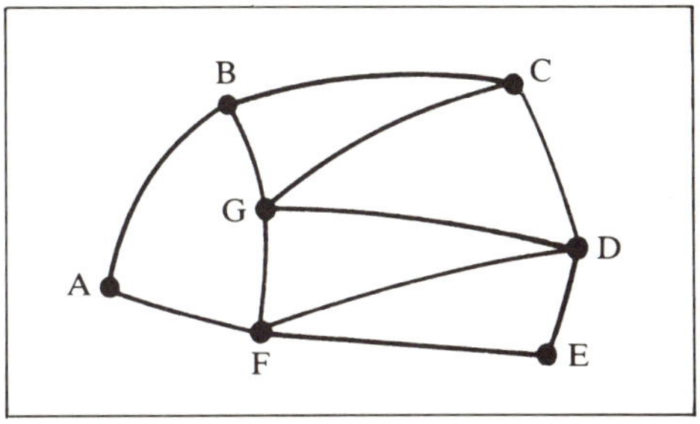

A	B	C	D	E	F	G
(2)	(3)	(3)	(4)	(2)	(4)	(4)

- Das Netz mit der Vorgabe der Ecken und der Vorgabe der Ordnungen der Ecken soll gezeichnet werden.

Abb. 31:

A	B	C	D	E
3	3	2	4	2

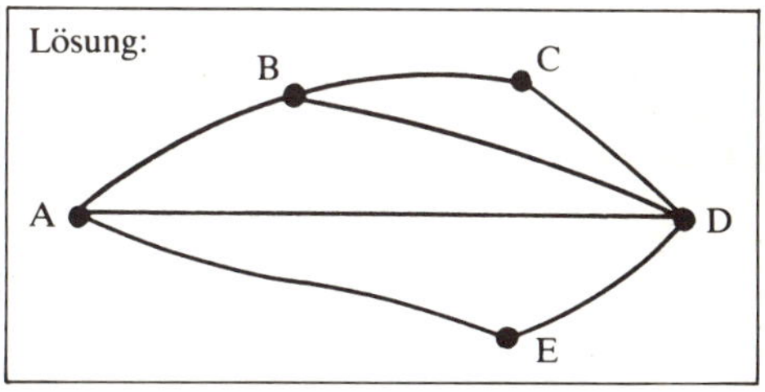

- In einer weiteren unterrichtlichen Behandlung wird der Zusammenhang zwischen der Anzahl der Bogen und der Summe der Ordnungen der Ecken untersucht. Die Anzahl der Ecken, die Anzahl der Bogen und die Summe der Ordnungen der Ecken werden in die Tabelle eingetragen.

Abb. 32:

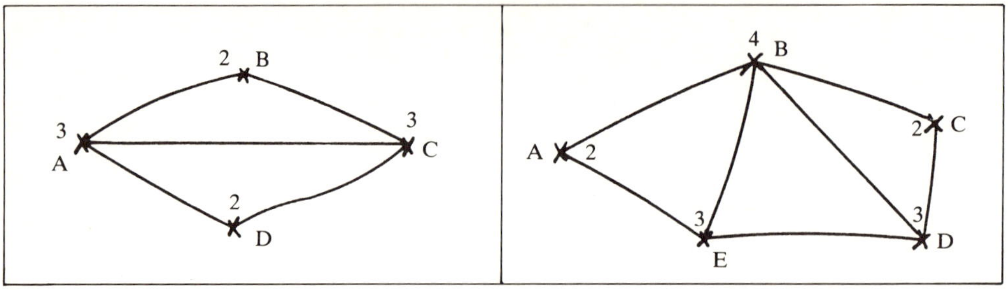

Anzahl der Ecken: (4)	(5)
Anzahl der Bogen: (5)	(7)
Summe der Ordnungen: (10)	(14)

Erkenntnis: Die Summe der Ordnungen ist doppelt so groß wie die Anzahl der Bogen.

1.2.2 Durchlaufen von Netzen

1.2.2.1 Das „Haus des Nikolaus“

Die Fragestellung des Durchlaufens eines Gebäudes in einem Zuge ist dem Schüler vom „Haus des Nikolaus“ bekannt.
Beginnend bei A oder B und endend bei A oder B kann das Haus des Nikolaus in einem Zug (ohne Absetzen) gezeichnet werden. Begleitend zum Erstellen des Gebäudes spricht der Schüler: „Das-ist-das-Haus-vom-Ni-kolaus.“

Abb. 33:

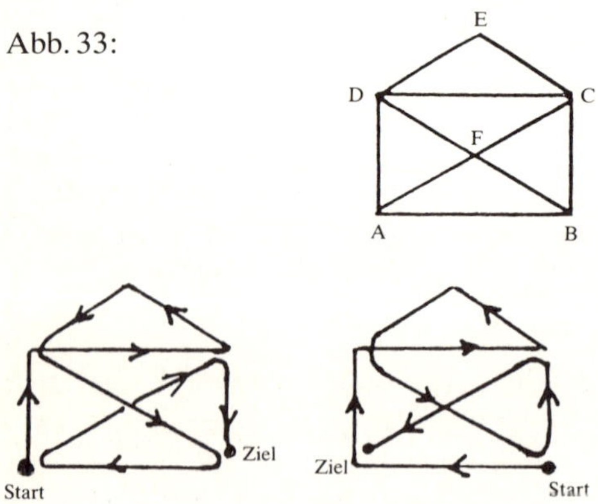

Folgende Netze können nicht in einem Zug durchlaufen werden. Mindestens an einer Stelle muß der Bleistift abgesetzt werden. Beim Durchlaufen in einem Zug sollte aber die Bleistiftspitze nicht vom Papier abheben. Es sollte auch kein Bogen doppelt gezeichnet werden.

Abb. 34:

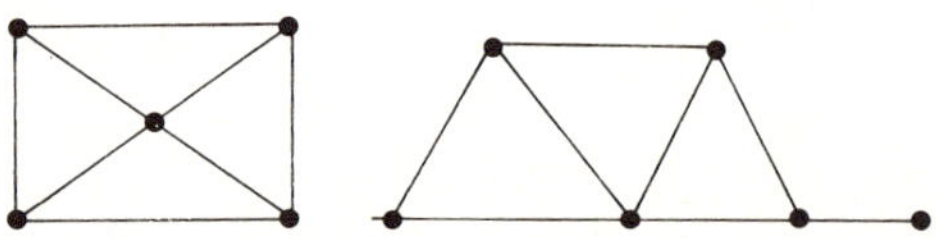

Der Schüler erkennt: Es gibt Netze, die in einem Zug (unikursale Netze) und die nicht in einem Zug durchlaufen werden können.

1.2.2.2 Erkennen von Gesetzmäßigkeiten für das Durchlaufen von Netzen

Die Schüler werden aufgefordert, die folgenden Netze in einem Zug mit dem Bleistift zu durchfahren. An der Ecke, an der der Schüler beginnt, soll er einen dicken Punkt zeichnen. Ebenso soll er die letzte Ecke mit einem dikken Punkt kennzeichnen. Der Schüler wird angeregt, nicht immer bei der gleichen Ecke zu beginnen.
Nach Feststellung, daß einige Netze bei einem bestimmten Anfangspunkt, einige von jedem Punkt und einige nicht in einem Zug durchlaufen werden können, werden die Schüler angewiesen, die Ordnungen der Ecken aufzunotieren. Anschließend werden die Netze in die Tabelle eingeordnet und die Gesetzmäßigkeit erkundet.

Abb. 35:

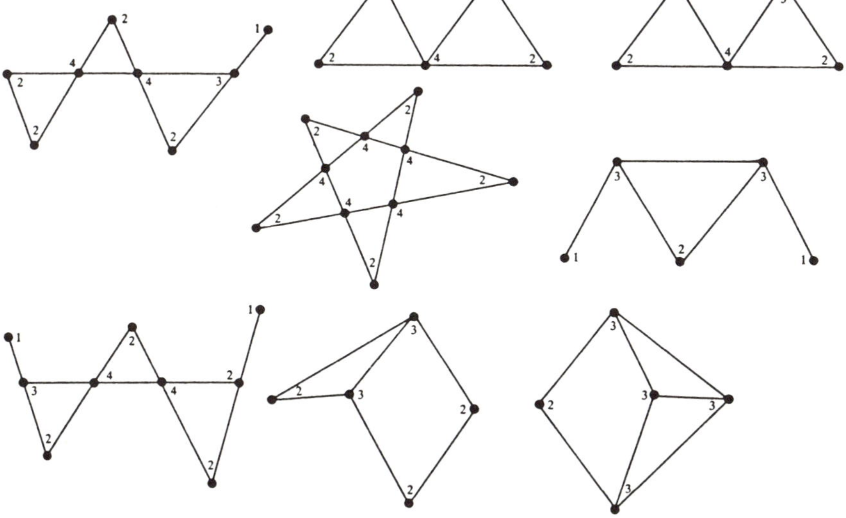

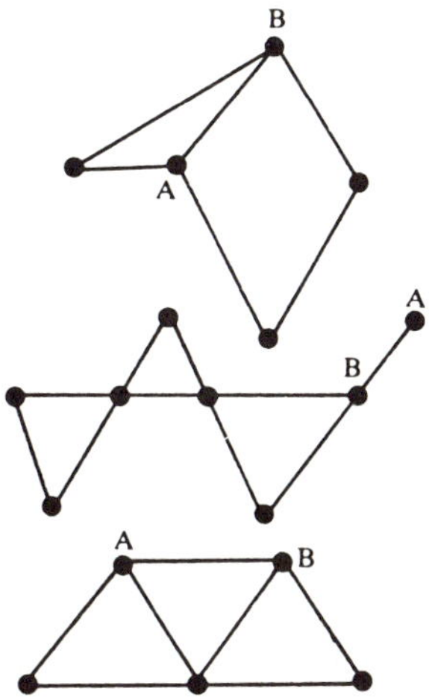	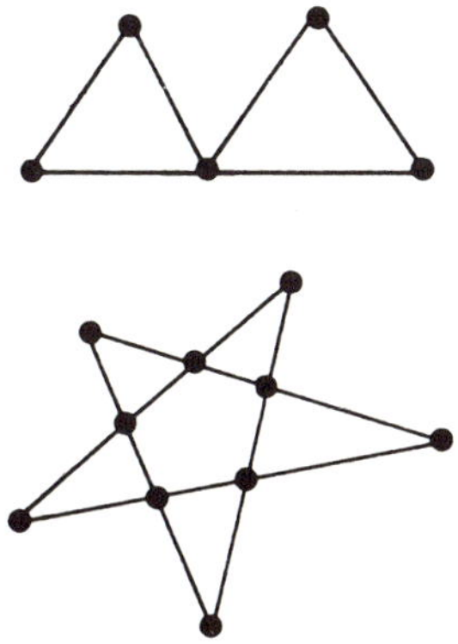	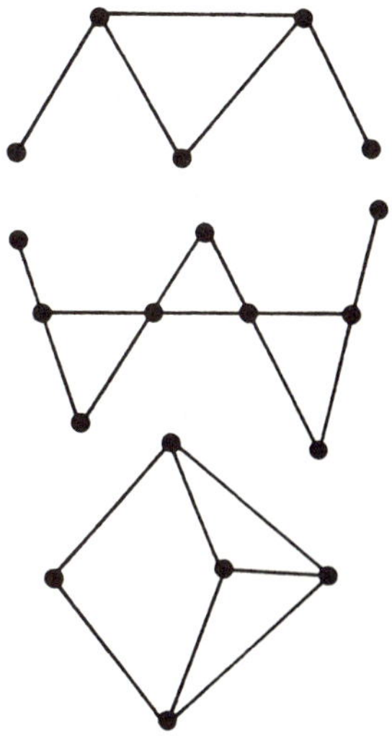
Die Netze können in einem Zug durchlaufen werden. Anfangs- und Endpunkt sind verschieden. Es können jeweils nur die Punkte A bzw. B Anfangs- bzw. Endpunkte sein.	Die Netze können in einem Zug durchlaufen werden. Anfangs- und Endpunkt fallen zusammen. Die Anfangspunkte können beliebig gewählt werden.	Die Netze lassen sich nicht in einem Zug durchlaufen.
unikursale Netze		nicht unikursale Netze
Anfangs- und Endpunkte sind die beiden Ecken mit ungerader Ordnung. Die Netze besitzen zwei ungerade Ecken.	Alle Ecken besitzen eine gerade Ordnung. Die Netze besitzen keine ungeraden Ecken.	Die Netze besitzen mehr als zwei ungerade Ecken.

1.2.2.3 Anwendung der Gesetzmäßigkeit: Das Königsberger Brückenproblem

Der Mathematiker Euler (1707–1783) stellte sich die Frage, ob er seinen Spaziergang durch die Stadt Königsberg so gestalten könne, daß er jede Brücke genau einmal überqueren könne. In der Stadt Königsberg vereinigen sich der Alte und der Neue Pregel zum Pregel. Am Zusammenfluß befindet sich die Insel, der Kneiphof. Auf diese Insel führen insgesamt fünf Brücken.

Abb. 36:

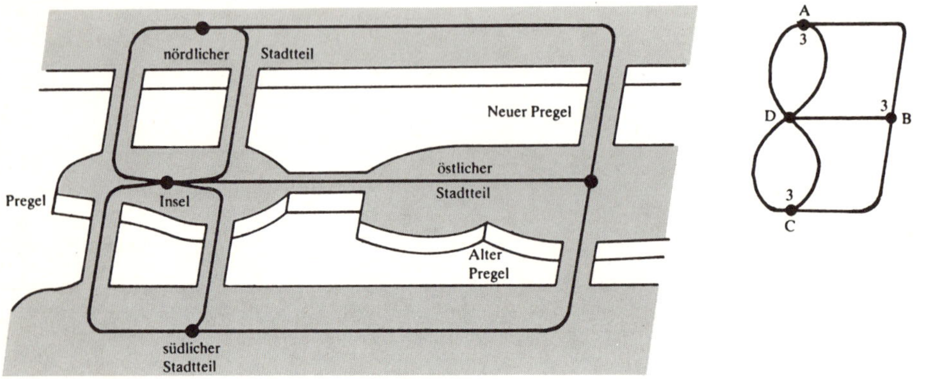

Spaziergang nicht möglich; das Netz besteht nur aus ungeraden Ecken.
Heute gibt es zwei weitere Brücken in Königsberg: eine Eisenbahnbrücke über den Pregel und eine zweite Brücke über den Alten Pregel. Vorausgesetzt, man läuft über die Eisenbahnbrücke, ergibt sich folgendes Netz:

Abb. 37:

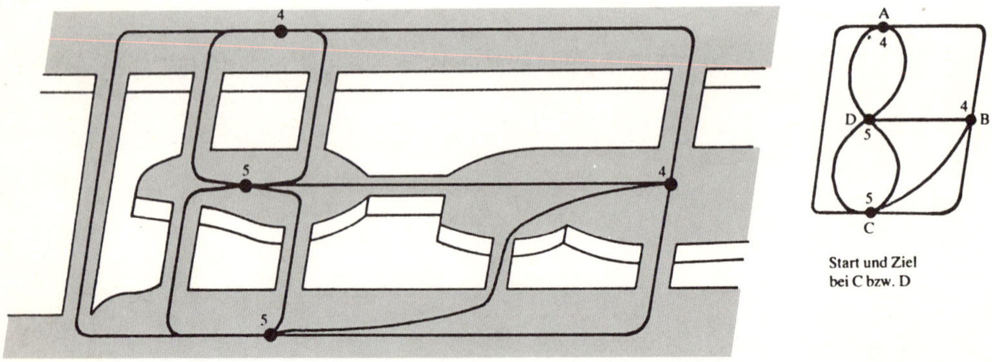

Spaziergang möglich; Ausgangspunkt ist eine Ecke mit ungerader Ecke. Endpunkt ist die andere ungerade Ecke.

1.3 Benachbarte Gebiete

1.3.1 Notationsformen

Zwei Gebiete sind dann benachbart, wenn sie eine gemeinsame Grenzlinie haben. Die Ergebnisse werden durch eine Relationstabelle oder in einem Relationsbild mit der Vorschrift: „. . . ist benachbart mit . . .“ eingetragen.

Abb. 38:

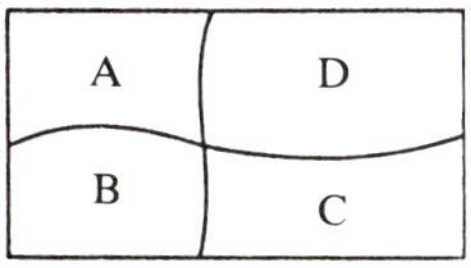

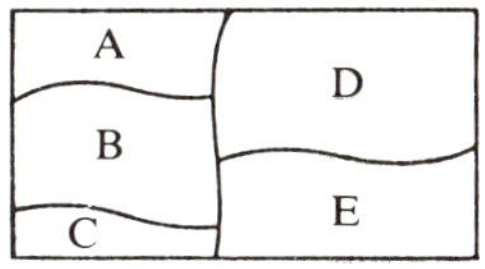

Relationstabelle

	A	B	C	D
A		x		x
B	x		x	
C		x		x
D	x		x	

	A	B	C	D	E
A		x		x	
B	x		x	x	x
C		x			x
D	x	x			x
E		x	x	x	

Relationsbild

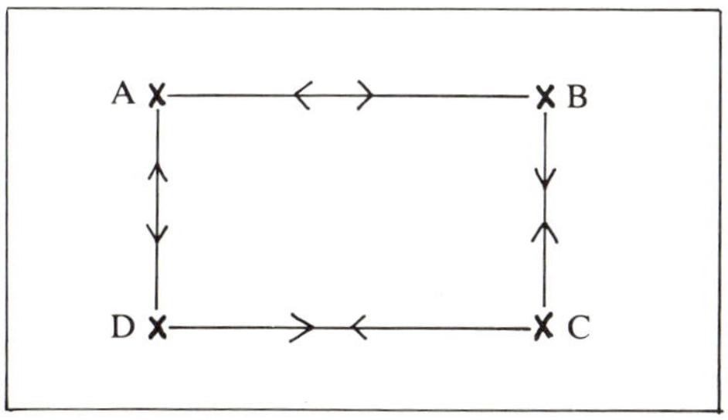

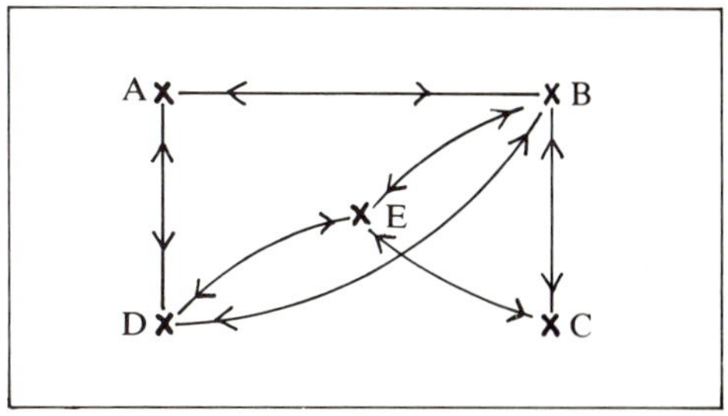

1.3.2 Zweifarbenprobleme

Wie viele Farben sind notwendig, damit je zwei benachbarte Gebiete verschieden gefärbt sind?

Abb. 39:

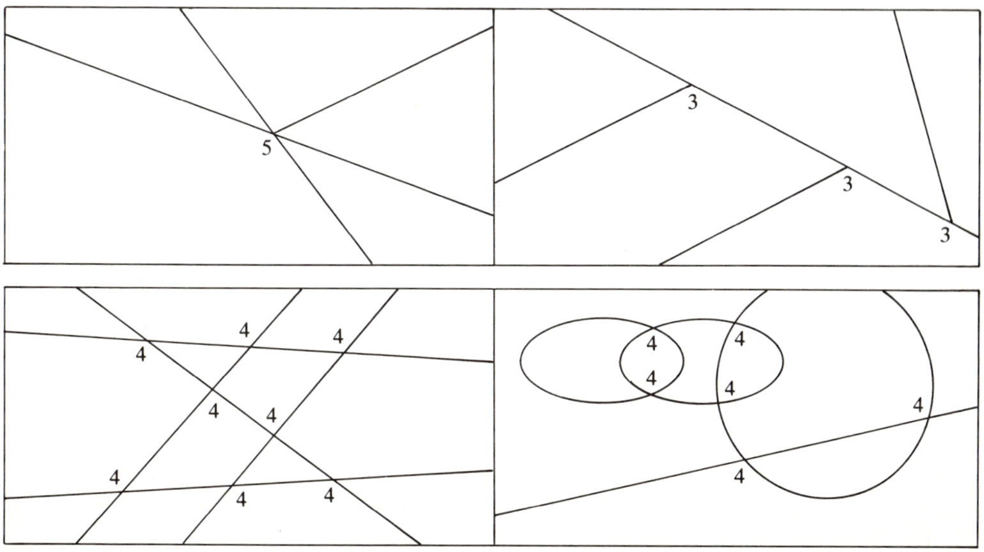

In der ersten Reihe reichen zwei Farben nicht aus. In der zweiten Reihe, obwohl die Anordnung der Gebiete komplizierter ist, reichen zwei Farben aus.

Erkenntnis:

Gebiete lassen sich mit zwei Farben färben, wenn die Ecken gerader Ordnung sind.

1.3.3 Vierfarbenprobleme

Zunächst müssen die Schüler erkennen, daß mit wachsender Anzahl die Gebiete nicht unbedingt die gleiche wachsende Anzahl von Farben benötigen. Der Schüler erkennt, daß er beim Färben dieser Gebiete mit vier Farben auskommt. Dies führt zu dem bis vor kurzem noch unbewiesenen Vierfarbenproblem.

Abb. 40:

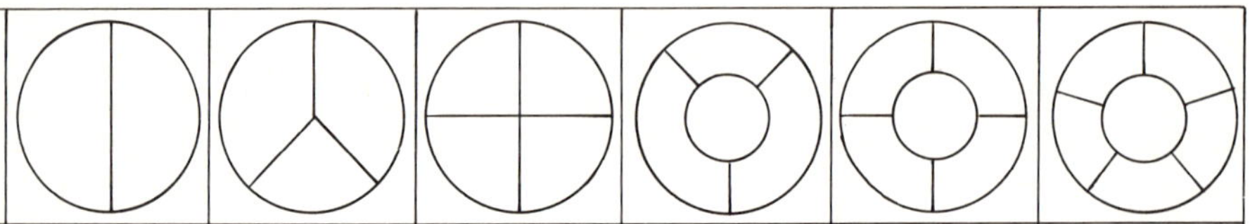

Anzahl der Gebiete	2	3	4	4	5	6
Anzahl der Farben	2	3	2	4	3	4

Die folgenden Gebiete sollen mit möglichst wenigen Farben gezeichnet werden. Der Schüler kommt mit vier Farben aus. Die Farben sind als Lösungshilfe für den Lehrer durch Buchstaben ersetzt.

Abb. 41:

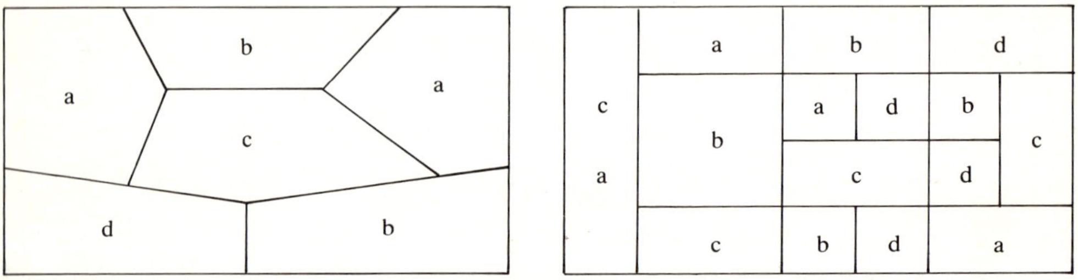

2. Fundamentalbausteine geometrischer Arbeit in der Hauptschule

2.1 Fehler und ihre Ursachen

2.1.1 Alltags- und Fachsprache im Widerstreit

Unbedingt zu beachten ist der unterschiedliche Sprachgebrauch mancher Ausdrücke im Alltag im Gegensatz zur Geometrie. Dem Kind fällt es sehr schwer, Zweideutigkeiten zu erkennen, wenn sie ihm nicht bewußt gemacht werden. Es ist auch nicht unbedingt bereit, eine zweite Definition widerspruchslos anzuerkennen, die eventuell gegen seine bisherigen Erfahrungen spricht.

Abb. 42:

Alltag	Geometrie
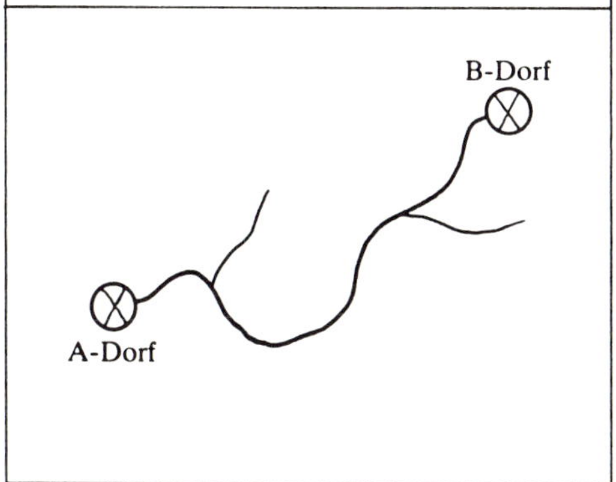	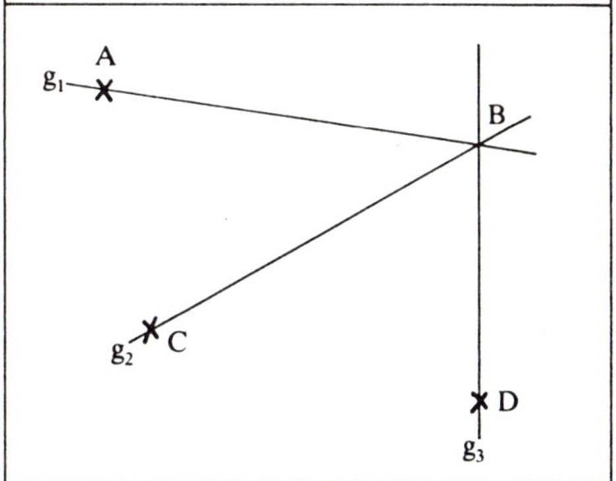
„man legt eine Strecke im Auto zurück" „eine kurvenreiche Strecke"	Auf den Geraden g_1, g_2, g_3 liegen die Strecken [AB],[BC],[BD]
Der Gärtner gießt mit breitem Strahl den Rasen	Vom Punkt A aus laufen die Strahlen s_1, s_2, s_3
	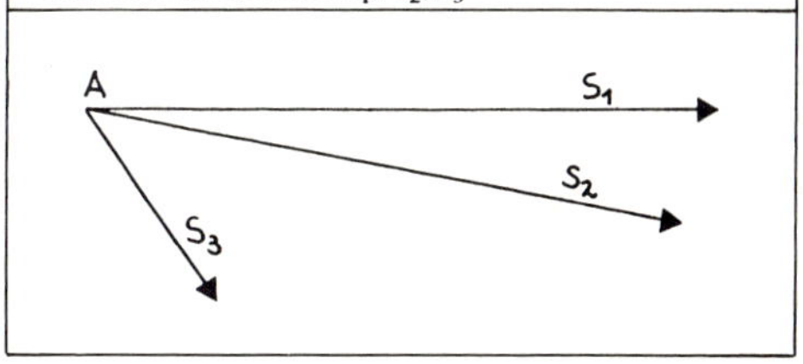

Solche Beispiele zeigen, in welchen Zwiespalt ein schwacher Schüler gerät, werden ihm Definitionen angetragen, diese aber nicht durchleuchtet und aufgearbeitet. Die Kindgemäßheit muß das Maß aller Stoffe und Mittel sein!

2.1.2 Sachbezug – geometrische Tatsache – Schülerverständnis

Die Einführung der geometrischen Grundbegriffe stellt sich auf den ersten Blick verhältnismäßig leicht dar. Schnell sind vermeintlich einfache und einleuchtende Beispiele aus der Umwelt gefunden.

Tatsachen und Gegenstände aus der Erwachsenenwelt führen nicht zu Bezügen aus der Kinderwelt.

Abb. 43:

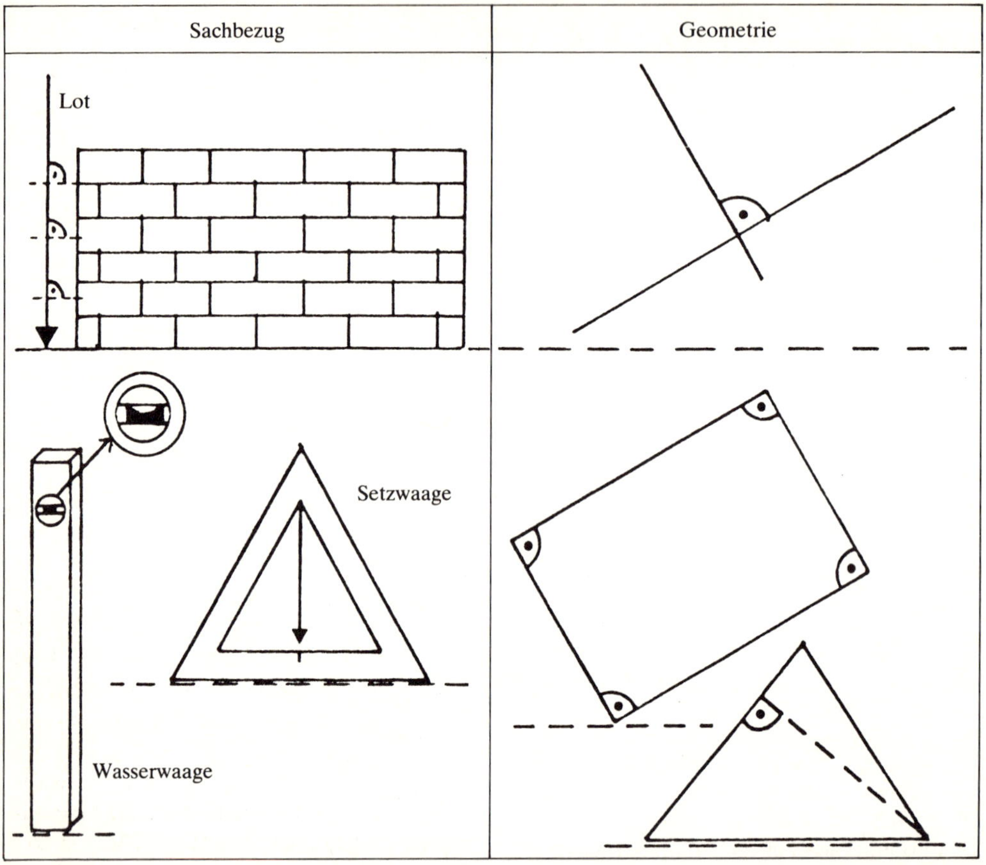

Sachbezüge stellen sich schnell als „erwachsen“ heraus, befragt man seine Schüler einmal nach Bedeutung und Nutzen der Beispiele. Welcher Fünftkläßler hat je eine Setzwaage gesehen oder gar in der Hand gehabt?
Bringt man diese Geräte ins Klassenzimmer, verbessert sich die Situation zwar um ein Mehrfaches, der geometrische Begriff wird aber keinen Schritt weiter aufgehellt.
Selbst Beispiele aus der kindlichen Umwelt sind in Frage zu stellen. Auch sie sind in den meisten Fällen, wie auch die Werkzeugbeispiele, von der Gravitation abhängig.
Zusätzlich wird der kritische Fachmann auf Ungenauigkeiten, Umwelteinflüsse und mögliche Zufälligkeiten hinweisen.
Auch ein tropfender Wasserhahn, dem Schüler bestimmt bekannt, ist nicht das ideale Beispiel.

Nach Vollzug der Abstraktion läßt sich keines der Beispiele mehr durchhalten. Meist weichen geometrische Figuren von der Ideallage (senkrecht zum Blattrand) stark ab.
Die Gravitation bleibt unbeachtet, ausschlaggebend ist der 90°-Winkel.
Die geschilderten Probleme werfen die Frage auf, ob man, um Fehler zu vermeiden, sofort den geometrischen Bezug wählen soll, oder ob man den Sachbezug wählen und Fehlinterpretationen zunächst in Kauf nehmen soll, um sie im Laufe des Abstraktionsprozesses auszuräumen.

Die Antwort liegt sicher in der Mitte:

- Auswahl der Beispiele nach entwicklungspsychologischen Grundsätzen (Altersstufengemäßheit)
- Berücksichtigung des Umweltbezuges

- der Gegenstand muß real vorhanden sein (Zeichnung genügt nicht)
- sofortiges Einbringen des 90°-Winkels

Abb. 44:

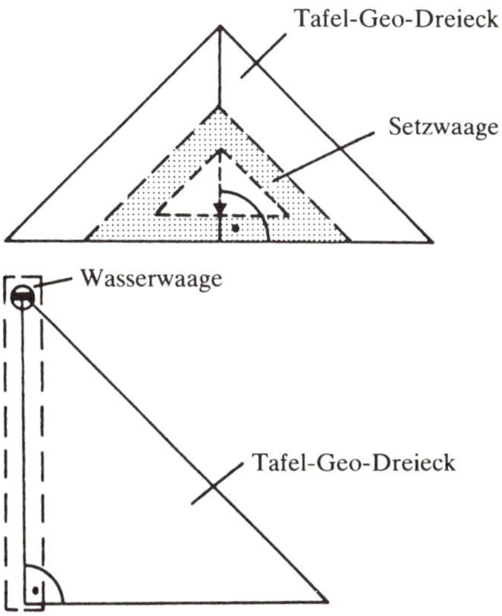

- Übertrag des „praktischen“ Begriffes in das Verständnis der geometrischen Fachsprache.

Parallelität im Sachbezug darzustellen, fällt leichter, obwohl nicht sicher ist, ob der Schüler ihn auch versteht.
So kann man fast auf das Argument warten, Eisenbahnschienen würden sich an einer Kreuzung doch schneiden. Das zunächst „leichte“ Beispiel wirft plötzlich Fragen auf. Der kindliche Gedankengang ist anders gelaufen als der des Erwachsenen.
Gleiche Probleme könnten sich bei dem Beispiel Stromleitung ergeben, wird sie von der Seite gesehen. Die „Geraden“ werden dann zu gekrümmten Linien.
Zur endgültigen Klärung muß wieder der 90°-Winkel eingebracht werden. In Verbindung mit genauem Messen an mehreren Stellen tastet man sich an die geometrischen Verhältnisse heran (einfache, handwerkliche Beweisführung).
Optische Täuschungen eignen sich an dieser Stelle, den eigentlich trockenen Stoff aufzulockern und die Schüler zum Zweifeln und Staunen anzuregen. Kritisches Herangehen an Lehrervorgaben wird dabei angebahnt.

Abb. 45:

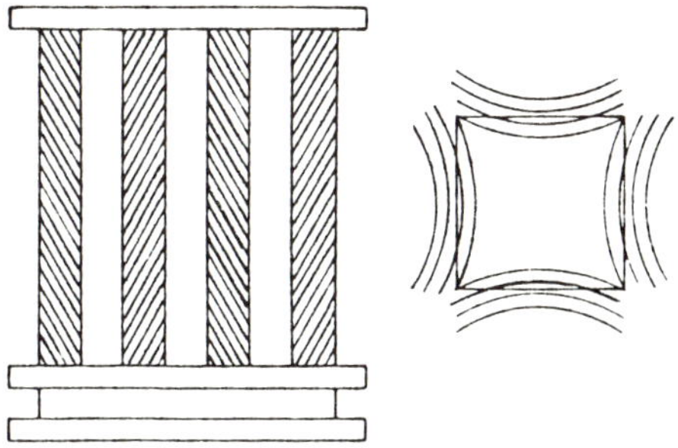

2.1.3 Unreflektierter Gebrauch der Fachsprache

2.1.3.1 Definitionen

Meist wird der neu eingeführte Stoff mit einem Hefteintrag abgerundet, der die wichtigsten Punkte der Unterrichtseinheit zusammenfaßt und im günstigen Falle auch grafisch strukturiert und erklärt.
Kaum zu vermeiden sind in solchen Einträgen Merksätze aller Art und Qualität. Diese Merkregeln stellen im Gesamtrahmen gesehen die abrufbereiten Definitionen für die tägliche Unterrichtsarbeit dar.
Schriebe man einmal alle *„Merke:!“* zusammen, käme sicherlich eine stattliche Liste zusammen, die einen zweifeln ließe, ob der Schüler das alles zu verarbeiten in der Lage ist. Erneut taucht das Problem der verantwortungsbewußten Auswahl und der behutsamen Formulierung bzw. Darstellung auf.

Beispiel:

> *Merke:* Die Gesamtheit aller Punkte, die zwischen A und B liegen, einschließlich der Punkte A und B selber, nennt man Strecke $\overline{AB}$ oder $\overline{BA}$ (auch [AB] oder [BA]).

oder

> *Merke:* Eine Strecke ist die kürzeste Verbindung von zwei Punkten.

oder

Hauptschulgemäß, da anschaulich und einfach:

Abb. 46:

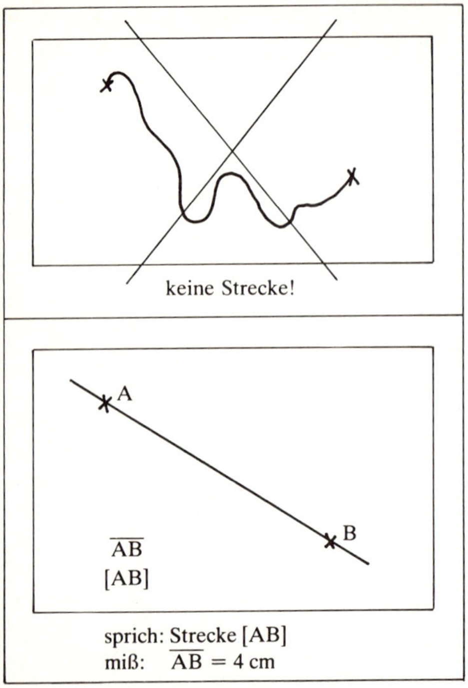

Häufig hört man aus Schülerantworten eine Flut von sprachlichen Formulierungen, die völlig unreflektiert verwendet werden.
Schon vorsichtiges Nachfragen deckt Unverstandenes unter der dünnen Oberfläche auf. Gründe für solches Verhalten lassen sich viele finden, zwei jedoch kommen mit Sicherheit aus der Unterrichtsarbeit:

- Fachausdrücke werden vom Lehrer benützt, aber nicht erklärt
- der Schüler benützt Fachausdrücke falsch, wird aber nicht umgehend korrigiert.

Beides sind leicht vermeidbare Fehler, die nicht nur im Mathematikunterricht auftauchen.
Hefteinträge und Merksätze, die als „Arbeitsnachweis" im Ordner verschwinden, tragen zu fehlerhaftem Gebrauch bei.

2.1.3.2 Fachsprache in Übungsaufgaben und Problembeschreibungen

Es ist leicht, mit Hilfe einer ausgefeilten Fachsprache Aufgaben kurz und bündig zu formulieren, also mit einem Minimum an Sprache ein Maximum an Information wiederzugeben. Hierzu tragen nicht nur Fachausdrücke bei, sondern oft ganze Satzstrukturen, die sich ihrer Brauchbarkeit wegen eingebürgert haben.

Aufgabe:

> Konstruiere durch A außerhalb einer gegebenen Geraden g einen Strahl s, welcher g unter einem Winkel von 75° schneidet.

Eine so formulierte Aufgabe muß trotz ihrer fachlichen Klarheit dem Hauptschüler in Einzelaufträge strukturiert werden. Bereits eine rein optische Gliederung bedeutet eine erhebliche Erleichterung. Zusätzlich muß der Text selbst durchforstet und angeglichen werden. Die Veranschaulichung durch eine Arbeitsskizze ist dabei nicht zu vergessen.
Die Aufgabe enthält mehrere Aufträge, die je nach Leistungsstand der Schüler schrittweise zu erfüllen sind bzw. deren Lösung angebahnt werden muß.

Mögliche Neuformulierung der Aufgabe:

> a) Zeichne auf dein Blatt eine Gerade so, daß nach oben mindestens 6 cm Platz bleiben. Nenne diese Gerade „g".
> b) Oberhalb der Geraden liegt der Punkt A ca. 4 cm entfernt.
> c) Zeichne vom Punkt A aus einen Strahl mit dem Namen „s" in Richtung „g" so, daß er „g" in einem Winkel von 75° schneidet.
> d) Benütze Zirkel und Geodreieck. Beginne mit der Konstruktion einer Senkrechten von A auf die Gerade g.

2.1.4 Ungenügende Sicherung der Grundbegriffe

Leicht läßt sich der Lehrer zum Gebrauch einer Fachsprache verführen, die er aus seiner Gymnasialzeit kennt.
Lehrpläne bedienen sich der gleichen Terminologie.
Daraus entstehen rasch Mißverständnisse, die

sich durch wenige Maßnahmen vermeiden ließen:

- Vereinfachte Darstellung der Problematik im Sprachniveau der Schüler.
- Exakte Begriffsklärung als ständiger Teil des Unterrichts.
- Reduktion der Fachausdrücke auf ein absolutes Minimum in Sprache und Schrift.
- Kritische Überprüfung von übernommenen Texten und Aufgaben aus Sekundär- und Parallelliteratur.
- Hinterfragen der amtlichen Lernziele nach schülergemäßen Lerninhalten und deren hauptschulgemäßen Aufbereitung.

Selbstverständlich muß dabei die sachlich/wissenschaftliche Exaktheit gewahrt bleiben. Sie soll nicht als äußerer Deckmantel dienen, unter dem einfache Sachverhalte dem Schüler unverständlich bleiben.
Für jeden Fachbegriff, der nicht unbedingt ein Fremdwort sein muß, läßt sich eine schülergemäße Ausdrucksweise finden, der er gedanklich zugeordnet werden kann und mit der der Schüler Verknüpfungen vollziehen kann.

Abb. 47:

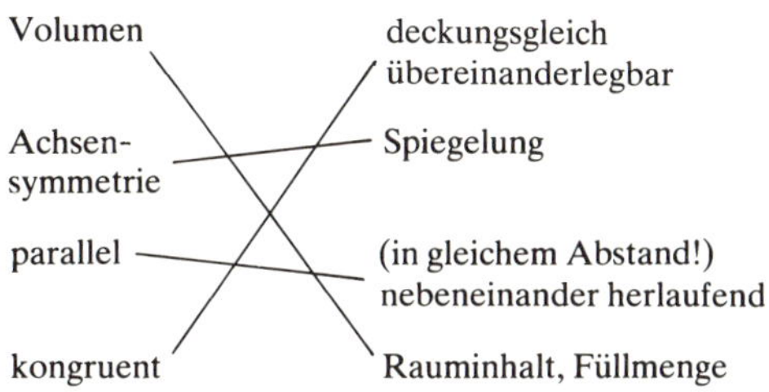

Der deutsche Ausdruck soll keinesfalls die Fachsprache ersetzen, sondern nur ihren Inhalt erklären. Ein auftauchender Fachausdruck sollte beim Schüler eine Assoziation hervorrufen.

2.1.5 Unzureichende Rahmenbedingungen

Welcher Lehrer hat nicht schon einen leisen Schock bei der Durchsicht häuslich angefertigter Deckblätter zum Geometrieordner erlitten.
Mit viel Mühe und Zeitaufwand hat er Beispiele geometrischer Muster gezeigt oder gar selbst an der Tafel konstruiert. Mit Eifer und gutem Willen sind die Schüler an die Arbeit gegangen, es ihm gleich zu tun. Der Erfolg blieb dürftig und enttäuschend für beide Seiten.

Abb. 48:

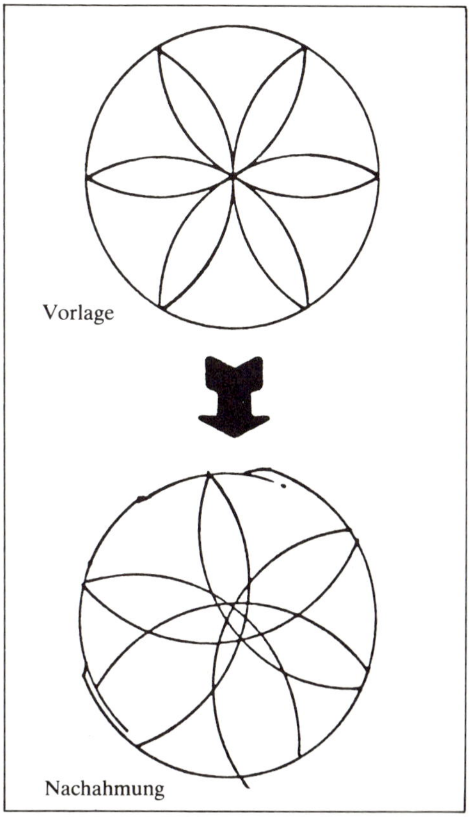

Spätestens nach diesem Erlebnis stellt sich die Frage nach der Fehlerquelle. Es gibt mehrere Ursprünge, die aber kaum isoliert auftreten, sondern mit ziemlicher Sicherheit zusammenspielen:

- Der Schüler ist entwicklungsmäßig (Feinmotorik) noch nicht reif für die gestellten Anforderungen
- der Schüler wurde im Umgang mit seinem Handwerkzeug nicht oder nur unzureichend geschult
- das Handwerkszeug war nicht brauchbar (defekt, ausgeleiert, minderwertig)
- die notwendigen Arbeitsverhältnisse waren ungenügend (Schreibunterlage, Arbeitsruhe, Papier, ...)
- der Schüler hat nicht erfahren, in welchem Zusammenhang Selbstkritik und Genauigkeit stehen

- der Kritiker war zu nachsichtig, bzw. selbst zu oberflächlich.

Je nach Altersstufe wird die eine oder andere Fehlerquelle dominieren. Einen Schuldigen zu suchen, wäre müßig.

2.2 Gegenmaßnahmen

2.2.1 Erziehung zur Genauigkeit und Schulung der Feinmotorik

Abhilfe kann durch eingehende Fehlersuche und -analyse geschaffen werden. Folgende Maßnahmen schaffen rasch Besserung:

- Konsequenz bei der eigenen Tafelarbeit (Sauberkeit, Genauigkeit, ruhiges, dem Alter angepaßtes Arbeitstempo, permanenter Einsatz der Tafelzeichengeräte)
- Beachtung des Vorbildcharakters bei der Gestaltung von Arbeitsblättern und Arbeitsfolien (Übersichtlichkeit, einwandfreie grafische Qualität)
- strenger Maßstab bei der Korrektur von Schülerarbeiten (Raumaufteilung, Sauberkeit, Genauigkeit)
- stoffbegleitende, ständige Schulung der Feinmotorik (Überschriften, Unterstreichen, Ränderziehen, Beschriftungen, Verbesserungen)
- ständige Kontrolle des Handwerkszeuges und Bestehen auf dessen Gebrauch (Lineal, Geodreieck, Zirkel, Bleistift, Radiergummi, Spitzer)
- Schulung im Gebrauch der Werkzeuge durch Einführung von Arbeitstechniken und Tips für den täglichen Gebrauch (richtiges Spitzen, richtiger Härtegrad der Minen, Fingerhaltung)
- Schaffung der Einsicht, daß der Zirkel (Geodreieck . . .) ein Arbeitsgerät aus der Berufswelt und keinesfalls ein Schülerinstrument ist.
- Abschaffen von Filzstiften und ähnlichem, sowie Verbot der Tintenkillerkorrektur in allen zeichnerischen Tätigkeiten. Diese beiden Instrumente verleiten den Schüler erfahrungsgemäß zu unsauberer, oberflächlicher Arbeit. Zudem ist Filzstift nicht mehr korrigierbar.

Angemerkt sei hier noch der hohe Zeitbedarf für ein solches Vorgehen. Der Erfolg aber wird den Aufwand rechtfertigen.

2.2.2 Schülergerechte Merkeinträge

Dem Schüler muß selbstgefertigtes Informationsmaterial ständig zur Verfügung stehen, um ihm die Möglichkeit des Nachschlagens zu bieten.

Anschauliche Merktafeln und Schaubilder unterstützen einen solchen Lernprozeß.

Abb. 49:

parallel:

aus dem griechischen
para – allos
neben ein ander

Merke: Der Ort aller Punkte, welche von einer festen Geraden g den gleichen Abstand d besitzen, ist das Parallelenpaar zu g im Abstand d.

parallel: a || b

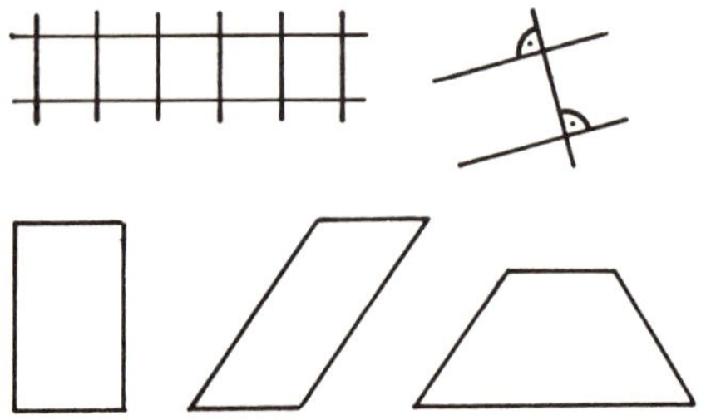

Parallelogramm, Rechteck, Raute, Trapez, Quadrat

Der Leser möge selbst entscheiden, welche Darstellung für einen Hauptschüler als Gedächtnisstütze und Lernhilfe dienen kann. Ähnliche Beispiele lassen sich für jeden Fachbegriff finden.
Es ist also grundsätzlich zu überlegen, will man *ableiten* und *definieren* oder *erklären* und den Lernprozeß *unterstützen.*

2.2.3 Sprachniveau in Sachaufgaben

Das Sprachniveau eines Schülers zu treffen ist schwer genug. Besonders bei der Formulierung und Auswahl von Sachaufgaben taucht dieses Problem ständig auf.

Beispiel:

a) Die Verspannung eines Antennenmastes . . .
b) Die Spanndrähte eines Antennenmastes . . .

c) Die Spannschnüre eines Zeltes . . .
d) Eine Fahnenstange wird von 4 Seilen aufrecht gehalten.

Nicht selten scheitert die Lösung einer Aufgabe an diesen unmathematischen Klippen. Unbeabsichtigt hat der Verfasser ein Problem anspruchsvoller gestaltet als vorgesehen.

Konsequenz:

- Jede Aufgabenstellung dem sprachlichen Niveau nach überprüfen
- Durch Begriffsklärungen vorbeugen
- Kindgemäße Sachbezüge auswählen und dabei vom Standpunkt der Erwachsenenwelt Abstand nehmen.

2.2.4 Übungen zur Sicherung der Grundbegriffe

2.2.4.1 Zuordnungen

Der Schüler stellt zwischen Symbol oder zeichnerischer Darstellung und Fachausdruck eine gedankliche Verbindung her. Dabei können leicht mehrere Zuordnungen gleichzeitig durchgeführt oder Begriffsfamilien gebildet werden.

Abb. 50:

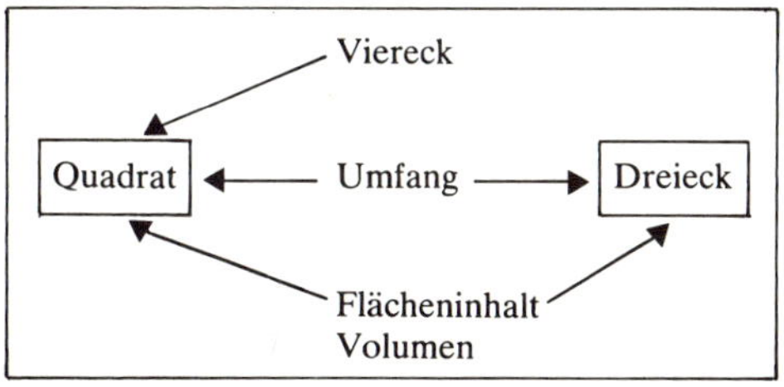

Das Einbringen falscher Materialien in das Angebot verhindert ein „Ratespiel“ und schärft Kritik- und Beobachtungsverhalten des Schülers.

Die folgenden Übungsformen lassen sich in den verschiedensten Formen durchführen (Rhythmisierung):

- auf dem Arbeitsblatt durch Einkreisen oder Verbinden
- auf dem Tageslichtprojektor mit beweglichen Folienstücken
- an der Hafttafel mit Haftelementen
- an der Wandtafel durch Einfärben zusammengehöriger Teile.

Mögliche Zuordnungsgruppen:

- Zuordnung von Fachbegriffen und mathematischen Zeichen

Abb. 51:

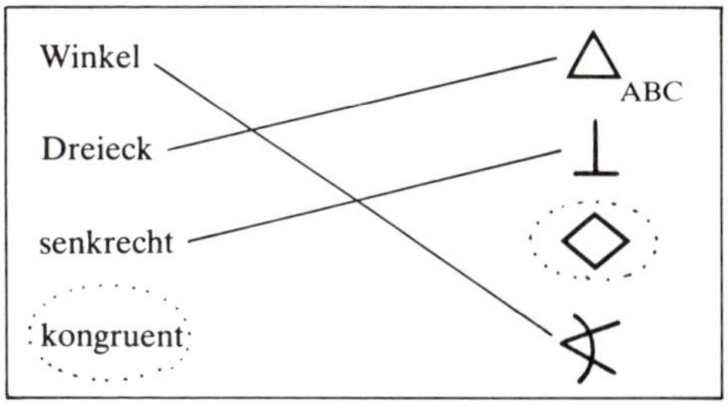

- Zuordnung von Fachbezeichnungen und zeichnerischer Darstellung

Abb. 52:

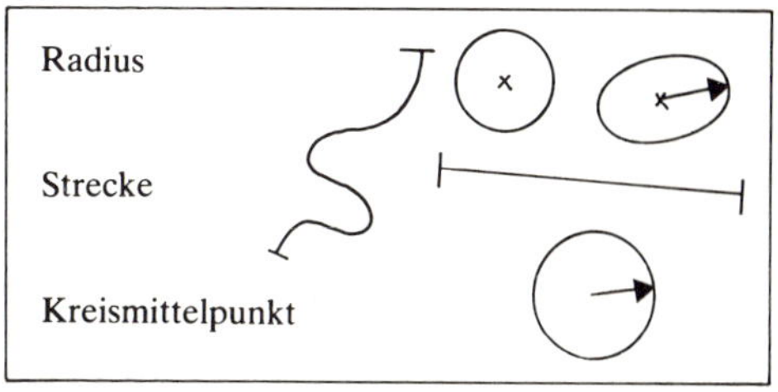

- Bildung von Begriffsfamilien

Abb. 53:

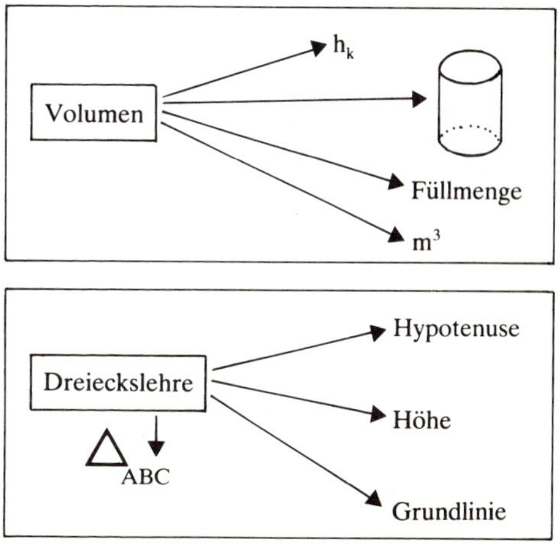

2.2.4.2 Andere Übungsformen

- Auswahlübungen (Streiche Falsches!)
- Ordnungsübungen (Ordne die richtigen Begriffe in die richtige Spalte ein.)
- Mischformen

Abb. 54:

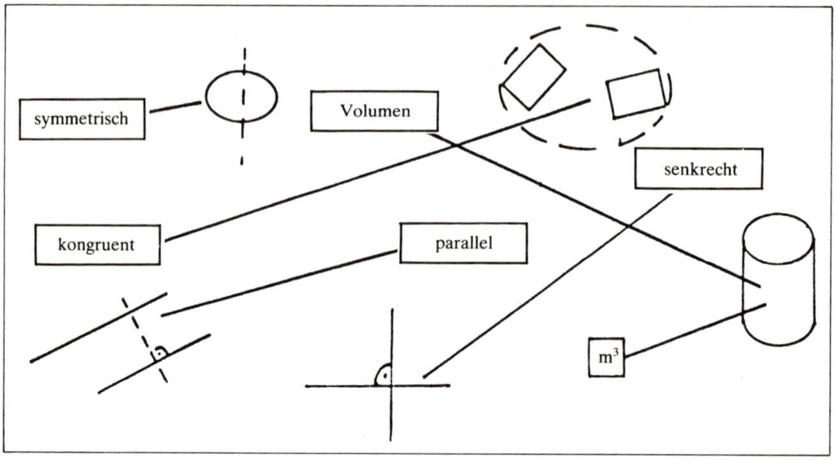

- spielerische Formen

Auftrag:

Suche den richtigen Start und folge der Wegbeschreibung. Die Kennbuchstaben ergeben ein Lösungswort. Welchen Ausgang mußt du benützen?

Abb. 55:

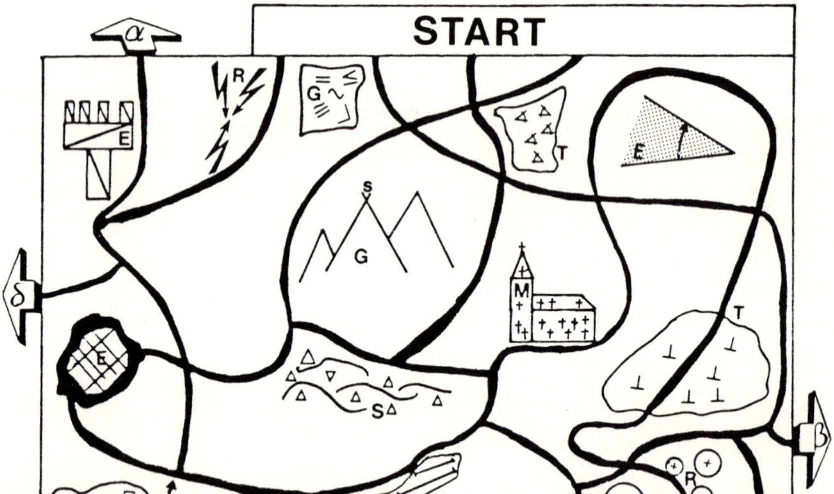

(Lösungswort: Geometrie)

Wegbeschreibung: – am Scheitelberg vorbei → nach Paralleldorf → zum Streckensee → an der Punktkirche vorbei → zum Winkelfeld → nach Senkrechtstadt → zum Kreisstrand → auf dem Strahlenpfad → zum Diagonalenturm.

2.2.4.3 Teilmengenbetrachtung

Immer wieder erhält man, z. B. bei der Vorgabe eines Quadrates als Namen für diese Figur die allgemeine Antwort: „Viereck“.

Der Schüler hat natürlich recht, erkennt aber den verhältnismäßig geringen Aussagewert dieser Antwort nicht. Erst die Forderung nach genauerer Aussage bringt die Antwort „Quadrat“. Besonders schwächeren Schülern fällt es äußerst schwer, sofort den treffenden Begriff zu finden. Ähnlich verhält es sich bei anderen geometrischen Figuren und Formen.

Schülerantworten aus der Praxis:

erste ungenaue Antwort	*zweite treffende Antwort*
Dreieck	gleichseitiges Dreieck
Dreieck	rechtwinkliges Dreieck
Viereck	Rechteck
Linie Strich	Gerade

Abhilfe kann hier geschaffen werden durch Übungen aus dem Gebiet der Teilmengenbetrachtung (siehe 5.4.1.3, S. 135 f.).

2.2.4.4 Umformulieren von Sachaufgaben

Sind Sprechweisen nicht stets konsequent geübt und gefordert, schlägt sich dies nicht nur auf den momentanen Unterrichtsverlauf nieder, sondern auch auf die Alleinarbeit des Schülers. In Texten, die er erlesen soll, trifft er Bezeichnungen an, die ihm nicht geläufig sind. Entsprechend schwer hat er es dann bei der Entwicklung einer Lösungsstrategie.
Die Vorteile einer genauen, fachgebundenen Ausdrucksweise werden Schülern in Übungen mit folgendem Charakter deutlich:

Der umständlichen Sprache werden eindeutige Fachbegriffe zugeordnet. Der Schüler erkennt aus der Beschreibung die geometrischen Besonderheiten. Es ergeben sich eine Fülle von Lösungen, die alle zum gleichen Ziel führen.

Auftrag:

Verändere den Aufgabentext mit Hilfe der Fachsprache so, daß er kurz und knapp wird, und doch eindeutig bleibt.

Text:

> In eine Fläche mit 4 Ecken, 4 gleichen Seiten und 4 Winkeln mit 90° soll *die* Linie eingezeichnet werden, die die Figur in zwei Flächen mit drei Ecken, zwei gleich langen Seiten und je einem rechten Winkel teilt.

Lösungen:

- Zeichne in ein Quadrat eine Diagonale ein.
- Zeichne in ein Quadrat die Linie ein, die es in zwei gleichschenklich-rechtwinklige Dreiecke einteilt.
- Welche Linie teilt ein Quadrat in zwei Dreiecke mit besonderen Eigenschaften?
- Ein Quadrat soll durch eine besondere Linie in zwei gleiche, besondere Dreiecke geteilt werden.
- In welche besonderen Dreiecke teilt die Diagonale ein Quadrat?

Die anfallenden Lösungen sind vom Leistungsstand der Schüler bzw. von der Impulsintention des Lehrers abhängig. Jede Lösungsantwort setzt etwas anders am Problem an und hat andere Schwierigkeitsschwerpunkte.

2.2.4.5 Anwendung bekannter geometrischer Eigenschaften in Aussagen

Probleme haben ungeübte Schüler in der Formulierung ihrer Antworten bei Arbeiten im beschreibenden und beweisenden Bereich der Geometrie.

Beispiel:

Arbeitsauftrag in der Phase der Kopfgeometrie:

Welche geometrischen Eigenschaften erkennst du in dieser Figur? Verwende Fachausdrücke!
Notiere deine Antworten in Kurzschreibweisen.

Abb. 56:

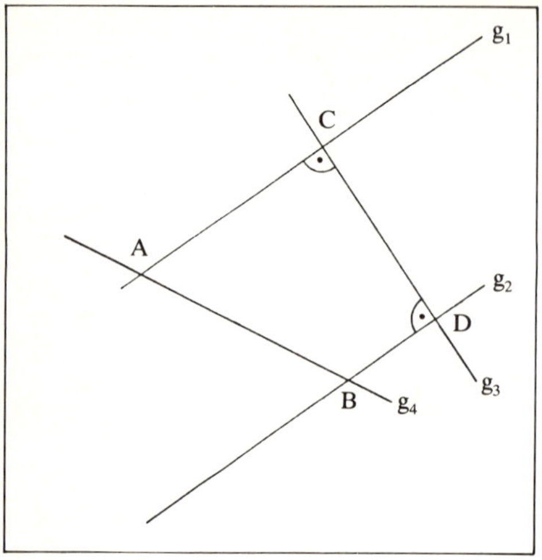

Erwartete Schülerantworten:

- Punkte ABDC bilden ein Trapez
- [AC] ‖ [BD]
- [CD] ⊥ g_1
- [DC] ⊥ g_2
- Winkel ACD = 90°

Derartige Aussagen ohne besondere Anleitung zu machen, fällt dem Schüler aus zwei Gründen besonders schwer:

- die Aufgabenstellung ist abstrakt
- der nötige Wortschatz ist als Gesamtheit nicht abrufbereit, da die gestellte Frage zu umfassend und unüberschaubar ist.

Abhilfe schaffen hier je nach Leistungsstand entsprechende Vorgaben optischer oder verbaler Art, die allerdings die Abstraktion nicht vermindern, aber ihre Durchdringbarkeit erleichtern.

z. B.:

a) Suche Eigenschaften wie: ‖, ⊥, 90°-Winkel
b) Welche Winkel sind gleich?
c) Welche Strecken, Geraden, Strahlen liegen besonders zueinander?
d) Welche Flächen kannst du durch die gegebenen Punkte festlegen?

Solche Aufgaben können auch so gestellt werden, daß die Lösungen spaltenweise in einer Tabelle notiert werden.

2.3 Geometrische Ausdrucksweisen

2.3.1 Grundbegriffe

2.3.1.1 Lagebeschreibungen

Abb. 57:

parallel	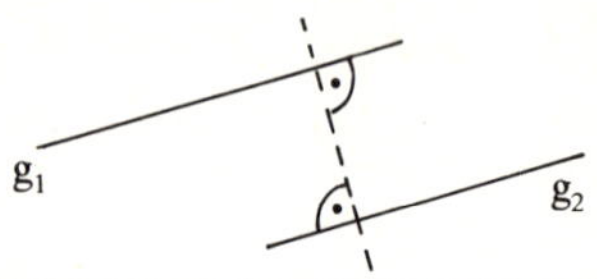	g_1 verläuft parallel zu g_2
senkrecht	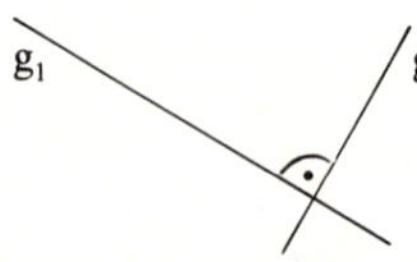	g_1 steht senkrecht auf g_2

2.3.1.2 Begriffe

Abb. 58:

Begriff	zeichnerische Darstellung	Beschreibung/ Beschriftung	
Punkt	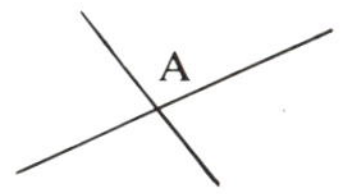	Schnittpunkt zweier Geraden	Kreuz und Großbuchstabe
Gerade		Kleinbuchstabe g, eventuell mit Index	
Strahl		Kleinbuchstabe, eventuell mit Index	
Strecke	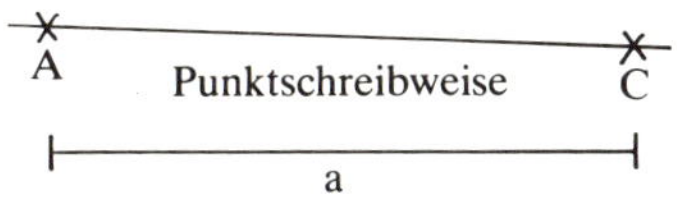	Abschnitt auf einer Geraden, festgelegt durch die Punkte A und C	Kleinbuchstaben oder Punktschreibweise
Winkel	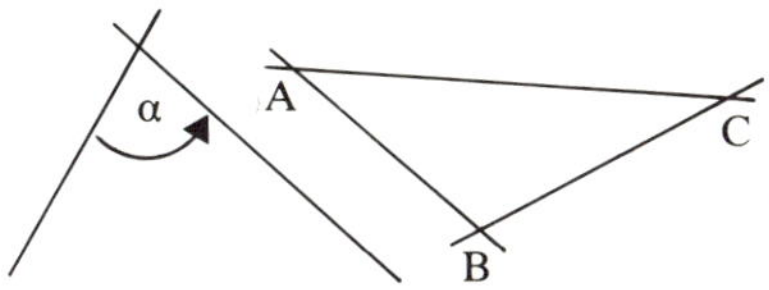	Griechische Kleinbuchstaben oder Punktschreibweise	(mittlerer Buchstabe gibt den Scheitelpunkt an)

2.3.1.3 Wichtige Symbole und Abkürzungen

Abb. 59:

$g_1 \parallel g_2$	Gerade g_1 verläuft parallel zu g_2
$a \perp b$	Seite a steht senkrecht auf Seite b
[AC]	Strecke AC
$\overline{AC}$	Länge der Strecke AC
∟	rechter (90°) Winkel
$\sphericalangle \alpha$ $\sphericalangle ABC$	Winkel α oder Winkel ABC mit Scheitel B
$\triangle_{ABC}$	Dreieck ABC

Mehr Symbolik ist nicht empfehlenswert. Es muß insbesondere darauf geachtet werden, daß Schüler nicht Texte in Kürzelschreibweise verfassen. Dadurch wäre Mißverständnissen und Unverständlichkeiten Tür und Tor geöffnet.

2.3.1.4 Beschriftung von Skizzen und Konstruktionen

Ecken:
Angabe der Eckpunkte mit Großbuchstaben in alphabetischer Reihenfolge gegen den Uhrzeigersinn.
Besonderheit: Der Drachen

Abb. 60:

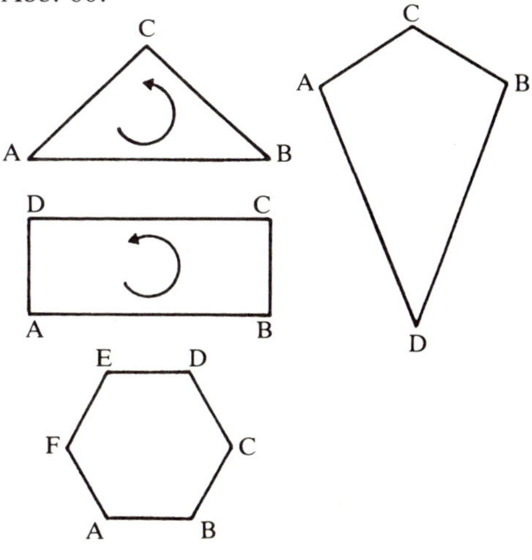

Seiten:

- Dreieck: [AB] = c
- Viereck, n-Eck: [AB] = a

Angabe der Seiten und Diagonalen mit Kleinbuchstaben.

Abb. 61:

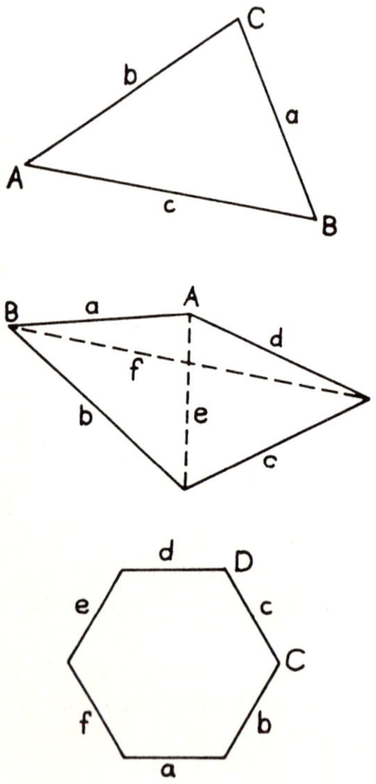

Höhen:

Höhen im Dreieck (Parallelogramm, ...): kleines „h“ mit Index der zugehörigen Seite.

Abb. 62:

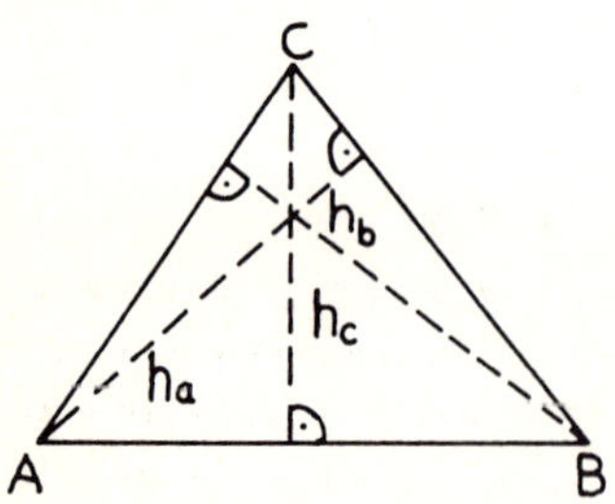

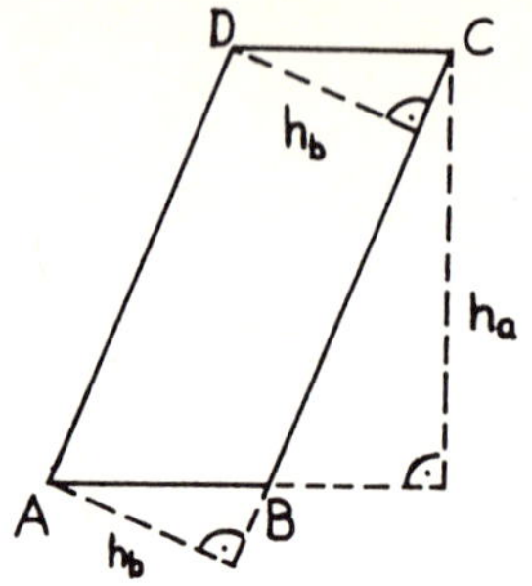

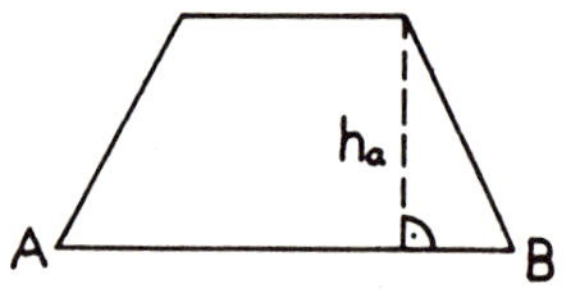

Winkel:

Bei der Punktschreibweise gibt der mittlere Buchstabe den Scheitel des Winkels an. Meist erfolgt die Angabe aber mit griechischen Buchstaben.

Abb. 63:

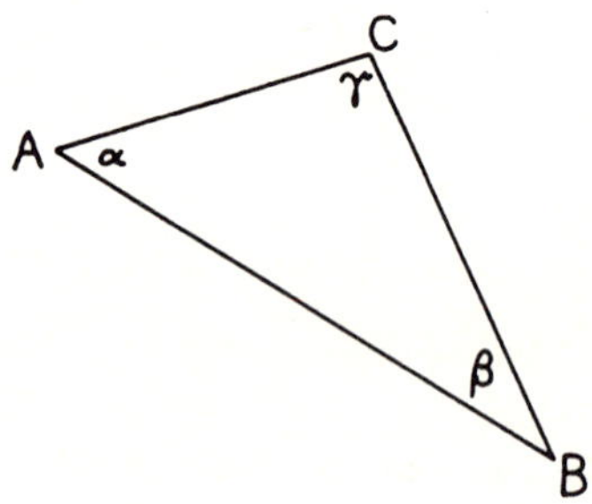

$\alpha = \sphericalangle CAB$
$\beta = \sphericalangle ABC$
$\gamma = \sphericalangle BCA$

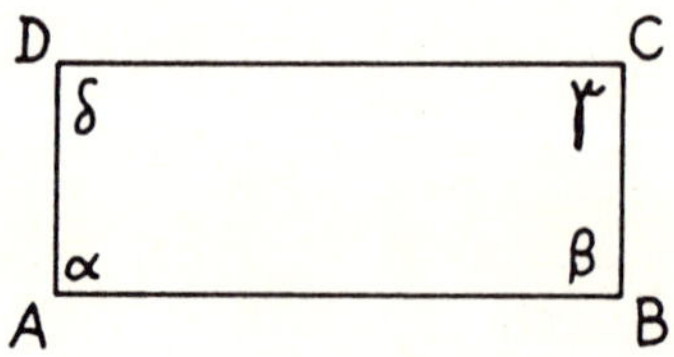

$\alpha = \sphericalangle DAB$
$\beta = \sphericalangle ABC$
$\gamma = \sphericalangle BCD$
$\delta = \sphericalangle CDA$

2.3.1.5 Kreis

Abb. 64:

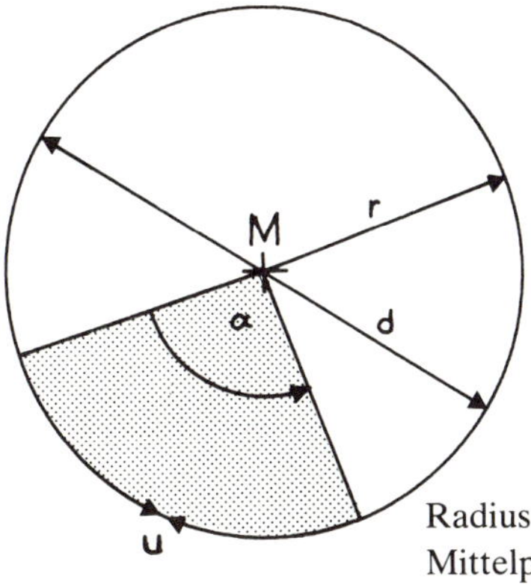

Radius: „r“
Mittelpunkt: „M“
Durchmesser: „d“
Umfang: „u“

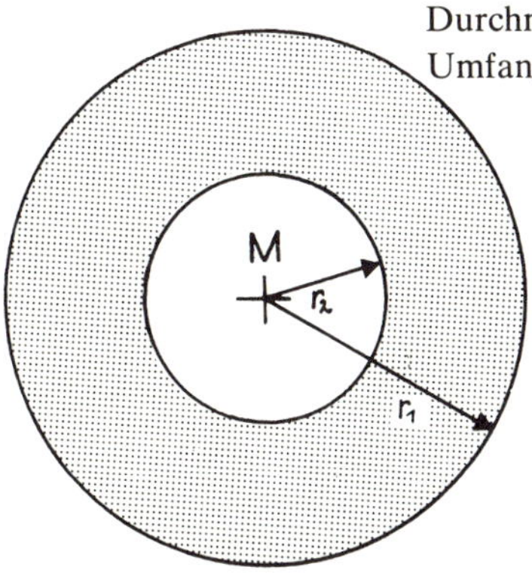

2.3.1.6 Beschriftung von Körpern

(Anwendung siehe Raumgeometrie)

- Ecken mit Großbuchstaben
- Kanten mit Kleinbuchstaben
- Körperhöhe „h_k“

Abb. 65:

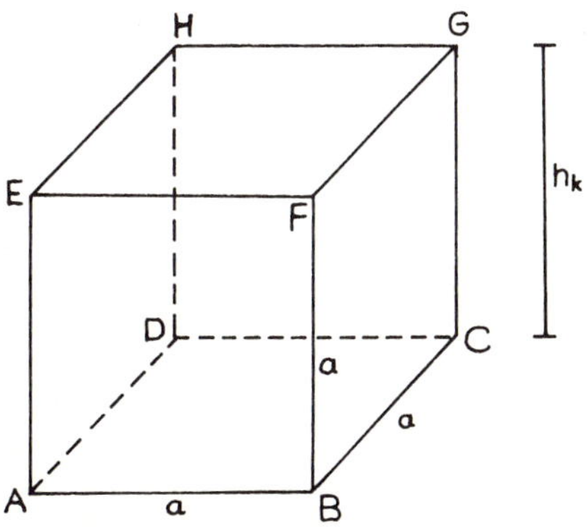

2.3.1.7 Formelbuchstaben

A	Flächeninhalt
V	Volumen, Rauminhalt
O	Oberfläche
ϱ	Dichte
d	Durchmesser
r	Radius
u	Umfang
m	Mittellinie

In der Hauptschule sollte man sich auf die griechischen Buchstaben α, β, γ, δ für Winkel, π für die Kreiszahl und ϱ für die Massenzahl beschränken.
Sind mehr als 4 Winkel zu bezeichnen, kann man entweder auf die Schreibweise mit Index oder auf die Punktschreibweise (∢ABC) ausweichen. Letztere muß gut eingeführt und geübt sein.

2.3.2 Übungsformen

2.3.2.1 Übungsfelder

- Beschriftungsübungen
- Sicherung der Punktschreibweisen
- Anwendung und Lesen der Symbolschreibweise
- Sicherung einzelner Schwierigkeiten (Drachen, Diagonale, Höhen außerhalb der Figur).

Übungen der folgenden Art nehmen in der 5./6. Klasse bedeutenden Raum ein. Schülern dieser Altersstufe fällt es schwer, vorgeschriebenen Systematiken zu folgen bzw. sie anzuwenden.
Mit fortschreitendem Kenntnisstand werden die Übungen mehr im kopfgeometrischen Teil des Unterrichts ihren Platz einnehmen.

2.3.2.2 Übungsvarianten

- Beschriftungsübungen

Trotz Vorgabe von nur einer Information ist die Beschriftung der Figur eindeutig bestimmt. Die Einzelfiguren weichen bewußt von der Standardlage ab, um den Schüler zu genauer Überlegung anzuhalten.

Abb. 66:

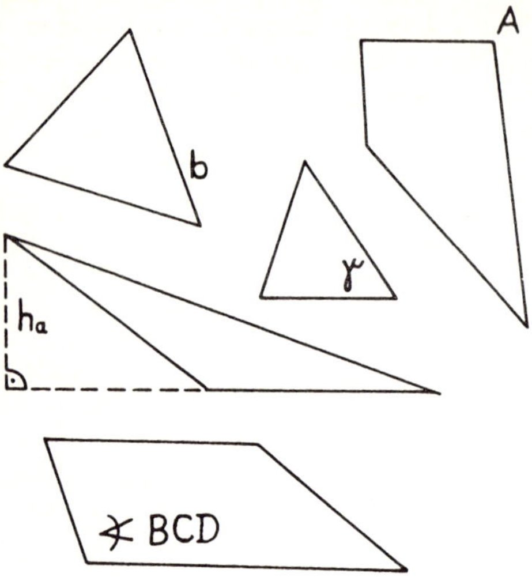

– Sicherung der Punktschreibweise

Enthalten Figuren mehr als 4 Winkel, oder eine große Anzahl von Ecken, die Teilfiguren bestimmen, empfiehlt sich als Orientierungserleichterung die Punktschreibweise. Sie bereitet Schülern anfänglich Schwierigkeiten, die durch wenige Übungen aber leicht überwunden werden.

Abb. 67:

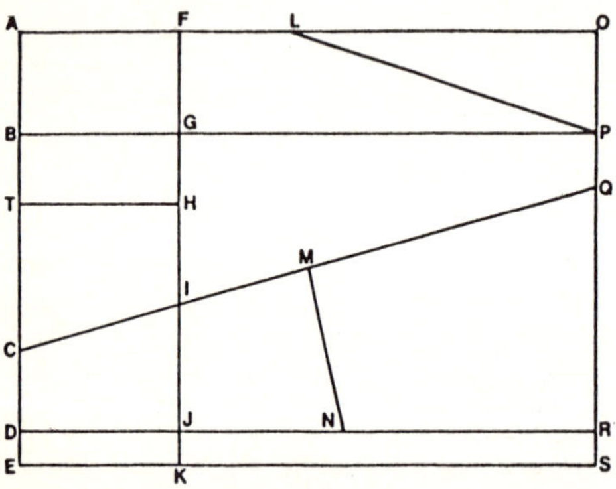

Mögliche Arbeitsaufträge:

a) *Suche:* Winkel SEA ICT GPO PQM ... Fläche GIQP CIHT FGPL IJNM ...

b) Gib die Eckpunkte von Trapezen, Dreiecken, Rechtecken in Punktschreibweise an.

c) Suche stumpfe, überstumpfe, spitze Winkel und schildere ihre Lage in Punktschreibweise.

– Anwendung und Lesen der Symbolschreibweise

a) Zuordnen von Aussagen und Kurzschreibweisen

b) Übertragen von Aussagen in die Kurzschreibweise und umgekehrt

c) Streichen falscher Aussagen.

Abb. 68:

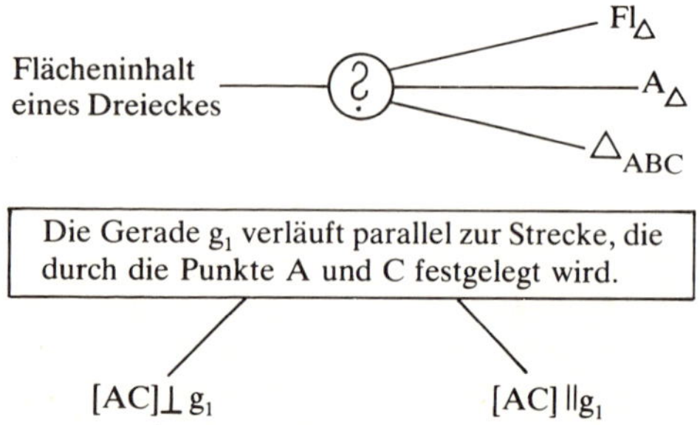

2.4 Das geometrische Handwerkszeug

2.4.1 Der schülergerechte Zirkel

Im folgenden seien die Forderungen an einen brauchbaren Zirkel aufgezeigt. Dabei werden die Qualitätsforderungen im Niveau der Hauptschule gehalten. Besonders ist die schnelle, unkomplizierte Handhabung berücksichtigt.

2.4.1.1 Die Mechanik

Abb. 69:

– Zahnradgelenk oder ähnliche Konstruktion, die eine Wiederholgenauigkeit gewährleistet und auch bei ungeschultem Gebrauch den Radius nicht sofort verändert.

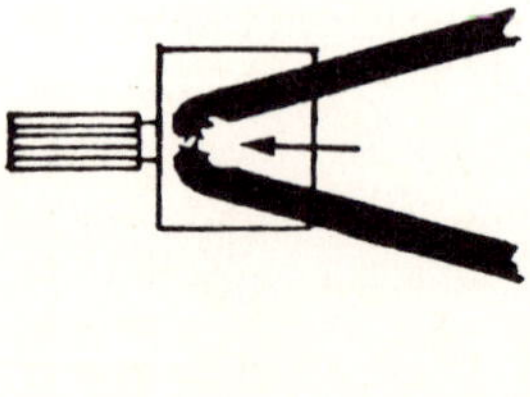

- Klemmhalterungen für Zirkelmine und Zirkelnadel (Schraubhalterungen sind anfällig und für Kinderhände schwer zu handhaben).

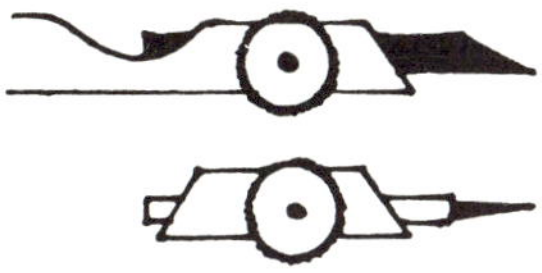

- Die Zirkelnadel soll als Papiernadel ausgeführt und nicht fest mit dem Zirkelschenkel verbunden sein, damit sie im Bedarfsfall ausgewechselt werden kann.

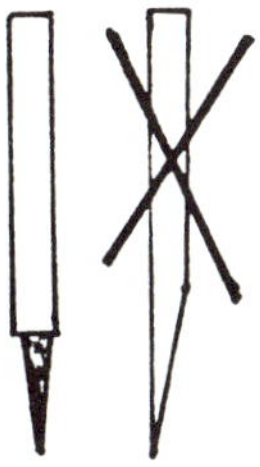

- Die Schenkellänge sollte der Länge eines Geodreiecks angepaßt sein, damit die Linealskala bequem abgegriffen werden kann.

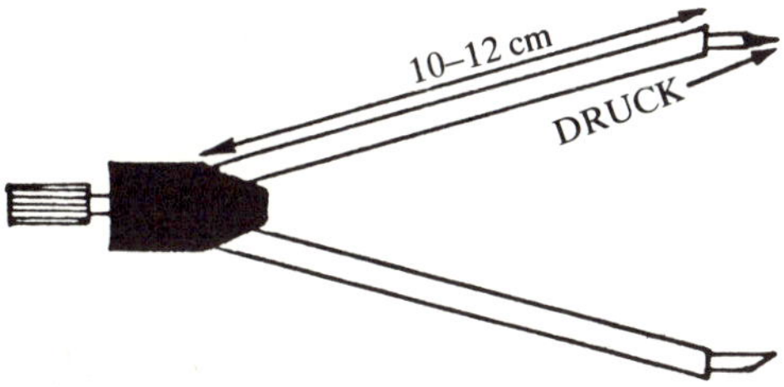

2.4.1.2 Die Funktionen

Ein Schülerzirkel sollte sich auf wenige Funktionen beschränken:

- schnelle, sichere Verstellbarkeit
- Wiederholgenauigkeit
- leichte, robuste Auswechseleinrichtungen für Mine und Nadel.

Alle anderen Funktionen (Tuscheeinsatz, knickbare Schenkel, Verlängerungen etc.) sind oft angeboten, werden in der Schule aber nicht gebraucht. Zusatzteile oder Zirkelkästen nehmen Platz in der Schultasche weg, gehen leicht verloren und verleiten zum Spielen.

2.4.1.3 Die Verfügbarkeit

Ein Zirkel, der zu Hause liegt, nützt keinem. Sein richtiger Platz ist das Federmäppchen. Dem Schüler muß klar sein, daß er ihn auch außerhalb des Geometrieunterrichtes benützen soll.
Bemerkungen des Lehrers, daß die nächsten Wochen keine Geometrie gemacht würde, haben zur Folge, daß Zirkel und Geodreieck von der Bildfläche völlig verschwinden.

2.4.1.4 Techniken der Handhabung

● Spitze und Nadel

Die richtige Einstellung von Nadel und Mine muß gut demonstriert werden. Sie trägt bedeutend zum Zeichenerfolg bei.

Abb. 70a:

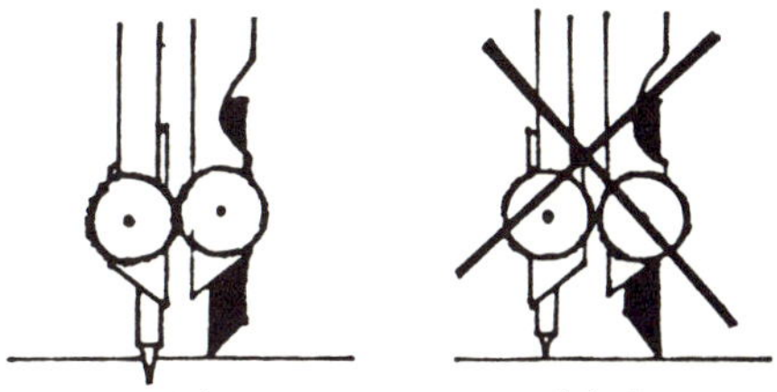

● Griff und Drehbewegung

Abb. 70b:

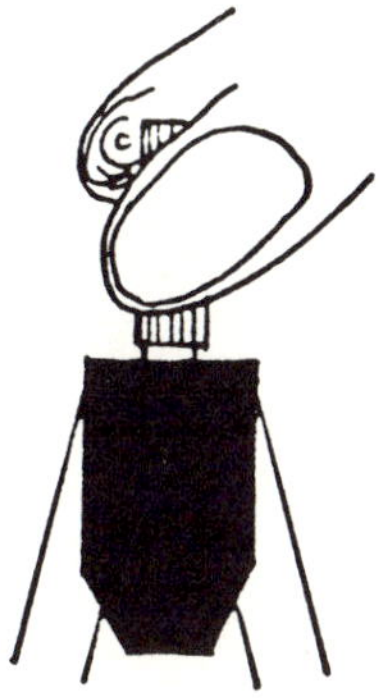

Der Zirkel wird zweckmäßigerweise am gerändelten Griff zwischen Daumen und Zeigefinger gedreht. Der Druck liegt schwerpunktmäßig auf der Nadel, um eine sichere Führung zu gewährleisten. Unterbrechungen der Drehbewegung sind möglichst zu vermeiden.

Die Drehung soll langsam ablaufen, um einen gleichmäßigen Minenstrich zu erhalten.

2.4.1.5 Die Unterlage

Bei Zeichenarbeiten im Heft erübrigt sich eine spezielle Unterlage. Bei Arbeiten auf losen Blättern muß jedoch eine geeignete Unterlage geschaffen werden.
Dünne Unterlagen oder harte Tischplatten lassen die Nadel keinen Halt finden (Kunststofftischplatten), in zu weichen Unterlagen leiert das Führungsloch leicht aus.

2.4.1.6 Tips für den Schüler zum täglichen Gebrauch

- Vermeide verbogene Zirkelspitzen durch unsinnige, gefährliche Spielereien oder Unachtsamkeit.
- Spitze Zirkelminen nicht mit einem Minenspitzer, er gehört für die Minen von Druckbleistiften. Schräge die Mine auf Schmiergelpapier (Körnung 240) durch leichtes Reiben an.

Abb. 71:

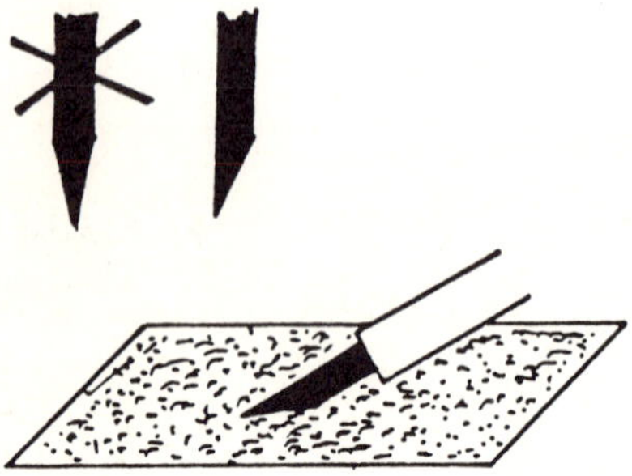

- Dünne, leichte Konstruktionslinien stören den Eindruck einer geometrischen Zeichnung nicht und lassen sich, wenn unbedingt nötig, leicht und fleckenlos radieren.
- Fahre niemals freihand eine Zirkellinie mit Farbstift nach, du zerstörst das grafische Bild.

2.4.1.7 Einsatzmöglichkeiten

a) Grundlegendes
- Kreisschlagen
- Übertragen von Strecken
- Abgreifen und Vergleichen von Strecken

b) Grundkonstruktionen
- Mittelsenkrechte
- Lot fällen
- Senkrechte errichten
- Winkel übertragen
- Winkelkonstruktionen
- Winkel halbieren
- Mittelpunkt eines Kreises suchen
- Dreiecks- und Viereckskonstruktionen

c) Fachübergreifend
- Kartenarbeit
- Technisches Zeichnen
- Werken.

2.4.2 Einübung des Gebrauchs des Zirkels

2.4.2.1 Übungsbereiche

- genaues Einstellen der Schenkel (Übungen a, b, f, g, h)
- genaues Einstechen der Nadel (Übungen a–h)
- Einüben der Drehbewegung (Übungen c, d, e)
- Abgreifen, Übertragen und Vergleichen von Strecken (Übungen f, g, h)
- allgemeine Schulung der Feinmotorik (Übungen i, j).

2.4.2.2 Anmerkungen zum Gebrauch:

- Das Einüben der Zirkelarbeit fällt in den Bereich der 5./6. Jahrgangsstufe. Aus diesem Grunde wurde zu den ausgewählten Übungen (Aufgaben) stets eine kleine Spielsituation geschaffen. Mit fortschreitender Fertigkeit kann diese durch geometrische Aufgabenstellungen ersetzt werden.
- Häufig sind auch Übungsthemen aus dem Bereich der Grundkonstruktionen enthalten, die mitgeübt werden können.
- Stets ist in die Übung eine Kontrollphase eingebaut (Lösungswort . . .), da eine Überprüfung durch den Lehrer meist sehr zeitraubend ist.
- Die Zeichnungen sind aus Platzgründen maßstäblich verkleinert. Zum Übertrag auf ein Arbeitsblatt müssen sie entsprechend vergrößert werden.
- Diese Art Übungen verlangt bereits bei der Planung und Ausarbeitung durch den Lehrer große Genauigkeit und Sorgfalt, sonst bleibt der Übungserfolg aus.

2.4.2.3 Übungsvarianten

a) Greife die Entfernungen der Ralleystrecke von Kontrollpunkt zu Kontrollpunkt in alphabetischer Reihenfolge ab. Vergleiche im Lösungskasten, welche der angegebenen Rennstrecken die richtige ist.

Abb. 72:

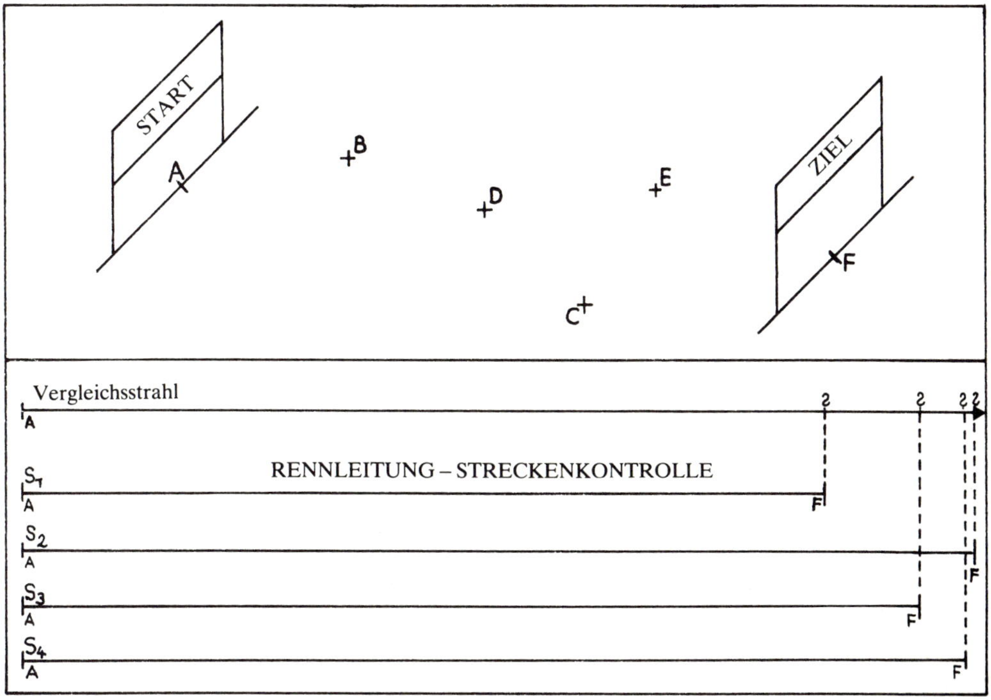

b) Übertrage die Zahlenreihen in Zentimetern von deinem Lineal auf das Buchstabenfeld. Notiere die Lösungswörter!

Abb. 73:

Start M → 1 – 5 – 6 – 3 – 2 – 5

Start W → 4 – 8 – 6

Start P → 9 – 4 – 5 – 7

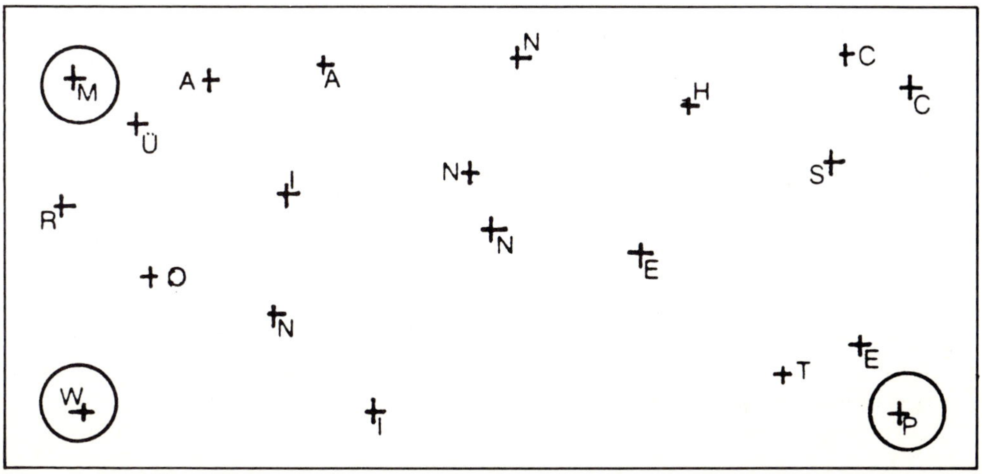

c) Variante: Mit Kennbuchstaben markierte Punkte (Ortschaften) sind unregelmäßig um einen zentralen Punkt (X-Dorf) angeordnet. Aufgabe: Welche Ortschaften liegen im Umkreis von 1,5 (3,2/5,3 . . .) cm um X-Dorf?

d) Schlage Kreise um die Punkte A–F mit einem Radius von 3 cm. In welchem Punkt treffen sich alle Kreislinien?

Abb. 74:

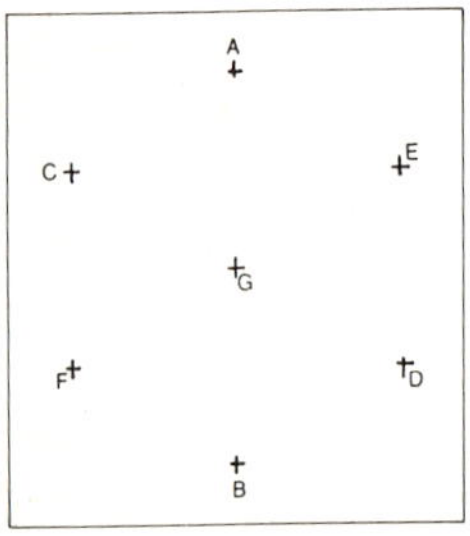

e) Schlage einen Kreis um den Punkt „X“ so, daß alle Ecken der Figur (z. B. Quadrat, Rechteck, Stein, Kreuz) auf seiner Kreislinie liegen (Abb. 75).

Differenzierungsmöglichkeiten:

- Mittelpunkt des Kreises nicht vorgeben
- Art der Fläche nur in Worten angeben. z. B.: „Zeichne in ein Quadrat einen Kreis ein, auf dessen Kreislinie alle Eckpunkte des Quadrates liegen.“

Abb. 75:

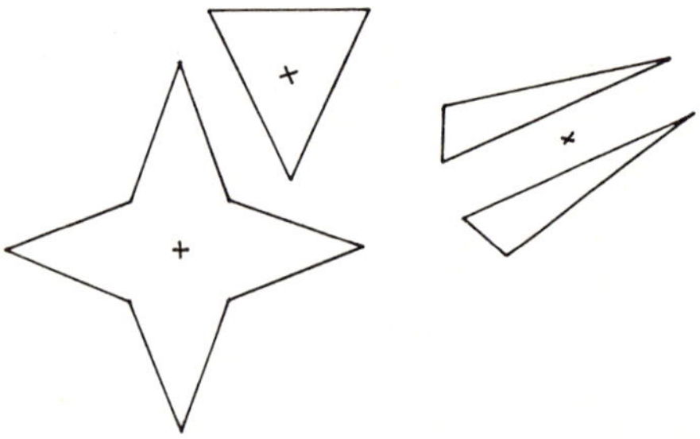

f) Vergleiche die Strecken in den beiden Kästen miteinander und stelle sie auf dem Vergleichsstrahl gegenüber. Arbeitest du genau, erreichst du beide Male die Spitze des Pfeiles. Vorsicht, es gibt auch Einzelgänger.

Abb. 76:

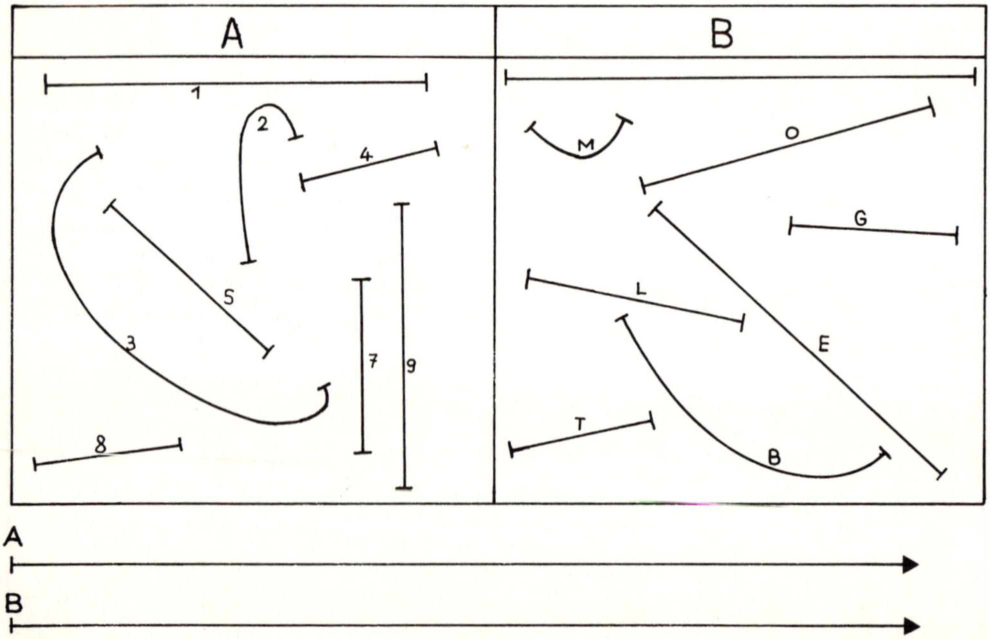

g) Zeichne dir 4 Kontrollstrahlen und übertrage die Wegstrecken der einzelnen Läufer.

Abb. 77: Das Labyrinth

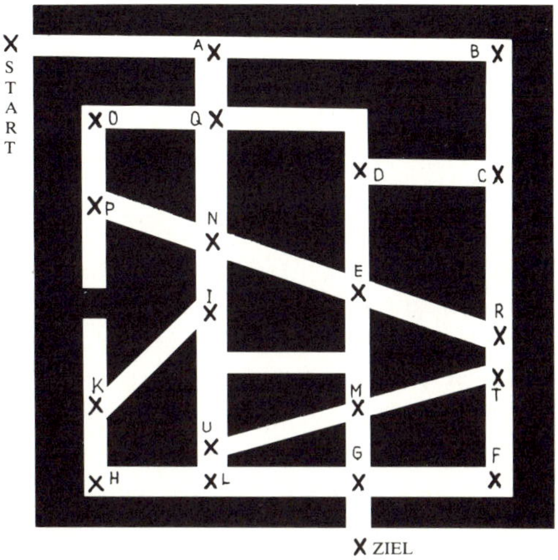

Wer hat den längeren/kürzeren Weg im Labyrinth zurückgelegt?

Läufer 1: Weg SBCDERTMZ
Läufer 2: Weg SAQOPNUMZ
Läufer 3: Weg SABCREZ
Läufer 4: Weg SAQNERTULGZ

h) Welches Grundstück hat den längsten/kürzesten Zaun?

Abb. 78:

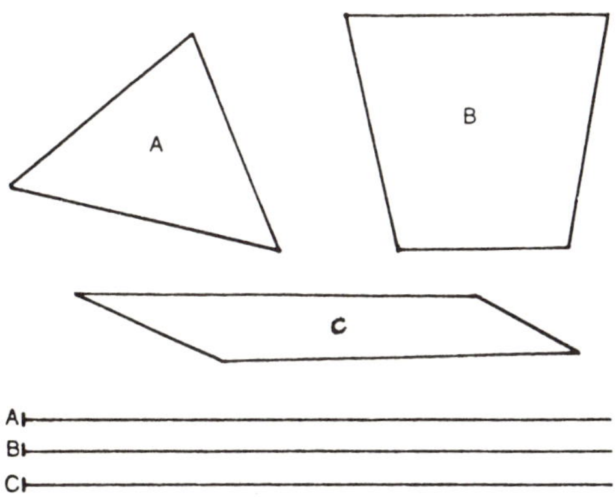

i) Ergänze bzw. erweitere die Ornamente, Konstruiere selbst ähnliche Muster.

Abb. 79:

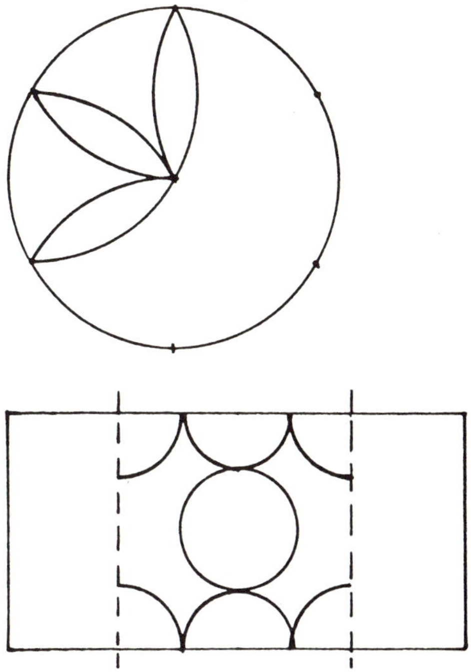

j) Übertrage die vorgegebenen Zirkelmuster auf ein unliniertes Blatt.

Differenzierungsmöglichkeiten

- Muster stark verkleinert darstellen
- Arbeitsauftrag: „Verdopple (verdreifache, halbiere) alle Strecken des Musters.
- Anzahl der Hilfspunkte wird verringert
- Muster auf Folie vorgeben, dazu eventuell ein geeignetes Grundmaß
- Muster nur teilweise vorgeben
- Schüler entwirft selbst ähnliche Muster.

Abb. 80:

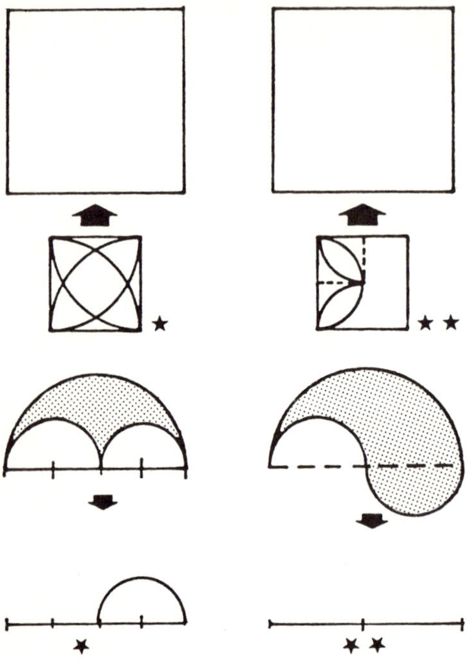

2.4.3 *Winkel und Winkelmessung*

2.4.3.1 Der Winkel, eine schwierige geometrische Größe

So einfach dem Kundigen der Winkelbegriff erscheint, so schwer ist er für den Schüler zu verstehen.
Ob die Einführung nun über den Weg des dynamischen Winkelbegriffs oder über den Weg des statischen Winkelbegriffs erfolgt, die Probleme sind die gleichen:

- der Schüler ist stets versucht, sich bei der Größeneinschätzung eines Winkels an der Schenkellänge zu orientieren
- Winkel außerhalb der Ideallage (ein Schenkel parallel zum unteren Blattrand) und Winkel im Raum werden nicht erkannt, bzw. falsch gesehen
- der Drehsinn des Winkels wird falsch interpretiert/gemessen
- gebogene Schenkel werden akzeptiert
- das falsche Winkelfeld wird betrachtet (siehe auch Drehsinn).

Diese Fehlerquellen sind nur durch immer wiederkehrende Darstellungen und laufende, jahrgangsübergreifende Übung einzuschränken.

2.4.3.2 Der dynamische Winkelbegriff

- Durch die Drehung eines freibeweglichen Strahls um den Scheitelpunkt entsteht ein Winkel.
- Die vom Strahl überstrichene Fläche wird zum Winkelfeld.
- Der Drehbetrag gibt die Größe des Winkels an.

Diese Winkelauffassung kommt besonders bei der Winkelmessung zum Tragen, da das Erkennen des richtigen Drehsinns (in der Regel: Linksdrehung) die Auswahl der richtigen Meßskala auf dem Geodreieck voraussetzt (Nullpunkt entspricht dem Drehpunkt, der freie Strahl wandert entlang der Meßskala).

Veranschaulichungshilfen:

Abb. 81:

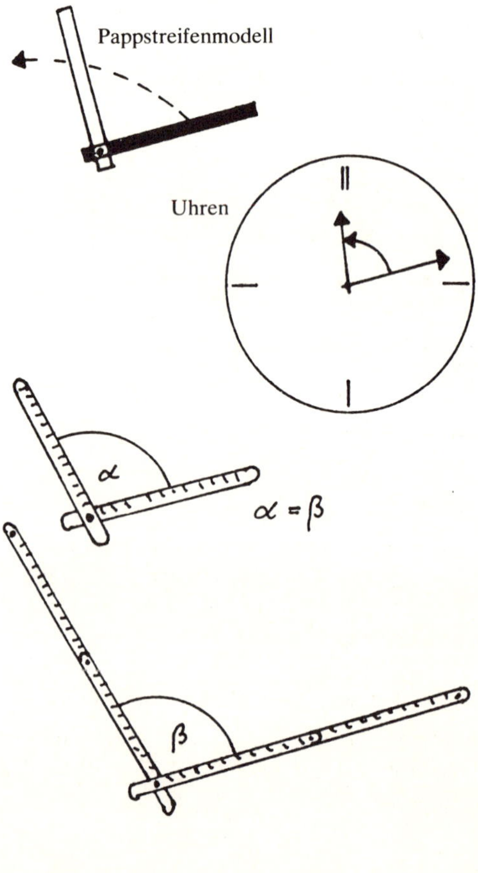

Bei Zollstöcken lassen sich Winkelschenkel sichtbar vergrößern, die Winkelgröße verändert sich nicht!

2.4.3.3 Der statische Winkelbegriff

Schneiden sich zwei Geraden in einem Punkt S, so entstehen Winkel. Sie werden durch die Geradenabschnitte begrenzt.
Dieser Winkelbegriff hat die größere Bedeutung für den Hauptschüler, da er in der Anwendungsphase und bei Konstruktionen ständig Verwendung findet.

Abb. 82:

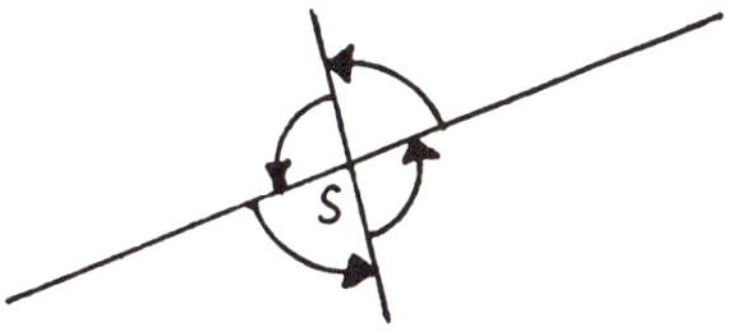

Veranschaulichungshilfe:

Auf dem Geobrett lassen sich Winkel mit gespannten Fäden darstellen.

Abb. 83:

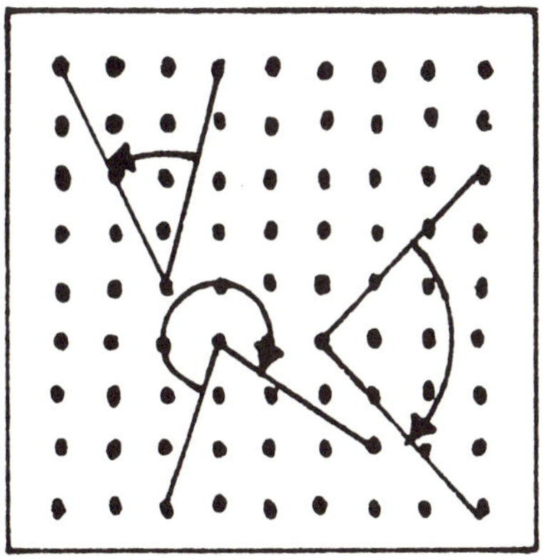

Hinweis:

Natürliche Gegenstände und Körpermodelle etc. eignen sich selten, da ihre Winkel meist schwer mit Schülermethoden meßbar sind (Anlegemöglichkeiten!).

2.4.3.4 Messen und Zeichnen von Winkeln

Alle Methoden und Übungsformen sind im Kapitel Geodreieck (2.4.4 ff.) ausführlich dargestellt.

Um dem Schüler Hilfen beim Schätzen von Winkeln zu geben, sollten ihm einige typische Beispiele als Merkhilfen angeboten werden.

Abb. 84:

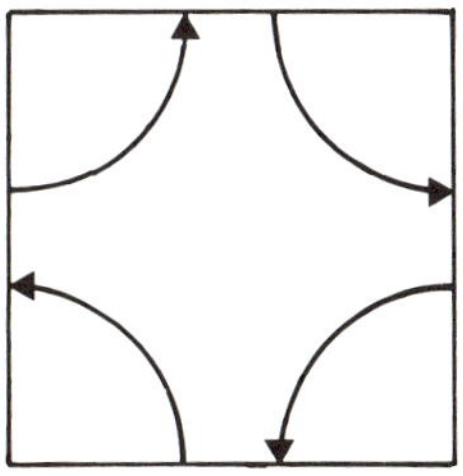

Alle Winkel im Quadrat (Rechteck) sind 90° Winkel

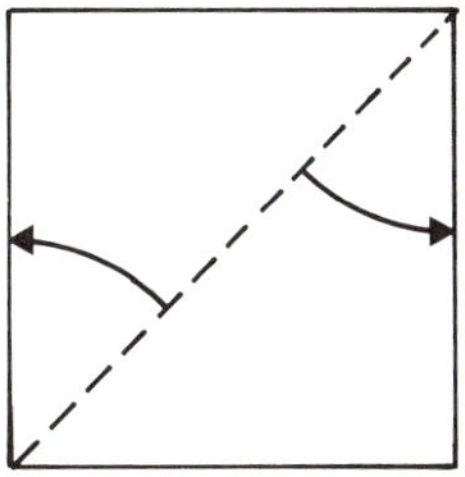

Die Diagonale im Quadrat erzeugt 45°-Winkel

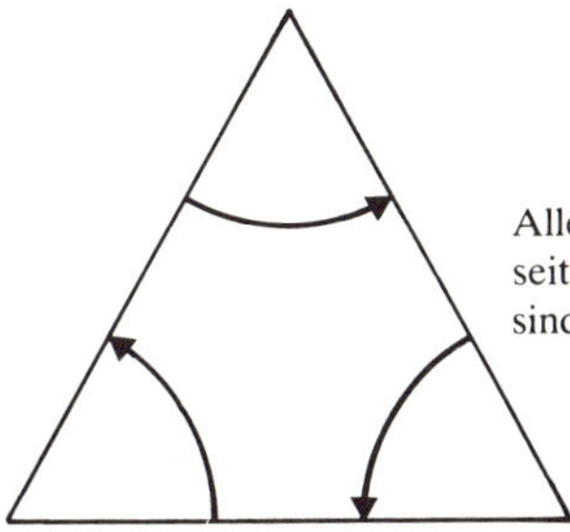

Alle Winkel im gleichseitigen Dreieck sind 60°

2.4.3.5 Winkelarten

Winkel werden in sechs Gruppierungen eingeteilt, die dem Schüler geläufig sein sollten. Diese Fachausdrücke erleichtern später die Versprachlichung von geometrischen Sachverhalten.

Abb. 85:

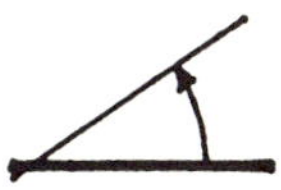

spitzer Winkel
0°–90°

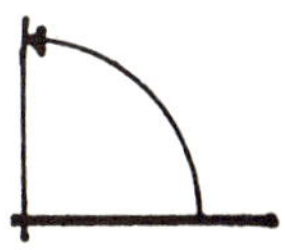

rechter Winkel
90°

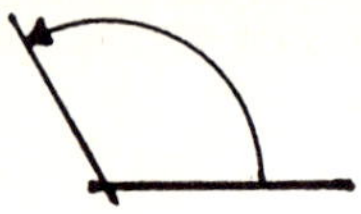

stumpfer Winkel
90°–180°

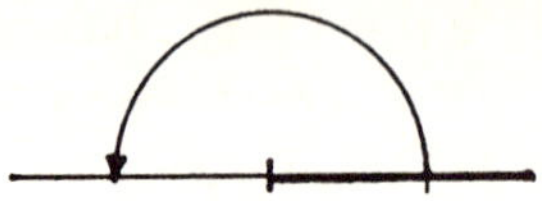

gestreckter Winkel
180°

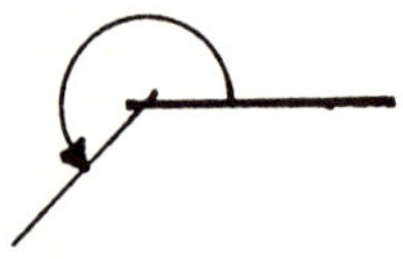

überstumpfer
Winkel 180°–360°

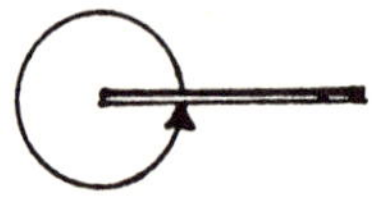

Vollwinkel
360°

Messungen an überstumpfen Winkeln fallen Schülern besonders schwer, da sie nicht in einem Arbeitsgang am Geodreieck abgelesen werden können. Hilfsmethoden sind im Kapitel „Geodreieck“ beschrieben.

2.4.4 Handhabung des Geodreiecks

2.4.4.1 Allgemeine Erfahrungen aus dem täglichen Gebrauch

Das Geodreieck erscheint dem Schüler zunächst als Lineal mit vielen, verwirrenden Linien. Vieles weicht vom Gewohnten ab:

- Nullpunkt der Maßeinteilung in der Mitte
- Maßeinteilung an den Schenkeln ist als Zentimetermaß unbrauchbar
- Auf der runden Skala liegt Null einmal links, dann wieder rechts
- Durch den Dreieckskörper laufen verschiedene Linien ohne Skaleneinteilung.

Der unbedarfte Schüler steht also vor einem Wirrwarr, den es zu entschlüsseln gilt.
Behutsam, Schritt für Schritt muß ihm die Unentbehrlichkeit dieses *Werkzeuges* beigebracht werden. Die kindlichen Augen wandern sonst ziellos und hilfesuchend über ein Stück Plexiglas, das ihnen eigentlich ein gutes Stück Hilfe in der geometrischen Arbeit leisten sollte.

Die Lineatur des Geodreiecks kann in einzelne Funktionen gegliedert werden:

- Messen und Abgreifen von Strecken (siehe 2.4.2.3 f, g; S. 66 f.)
- Zeichnen von Senkrechten (siehe 2.4.4.4, S. 71)
- Zeichnen von parallelen Strecken (siehe 2.4.4.5, S. 72)
- Zeichnen und Messen von 45° und 90°-Winkeln
- Zeichnen und Messen von Winkeln mit beliebigen Maßen (siehe 2.4.4.7, S. 73)

Jede einzelne Funktion muß dem Schüler klar vor Augen stehen. Die Einzelphasen für sich bereiten bereits nach kurzer Zeit keine nennenswerten Schwierigkeiten mehr. Weicht man aber von der vereinfachten Darstellung ab, beginnt die Verwirrung erneut.

2.4.4.2 Fehlerquellen

Folgende Fehler treten häufig auf:

- der Nullpunkt des Winkelmesser wird falsch angelegt bzw. nicht gefunden
- Senkrechte und Grundlinie werden nicht genau angelegt
- die Winkelskala wird falsch abgelesen
- Winkel mit zu kurzen Schenkeln können nicht gemessen werden
- überstumpfe Winkel können nicht gemessen werden
- die Parallelskala wird falsch angelegt bzw. nicht verwendet
- Maße werden oberflächlich abgelesen
- die Winkelskalen an den Schenkeln werden mit der Zentimetereinteilung verwechselt
- das Dreieck wird seitenverkehrt (Spiegelschrift) angelegt und deshalb nicht richtig abgelesen.

Die genannten Fehler häufen sich, je ungelenkter der Gebrauch des Gerätes abläuft. Werden die Verwendungsabstände länger, wird auch der Mißbrauch und die Fehlerhaftigkeit des Einsatzes ausgeprägter. Ein Gerät, das der Schüler nicht ständig sinnvoll benützt, wird als Spielzeug verwendet.
Selbst in der 9. Jahrgangsstufe finden sich noch Schüler, die sich nicht oder nur sehr mäßig auskennen.
Diese Erfahrungen zeigen, daß nicht frühzeitig genug mit dem ständigen Gebrauch dieses Meß- und Zeicheninstrumentes begonnen

werden kann. Nur die immanente Übung sichert den Erfolg auf lange Zeit und macht das Geodreieck zu einem selbstverständlichen, gern benutzten Helfer.

2.4.4.3 Einsatzmöglichkeiten des Geodreiecks

5 Funktionen vereinigt ein Geodreieck in seiner Lineatur:

Abb. 86:

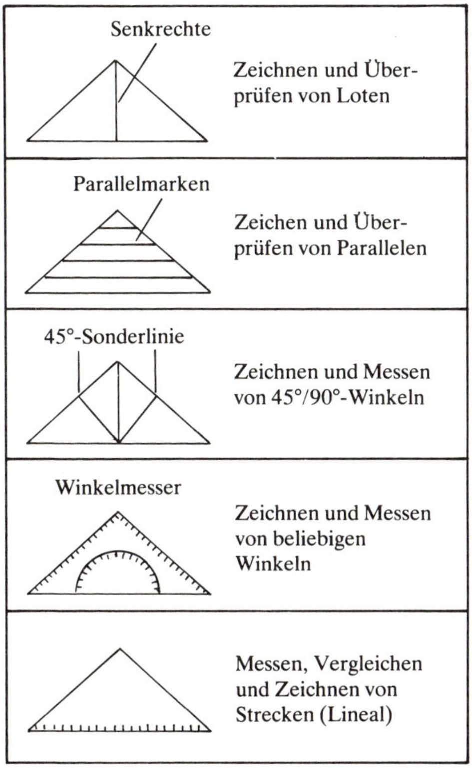

Soll der Gebrauch des Geodreiecks gezielt geübt und gesichert werden, ist jede dieser Einzelfunktionen zu beachten.
Alle Übungsvorschläge können auf dem Arbeitsblatt, am Tageslichtprojektor oder an der Wandtafel durchgeführt werden. Auswahlkriterium muß die Kontrollierbarkeit der Ergebnisse, die Differenzierbarkeit der Arbeitsaufträge und die gleichmäßige Belastung der Schüler, sowie die Rhythmisierung sein.

2.4.4.4 Zeichnen und Überprüfen von Loten (90°-Winkel)

Anlegevarianten

Abb. 87:

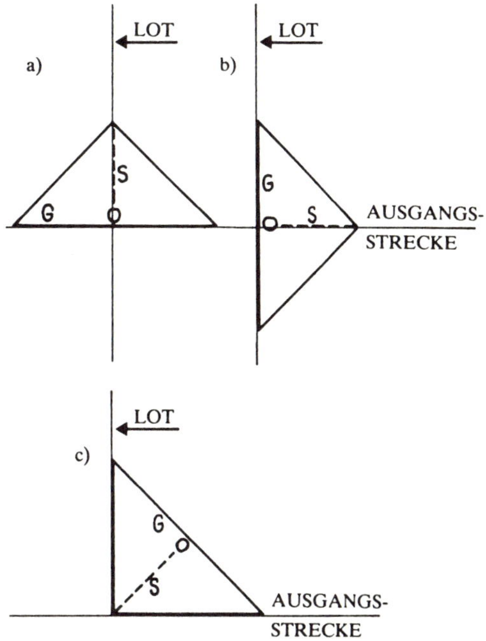

Bemerkungen:

a) *Ungünstig!* Nach dem Markieren des Lotes an der 90°-Marke muß nochmals neu angelegt werden.
b) *Günstig.* Die Senkrechte deckt sich mit der Ausgangsstrecke, das gesuchte Lot kann sofort gezeichnet werden, ohne daß umgesetzt werden muß.
c) *Ungünstig!* Die beiden Schenkel dienen als Anlege- und Zeichenkanten. Das Lot kann nicht über die Ausgangsstrecke hinaus nach unten gezeichnet werden.

2.4.4.5 Zeichnen von mehreren Parallelen im regelmäßigen Abstand

Abb. 88:

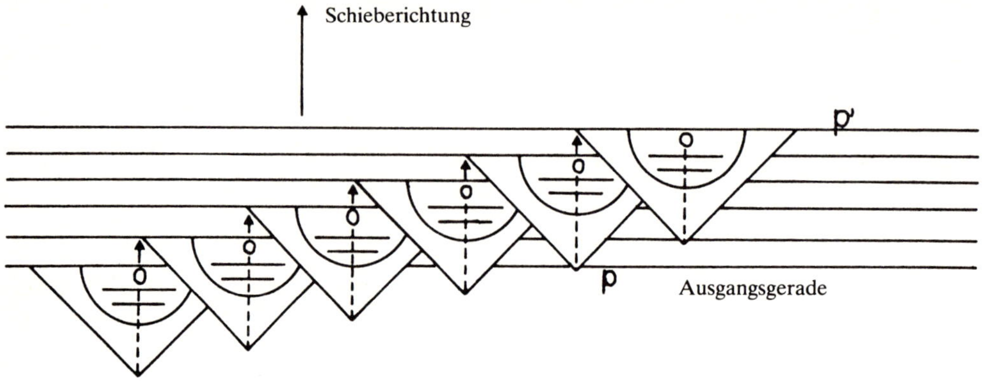

2.4.4.6 Zeichnen einer Parallelen mit vorgegebenem Abstand a

Abb. 89:

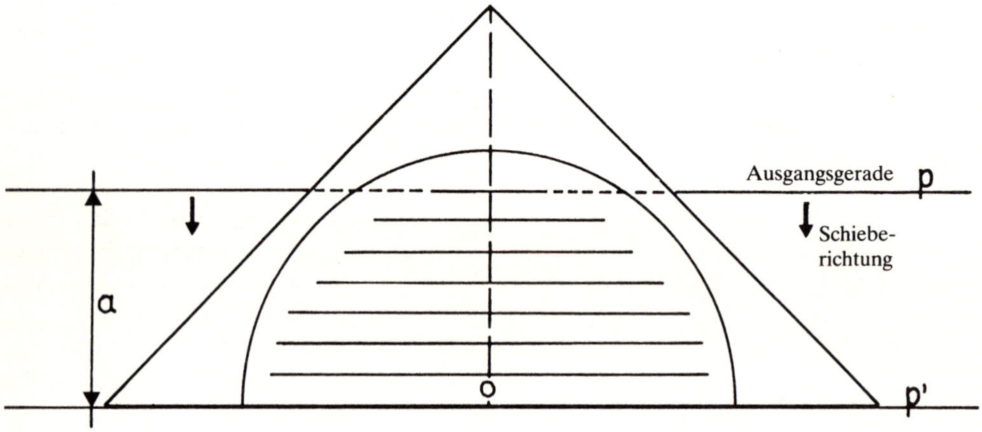

2.4.4.7 Zeichnen und Messen von Winkeln

Das Geodreieck als Winkelmesser stellt ein Problem für sich dar. Drei Punkte gilt es zu beachten, die dem Schüler besondere Schwierigkeiten bereiten:

- Lage des Scheitels (Nullpunkt)
- Gegenläufigkeit der Winkelskala
- Winkel mit zeichnerisch zu kurz dargestellten Winkeln.

Um Winkel mit dem Geodreieck zu zeichnen bzw. zu messen, gibt es zwei Möglichkeiten:

Abb. 90:

a)

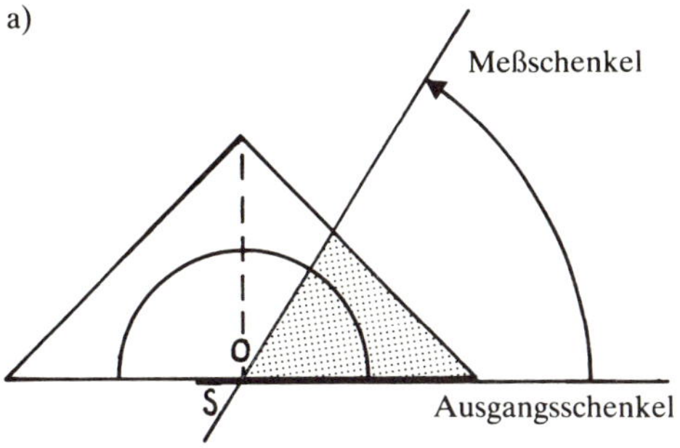

b)

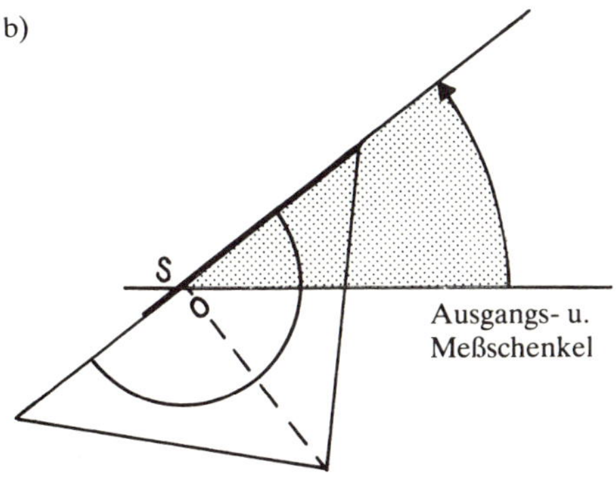

a) Nullpunkt und Grundlinie werden sofort am günstigsten Schenkel des Winkels angelegt. Der Winkelwert wird am anderen Schenkel abgelesen. Dieses Vorgehen ist beim Messen von Winkeln zu bevorzugen.
b) Nullpunkt und Grundlinie werden am günstigsten Schenkel angelegt. Anschließend wird das Winkelfeld durch Drehen des Geodreieckes um den Scheitel/Nullpunkt durchfahren. Der Winkelwert wird am Ausgangsschenkel abgelesen. Dieses Verfahren eignet sich besonders zum Zeichnen von Winkeln.

Die verschiedenen Sonderlinien ermöglichen für das Zeichnen von 45°- bzw. 90°-Winkel weitere Variationen, die jedoch alle ungünstiger sind, da entweder nach dem Markieren des Winkels das Geodreieck neu angelegt werden muß oder der zu zeichnende Schenkel nicht über den Nullpunkt hinaus angetragen werden kann.

2.4.4.8 Einführung des Geodreieckes

Jede Arbeit mit dem Geodreieck läßt sich hervorragend am Tageslichtprojektor durchführen. Die oft geschmähte Verzerrung ist in diesem Fall zu vernachlässigen, weil die Linien des Meßobjektes und die Linien des Geodreieckes gemeinsam verzerrt werden.
Durch genaue Spiegeleinstellung und durch erhöhten Standort des Gerätes läßt sich die Verzerrung auf ein Minimum herabsetzen, so daß sie dem ungeübten Auge verborgen bleibt.
Die folgende Kopiervorlage für Folien leistet gute Dienste in der Einführungs- und ersten Übungsphase.
Nach einiger Zeit sollte dann aber das echte Geodreieck als Arbeitsmittel dienen, damit nicht die vereinfachte Darstellung sich als Normalfall einprägt. Trotzdem wird man immer wieder gerne darauf zurückgreifen, sollen Fehler ausgeschaltet oder Vergessenes wieder aufgefrischt werden.

Abb. 91:

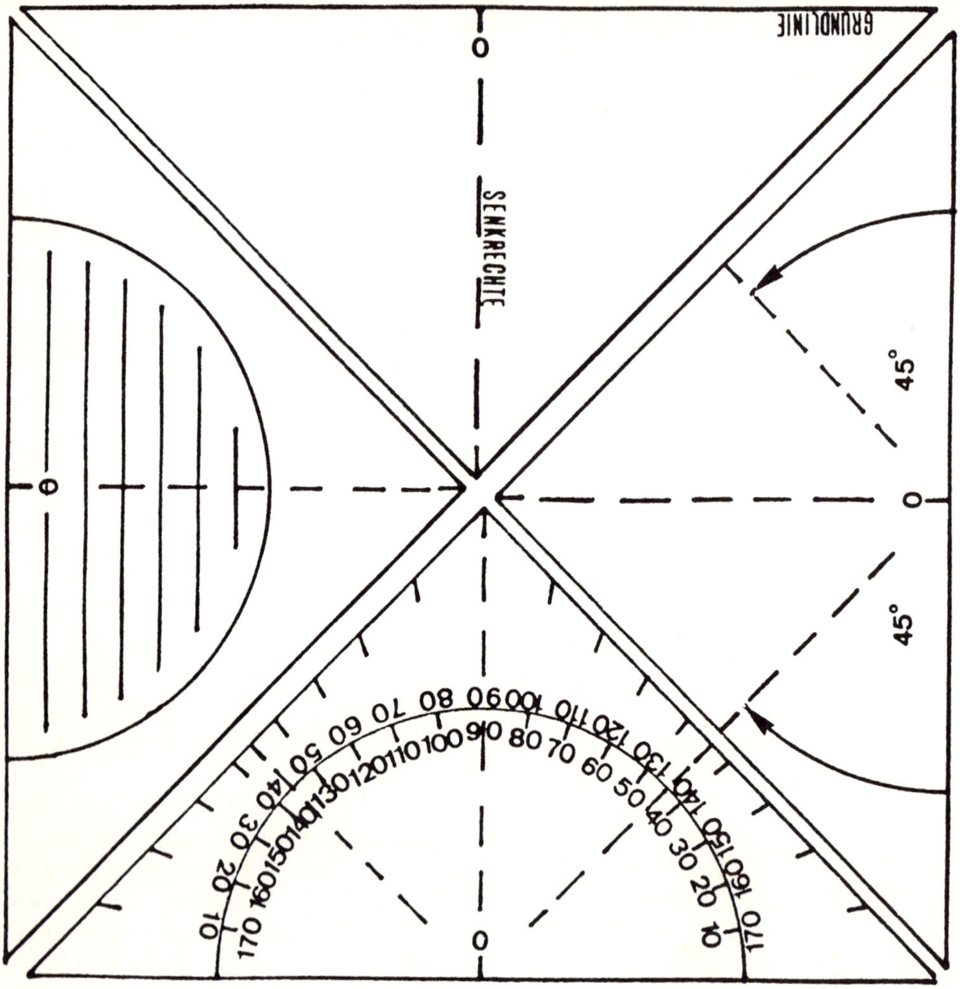

2.4.5 *Einüben des Gebrauchs des Geodreiecks*

2.4.5.1 Aufsuchen von Senkrechten unter verschiedenen Bedingungen.

Arbeitsauftrag:

Suche Senkrechte in den Figuren und lege das Geodreieck richtig an.

Abb. 92:

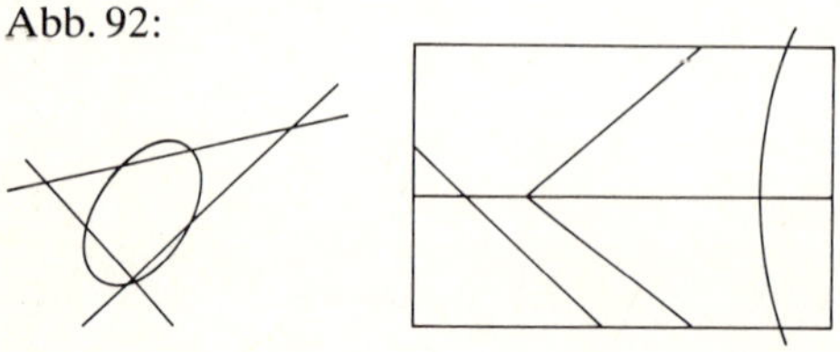

2.4.5.2 Zeichnen von Senkrechten durch einen gegebenen Punkt

Arbeitsauftrag:

Zeichne mit dem Geodreieck eine Senkrechte durch den gegebenen Punkt.

Durch die Lage der Punkte auf der Geraden (z. B. am Rand) läßt sich der Schwierigkeitsgrad steuern. Für die Zeichengenauigkeit ist das günstigste Anlegen ausschlaggebend.

2.4.5.3 Zeichnen von Parallelen

Arbeitsauftrag:

Zeichne nach innen und außen formgleiche Figuren durch Parallelverschiebung mit den Hilfslinien des Geodreiecks (Abstand 0,5 cm).

2.4.5.4 Aufsuchen von Parallelen durch Anlegen des Geodreiecks

Arbeitsauftrag:

Lege dein Geodreieck so an, daß man die Parallelität genau erkennen kann.

Abb. 93:

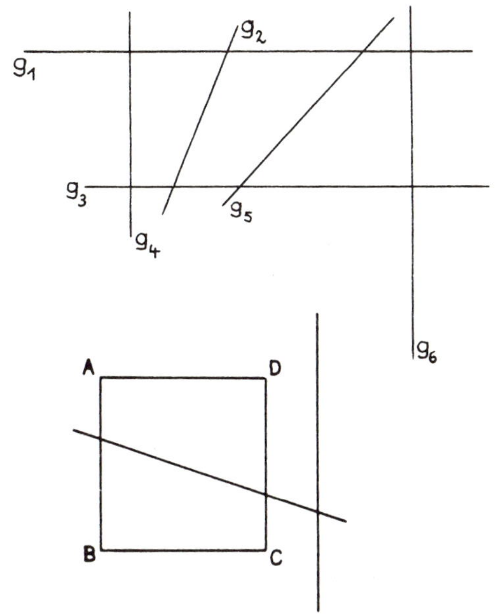

2.4.5.5 Erkennen von 45°/90°-Winkeln

- Arbeitsauftrag:

Lege dein Winkelfeld/Geodreieck so an, daß leicht festzustellen ist, ob der Winkel 45° oder 90° groß ist.

Als Winkelfeld dienen Pappschablonen oder abgedeckte Geodreiecke. Die unterschiedlichen Lagen der Winkel bedeuten zusätzliche Schwierigkeit.

Abb. 94:

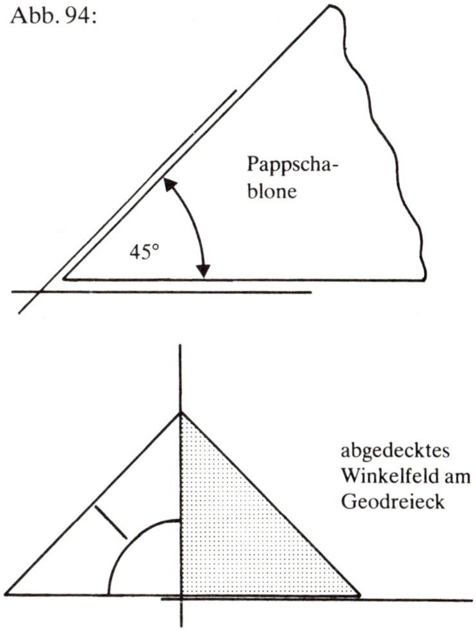

- Einfärben von Winkelfeldern
  In komplexeren Figuren (siehe Abb. 67) sind alle 45°- und 90°-Winkel zu suchen und einzufärben.

2.4.5.6 Messen von beliebigen Winkeln

Durch die Angabe von Näherungswerten hat der Schüler sofort eine Eigenkontrolle. Völlig falsches Anlegen wird vermieden. Die Variation der Drehrichtung und der Lage der Grundlinie bedeutet eine erhebliche Erschwerung der Übung.

Abb. 95:

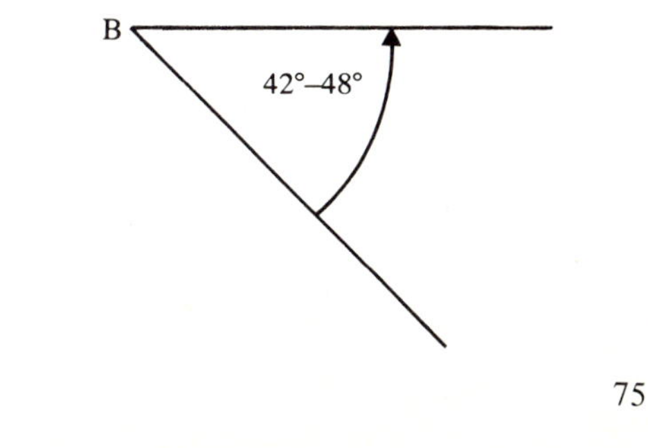

- Die Meßgenauigkeit läßt sich durch die Vorgabe der Winkelsumme (z. B. Winkel α_1–α_6 bilden einen Kreis) steigern. Erschwert wird die Aufgabe, wenn der Radius dieses Kreises so klein ist, daß alle Schenkel verlängert werden müssen.
- Beim Zeichnen ist der umgekehrte Weg zu wählen. Die Summe der gegebenen Einzelwinkel beträgt 360°. Bei genauer Arbeit ergibt sich ein Kreis.

2.4.5.7 Messen von überstumpfen Winkeln

Überstumpfe Winkel lassen sich auf zweierlei Weise messen.

a) Ein Schenkel wird über den Scheitel hinaus verlängert und der den gestreckten Winkel übersteigende Bereich gemessen. ($\alpha = 180° + \alpha_2$)

Abb. 96:

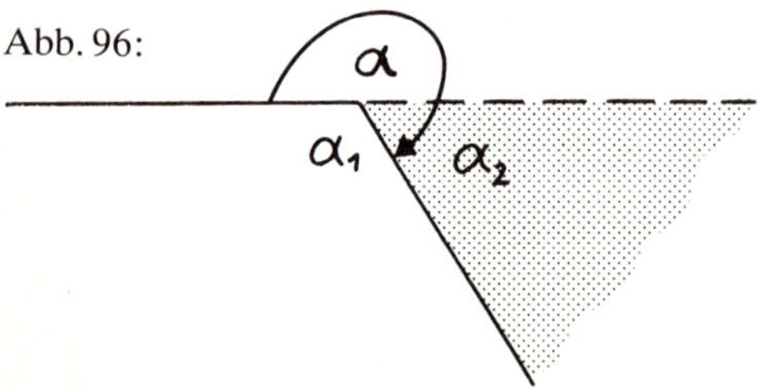

b) Der Ergänzungswinkel α_1 wird gemessen und vom Vollwinkel 360° abgezogen. ($\alpha = 360° - \alpha_1$).

2.4.5.8 Messen beliebiger Winkel und Übertragen der Winkel

Die Wahl der Einzelwinkel innerhalb der Zeichnung steuert den Schwierigkeitsgrad. Das Übertragen der Figur auf ein anderes Blatt stellt gehobene Ansprüche an die Zeichentechnik der Schüler.

Möglicher Sachzusammenhang:

Ein steuerloses Segelschiff treibt durch einen Sturm.

Abb. 97:

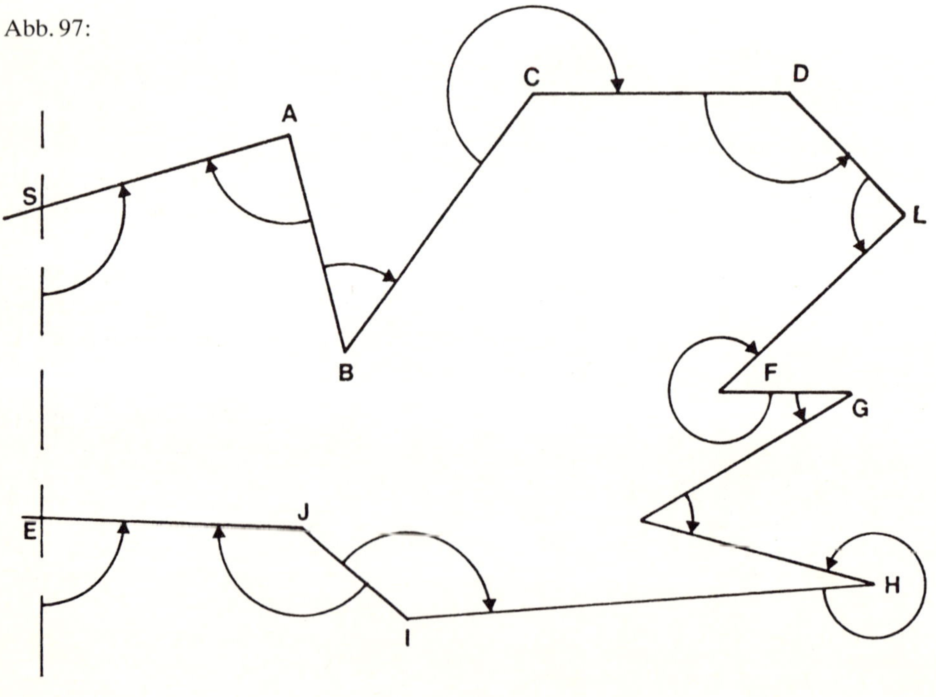

2.5 Grundkonstruktionen

Lernt der Hauptschüler den Umgang mit geometrischen Arbeitsmitteln im Detail und sieht dabei die praktische Anwendbarkeit, ist dies als berufsvorbereitende Arbeit zu sehen.
Nicht nur Technisches Zeichnen erfordert bestimmtes Grundwissen, auch rein handwerkliche Arbeiten verlangen danach.
Das „Anreißen“ oder auch „Aufreißen“ erfordert den exakten Umgang mit Meß- und Zeichengerät. Einige Grundkonstruktionen dürfen dabei nicht unbekannt sein:

- Kreisschlagen
- Lot fällen
- Parallele ziehen
- Halbieren von Strecken und Winkeln.

Diese vier Grundkonstruktionen befähigen einen Schreiner oder Glaser, den Schlosser oder den Fliesenleger seine Arbeiten vom Papier auf das Werkmaterial zu übertragen. Reißzirkel und -schiene sind ihre Werkzeuge.
Solche Zusammenhänge und Tatsachen sind dem Schüler meist unbekannt und daher nicht einsichtig.
Er betrachtet das exakte Konstruieren als unnötigen Ballast, zumal er den theoretischen Hintergrund nicht erfassen kann.
Wieder taucht die Problematik des richtig gewählten Sachbezuges auf.

2.5.1 Die wichtigsten Konstruktionen

2.5.1.1 Arbeit an einer Strecke

Abb. 98a:

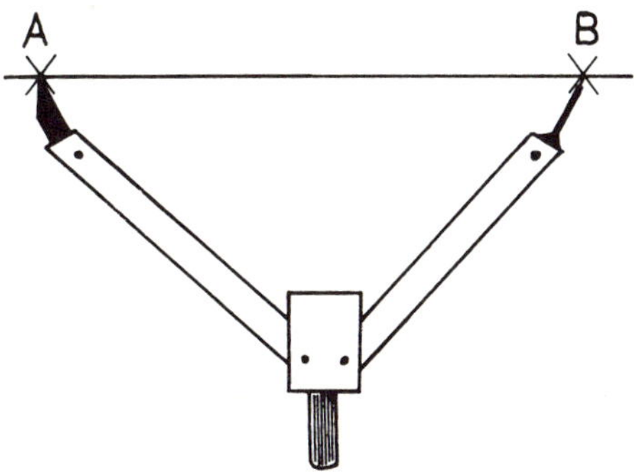

Der Abstand zwischen Einstichpunkt der Zirkelnadel in B und dem Auflagepunkt der Zirkelmine (A) hat die exakte Länge der Strecke $\overline{AB}$.
Bleibt der Zirkel unverändert, kann die Strecke $\overline{AB}$ beliebig oft

- übertragen
- abgegriffen
- mit anderen Strecken verglichen werden.

2.5.1.2 Halbieren einer Strecke (zugleich Errichten der Mittelsenkrechten!)

Abb. 98 b:

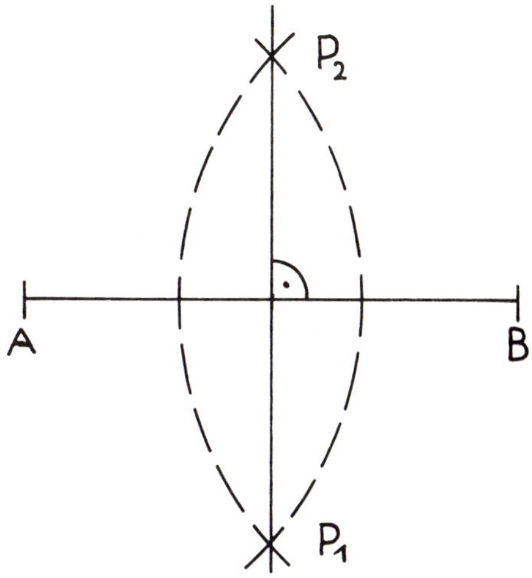

Ausführung:

- Kreisbogen um A und B, mit einer Zirkelspanne, die deutlich größer als die Hälfte der Strecke $\overline{AB}$ ist.
- Es entstehen die Schnittpunkte P_1 und P_2.
- Die Gerade durch P_1 und P_2 halbiert [AB] und ist zugleich die gesuchte Mittelsenkrechte.

Diese Konstruktion ist Grundlage für einige weitere Grundkonstruktionen (siehe 2.5.2, S. 79).

2.5.1.3 Fällen eines Lotes

Abb. 98c:

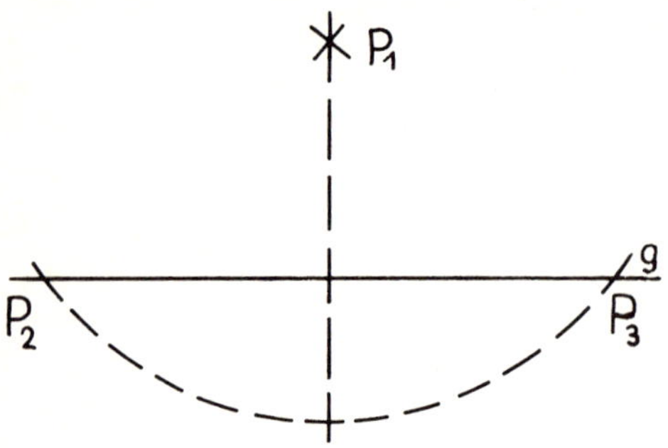

Ausführung:

- Kreisbogen um P_1, der die Gerade g zweimal schneidet.
- Die Punkte P_2 und P_3 begrenzen nun die Strecke $[P_2P_3]$.
- Mittelsenkrechte zu $[P_2P_3]$.

2.5.1.4 Errichten eines Lotes in einem Punkt A einer Geraden

Abb. 98d:

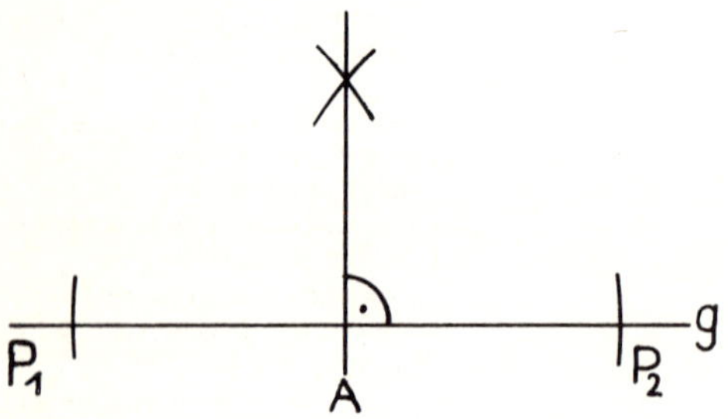

Ausführung:

- Kreisbogen um A, der die Gerade g in P_1 und P_2 schneidet.
- Mittelsenkrechte zu $[P_1P_2]$.

2.5.1.5 Übertragen eines Winkels

Abb. 98e:

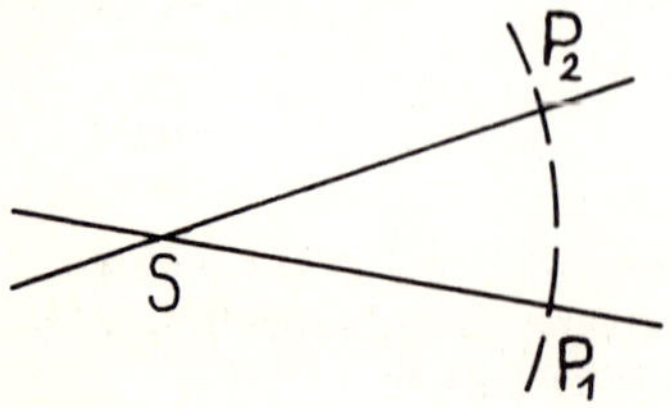

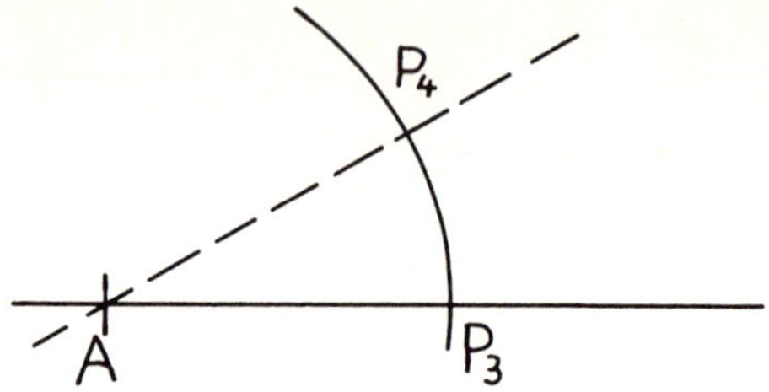

Ausführung:

- Kreisbogen um den Scheitel S des gegebenen Winkels. Es entstehen P_1 und P_2.
- gleicher Kreisbogen um Punkt A (Scheitel des neuen Winkels). Es entsteht P_3.
- Abgreifen von $[P_1P_2]$ mit dem Zirkel
- Kreisbogen mit Radius $\overline{P_1P_2}$ um P_3. Es entsteht Schnittpunkt P_4
- Gerade durch A und P_4 bildet den zweiten Schenkel des neuen Winkels.

2.5.1.6 Halbieren eines Winkels

Abb. 98f:

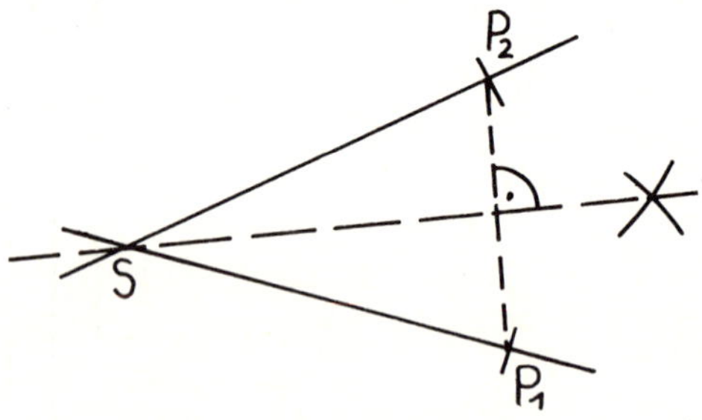

Ausführung:

- Kreisbogen um S.
  Es entstehen die Punkte P_1 und P_2 auf den Schenkeln des gegebenen Winkels.
- Mittelsenkrechte zu $[P_1P_2]$.

2.5.2 Die Mittelsenkrechte als Elementarbaustein vieler Grundkonstruktionen

Die Konstruktion einer Mittelsenkrechten zu einer gegebenen Strecke ist das eigentliche Fundament aller sogenannten Grundkonstruktionen.

Abb. 99:

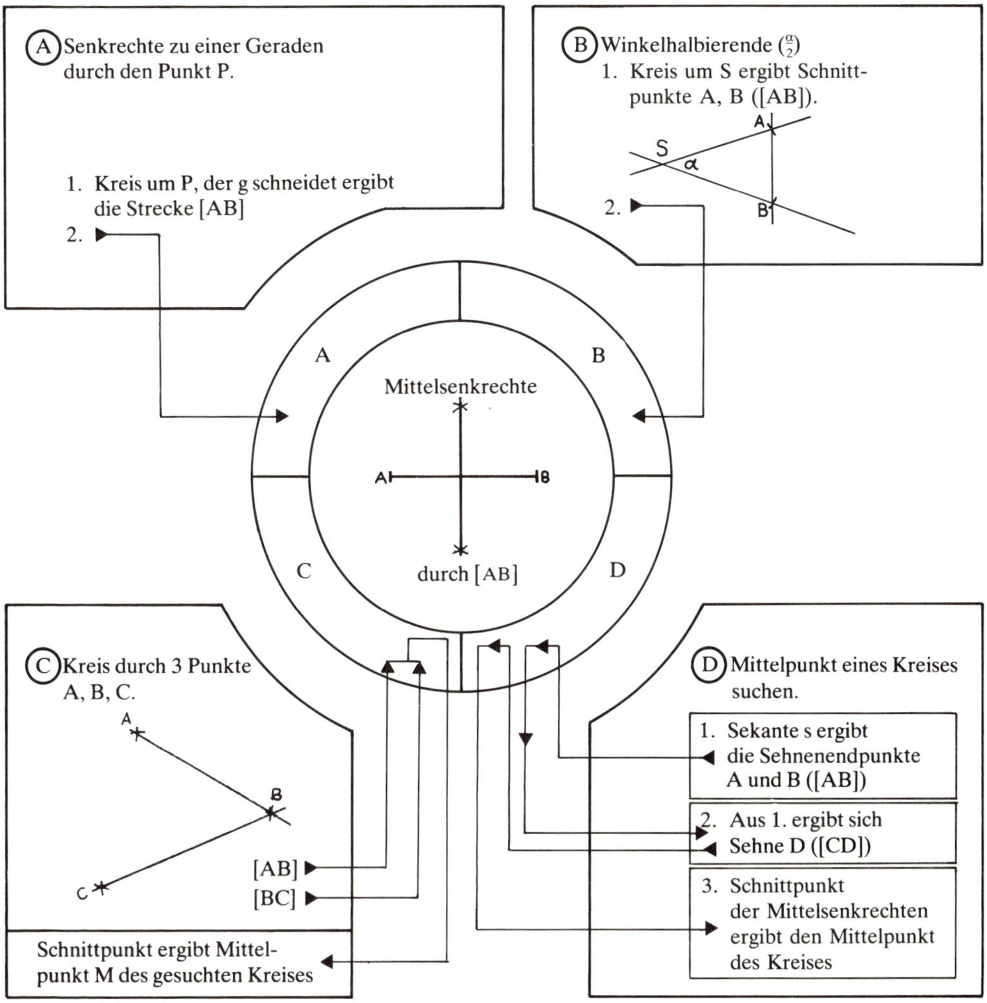

2.5.3 Didaktischer Ort der Konstruktionen in der Hauptschule

2.5.3.1 Bedeutung der Konstruktion in der Hauptschule

Im Geometrieunterricht der Hauptschule nehmen Konstruktionen einen etwas isolierten Platz ein, da rein konstruktive Aufgaben mit der üblichen anschließenden Beweisführung nicht vorgesehen sind. Diese Lernziele sind weiterführenden Schulen vorbehalten. Damit fehlt die zwingende Notwendigkeit für den Schüler.

Eine eingeführte Grundkonstruktion, die nicht über Jahre hin immer wieder abgefordert wird, gerät schnell in Vergessenheit, als wäre sie nie behandelt worden.

2.5.3.2 Hindernisse

Bei Konstruktionsarbeiten tauchen immer wieder die gleichen *Hindernisse* auf:

a) Aufgabenstellung wird sprachlich nicht verstanden
b) Aufgabenstellung wird fachsprachlich nicht verstanden
c) Einzelkonstruktion wird nicht beherrscht
d) indirekt formulierter Arbeitsauftrag wird nicht als solcher erkannt

e) Umgang mit Zirkel und Lineal wird nicht beherrscht
f) Genauigkeitsprinzip wird nicht ernst genommen
g) motorische Voraussetzungen fehlen ganz oder teilweise
h) Aufgabe übersteigt insgesamt das geometrische Vorstellungsvermögen des Schülers.

Die folgende Beispielaufgabe soll zeigen, welche Hindernisse in einer einzigen Aufgabe auftreten können. Die Kleinbuchstaben in Klammern beziehen sich auf die Auflistung der möglichen Hindernisse a–h.

Beispielaufgabe:

Halbiere (a, c) die Strecke [AB] (b). Schlage (b) um den Schnittpunkt (a) einen Kreis (b) und konstruiere (b) durch Parallelverschiebung (b, d, e) der Ausgangsstrecke (b) die Seiten a und c eines Umquadrates (b) zum Kreis. Verschiebe die Halbierungsgerade (b) ebenfalls nach außen, dann erhältst du b und d des gesuchten Quadrates (a).
Welche Funktion (a) hat [AB]?

Abb. 100:

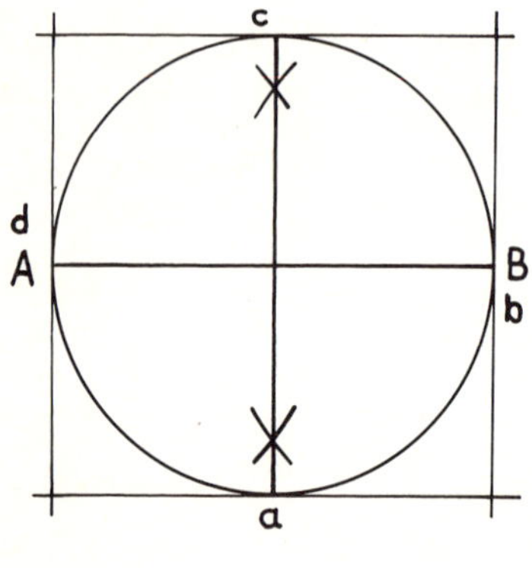

Konstruktion:

Selbst in kleinen Schritten formuliert wäre diese Aufgabe für einen Hauptschüler unlösbar, da sich im Text bereits alle Widerstände finden, die ihm Schwierigkeiten bereiten könnten.
Deutlicher wird der Schwierigkeitsgrad, fällt der Halbierungsauftrag zu Beginn der Aufgabe weg. Der Mittelpunkt des Kreises muß dann erst einmal gedanklich ermittelt werden!

2.5.3.3 Alternative Geodreieck

An Stelle der arbeits- und zeitintensiven Konstruktion tritt in der Hauptschule das Geodreieck (siehe 2.4.4 ff., S. 70 ff.).
Wird es umfassend als Handwerkszeug eingeführt und behandelt, kann es in der Hauptschule ohne weiteres an die Stelle der Konstruktion treten.
Dem Schüler muß natürlich klar sein, daß diese Arbeitsweise Ungenauigkeiten mit sich bringt und von einer Konstruktion nicht mehr die Rede sein kann.
Eine Verständigung zwischen Geometrielehrer und Fachlehrer für Technisches Zeichnen dürfte der Sache dienlich sein, denn auch bei technischen Zeichnungen wird vorwiegend mit dem Geodreieck gearbeitet.

2.5.3.4 Übungsbeispiele

- Der Sachzusammenhang kann gewählt werden, als wäre es die Arbeit eines Handwerkers, das Blechstück zu bearbeiten. Die Arbeitsgänge sind mit dem Ablauf der notwendigen Konstruktion (Suchen des Kreismittelpunktes) identisch.

Aufgabe:

Aus einem kreisförmigen Blechstück sollen 4 exakte Viertelkreise ausgeschnitten werden. Der Mittelpunkt der Kreisscheibe ist unbekannt.

Arbeitsgang:

Abb. 101:

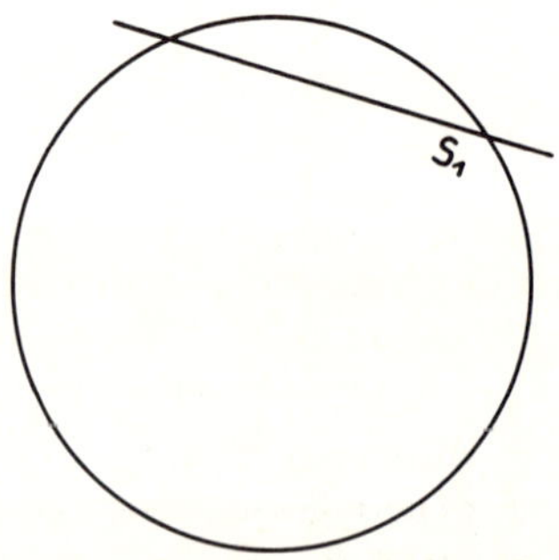

Beliebige Gerade zeichnen, die die Kreislinie zweimal schneidet (Sekante).

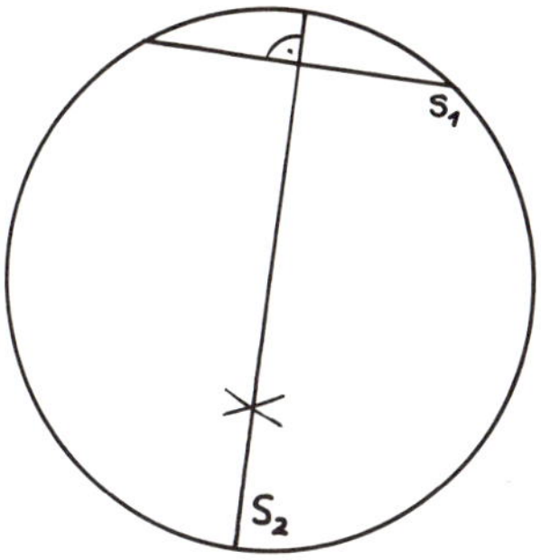

Sehne s_1 mit Sehne s_2 halbieren (Streckenhalbierung)

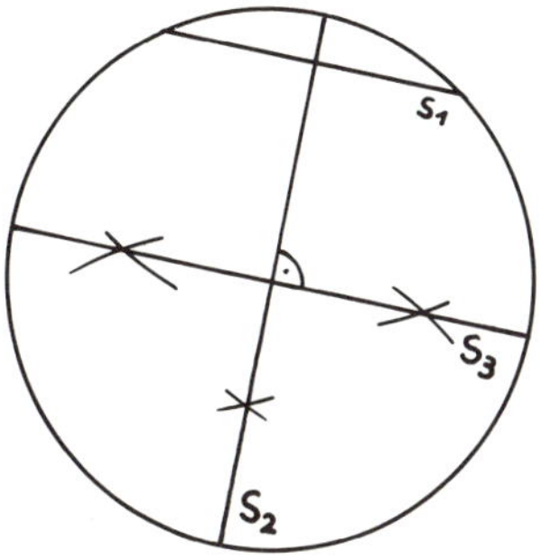

Sehne s_2 mit Sehne s_3 erneut halbieren.

Alle Konstruktionen dieser Art lassen sich auf den Ursprung des „Lot fällens“ zurückführen.

- Anwendung der Konstruktion „Senkrechte von gegebenem Punkt auf eine Strecke“.
  Der Punkt entspricht einer Dreiecksecke, die Strecke der zugehörigen Dreiecksseite.

  Auftrag:

  Konstruiere die Dreieckshöhe.

  Abb. 102:

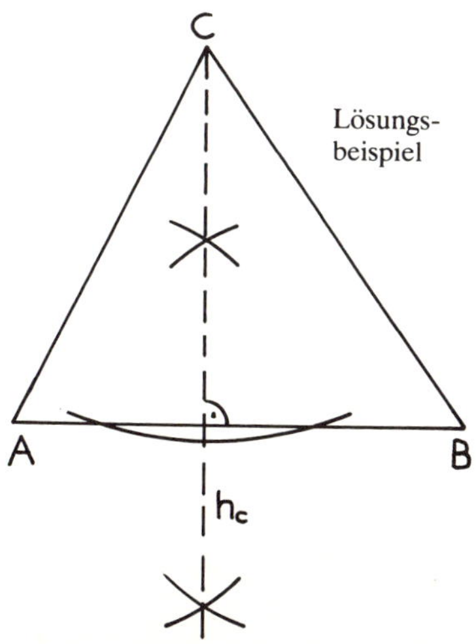

- Anwendung der Streckenteilung.
  Der Stern kennzeichnet die zu teilende Strecke. Sein Wegfall bedeutet eine zusätzliche Schwierigkeit.

Auftrag:

Konstruiere die Symmetrieachse zu den gegebenen Figuren.

Abb. 103:

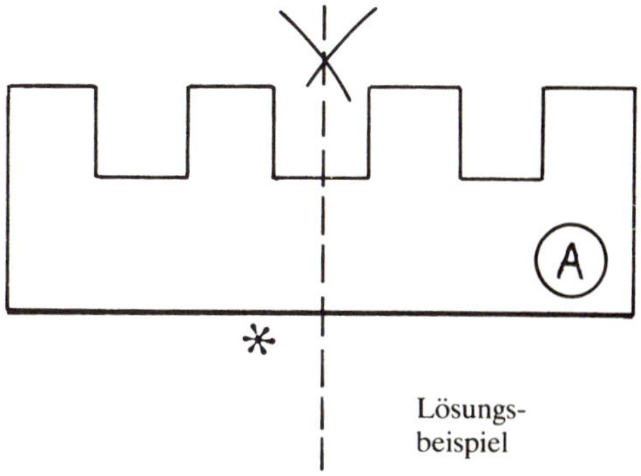

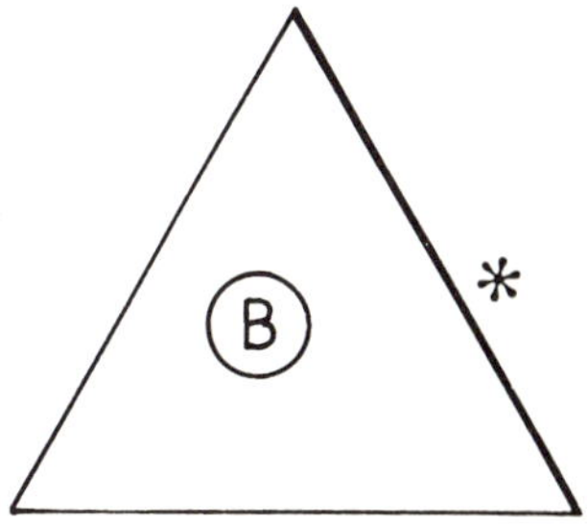

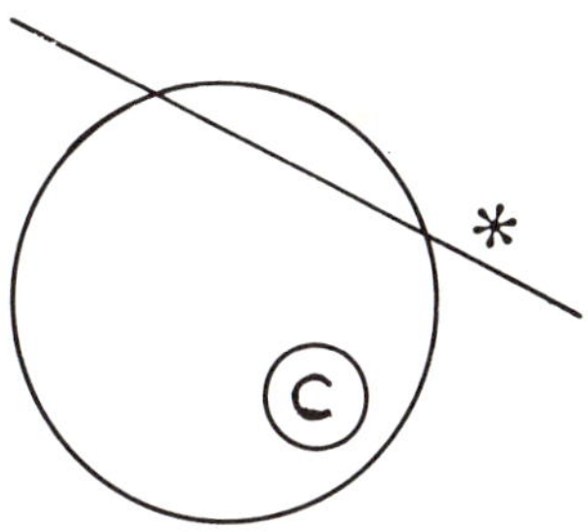

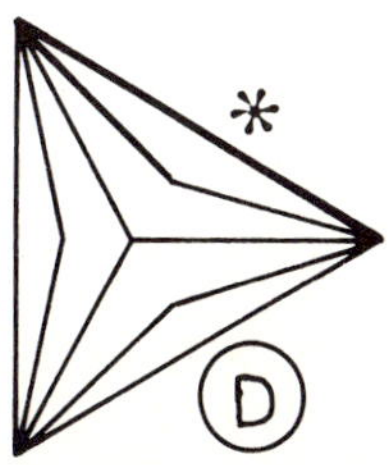

3. Abbildungen

3.1 Bedeutung der Abbildungen für die Hauptschule

3.1.1 Hauptschulrelevante Abbildungsarten

Der Stoffplan der Hauptschule sieht nur die Behandlung der Kongruenzabbildungen vor.

Dazu zählen:

- Achsenspiegelung
- Drehung
- Punktspiegelung
- Verschiebung

Innerhalb dieser Abbildungsarten sind wiederum nur die Sonderfälle für die Weiterentwicklung des Stoffes interessant, die durch den Abbildungsvorgang die Urfigur in sich selbst abbilden. Durch diese Eigenschaft lassen sich einfache Beweisführungen (z. B. gleicher Flächeninhalt) anbahnen.

Abb. 104:

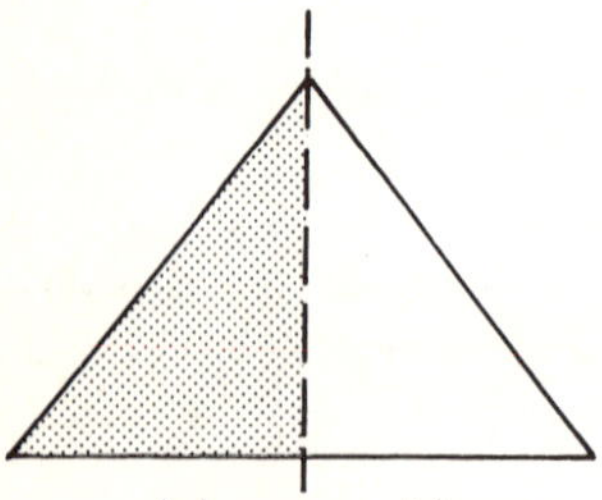

Achsensymmetrie

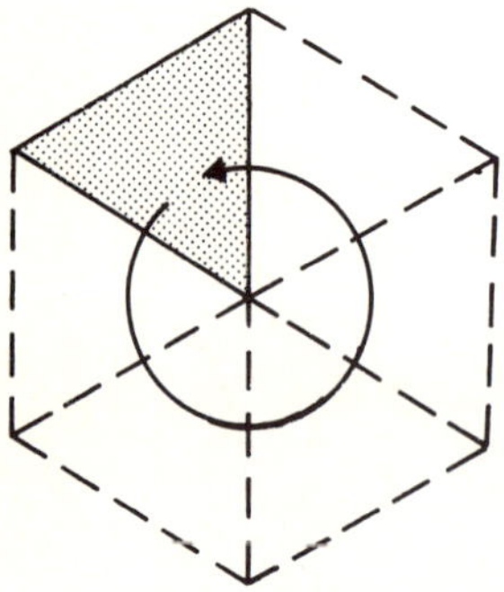

Drehsymmetrie

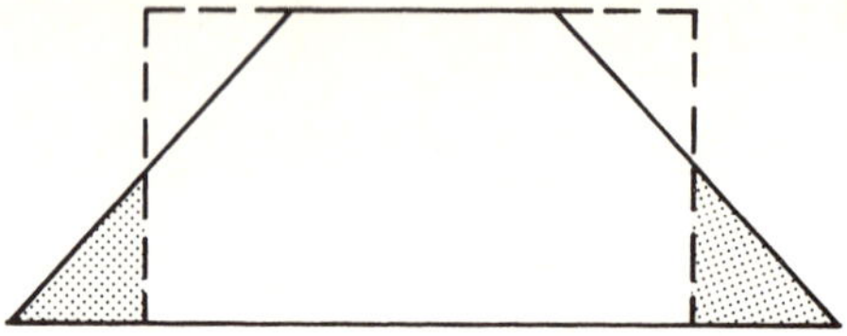

Punktsymmetrie

Alle anderen Inhalte aus dem Bereich der Abbildungen führen nach der Einführung in eine Sackgasse, da sie in den folgenden Jahrgängen nicht weiter verfolgt und angewandt werden.

Gründe hierfür lassen sich leicht nennen:

- Der Lehrstoff wird theoretisch, da sich kaum schülergemäße Sachzusammenhänge finden lassen.
- Berechnungen in der Hauptschule stützen sich auf bekannte Formeln. Lösungswege werden nicht im geometrischen Sinne entwickelt und diskutiert.
- Beweisführungen sind nicht Lehrinhalt der Hauptschulgeometrie.
- Eine Gesamtbehandlung der Abbildungen erfordert hohes Abstraktionsniveau, das den weiterführenden Schulen vorbehalten ist.

3.1.2 Wirkungsbereich der Abbildungen im Unterricht der Hauptschule

Abb. 105:

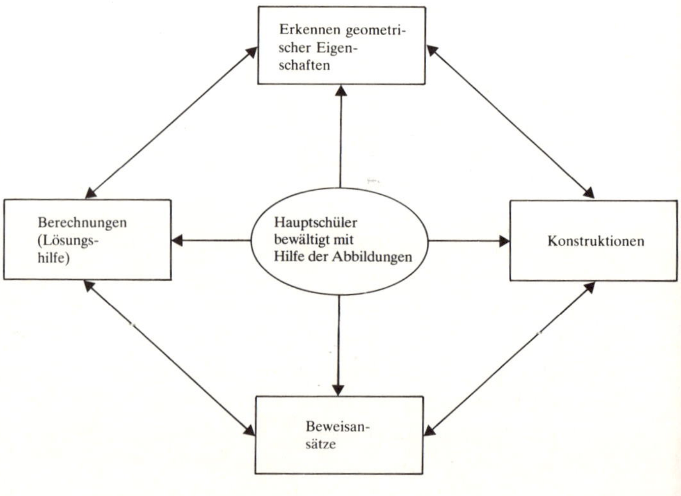

3.1.2.1 Erkennen geometrischer Eigenschaften

Die Diagonale [CD] (f) des Drachenvierecks ist Spiegelachse.
Die Diagonale f teilt das Drachenviereck in zwei deckungsgleiche Dreiecke.

Abb. 106a:

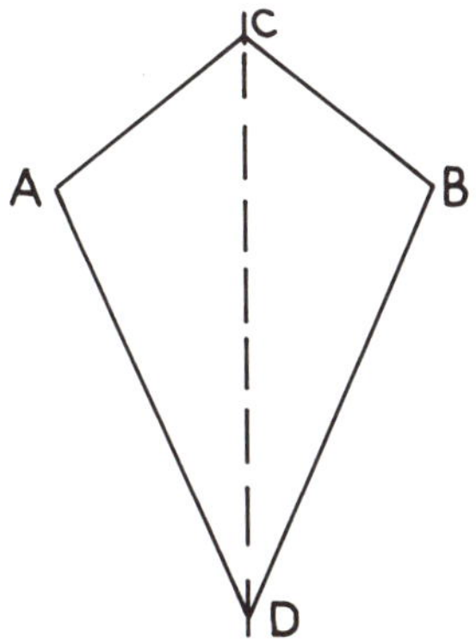

3.1.2.2 Konstruktionsmittel

Aus dem Dreieck ADC läßt sich durch Spiegeln des Eckpunktes A ein Drachenviereck mit dem doppelten Flächeninhalt von ADC konstruieren.

Abb. 106b:

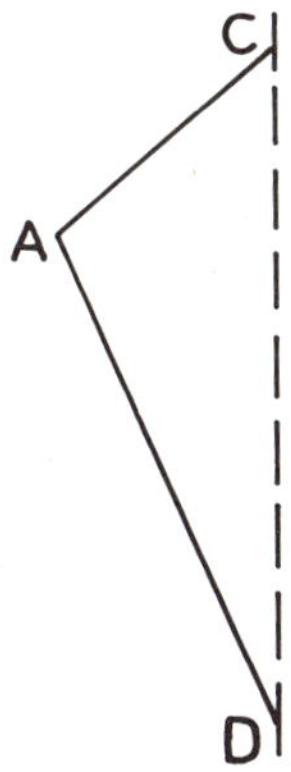

3.1.2.3 Beweisansätze

a) Durch Verschieben der Diagonalen e und f eines Drachenvierecks entsteht ein Rechteck mit doppelten Flächeninhalt des Drachenvierecks.

Abb. 107a:

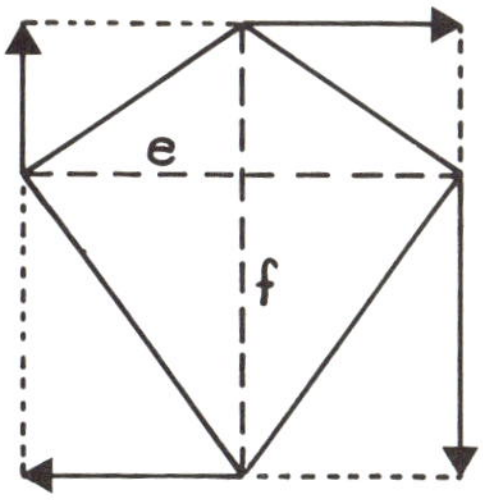

b) Durch Punktspiegelung in den Punkten ABCD zeigt sich, daß die Teildreiecke des Drachenvierecks flächeninhaltsgleich mit den Ergänzungsdreiecken des Rechtecks sind.
Daraus läßt sich ableiten:

$A_R = e \cdot f \qquad A_D = \frac{e \cdot f}{2}$

Abb. 107b:

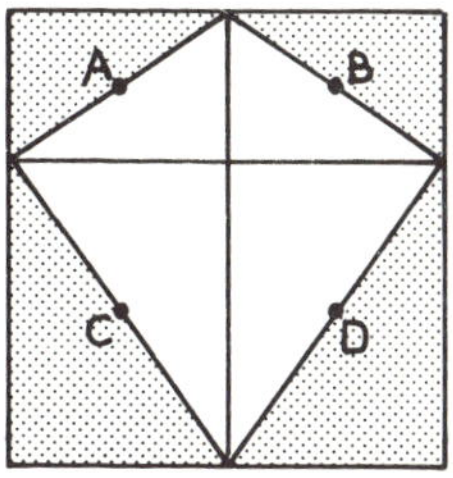

3.1.2.4 Lösungshilfe bei Rechnungen

Durch Drehung um A läßt sich ein flächeninhaltsgleiches Drachenviereck bilden und nach der Formel

$A = \frac{e \cdot f}{2}$ berechnen.

Abb. 108:

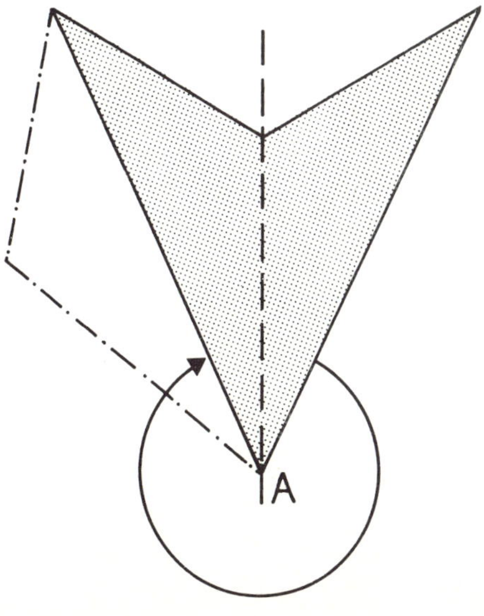

3.1.3 Aufbereitung und Anwendung des Lehrstoffes

Gerade im Bereich der Abbildungen sollte der Lehrstoff (auch der in Schulbüchern angebotene) auf seine Bedeutung für den Hauptschulunterricht überprüft werden.

Als Leitfragen können dienen:

Abb. 109:

Frage	Beispiel
Hat der Stoff weiterführenden Charakter?	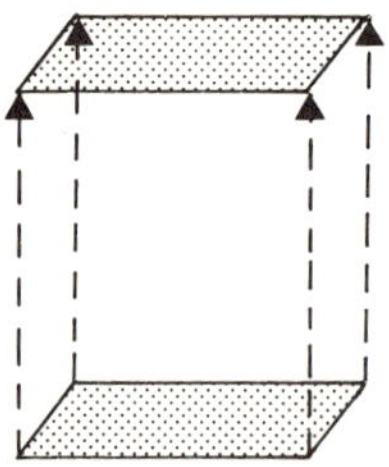 Durch die Verschiebung einer Grundfläche entsteht eine gerade Säule mit deckungsgleicher Deckfläche. (Kennzeichen für alle Prismen und Zylinder!)
Auf welche Formalismen kann verzichtet werden?	– Vektorenschreibweise (fachrelevant, aber nicht hauptschulgemäß!) – Ausdrucksweisen wie: „Die Figur wird in sich selbst abgebildet.“
Welche Konstruktionsvorgänge müssen unbedingt beherrscht werden?	Parallelverschiebung mit dem Geodreieck genügt. Zirkelarbeit erfordert viel Zeit, ändert den Unterrichtserfolg aber nicht bedeutend.
Wie weit eignen sich Gitternetz und Koordinatenkreuz für den Unterricht?	– Als Variante bei der Aufgabenstellung zu Verschiebungen. – Nur wenn das Netz komplett vorgegeben ist.

3.2 Die Achsensymmetrie

3.2.1 Erarbeitung der Kennzeichen

3.2.1.1 Versuche mit echten Spiegelbildern

- Lesen von Schriftzügen im Spiegel
- Aufsuchen von „links“ und „rechts“ im Spiegelbild
- Auszählen von Meßquadraten im Original und im Spiegelbild

Abb. 110:

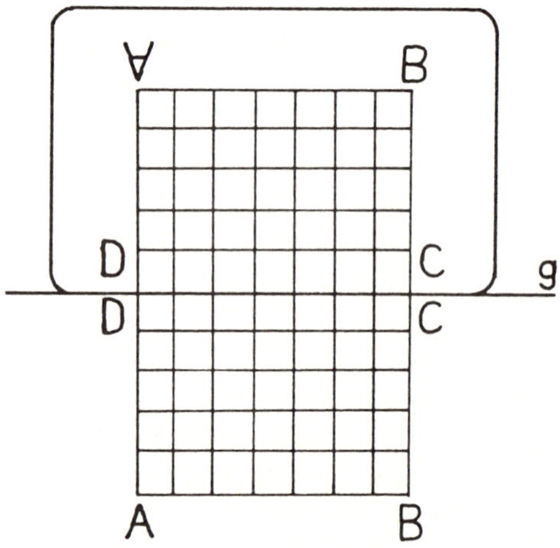

- Vergleich einer markierten Punktfolge im Original mit dem Spiegelbild

Abb. 111a:

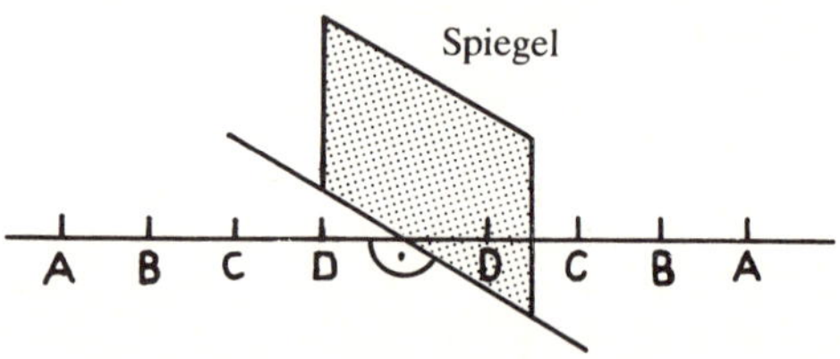

- Welche Bildpaare (Original und Spiegelbild) gehören zusammen?
- Versuch mit eingefärbtem Glas oder farbigen Overheadfolien.

Overheadfolien haben leichte Spiegeleigenschaften (je nach Lichteinwirkung), sind aber auch durchsichtig. Daraus ergibt sich folgende Möglichkeit:

Abb. 111b:

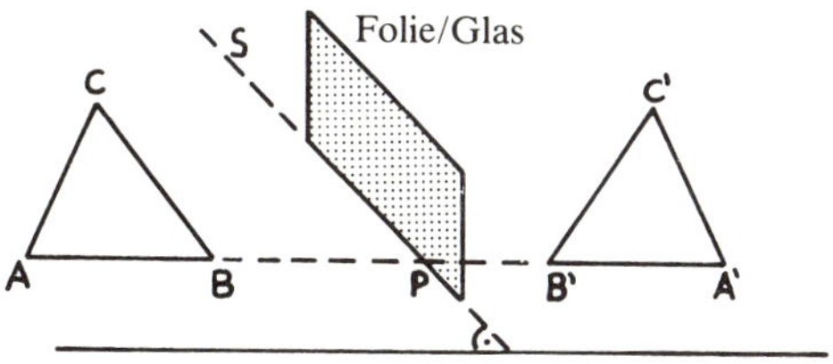

Auf einem Blatt wird die Spiegelachse S und die Urfigur ABC gezeichnet. Die Folie bzw. das Glas wird nun senkrecht auf S gestellt. Es entsteht ein Spiegelbild, das auf das weiße Blatt projiziert wird. Die Spiegelpunkte können vom Schüler markiert werden.

Je stabiler der Versuchsaufbau ist, umso exakter werden die Ergebnisse.

Ziel all dieser Versuche ist die Herausarbeitung der Eigenschaft:

Das Spiegelbild einer Figur ist seitenverkehrt!

Aus dem Versuch mit dem eingefärbten Glas kann weiter herausgearbeitet werden:

- Urpunkt und Bildpunkt sind von der Achse gleich weit entfernt.
- Verbindungsstrecken Urpunkt – Bildpunkt schneiden die Spiegelachse senkrecht.

3.2.1.2 Klapp- und Faltfiguren

Scherenschnitte und Klecksbilder dienen:

- dem Auffinden von Spiegelachsen
- der Unterscheidung zwischen gleich und dekkungsgleich (durch Ausschneiden und Aufeinanderlegen)
- der Klärung des Begriffes Symmetrie
- zeigen die Bedeutung der Spiegelachse
- eignen sich zur Aufstellung von Meßreihen, die zeigen:
  a) Urpunkt und Bildpunkt haben gleiche Entfernung zur Spiegelachse
  b) Verbindungsstrecken zwischen Urpunkt und Bildpunkt stehen senkrecht auf der Spiegelachse
- der Verdeutlichung der synonymen Ausdrücke: Faltachse – Symmetrieachse – Spiegelachse – Klappachse . . .

All diese Versuche basieren auf einer Doppellage Papier, deren Faltkante als Spiegelachse fungiert.
Mit der Zirkelspitze lassen sich einzelne Punkte der Urfigur auf die andere Seite der Spiegelachse projizieren. Damit ist die Möglichkeit eines anschaulichen Nachweises für alle Eigenschaften der Achsensymmetrie gegeben.

3.2.2 *Konstruktion von achsensymmetrischen Figuren*

3.2.2.1 Konstruktionsgrundlagen

- Ur- und Bildfigur liegen auf einer Senkrechten zur Spiegelachse.
- Ur- und Bildpunkt haben gleichen Abstand zur Spiegelachse.
- Urpunkte auf der Spiegelachse ändern ihren Ort nicht.
- Der Umlaufsinn der Figur ändert sich; die Bildfigur ist seitenverkehrt.

3.2.2.2 Konstruktionsschritte

Abb. 112:

- Fällen eines Lotes von allen Eckpunkten auf die Spiegelachse S

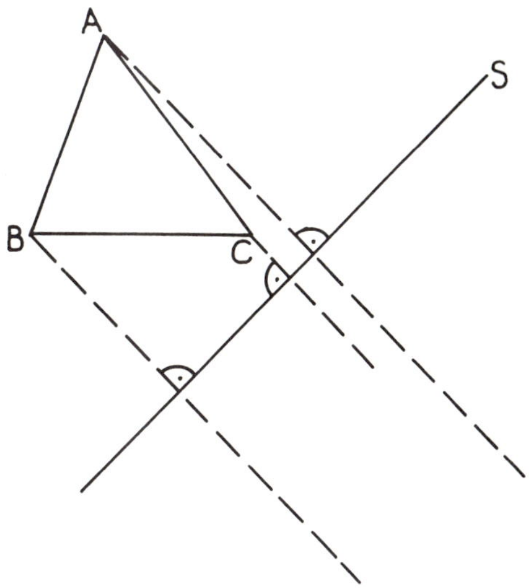

- Übertragen der Strecken [AS], [BS], [CS] auf die andere Seite der Spiegelachse. Es entstehen die Bildpunkte A′, B′, C′.

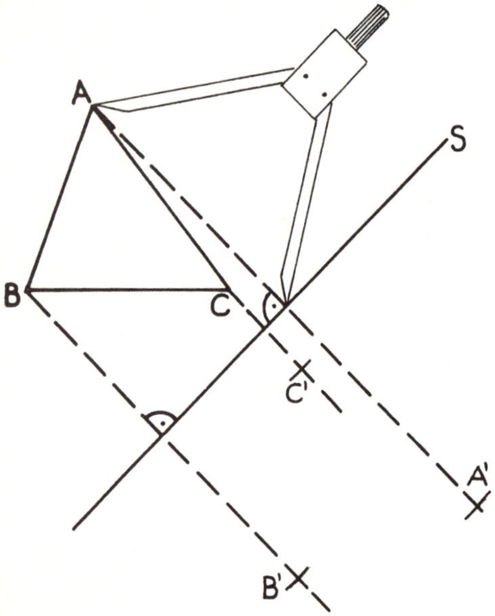

- Verbinden der Bildpunkte untereinander.

3.2.2.3 Steigerung im Schwierigkeitsgrad

Weitere Lagen der Urfigur zur Spiegelachse sind denkbar:

Abb. 113:

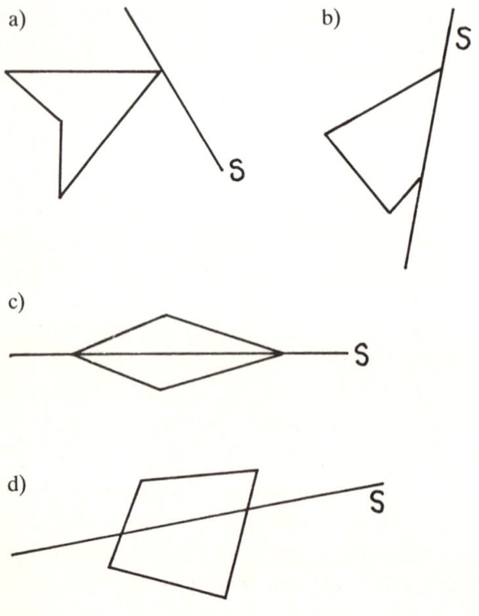

a) Spiegelachse läuft durch einen Eckpunkt der Urfigur.

b) Spiegelachse fällt mit einer Kante der Urfigur zusammen.

c) Spiegelachse teilt die Figur in deckungsgleiche Teilfiguren.

d) Spiegelachse läuft beliebig durch die Urfigur.

Der Konstruktionsvorgang bleibt in allen 4 Fällen gleich. Der Schwierigkeitsgrad ergibt sich durch die Unübersichtlichkeit des Konstruktionsablaufes, da sich Konstruktionslinien und Figurenteile, Urfigur und Bildfigur überschneiden und Strecken bzw. Punkte in sich selbst abgebildet werden.

Der Fall c ist von besonderer Bedeutung für den Hauptschüler. In der Dreiecks- und Vierreckslehre wird gerne auf die Eigenschaft der Deckabbildung zurückgegriffen.

Abb. 114:

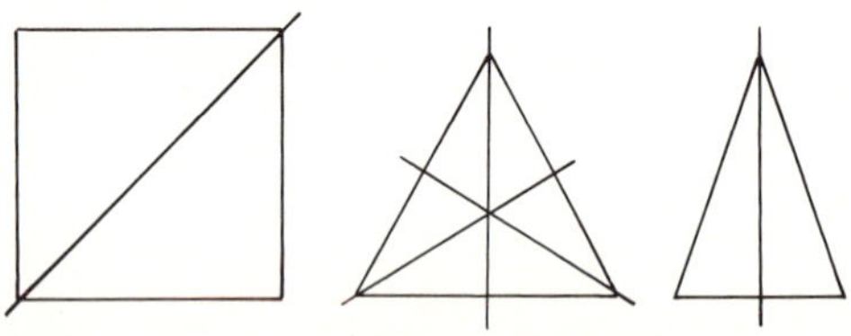

Diagonale im Quadrat

Höhe im gleichseitigen bzw. gleichschenkligen Dreieck

3.2.3 Übungsformen

3.2.3.1 Operative Übungsmöglichkeiten

- Urfigur gesucht
- Spiegelachse gesucht
- Teile von Ur- und Bildfigur sind gesucht, bzw. gegeben.

Abb. 115:

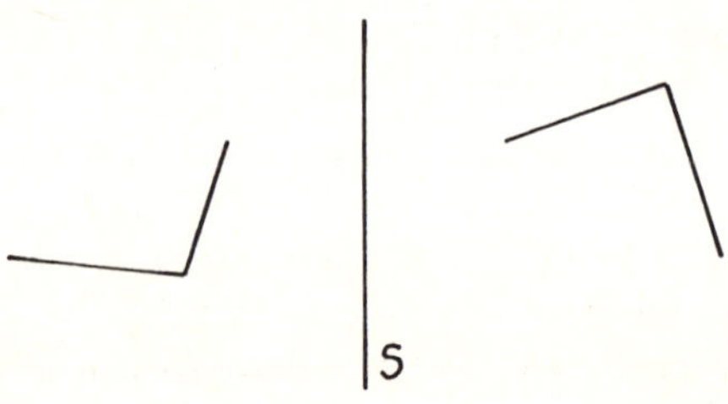

Zur Lösung solcher Aufgaben ist die Kenntnis des genauen Ablaufes der Grundkonstruktion Voraussetzung.
Als Einzelschritte sind die Konstruktion eines Lotes von einem Punkt auf eine Gerade und die Konstruktion der Mittelsenkrechten von Belang (siehe 2.5, S. 77 f.).

3.2.3.2 Spielerische Übungsformen

- Vervollständigen achsensymmetrischer Figuren
- Unterscheidung symmetrischer/nicht symmetrischer Figuren
- Übersetzung von Spiegelschrift in Normalschrift durch Konstruktion der Urbuchstaben.

Abb. 116:

3.3 Die Drehung

3.3.1 Erkennen der Drehung als Abbildung

3.3.1.1 Drehungen im Alltag

- Wasserhähne und Drehschalter
- Signale und Drehscheiben der Bundesbahn
- Lastkräne, die Güter transportieren
- Anzeigeinstrumente mit Anzeigenadeln
- alle Arten von Rädern (Auto, Fahrrad, Zahnräder)
- Riesenrad, Kettenkarussell, andere Fahrgeschäfte auf Volksfesten.

3.3.1.2 Bewußtmachen der neuen Abbildungsart

Dem Schüler wird eine Auswahl von spiegelbildlichen und gedrehten Figuren angeboten. Zunächst werden die achsensymmetrischen Darstellungen isoliert. Die verbleibenden Figuren werden damit verglichen. Die Schüler begründen, warum keine Achsenspiegelung vorliegen kann:

Der Umlaufsinn von Urfigur und Bildfigur ist gleich!

Im Anschluß werden die Bedingungen der neuen Abbildungsart herausgearbeitet:

- Umlaufsinn bleibt gleich
- Bewegung der Urfigur wird um einen bestimmten Punkt (Drehpunkt) vollzogen.
- Ur- und Bildfigur sind deckungsgleich (Kontrolle durch Ausschneiden und Übereinanderlegen).

3.3.1.3 Veranschaulichungshilfen

- Drehen von realen Gegenständen (Spielzeugkran, Eisenbahn, . . .)
- Drehen von Modellen.

Abb. 117:

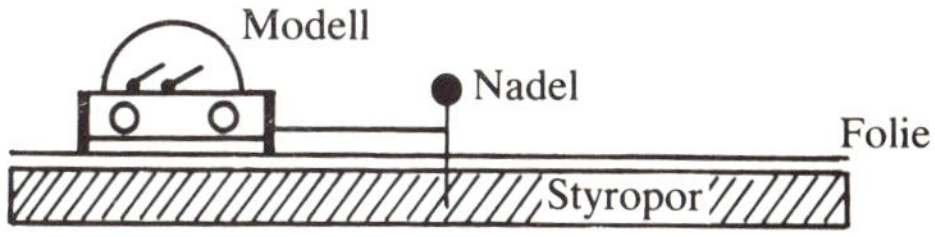

Auf Styropor- oder Dämmplatten etc. läßt sich der Drehpunkt gut mit einer Nadel, Reißzwecke oder einem Nagel fixieren.
Liegt der Drehpunkt außerhalb der Figur, lassen sich die Verbindungen zum Drehpunkt mit Drahtstücken darstellen (technisch etwas aufwendig).
Auf einer zwischengelegten Folie lassen sich die Konstruktionslinien aufzeichnen (Drehpunkt, Drehspuren, Umrisse von Figur und Bildfigur).
Durch diese Aufzeichnung kann das Versuchsergebnis allen Schülern gleichzeitig am Tageslichtprojektor demonstriert werden.

Zusätzlich erhält man eine Zwischenstufe von realer Handlung zu geometrischen Konstruktion. Die Aufgabenstellung wird von der Sachsituation durch Wegnahme der Handlungsträger (Modelle) gelöst. Übrig bleiben Problem und Problemlösung.

Abb. 118:

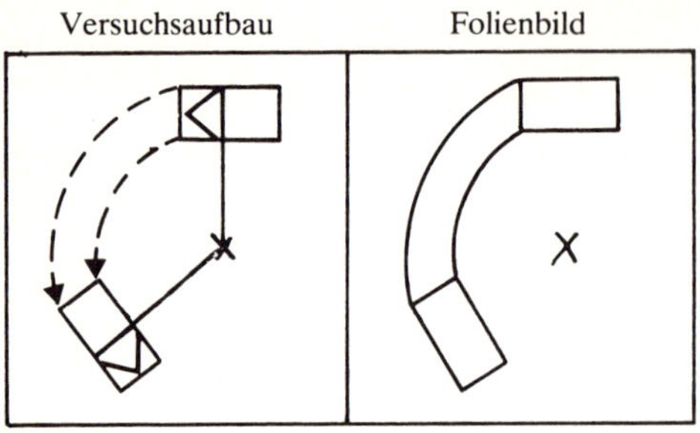

- Drehungen und ihre Spuren lassen sich auch im Sandkasten gut nachvollziehen.
- Gerne wird die Uhr zur Drehdemonstration verwendet.
  Dabei ist zu beachten, daß der zu drehende Teil genau definiert wird:
  a) Drehung des Zeigerarmes (Drehung einer Strecke, Drehpunkt der Strecke)
  b) Drehung der äußersten Zeigerspitze (Drehung eines Punktes, Drehpunkt außerhalb)
  c) Drehung des Zeigerendes (Drehung einer Fläche, Drehpunkt außerhalb)
  d) Welcher Zeiger soll beobachtet werden.

Abb. 119:

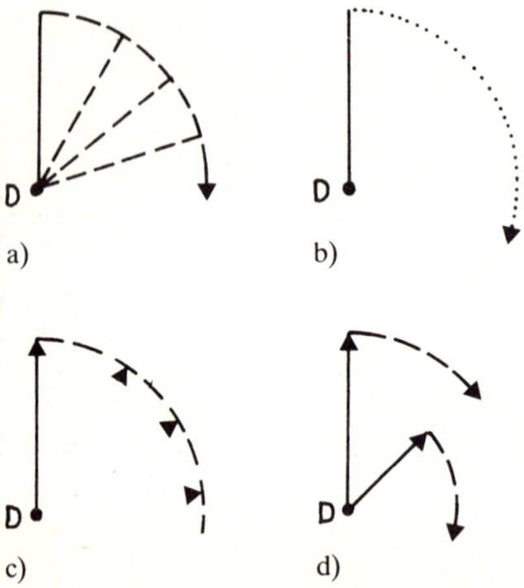

Jede der Möglichkeiten ist brauchbar, es muß jedoch vorher genau geklärt sein, auf welche Bewegung der Schüler zu achten hat. Andere Beobachtungen an der Uhr, insbesondere gemeinsame Bewegungen beider Zeiger sind der Erarbeitung des dynamischen Winkelbegriffes zuzuordnen und haben wenig mit drehsymmetrischem Hintergrund zu tun.

3.3.2 Konstruktion

3.3.2.1 Determinanten einer Drehung

Durchführung und Wirkung einer Drehung sind von 3 Faktoren abhängig:

- Lage des Drehpunktes
- Drehrichtung (Standarddrehung nach links)
- Drehbetrag (Drehwinkel).

3.3.2.2 Konstruktion „Drehpunkt liegt außerhalb der Urfigur“

Abb. 120:

- Verbindungsstrecken zwischen Eckpunkten und Drehpunkt herstellen.

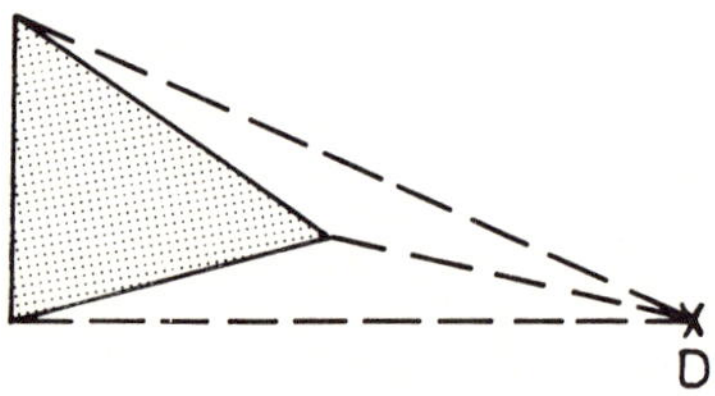

- Festlegung der Drehrichtung und der Drehspuren mit dem Zirkel. Alle Drehspuren bilden konzentrische Kreise zum Drehpunkt.

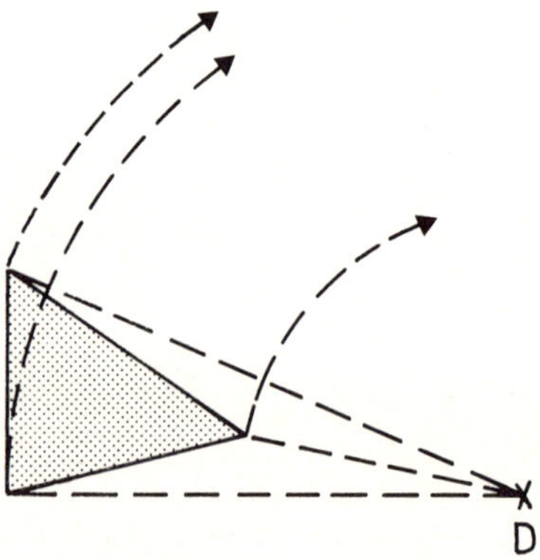

- Abtragen des Drehwinkels mit dem Geodreieck. Die Verbindungslinie Drehpunkt-Urpunkt ist jeweils die Grundlinie.

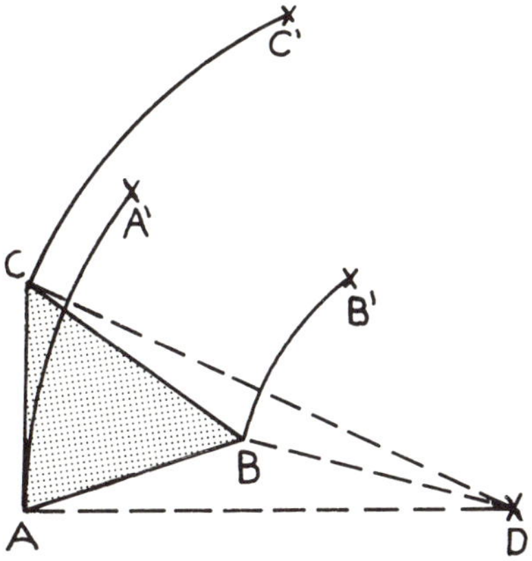

● Verbinden der Bildpunkte untereinander.

3.3.3 Übungsformen

3.3.3.1 Andere Lagen des Drehpunktes

a) Drehpunkt liegt auf einem Eckpunkt der Urfigur (Drehpunkt und ein Ur- bzw. Bildpunkt fallen zusammen, siehe auch 3.1.1).
b) Drehpunkt liegt auf einer Begrenzungslinie der Urfigur.
c) Drehpunkt liegt innerhalb der Urfigur.
d) Drehpunkt liegt im Mittelpunkt der Urfigur (siehe auch 3.1.1).

Abb. 121:

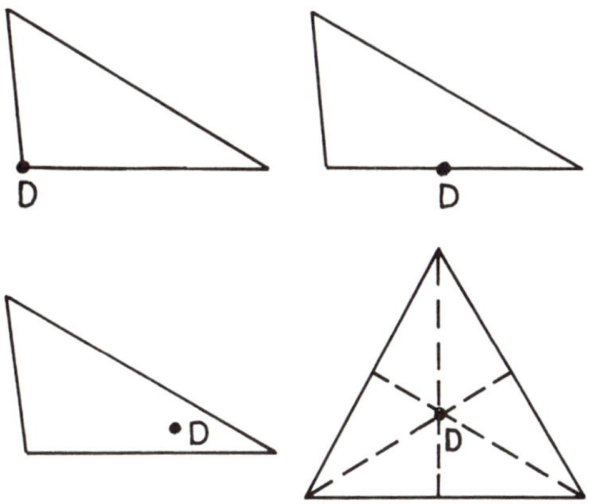

Die Steigerung des Schwierigkeitsgrades wird auch hier, wie bei der Achsenspiegelung, in der verwirrenden Überschneidung von Ur- und Bildfigur, sowie in der Vielfalt der Konstruktionslinien begründet.

3.3.3.2 Operative Übungsmöglichkeiten

- Urfigur gesucht
- Drehpunkt gesucht
- Drehwinkel gesucht
- Drehrichtung gesucht.

Voraussetzung für die Lösung solcher Aufgaben ist der sichere Umgang mit der Grundkonstruktion „Bildfigur gesucht“ und ein vertieftes Wissen über die Parameter der Drehungskonstruktion.

- Ur- und Bildfigur haben gleiche Entfernung zum Drehpunkt.
- Ur- und Bildfigur haben gleichen Umlaufsinn.
- Der Drehpunkt ist zugleich Scheitel des Drehwinkels.
- Der Drehbetrag ist für alle Figurenteile gleich.

Die Konstruktionsabläufe sind nicht immer leicht. Es bedarf großer Übersicht und systematischer Arbeitsweise, um nicht im Gewirr der Konstruktionslinien hängen zu bleiben. Diese Art Übungen dient der Festigung des Umgangs mit der Drehung, nicht aber der Vervollkommnung von Konstruktionstechniken.

3.3.3.3 Unterhaltsame Übungen

Abb. 122 (aus Nordmeier, S. 103):

A	B	C	D	E
F	G	H	J	K
L	M	N	O	P
Q	R	S	T	U
V	W	X	Y	Z

Schreibe die 25 Buchstaben des Alphabets in ein Quadratgitter (I = J). Stelle dasselbe Buchstabengitter auf Transparentpapier her. Lege beide Quadrate aufeinander. Stich mit der Zirkelspitze im Mittelpunkt der Diagonalen ein und drehe das obere Quadrat um 90° nach rechts!

Jeder Buchstabe kann durch einen anderen ersetzt werden, aber „N“ bleibt „N“!

Anwendungsmuster:

Notiert wird der Buchstabe, der beim gedrehten Quadrat auf dem gewünschten zu liegen kommt.
Es wird geschrieben: statt E ein A, statt Z ein E, statt V ein Z usw..

Geheimschrift = Ramagsolmtgwej

Variante:

Nach jedem Buchstaben wird das obenliegende Quadrat um jeweils 90° weitergedreht.

Geheimschrift = Rvoegomjgfj

3.3.4 Anwendungsbeispiele

3.3.4.1 Die Drehung als Berechnungshilfe in drehsymmetrischen Flächen und Körpern

Abb. 123:

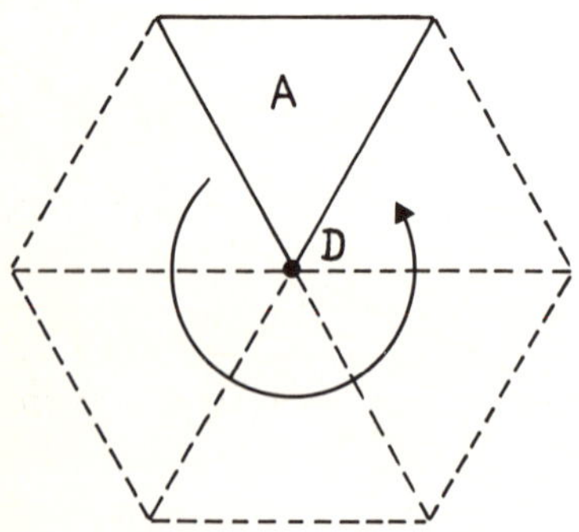

Gesamtflächeninhalt = A · 6

Gesamtvolumen = V_1 · 4

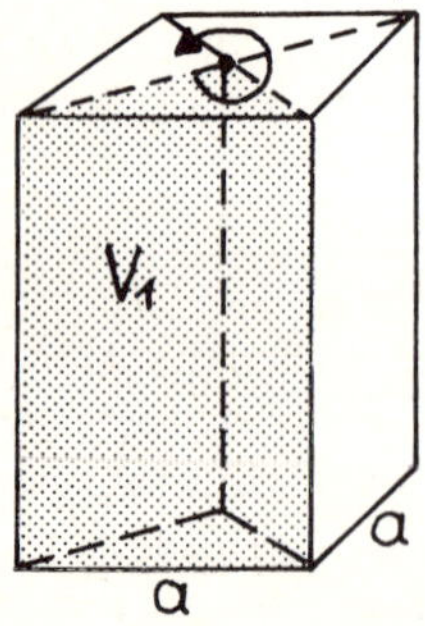

3.3.4.2 Die Drehung als Konstruktionsmittel von regelmäßigen Figuren und Mustern

Abb. 124:

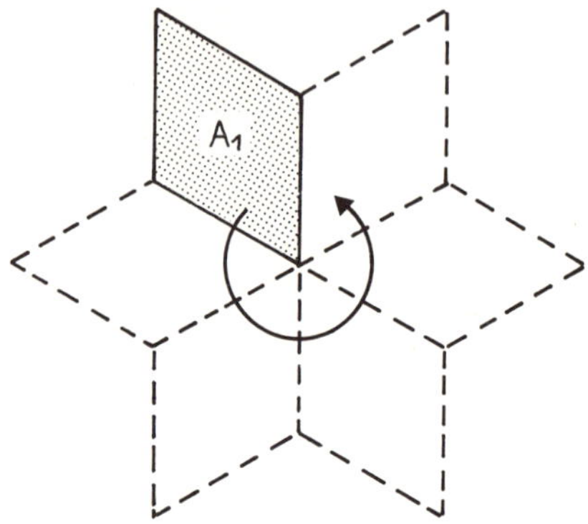

3.4 Die Punktspiegelung

3.4.1 Kennzeichen

3.4.1.1 Erarbeitung der Punktspiegelung

Nachdem die Schüler einige Drehungen um 180° durchgeführt haben, lassen sich die Eigenschaften der allgemeinen Drehung wiederholen. Als Besonderheit kann der Schüler entdecken, daß sich alle Verbindungsstrecken zwischen Ur- und Bildpunkten im Drehpunkt schneiden.
Weitere Eigenarten lassen sich durch vergleichende Messungen auffinden.
Der Schüler sticht mit dem Zirkel im Drehpunkt ein und setzt die Mine auf einen Urpunkt. Durch Drehung stellt er fest, daß die Mine durch den zugehörigen Bildpunkt läuft. Diese Tatsache gilt für alle anderen Punkte ebenfalls. Da die Schenkelweite des Zirkels während der einzelnen Drehung nicht verändert wurde, steht fest, daß der Drehpunkt der Mittelpunkt aller Verbindungsstrecken (Zentrum) ist.

Zusammenfassung der Erkenntnisse:

- Die Punktspiegelung ist eine Drehung um 180°.
- Der Drehpunkt einer Punktspiegelung heißt Symmetriezentrum.
- Das Symmetriezentrum halbiert alle Ver-

bindungsstrecken zwischen Ur- und Bildpunkten.
- Der Umlaufsinn bleibt gleich.
- Ur- und Bildfigur sind deckungsgleich.

3.4.1.2 Abgrenzung zur Achsenspiegelung

Sehen Punktspiegelungen im ersten Hinsehen aus wie Achsenspiegelungen, so besteht doch ein gravierender Unterschied, der besonders deutlich wird, wenn das Symmetriezentrum in einem Eckpunkt der Urfigur liegt.

Abb. 125:

Punktspiegelung

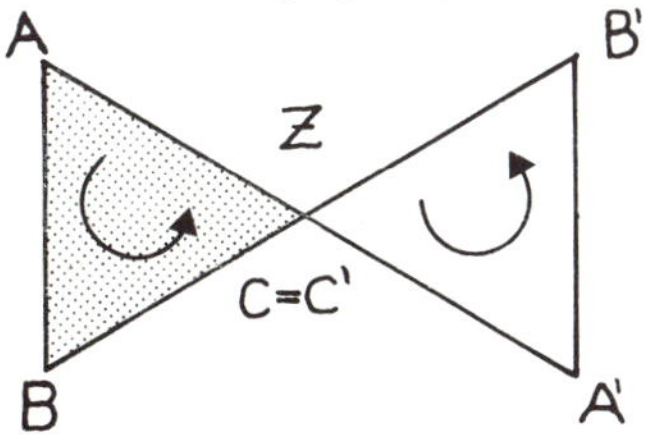

Achsenspiegelung

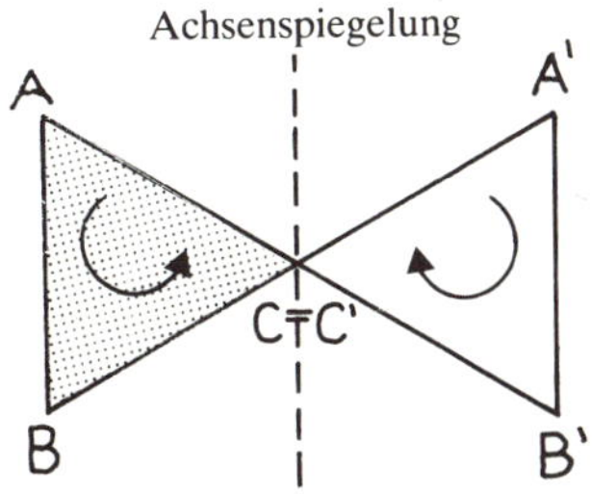

Bei einer Punktspiegelung ändert sich der Umlaufsinn der Bildfigur nicht!

3.4.2 Konstruktion

Abb. 126:

- Gerade von jedem Urpunkt durch Z (Symmetriezentrum)

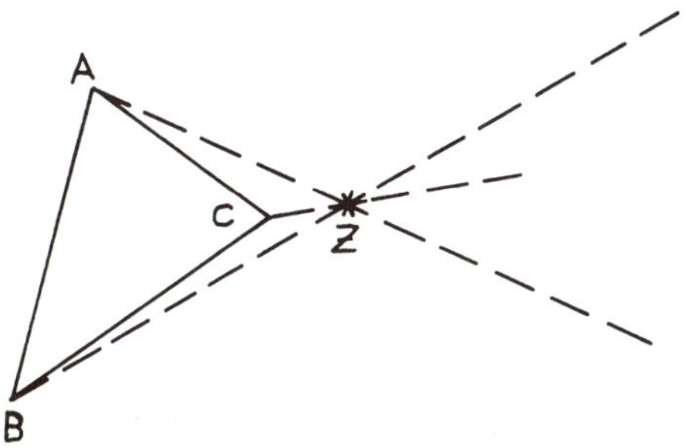

- Übertrag der Strecke Urpunkt – Z zur anderen Seite.

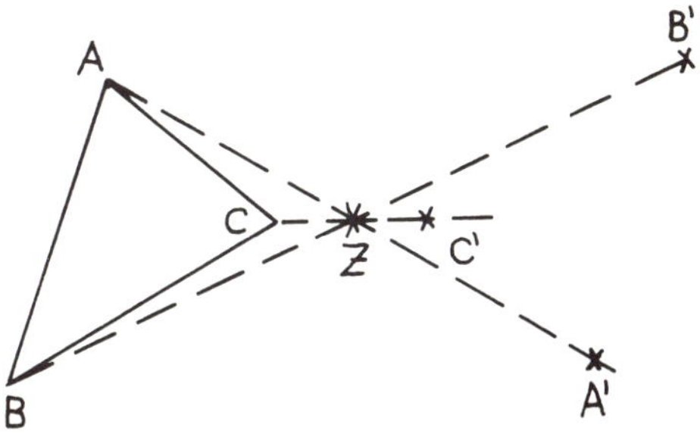

- Verbinden der Bildpunkte untereinander.

3.4.3 Die Punktspiegelung als Beweisinstrument

3.4.3.1 Punktspiegelung als Beweis für die Parallelität zweier Geraden

Eine Gerade g wird an einem beliebigen Punkt Z gespiegelt.

Abb. 127:

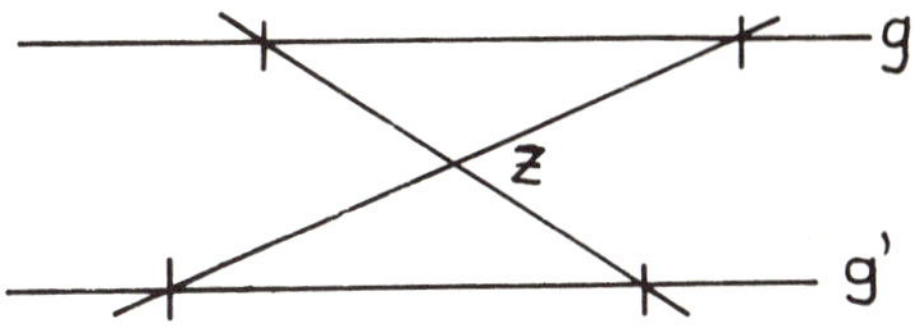

Ergebnis g || g'

Umkehrschluß:

Zwei Punkte auf parallelen Geraden sind stets punktsymmetrisch, da ihre Verbindungsstrecke halbiert werden kann (Symmetriezentrum).

Abb. 128:

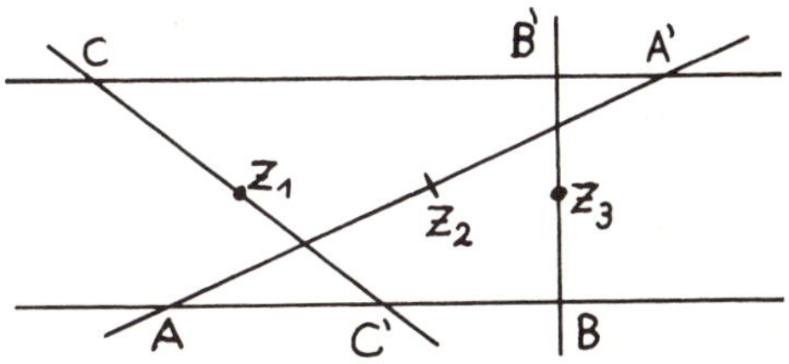

3.4.3.2 Punktspiegelung als Beweis der Flächeninhaltsgleichheit

Abb. 129:

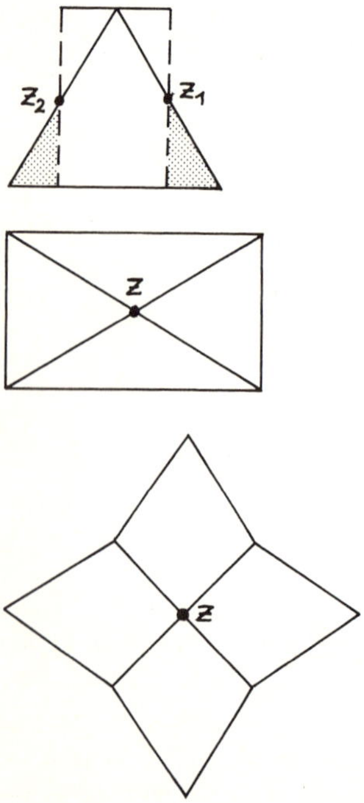

3.4.3.3 Punktsymmetrie als Beweis der Volumengleichheit

Abb. 130:

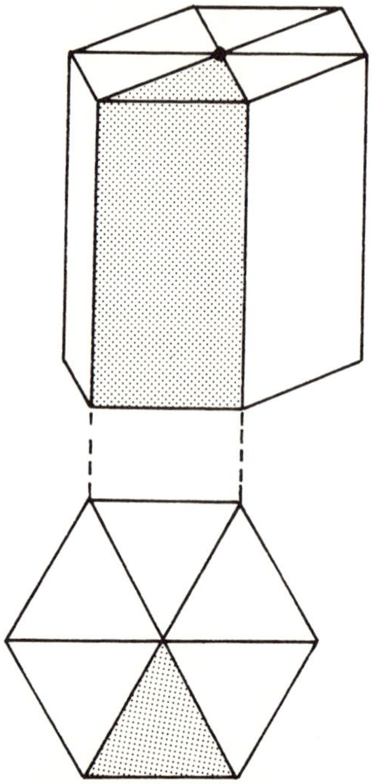

3.5 Die Verschiebung

3.5.1 Erarbeitung der Kennzeichen

Abb. 131:

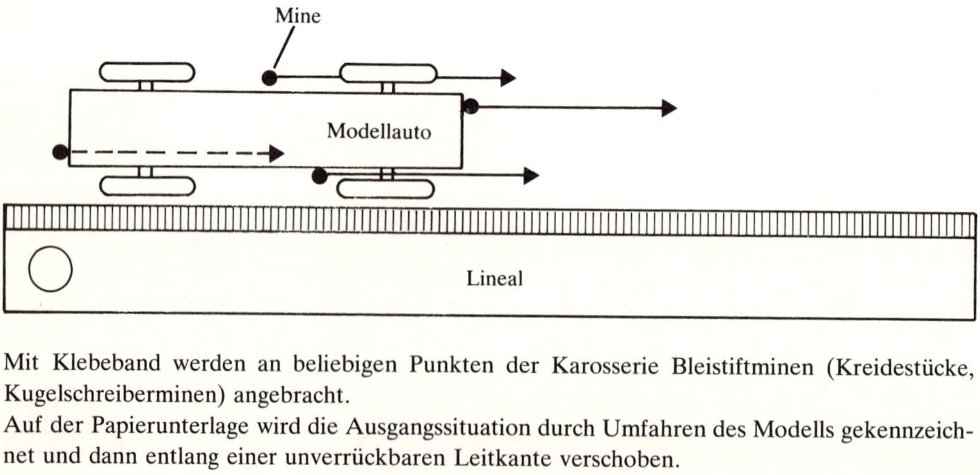

Mit Klebeband werden an beliebigen Punkten der Karosserie Bleistiftminen (Kreidestücke, Kugelschreiberminen) angebracht.
Auf der Papierunterlage wird die Ausgangssituation durch Umfahren des Modells gekennzeichnet und dann entlang einer unverrückbaren Leitkante verschoben.

Die Verschiebungsspuren werden automatisch auf dem Papierbogen aufgezeichnet.

Hinweis:

Die Schreibgeräte dürfen nicht so angebracht werden, daß die Verschiebespuren einander überdecken, sonst wird ein Sonderfall aufgezeichnet.

Dieser Versuch läßt sich so vereinfachen, daß ihn jeder Schüler nachvollziehen kann.

- Verschieben des Geodreiecks entlang eines Lineals
- Verschieben von verschiedenen geformten Pappfiguren.

Anschließende Meßreihen liefern folgende Erkenntnisse:

- Alle Bahnspuren sind zueinander parallel.
- Alle Bahnspuren haben die gleiche Länge.
- Alle Bahnspuren sind gerade.

3.5.2 Konstruktion

3.5.2.1 Konstruktionsgrundlagen

- Alle Verschiebungspfeile einer Figur
  - sind gleich lang
  - sind parallel (Bahnspuren)
  - haben die gleiche Richtung.
- Die Bildfigur hat die gleichen Eigenschaften wie ihr Ursprung.
- Entsprechende Seiten und Kanten sind in Urfigur und Bildfigur parallel.

3.5.2.2 Konstruktionsschritte

Abb. 132:

- Parallele zum Verschiebepfeil durch alle Eckpunkte der Urfigur

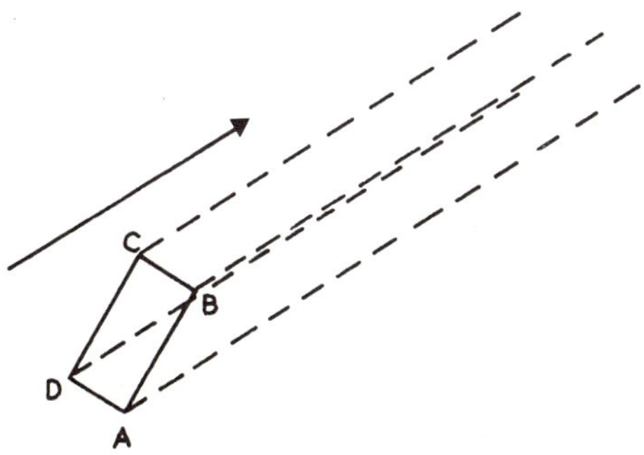

- Abtragen der Pfeillänge von allen Eckpunkten der Urfigur auf den Parallelen (Schritt 1) in Pfeilrichtung

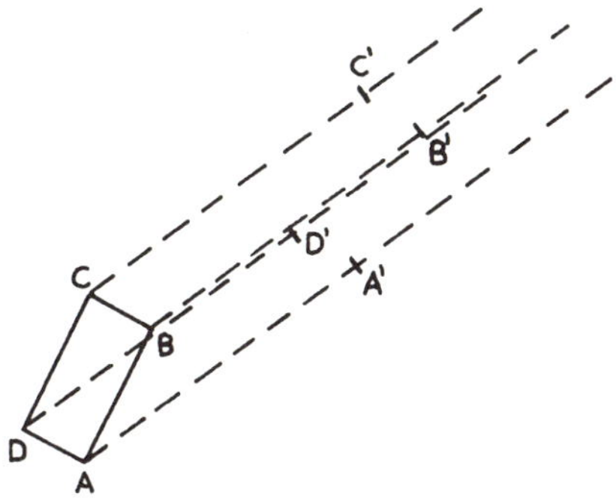

- Verbinden der Bildpunkte untereinander.

3.5.2.3 Verschieben im Gitternetz

An dieser Stelle kann die Verwendung eines Gitternetzes sinnvoll sein. Es ermöglicht eine Richtungsangabe in der Form „2 rechts, 1 hoch".
Diese Richtungsangabe darf aber nicht ausschließlich verwandt werden, sondern sollte immer in Verbindung mit einer Lehrerdemonstration oder einer Arbeitskontrolle stehen (siehe 3.6.3).

3.5.3 Anwendungsbeispiele

- Konstruktion von Flächen und Körpern durch Parallelverschiebung von Strecken, bzw. Flächen.

Abb. 133:

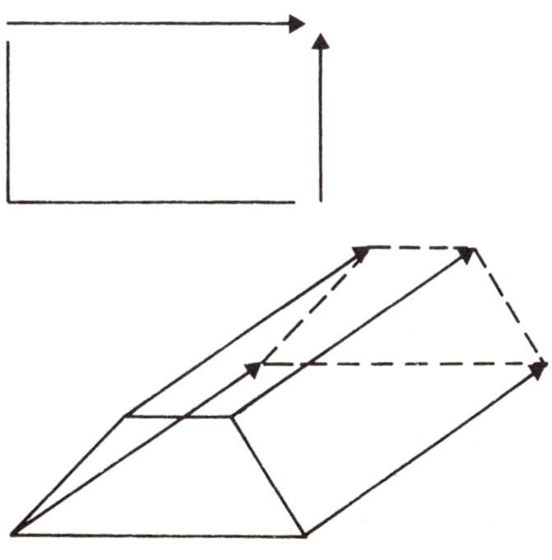

- Überlegungen zur Winkelgleichheit

Abb. 134:

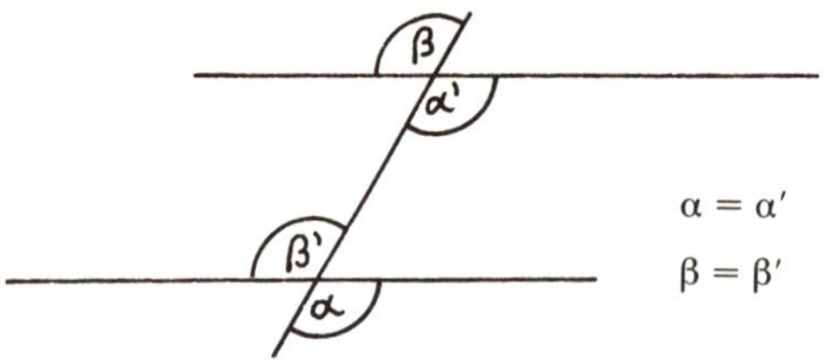

3.6 Schwerpunkte bei der Behandlung der Abbildungen

3.6.1 Elementarwissen

Alle angeführten Abbildungsarten haben eine Gemeinsamkeit: Sie sind Kongruenzabbildungen (siehe 3.1.1, S. 82).
Dies bedeutet: Urfigur und Bildfigur sind stets deckungsgleich und flächeninhaltsgleich.

Die Deckungsgleichheit bedingt folgende Eigenschaften:

- Längen bleiben gleich
- Winkel verändern sich nicht
- Parallelen bleiben parallel.

Diese Tatsachen sollen dem Hauptschüler bekannt sein, dann kann er mit Hilfe seines „Abbildungswissen" weiterarbeiten.
Tieferes Eindringen in die Materie würde abgesehen vom Zeitfaktor, zu Verwirrung und Überforderung führen.

3.6.2 Übungsschwerpunkte

3.6.2.1 Operative Übungsformen

- Lösen vom Normalfall
- Erschwerung durch die Lage der Symmetrieachse, des Drehpunktes, des Drehzentrums

Ziel:

Verdeutlichung der Allgemeingültigkeit der Konstruktionsschritte

3.6.2.2 Figuren auf Symmetrie untersuchen

- Finden der Symmetrieachse
- Finden des Drehpunktes
- Finden des Symmetriezentrums
- Finden des Verschiebungspfeiles

Ziel:

Vermutet der Schüler eine Symmetrie, soll er seine Behauptung auch überprüfen und nachweisen können.

3.6.2.3 Erkennen der Abbildungsart

Übungen, die nach der angewandten Abbildungsart fragen, tragen zur weiteren Arbeit bei (siehe 3.1.2).

- Durch welche Abbildungsart kann Figur A aus B entstanden sein? (Drehung)

Abb. 135:

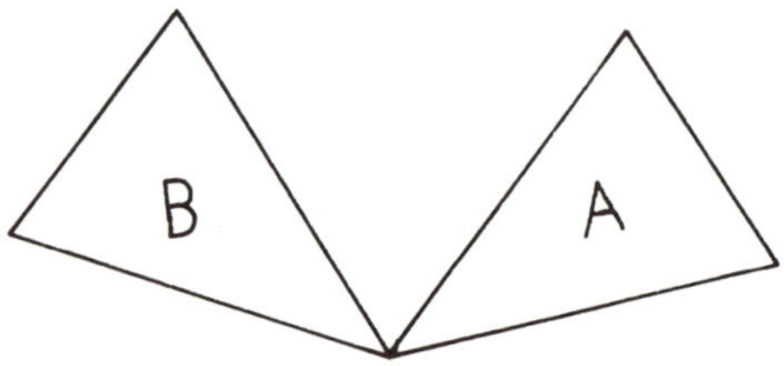

- Durch welche Abbildung lassen sich alle Teilflächen eines Würfelnetzes auf die Fläche ABCD zurückführen? (mehrfache Verschiebung)

Abb. 136:

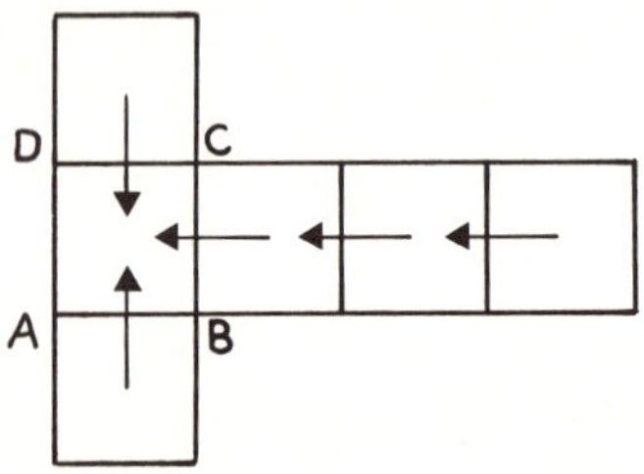

- Welche Abbildung wird beim Zeichnen von Raumbildern häufig benötigt? (Verschiebung)

In jeder folgenden Aufgabe ist jeweils Urfigur und Bildfigur gegeben. Die Schüler sollen durch Konstruktion herausfinden, um welche Abbildungsart es sich handelt. Die Lösung ist gestrichelt eingezeichnet.

Abb. 137:

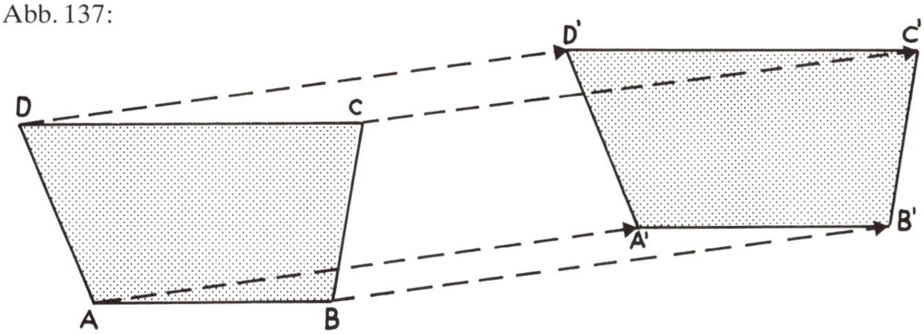

Es handelt sich um eine Verschiebung.

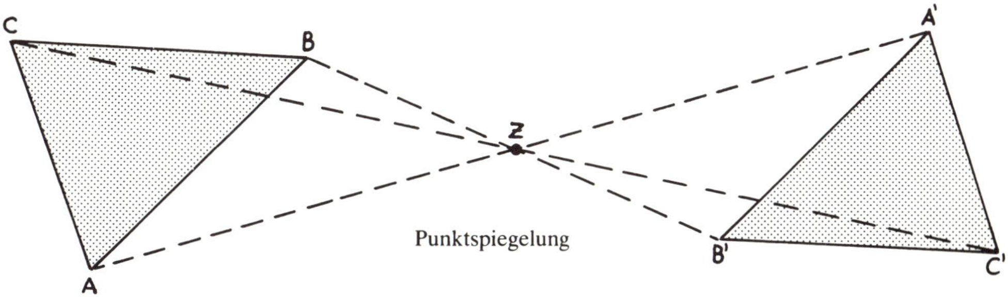

Punktspiegelung

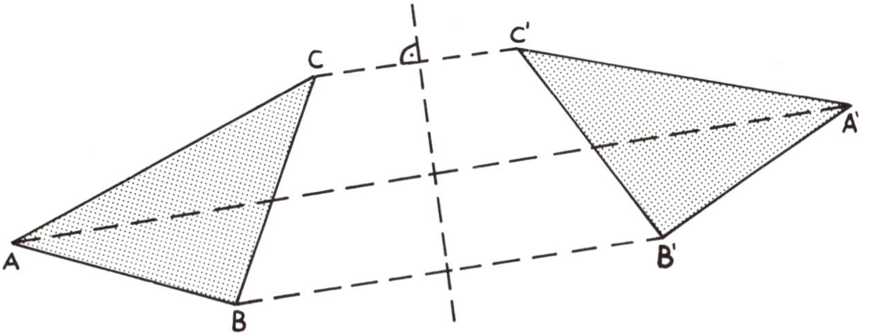

Die Urfigur wird durch Achsenspiegelung abgebildet.

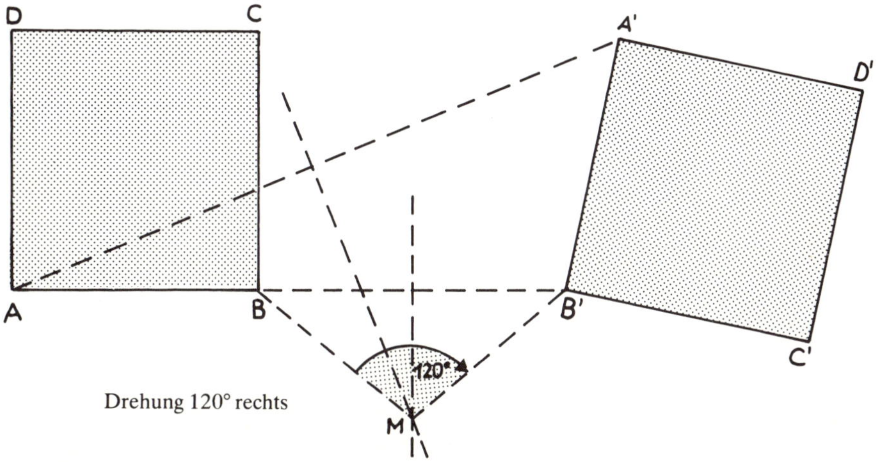

Drehung 120° rechts

3.6.3 *Problematik des Gitternetzes*

Gitternetz und Koordinatenkreuz sind eine exakte Methode, die Lage einer Figur numerisch zu beschreiben.
Für den Hauptschüler ist dies jedoch einen Schritt zu schwer. Zusätzliches Wissen wird ihm abverlangt, ohne ihn im eigentlichen Stoff weiterzubringen.

Folgendes müßte er beherrschen:

- wie werden Koordinatenangaben formuliert
- wie werden Koordinatenangaben gelesen und übertragen
- welcher Maßstab muß im Verhältnis zum gegebenen Platz gewählt werden.

Dem Lehrer wird eine rationelle Platzeinteilung durch das Gitternetz erleichtert.
Allerdings tauchen Schwierigkeiten auf, wenn Bildpunkte nicht genau auf Gitterpunkte treffen. Der Schüler kann ihre Lage dann nicht mehr präzise ablesen und formulieren.
Eine exakte Ergebniskontrolle wird dadurch unmöglich.

Besser erscheinen andere Methoden:

- ungefähre Angabe der Lage auf dem Blatt schon während der Aufgabenstellung (Arbeitsauftrag) durch Beschreibung (z. B.: linke, obere Blatthälfte)
- Vorgabe der Urfigur oder Teilen der Urfigur (Eckpunkte oder Kante . . .)
- Vorgabe von Orientierungspunkten (Blattmitte, 10 cm vom linken Rand)
- Kontrolle der geleisteten Konstruktion durch Übereinanderlegen der Schülerarbeiten im Gegenlicht (Vergleich Schüler – Schüler)
- Auflegen einer Lösungsfolie (Vergleich Musterlösung-Schülerleistung).

Zusätzlich wird der Meinung vorgebeugt, Abbildungen könnten von einem bestimmten Gitternetz oder ähnlichem abhängen.

4. Grunderfahrungen zu Umfang und Flächeninhalt

Immer wieder werden von den Schülern „Umfang“ und „Flächeninhalt“ („Oberfläche“ und „Volumen“) verwechselt. Aus diesem Grunde muß im Unterricht alles aufgeboten werden, was dazu hilft, auch dem schwächer begabten Schüler eine Unterscheidung dieser Begriffe zu ermöglichen. Dies beginnt bereits damit, die Begriffe so zu wählen, daß diese selbst nicht verwechselt werden können, z. B. „Fläche“ und „Flächeninhalt“. Weiterhin ist auf einen gestuften Lernprozeß zu achten, der mit einer tätigen Auseinandersetzung beginnt (Legen von Figuren mit willkürlich gewählten Maßeinheiten) und schließlich in einen systematischen, abstrakten Umgang mit der Berechnungsformel mündet. In jedem Falle ist eine zu frühe, formale Anwendung der Berechnungsformeln zu vermeiden.

4.1 Begriff Umfang

4.1.1 Verfügbarkeit von Vorstellungen zu Längenmaßen

Um zu erreichen, daß eine Vorstellung für Längenmaßeinheiten beim Schüler entsteht, sollten immer wieder (vor allem in der „Warming–up Phase“) Schätzübungen durchgeführt werden.

- Die Schüler sollen mit Händen eine vorgegebene Streckenlänge aufzeigen (z. B. Zeigt einen halben Meter, 20 cm, 30 cm, einen Meter).
  Anschließend sollte die aufgezeigte Strecke vom Nachbarn mit Lineal, Bandmaß, Meterstab . . . nachgemessen werden.
- Der Schüler stellt 30 cm lange Papierstreifen her. Er schneidet Streifen nach vorgegebener Länge ab (z. B. 15 cm, 10 cm, 5 cm . . .). Anschließend wird der nach Augenmaß abgeschnittene Streifen nachgemessen.
- Die Länge bzw. Breite von Gegenständen im Klassenzimmer (z. B. Schülertisch, Federmäppchen, Tafel, Tafelkreide, Schülerbuch . . .) werden geschätzt und anschließend gemessen.

Bei diesen Übungen ist darauf zu achten, daß folgende Schritte eingehalten werden:

a) *Schätzen:* Aus einem anfänglich ziemlich unbeholfenen Vorgang, der meist mehr einem Raten entspricht, wird allmählich ein sicherer Vorgang. Durch eine Vielzahl von Übungen bauen sich Vergleichsgrößen auf, die dem Schüler zu einem sicheren Schätzen verhelfen.

b) *Messen:* Meßinstrumente: Lineal, Geodreieck, Meterstab . . .

c) *Berechnen* der Differenz zwischen Schätz- und Meßwert: Durch einen Vergleich im Sinne einer Selbstkontrolle zwischen Schätzergebnis und Meßwert wird dem Schüler sein eigenes Schätzvermögen vor Augen geführt. Um dem Schüler diese abfolgenden Schritte aufzuzeigen, empfiehlt sich die folgende tabellarische Anordnung:

Abb. 138:

	geschätzt	gemessen	Unterschied
Länge deines Mathematikbuches			
Breite deines Mathematikbuches			

Um die Vorstellung für Längenmaßeinheiten zu vertiefen, sind Übungen sinnvoll, die Vergleichsmöglichkeiten für Längen bieten:

- Kenntnis von Maßeinheiten, die früher benützt wurden (Handbreite, Handspanne, Fußlänge, Nasenbreiten . . .)
- Vorstellungen schaffen durch Ausmessen der Länge des Klassenzimmers, der Turnhalle, des Weges zum Rathaus usw.
- Entfernungen zu bekannten Ausflugszielen (eventuell aus der Heimatkarte ermitteln)
- Messungen mit dem Kilometerzähler eines Fahrrades vollziehen lassen.

4.1.2 Vom Streckenzug zum Umfang

Die Schüler sollen die Länge der folgenden Linien zuerst schätzen, dann messen und schließlich den Unterschied zwischen Schätz- und Meßwert ermitteln. Auf gekrümmte Linien wird ein angefeuchteter Bindfaden gelegt, dieser dann gerade gezogen und mit dem Lineal gemessen.

Abb. 139:

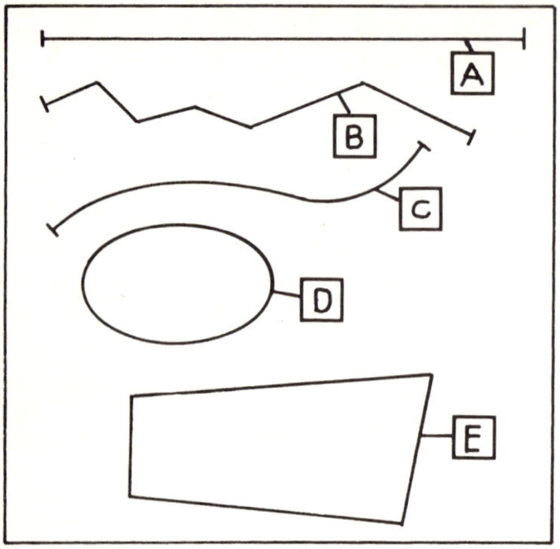

Die Länge des Randes einer Fläche wird Umfang genannt.

	geschätzt	gemessen	Unterschied
A			
B			
C			
D			
E			

4.1.3 Konkrete Auseinandersetzung mit dem Umfang von Figuren

Die Übungen können mit bereits abgebrannten Streichhölzern bzw. mit Zahnstochern ausgeführt werden. Als Unterlage ist ein Punktgitter hilfreich. Benachbarte Punkte haben den Abstand der Umfangseinheit: Streichholz- bzw. Zahnstocherlänge.
Später werden die Übungen nicht mehr gelegt, sondern auf kariertes Papier (Gitterabstand 1 cm) gezeichnet. Als konventionelle Maßeinheit wird jetzt ein Zentimeter (bzw. an der Tafel ein Dezimeter) gewählt.
Schließlich wird der Umfang von Figuren gemessen, die nicht mehr in ein Gitter eingezeichnet sind.

- Die folgenden Figuren sollen gelegt werden. Die Umfangseinheiten (Anzahl der Streichhölzer) sollen abgezählt werden:

Abb. 140:

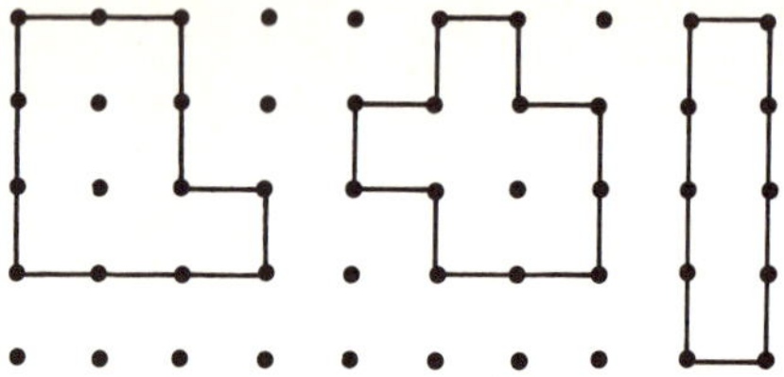

12 Umfangseinheiten — 12 Umfangseinheiten — 10 Umfangseinheiten

Die Schüler erkennen, daß Figuren mit gleichen Umfangseinheiten nicht gleiche Gestalt haben müssen.

- Nach Vorgabe von Umfangseinheiten sollen Figuren mit z. B. 14 UE gelegt werden.

Abb. 141:

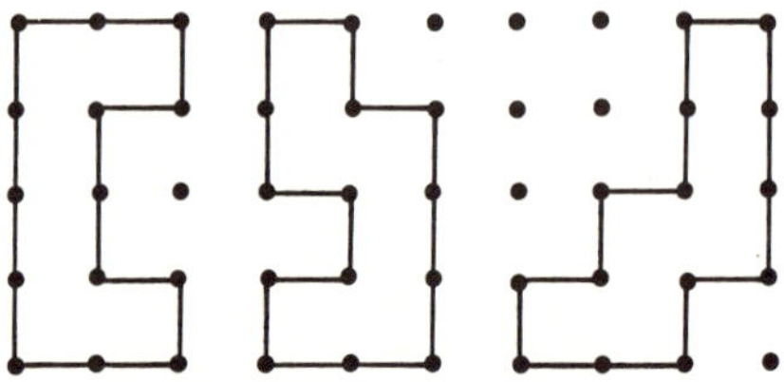

- Es soll eine Relationstabelle, bzw. ein Relationsbild mit der Vorschrift: „. . . hat einen größeren Umfang als . . .“ gezeichnet werden.

Abb. 142:

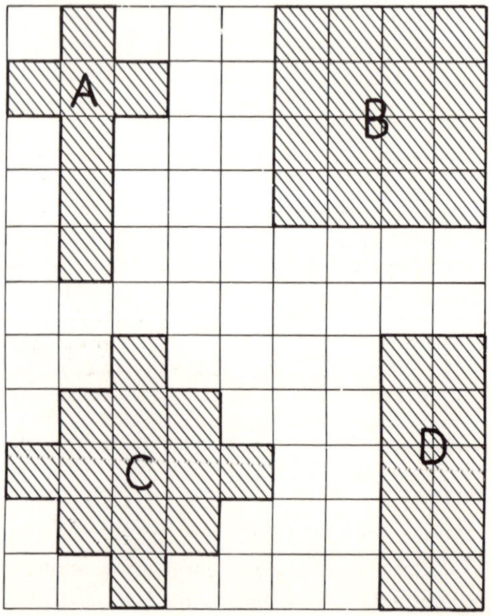

	A	B	C	D
A				x
B				x
C	x	x		x
D				

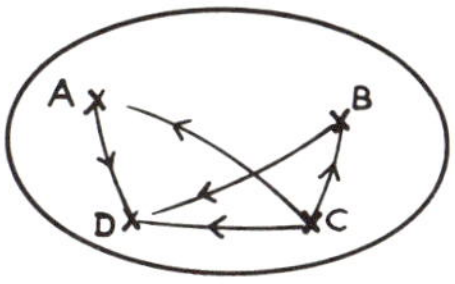

– Bei vorgegebener Relationstabelle und bei Vorgabe von Figuren sollen den Figuren die Buchstaben A, B, C und D so zugeordnet werden, daß die Relation: „. . . hat einen kleineren Umfang als . . .“ erfüllt ist.

Abb. 143:

	A	B	C	D
A				x
B	x			x
C	x	x		x
D				

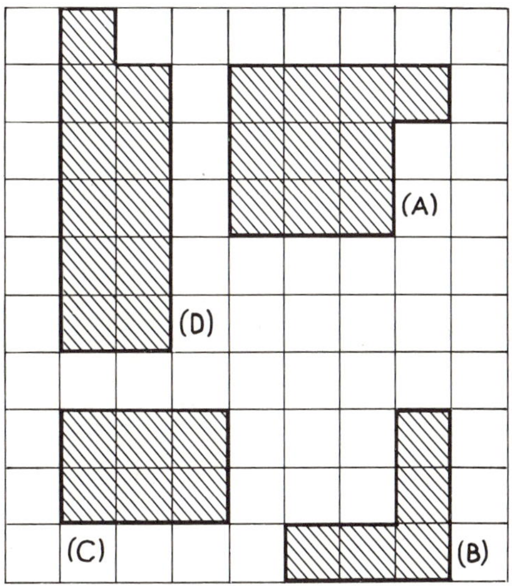

Lösung: A: 14 Umfangseinheiten (UE), B: 12 UE; C: 10 UE; D: 16 UE;

– Der Umfang von beliebigen Figuren (Rechteck, Dreieck, Trapez, . . .) wird gemessen.

4.2 Zum Begriff Flächeninhalt

Erfahrungsgemäß besitzen die Schüler am Anfang der Hauptschule zum Begriff „Flächeninhalt“ wenige Vorkenntnisse. Aus diesem Grunde ist es meist notwendig, den Begriff des Flächeninhalts neu zu entwickeln. Zum Begriffsumfeld gehören die Begriffe: „Deckungsgleichheit (Kongruenz)“, „Zerlegungsgleichheit“ und „Ergänzungsgleichheit“.

4.2.1 Flächeninhaltsvergleiche durch Aufeinanderlegen

Bei der folgenden Übung sind die Figuren so gewählt, daß durch augenscheinliches Betrachten bzw. durch Aufeinanderlegen festgestellt werden kann, daß der Flächeninhalt der Figuren unterschiedlich ist. Diese Übungen beinhalten keine physikalischen Meßprozesse, sie dienen der Begriffsbildung. Der Schüler soll erkennen, daß Figuren bezüglich ihres Flächeninhalts (Größe der Fläche) verglichen werden können.
Der Schüler soll ein Relationsbild mit der Vorschrift: „. . . hat einen größeren Flächeninhalt als . . .“ und ein Relationsbild mit der Vorschrift: „. . . hat einen kleineren Flächeninhalt als . . .“ aufzeichnen.

Abb. 144:

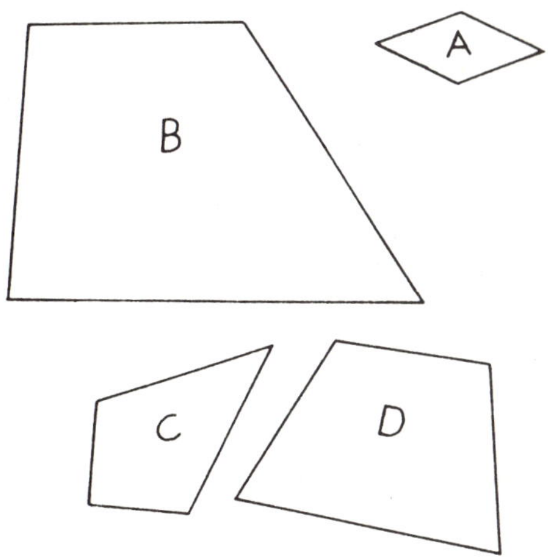

Lösung:

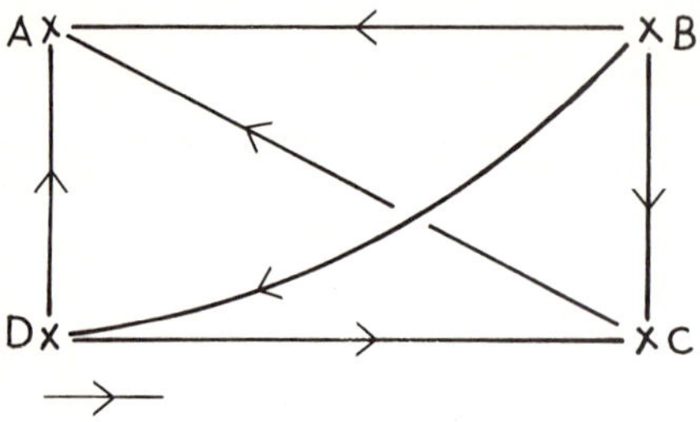

„. . . hat einen größeren Flächeninhalt als . . .“

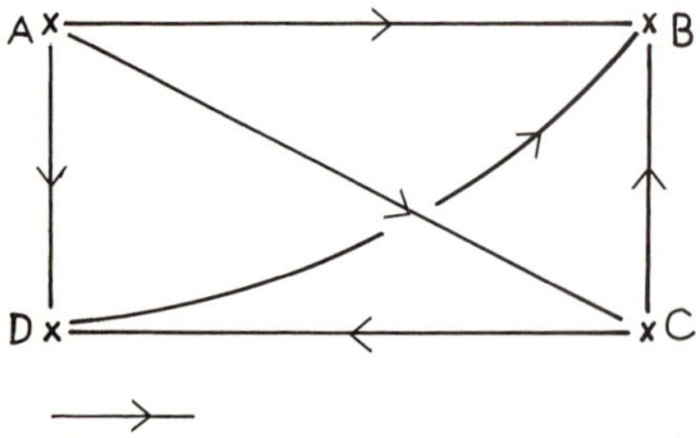

„. . . hat einen kleineren Flächeninhalt als . . .“

4.2.2 Deckungsgleichheit von Figuren

Die Figuren werden auf Transparentpapier gezeichnet und dann ausgeschnitten. Durch Aufeinanderlegen der Figuren soll festgestellt werden, welche der Figuren deckungsgleich sind.

Abb. 145:

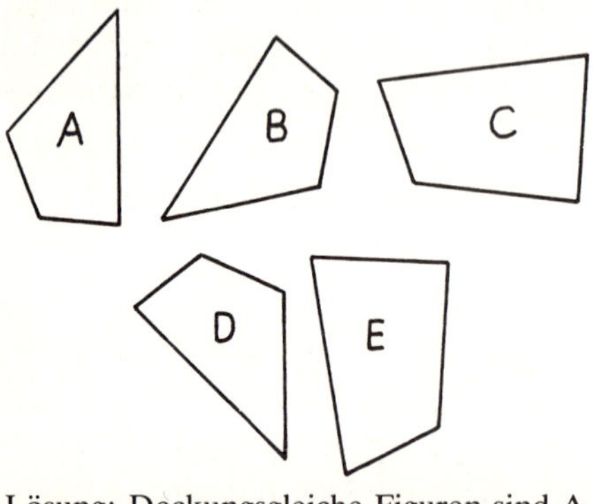

Lösung: Deckungsgleiche Figuren sind A, B, D sowie C und E. Deckungsgleiche Figuren besitzen gleiche Gestalt und gleiche Größe.

4.2.3 Flächeninhaltsvarianz durch Zerlegen in Teilfiguren

Durch diese Übungen soll im Schüler die Einsicht reifen, daß der Flächeninhalt sich durch Zerlegen und Zusammensetzen der Teile zu einer neuen Figur nicht verändert.

Das Quadrat läßt sich in vier Teile zerschneiden. Aus diesen vier Flächen sollen die Schüler neue Figuren legen.

Abb. 146:

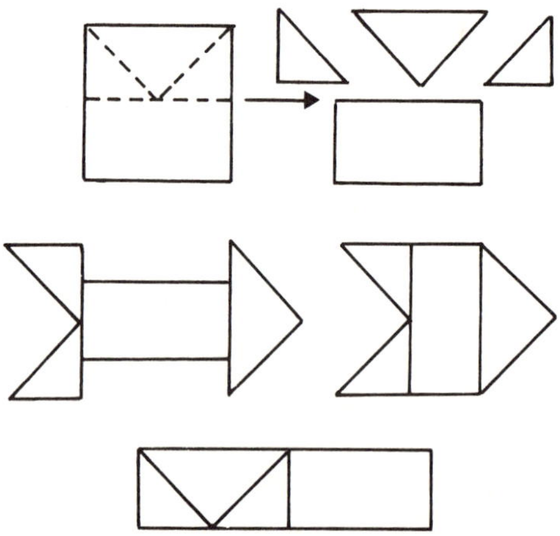

4.2.4 Flächeninhaltsvergleiche

Da bei diesen Aufgaben ein augenscheinlicher Vergleich oder ein Aufeinanderlegen nicht möglich ist, werden in Form von Teilfiguren Vergleichseinheiten benützt.

– Zum Vergleich des Flächeninhalts der Figuren soll folgende Figur benutzt werden:

Abb. 147:

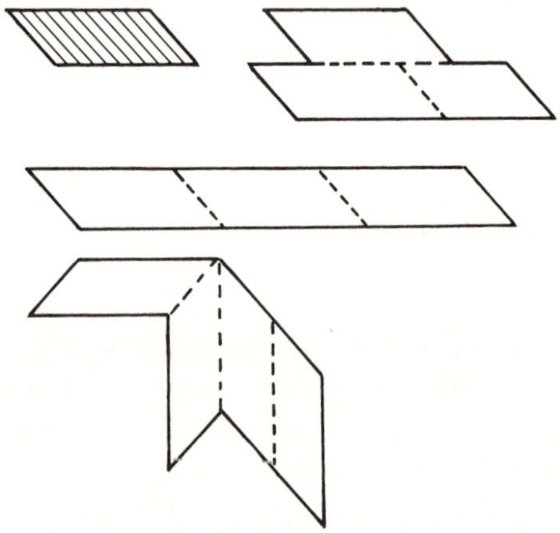

Die gestrichelten Linien sind als Lösungshilfen für den Lehrer eingezeichnet.

– Bei dieser Aufgabe werden zum Vergleich zwei verschiedene Einheiten benützt:

Abb. 148:

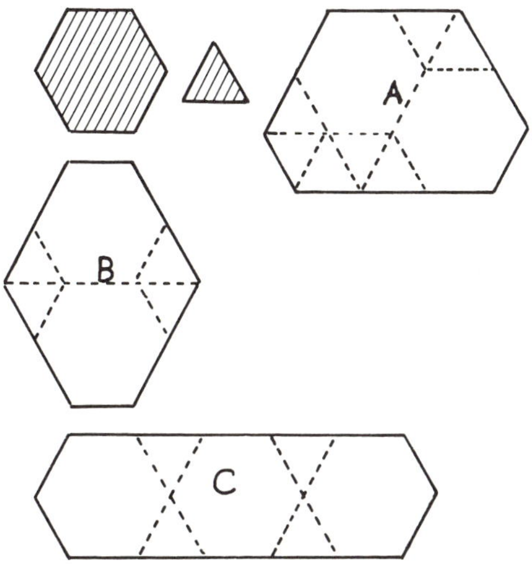

– Erweiterung: Es soll festgestellt werden, welche Vorschrift die Tabelle aufzeigt.
Die Formen D und E können bei Abb. 148 noch vorgegeben bzw. in leistungsstärkeren Gruppen der Vorschrift entsprechend ergänzt werden.
(Lösung: „. . . ist größer als . . .")

Abb. 149:

	A	B	C	D	E
A		x		x	x
B				x	
C	x	x		x	x
D					
E				x	

4.2.5 Auffinden einer geeigneten Maßeinheit zum Auslegen der Fläche

Als Maßeinheiten liegen ca. 15 gleichseitige Dreiecke mit einer Seitenlänge von 1 dm; 15 Kreisscheiben mit einem Radius von 0,5 dm und 15 Quadrate mit einer Seitenlänge von 1 dm bereit. Der Schüler wird aufgefordert, eine Rechtecksfläche an der Tafel (Maße: 4 dm/3 dm) nach Möglichkeit lückenlos auszulegen.

Abb. 150:

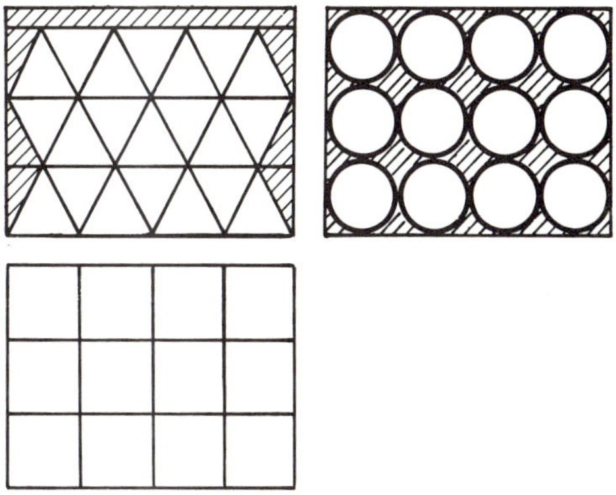

Der Schüler erkennt, daß nur mit den Quadraten das Rechteck lückenlos ausgelegt werden kann.

4.2.6 Vom Auszählen von Flächeninhaltseinheiten zum Flächeninhaltsvergleich

Ausführungen zu den Übungsmöglichkeiten wie bei 4.1.3.
Vier abgebrannte Streichhölzer bzw. Zahnstocher oder die vier Seitenlängen eines Quadrates, in das diese Figuren eingepaßt sind, umfassen eine Flächeninhaltseinheit (FE).
Da beim Legen mit Streichhölzern die Figuren leicht verrutschen, ist es zu empfehlen, bei diesen Übungen bald zur zeichnerischen Darstellung überzugehen.

– Die Flächeninhaltseinheiten folgender Figuren sollen ausgezählt werden:

Abb. 151:

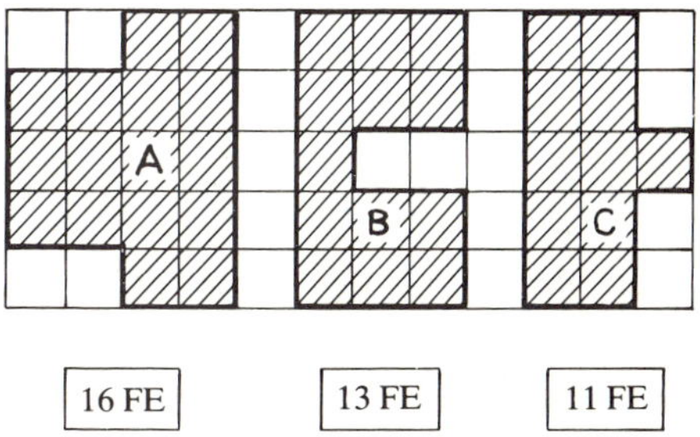

A hat den größten Flächeninhalt, es folgt B, dann C.

– Der Schüler soll rechtwinklige Flächen mit 18 Flächeninhaltseinheiten zeichnen:

Abb. 152:

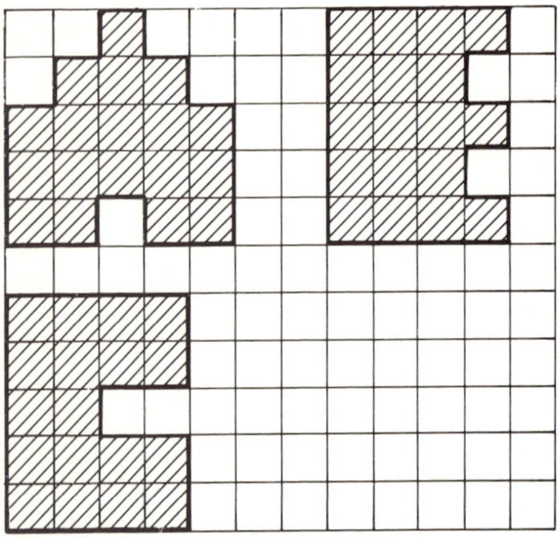

Für den Schüler wird erneut sichtbar, daß flächeninhaltsgleiche Flächen nicht gleiche Gestalt haben müssen.

– Bei der Ermittlung der Anzahl der Flächeneinheiten dieser Figuren muß der Schüler vor dem Auszählen sinnvoll ergänzen.

Abb. 153:

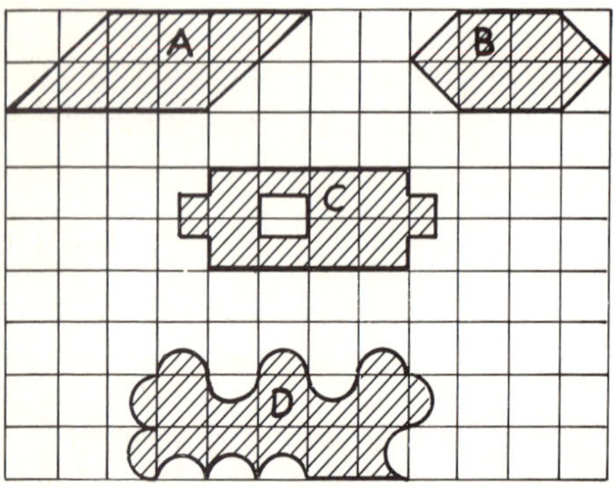

Lösung:

A: 8 FE; B: 6 FE; C: 8 FE; D: 10 FE

4.3 Zusammenschau des Umfangs und des Flächeninhalts rechteckiger Figuren

Durch gemeinsame Behandlung der beiden Begriffe „Umfang“ und „Flächeninhalt“ soll die Unterscheidungsfähigkeit noch weiter gefördert werden.

4.3.1 Ermitteln von Umfangseinheiten und Flächeninhaltseinheiten

Die Figuren werden auf einem Arbeitsblatt vorgegeben. Der Schüler soll die Umfangs- und die Flächeninhaltseinheiten der Figuren ermitteln. Er soll weiterhin bei den gefundenen Ergebnissen nach Beziehungen zwischen den beiden Einheiten suchen.

Abb. 154:

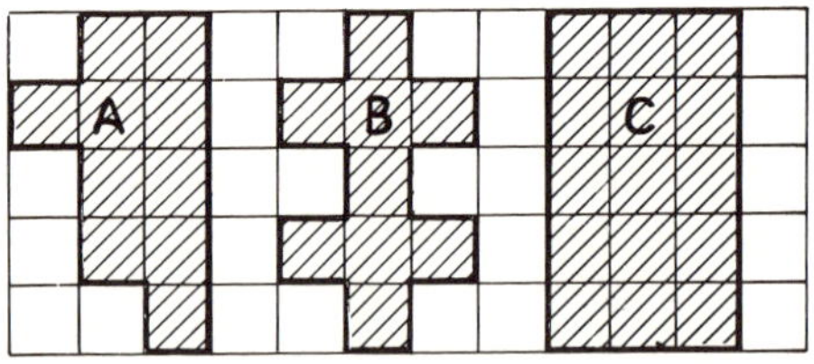

Lösung:

A: 16 UE 10 FE; B: 20 UE 9 FE; C: 16 UE 15 FE

Der Schüler erkennt, daß zwischen Umfangseinheiten und Flächeninhaltseinheiten keine proportionale Zuordnung besteht. Figuren mit großem Flächeninhalt können einen kleineren Umfang haben als Figuren mit kleinerem Flächeninhalt.

4.3.2 Zusammenhang von Umfangseinheiten und Flächeninhaltseinheiten

Die obere Rechtecksfigur und die darunterliegende Figur sollen bezüglich der benötigten Umfangseinheiten sowie der Flächeninhaltseinheiten verglichen werden.

Abb. 155:

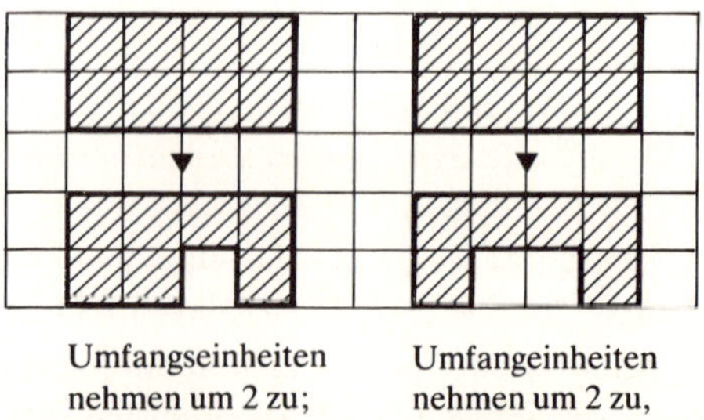

Umfangseinheiten nehmen um 2 zu; Maßzahl des Flächeninhaltes wird um eins kleiner;

Umfangeinheiten nehmen um 2 zu, die Maßzahl des Flächeninhaltes wird um 2 kleiner;

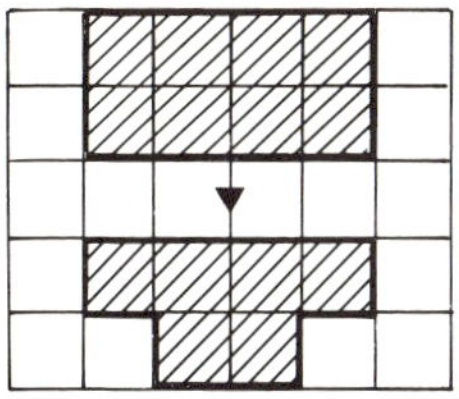

Umfangseinheiten bleiben gleich; Maßzahl des Flächeninhaltes wird um 2 kleiner;

Wenn der Schüler genügend Erfahrungen über den Zusammenhang von Umfangseinheiten und Flächeninhaltseinheiten gewonnen hat, lassen sich die folgenden Aufgaben leicht lösen.

a) Die Figur A mit 18 Umfangseinheiten und 10 Flächeninhaltseinheiten soll in eine umfangsgleiche Figur mit zwei Flächeninhaltseinheiten weniger als A verwandelt werden.
b) Die Figur A mit 18 Umfangseinheiten und 10 Flächeninhaltseinheiten soll in eine flächeninhaltsgleiche Figur mit vier Umfangseinheiten weniger als A verwandelt werden.
c) Die Figur A mit 18 Umfangseinheiten und 10 Flächeninhaltseinheiten soll in eine flächeninhaltsgleiche Figur mit derselben Anzahl von Umfangseinheiten verwandelt werden.

Abb. 156:

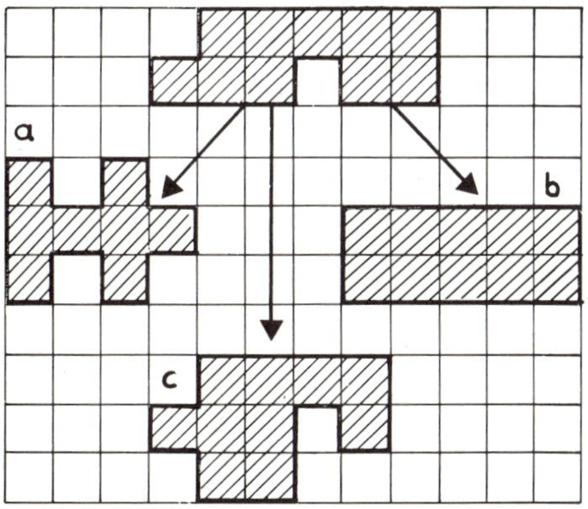

4.3.3 Maximum-Minimum-Problem zum Umfang und zum Flächeninhalt

Um festzustellen, wann Figuren den größten (kleinsten) Flächeninhalt bzw. den größten (kleinsten) Umfang haben, werden Untersuchungen an rechteckigen Figuren mit gleichem Umfang bzw. mit gleichem Flächeninhalt vollzogen.

Zur induktiven Lösung des Maximum-Minimum-Problems sind nicht – wie in diesem Beispiel – eine, sondern mehrere Reihen von Figuren notwendig.

Die Maßeinheiten des Umfangs und des Flächeninhalts der folgenden Figuren sollen ausgezählt werden. Was fällt auf?

– Gleiche Flächeninhaltseinheiten, verschiedene Umfangseinheiten

Abb. 157:

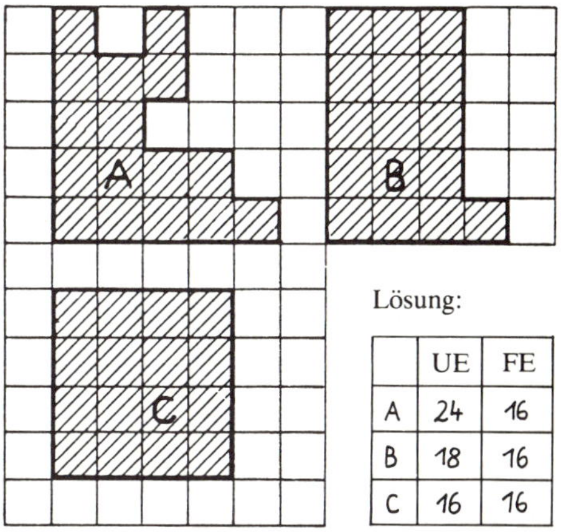

Lösung:

	UE	FE
A	24	16
B	18	16
C	16	16

Bei rechteckigen Figuren mit gleichem Flächeninhalt hat das Quadrat den kleinsten Umfang.

– Gleiche Umfangseinheiten, verschiedene Flächeninhaltseinheiten

Abb. 158:

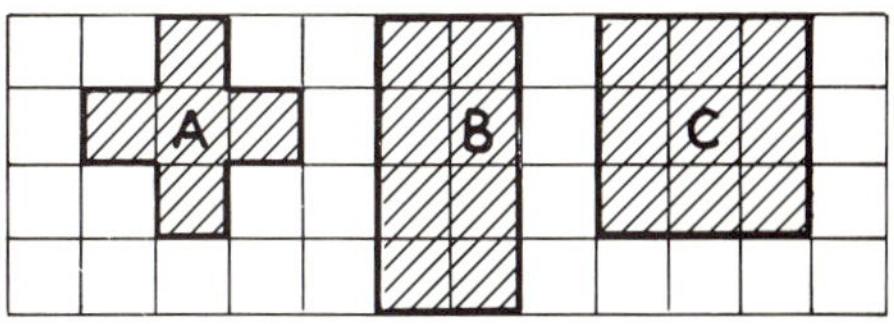

Lösung:

	UE	FE
A	12	5
B	12	8
C	12	9

Bei rechteckigen Figuren mit gleichem Umfang hat das Quadrat den größten Flächeninhalt.
Das aktiv-handelnde Erkennen von Gesetzmäßigkeiten und Zusammenhang durch Aufeinanderlegen bzw. Auszählen setzt eine größere Anzahl von Figuren voraus, damit sich dem Schüler echte Vergleichsmöglichkeiten eröffnen.

4.4 Geometrische Eigenschaften von Rechteck und Quadrat

Der Schüler kennt zwar meist schon Rechtecke und Quadrate. Jedoch soll er vor der Einführung der Umfangsberechnungen von Rechteck und Quadrat diese in ihrer geometrischen Beziehung zueinander kennenlernen, das Quadrat als Rechteck besonderer Art, als Rechteck mit vier gleich langen Seiten.

4.4.1 Formenkundliche Betrachtung

Die Gemeinsamkeiten bzw. die Unterschiede von Rechteck und Quadrat lassen sich besonders gut an ihren Mittellinien und Diagonalen deutlich machen. Die dazu notwendigen Einsichten werden durch Falten bzw. Zeichnen gewonnen.

Abb. 159:

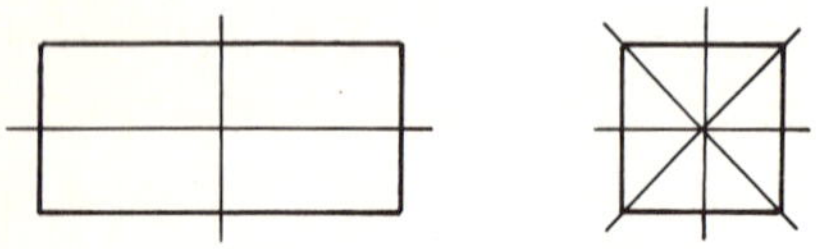

Im Rechteck sind die Mittellinien Symmetrieachsen.
Im Quadrat sind zusätzlich die beiden Diagonalen Symmetrieachsen.
Die Mittellinien stehen aufeinander senkrecht.
Neben den Mittellinien stehen die Diagonalen aufeinander senkrecht.
Das Rechteck besitzt vier rechte Winkel.
Auch das Quadrat besitzt vier rechte Winkel.
Je zwei gegenüberliegende Seiten sind gleich lang.
Zusätzlich sind alle vier Seiten gleich lang.
Die Mittellinien und die Diagonalen werden durch ihren Schnittpunkt halbiert.
Die Mittellinien und die Diagonalen werden ebenfalls durch ihren Schnittpunkt halbiert.

Das Quadrat ist ein Rechteck mit vier gleich langen Seiten.

4.4.2 Übungen zum sicheren Erkennen von Rechteck und Quadrat

Der Schüler soll Sicherheit gewinnen, Rechteck und Quadrat zu erkennen. Dazu sind folgende Übungen möglich.

- In einer Grundfigur soll erkannt werden, wie viele Teilfiguren enthalten sind.

Abb. 160:

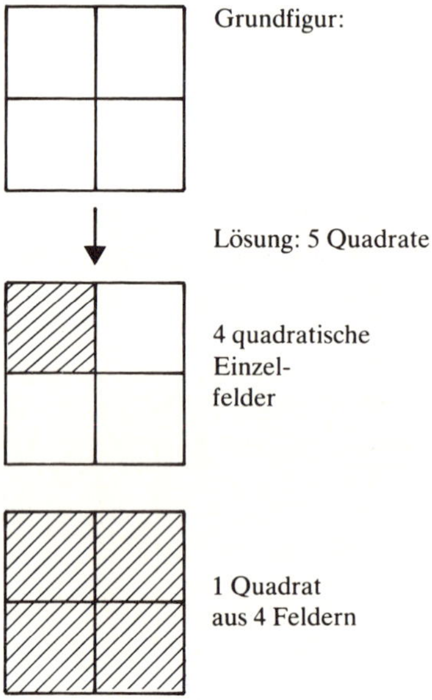

Die analoge Übung ist auch mit größeren Quadraten (siehe Abb. 161, 1. Spalte) durchzuführen.
Zum Erkennen der Gesetzmäßigkeit ist eine tabellarische Anordnung sinnvoll: Die Tabelle wird erweitert angelegt, um so festzustellen, ob die Schüler die Gesetzmäßigkeit erkannt haben. (Abb. 161a)

Abb. 161:

(a)							(b)
Grundfigur	Anzahl dieser Quadrate in der Grundfigur					Summe der Quadrate	Anzahl der Streichhölzer
	□		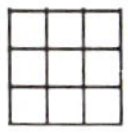		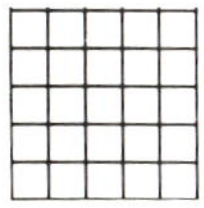		
□	1	—	—	—	—	1 (+2 · 2)	4 (+)
	4	1	—	—	—	5 (+3 · 3)	12 (+)
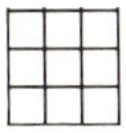	9	4	1	—	—	14 (+4 · 4)	24 (+)
	16	9	4	1	—	30 (+5 · 5)	40 (+5 · 4)
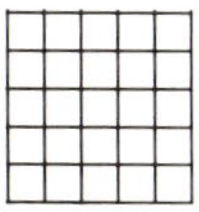	25	16	9	4	1	55	60

- Die Quadrate mit fünf, mit vierzehn ... Quadraten werden aus einer bestimmten Anzahl von Streichhölzern gelegt. Die Gesetzmäßigkeit der Anzahl der verwendeten Streichhölzer soll erforscht werden. Auch diese Aufgabe hat zum Ziel, das Erkennen von Gesetzmäßigkeiten zu üben. (Abb. 161b)
  Im Unterricht sind die beiden Tabellenteile (Abb. 161) getrennt zu erarbeiten.

- Entstehung der Quadratzahlen

Bei jedem neuen Quadrat (siehe Abb. 161, 1. Spalte) kommen zusätzlich zu den Quadraten des vorangegangenen Quadrats n · 2 + 1 Quadrate hinzu.

Der Schüler erkennt, daß durch fortlaufende Addition der ungeraden Zahlen mit 1 (1; 1 + 3 = 4; 1 + 3 + 5 = 9; 1 + 3 + 5 + 7 = 16;) beginnend, die Quadratzahlen entstehen.

- Wie viele Rechtecke sind in der Grundfigur enthalten?

Abb. 162:

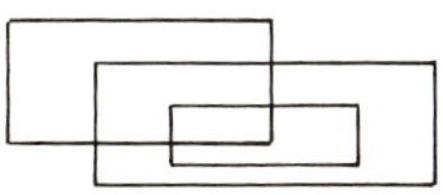

Grundfigur

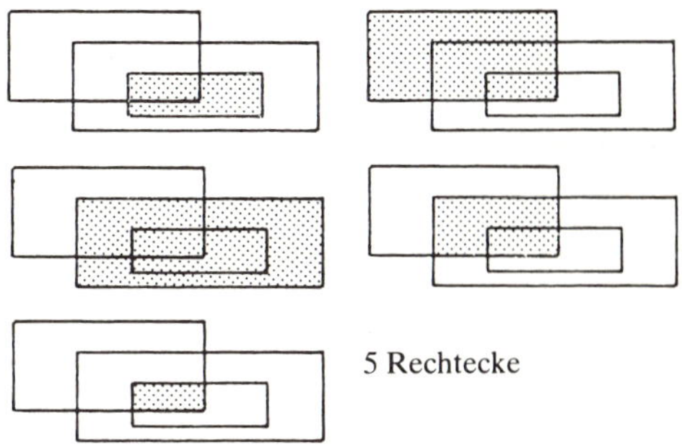

5 Rechtecke

- Spiele mit Streichhölzern bzw. Zahnstochern

a) Zwei Streichhölzer (Zahnstocher) sollen so aus der Figur entfernt werden, daß zwei Quadrate entstehen.

b) Vier Streichhölzer (Zahnstocher) sollen so umgelegt werden, daß drei flächeninhaltsgleiche Quadrate entstehen.

Abb. 163:

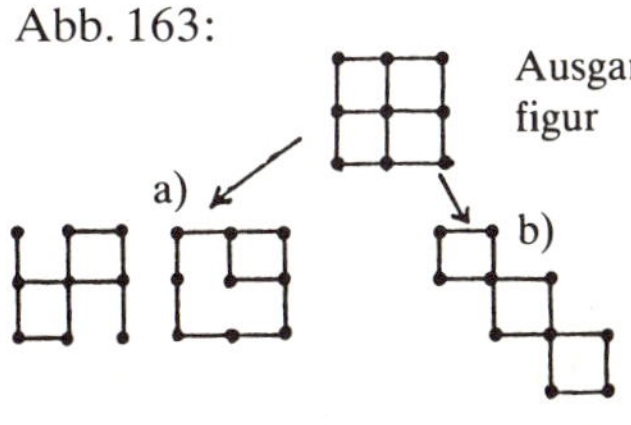

c) Es sollen drei Streichhölzer (Zahnstocher) in der Figur so umgelegt werden, daß innerhalb des Rechtecks zwei Rechtecke und vier flächeninhaltsgleiche Quadrate liegen.
d) Es sollen in der Figur vier Streichhölzer (Zahnstocher) so umgelegt werden, daß zwei flächeninhaltsgleiche Quadrate und vier flächeninhaltsgleiche kleinere Quadrate entstehen.

Abb. 164:

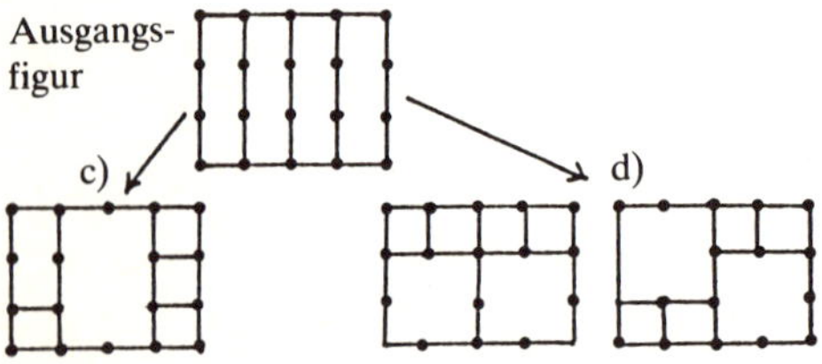

- Legen von Teilstücken zu einem Quadrat
  Aus einem Pappkarton soll ein Quadrat mit der Seitenlänge von 10 cm und eines mit der Seitenlänge von 6 cm ausgeschnitten werden. An jeder Seite des großen Quadrates soll ein Punkt im Abstand von 2 cm von der Ecke eingezeichnet werden. Dabei ist im Uhrzeigersinn vorzugehen. Die gegenüberliegenden Punkte sollen miteinander verbunden werden. Das große Quadrat soll entlang der Linien zerschnitten werden. Aus den entstandenen Teilfiguren und aus dem kleinen Quadrat soll ein neues großes Quadrat gelegt werden.

Abb. 165:

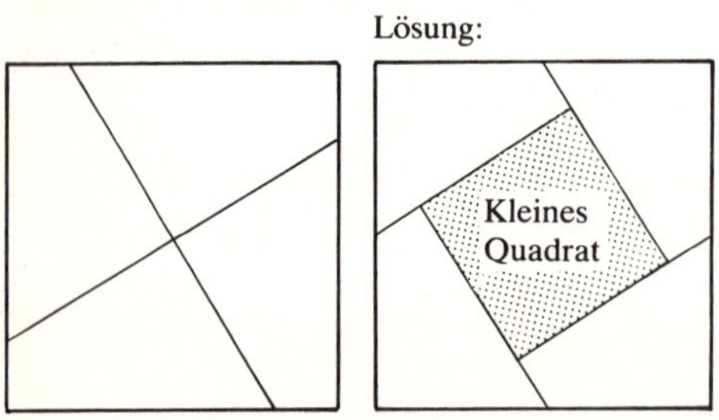

4.4.3 Konstruktionsaufgaben von Rechteck und Quadrat

Für die folgenden Konstruktionsaufgaben gelten die Bestimmungsstücke wie in der Planzeichnung.

Abb. 166:

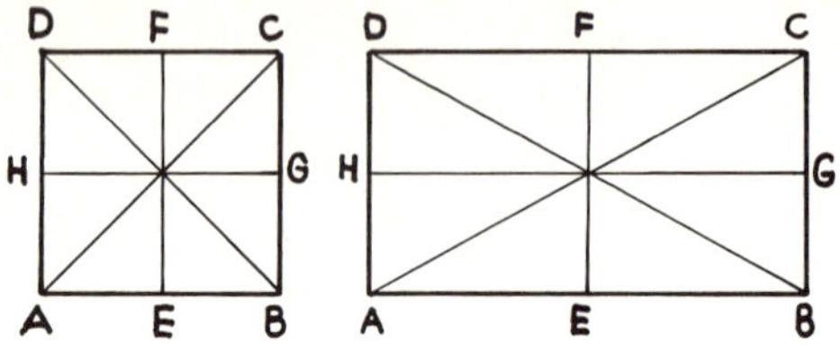

4.4.3.1 Konstruktionen von Quadraten

- Es soll das Quadrat mit der Seitenlänge von 2,5 cm konstruiert werden.

Abb. 167:

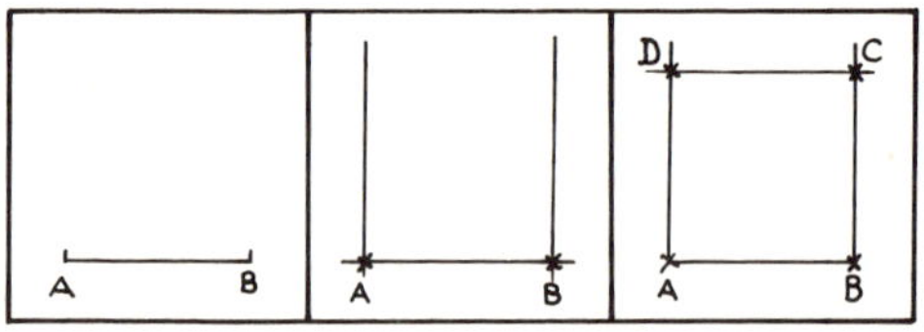

- Seitenlänge mit der Länge 2,5 cm zeichnen. (Punkte A und B)
- In A und in B Senkrechte zur Geraden AB errichten.
- Auf den Senkrechten die Länge 2,5 cm abtragen.

oder

Abb. 168:

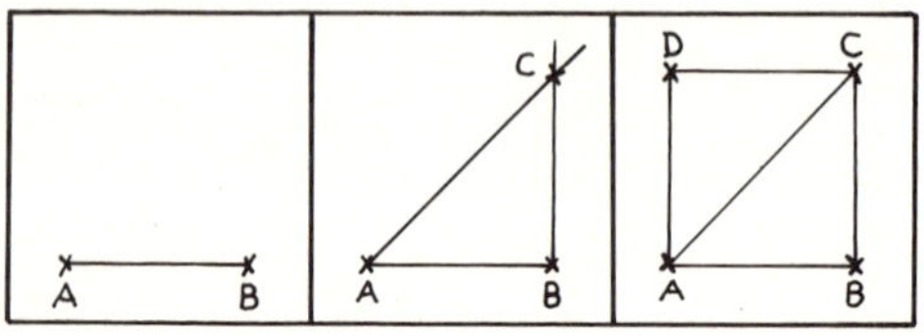

- Seitenlänge mit der Länge 2,5 cm zeichnen. (Punkte A und B)
- In A Winkel mit 45° und Senkrechte in B errichten. Der Schnittpunkt der beiden Schenkel ergibt C.
- Durch C Parallele zu [AB] zeichnen. In A Senkrechte zu [AB] errichten. Schnittpunkt der Senkrechten mit dem freien Schenkel ergibt D.

- Es soll das Quadrat, dessen Diagonale 4,2 cm lang ist, konstruiert werden.

Abb. 169:

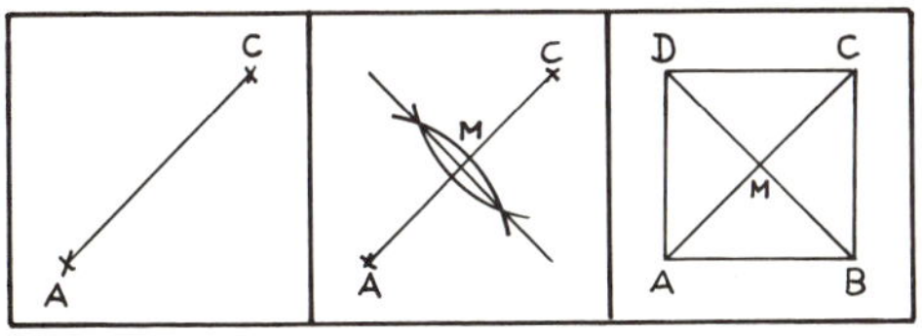

- Diagonale [AC] mit der Länge 4,2 cm zeichnen.
- Mittelsenkrechte zur Diagonale einzeichnen.
- Kreis um Schnittpunkt der Diagonalen und ihrer Mittelsenkrechten mit Radius $\overline{MC}$ ergibt Punkt B und D. Punkte A, B, C und D miteinander verbinden.

oder

Abb. 170:

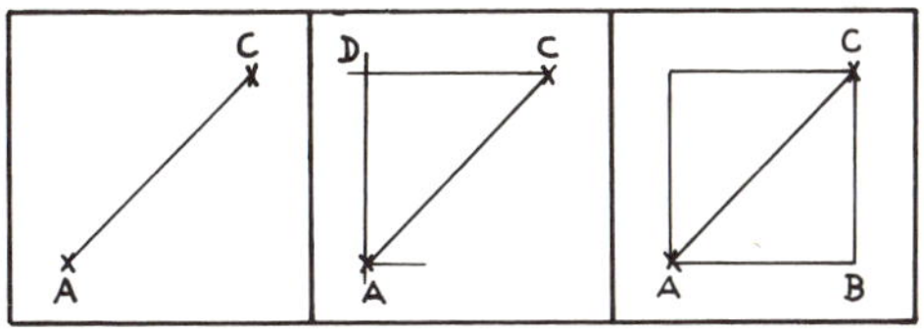

- Diagonale [AC] mit der Länge 4,2 cm zeichnen.
- In A und in C zu [AC] Winkel mit 45° errichten. Schnittpunkt der beiden Schenkel ergibt D.
- In A und in C zu [AC] Winkel mit 45° errichten. Schnittpunkt der beiden Schenkel ergibt B.

- Es soll das Quadrat, dessen Mittellinie 2,8 cm lang ist, konstruiert werden.

Abb. 171:

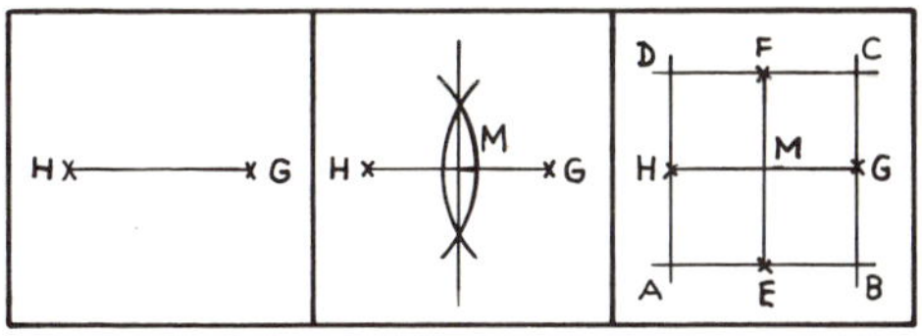

- Mittellinie mit der Länge 2,8 cm zeichnen. (Punkte H und G)
- Mittelsenkrechte zur Mittellinie zeichnen.
- Schnittpunkt der Mittellinie und der Mittelsenkrechten ist Punkt M. Kreisbogen um M mit Radius $\overline{MG}$ und Mittelsenkrechte ergibt Schnittpunkte F und E. Durch F und E Parallelen zu [HG] zeichnen, ebenso durch H und G Parallelen zu [FE] zeichnen. Schnittpunkte der Parallelen ergeben Punkt A, B, C und D.

oder:

Abb. 172:

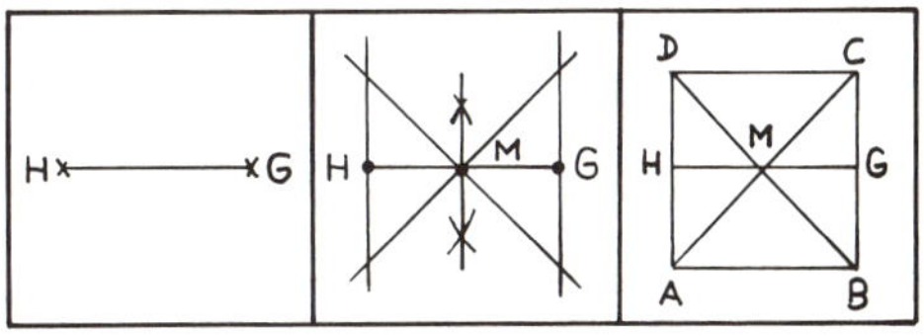

- Mittellinie mit der Länge 2,8 cm zeichnen. (Punkte H und G)
- Mittelpunkt der Mittellinie durch Zeichnen der Mittelsenkrechten ermitteln. Winkel mit 45° in M um [HG] zeichnen.
  In H und in G Senkrechte zu [HG] errichten. Schnittpunkte der Schenkel und der Senkrechten ergeben A, B, C und D.
- Punkte A und C und Punkte C und D miteinander verbinden.

4.4.3.2 Konstruktionen von Rechtecken

- Das Rechteck mit der Seite $\overline{AB}$ = 3,5 cm und der Seite $\overline{BC}$ = 2,5 cm soll konstruiert werden.

Abb. 173:

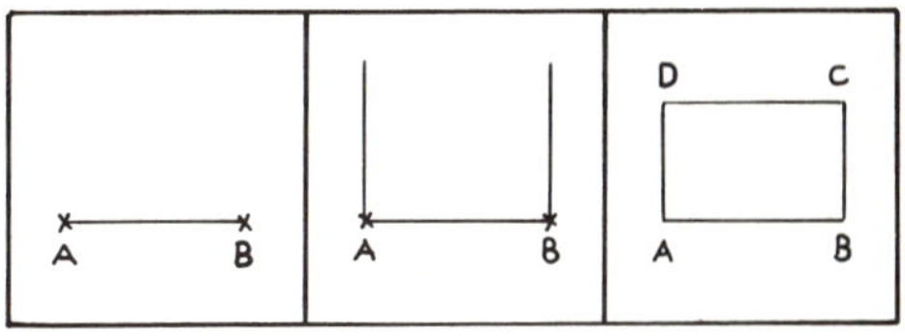

- $\overline{AB}$ = 3,5 cm zeichnen!
- In A und in B Senkrechte zu [AB] einzeichnen.
- Von A und von B auf der Senkrechten 2,5 cm abtragen. Endpunkte sind C und D. C und D miteinander verbinden.

- Das Rechteck mit der Diagonale $\overline{AC}$ = 4,5 cm und der Seite $\overline{AB}$ = 3,8 cm soll konstruiert werden.

Abb. 174:

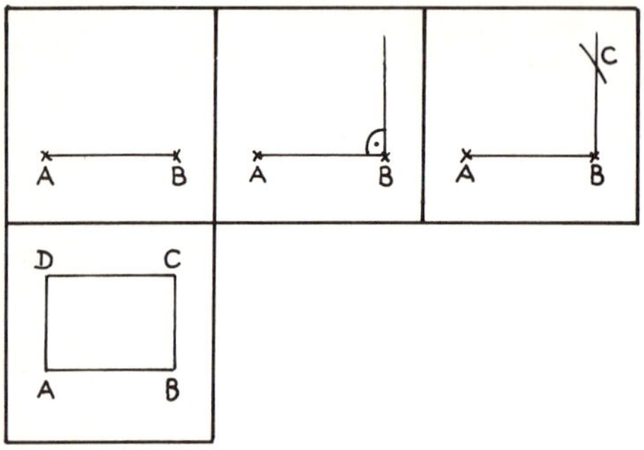

- Seite [AB] mit Länge 3,8 cm zeichnen.
- Senkrechte zu [AB] in B errichten.
- Um A Kreisbogen mit Radius $\overline{AC}$ = 4,5 cm; Schnittpunkt des Kreisbogens mit Senkrechten ergibt Punkt C.
- Durch C Parallele zu [AB] zeichnen, durch A Parallele zu [BC] zeichnen; Schnittpunkte der beiden Parallelen ergibt Punkt D.

- Das Rechteck mit der Diagonale $\overline{AC}$ = 3,8 cm und der Mittellinie $\overline{EF}$ = 1,5 cm soll konstruiert werden.

Abb. 175:

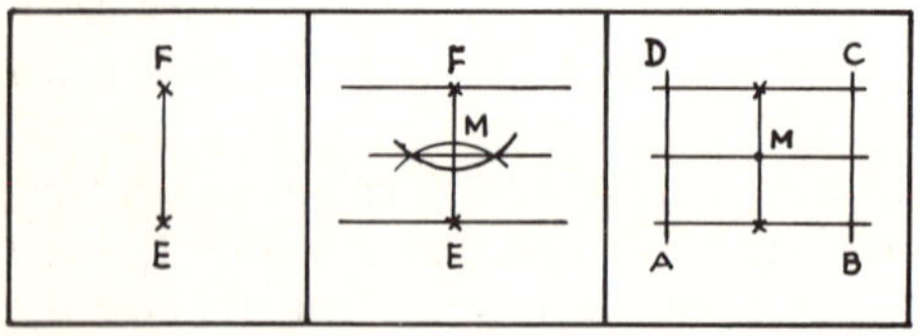

- $\overline{EF}$ = 1,5 cm zeichnen.
- Mittelsenkrechte zu [EF] zeichnen. Schnittpunkt [EF] und Mittelsenkrechte ergibt Punkt M. Durch E und durch F Parallelen zur Mittelsenkrechten zeichnen.
- Um M Kreisbogen mit Radius $\frac{\overline{AC}}{2}$ = 1,9 cm. Schnittpunkte des Kreisbogens mit Parallelen ergeben Punkte A, B, C und D.

4.5 Berechnung des Umfangs von Rechteck und Quadrat

4.5.1 Vom Messen beim Quadrat zur Berechnungsformel des Umfangs

Durch das Abrollen des Quadrates am Lineal soll noch einmal deutlich werden, daß beim Quadrat die Seitenlänge der vier Seiten gleich groß ist. Die Formel wird erst nach einer Reihe von Ausführungen mit Quadraten verschiedenster Seitenlänge aufgestellt. Ein vorschnelles Aufstellen von Formeln beeinträchtigt in jedem Falle die geometrische Vorstellungskraft des Schülers.

Wichtig ist es, daß der Schüler eine genaue Vorstellung vom Umfang eines Quadrates hat.

Abb. 176:

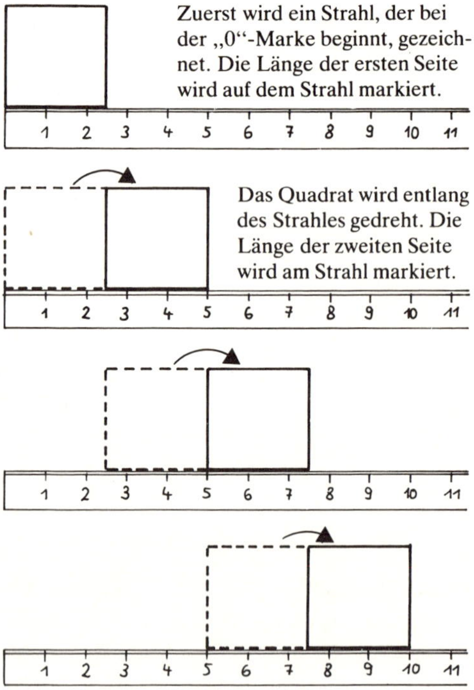

Beim Quadrat erfolgen zunächst vier Messungen. Da die Seitenlänge viermal gleich lang ist, genügt eine Messung. Diese Seitenlänge muß nur mit vier multipliziert werden.

4.5.2 Vom Messen beim Rechteck zur Berechnungsformel des Umfangs

Wie beim Quadrat, so sind auch beim Rechteck Regelmäßigkeiten vorhanden, die zur Gewinnung der Umfangsformel genutzt werden. Die Vorgänge sind analog wie in 4.5.1 durchzuführen.

Bei diesen vier Messungen ist erkennbar, daß die ersten zwei Messungen das gleiche Meßer-

gebnis ergeben wie die zwei darauffolgenden. Bei einer folgenden Messung soll deutlich werden, daß sich die Umfangslänge des Rechtecks aus zweimal der Länge der Längsseite und aus zweimal der Länge der Breitseite zusammensetzt.
Dazu wird das Rechteck auf dem Zahlenstrahl nicht gedreht, sondern zunächst durch Verschieben dessen Länge zweimal und dann nach einer 90°-Drehung auch zweimal dessen Breite abgegriffen.
Ausweitung der Erkenntnisse auf unregelmäßige Figuren:
Der Umfang ist die Summe der Länge der Seiten:

Abb. 177:

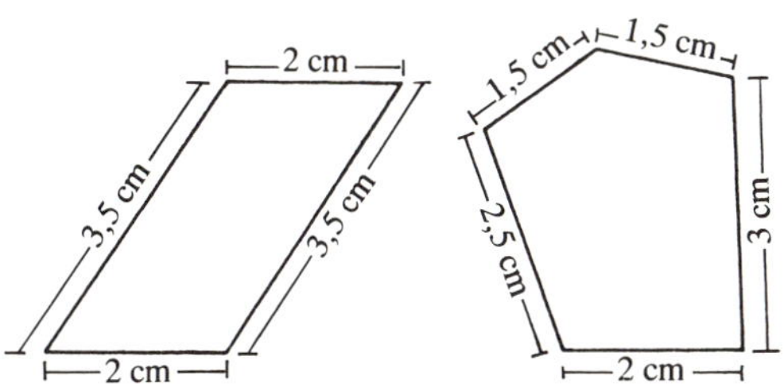

u = 2 cm + 3,5 cm + 2 cm + 3,5 cm
u = 11 cm

u = 2 cm + 3 cm + 1,5 cm + 1,5 cm + 2,5 cm
u = 10,5 cm

- Bei regelmäßigen Figuren (Fünfeck, Sechseck, . . .) vereinfachen es sich die Schüler meist, indem sie nur eine Seitenlänge messen und diese mit deren Anzahl (Anzahl der Ecken) multiplizieren.

4.6 Berechnungsformel für den Flächeninhalt

Die Flächeninhaltsformel des Rechtecks ist eine der ersten Formeln, denen der Schüler begegnet. Im Unterricht wird sie meist mit dem Streifenmodell in anschaulicher Weise entwickelt. Der Flächeninhalt des Rechtecks wird gefunden, indem die Anzahl der Quadratdezimeter eines Streifens mit der Anzahl der Streifen multipliziert wird.

Abb. 178:

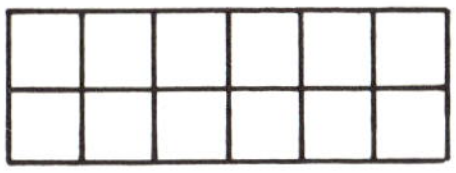

Flächeninhalt des Rechtecks:

Anzahl der Quadratdezimeter eines Streifens mal Anzahl der Streifen
$A = 2 \cdot 6\ dm^2 = 12\ dm^2$
Diese sicherlich anschauliche Form wird allmählich in die Flächeninhaltsformel $A = a \cdot b$ mit Erklärungen wie dieser übergeführt: Bei einer Länge von 6 dm gehen in einen Streifen 6 dm^2. Bei einer Breite von 2 dm Breite haben wir 2 Streifen.
Problematisch bleibt auch trotz solcher Erklärungen für leistungsschwache Schüler, daß die eine Seitenlänge in der anschaulichen Form als Streifen mit Flächeninhaltseinheiten und die andere als Zahl ohne Maßeinheiten erscheint. Wird jetzt im Unterricht noch dem Prinzip der Reversibilität Rechnung getragen (Berechnung einer Seitenlänge aus dem Flächeninhalt und der anderen Seitenlänge), so wird diese Seitenlänge besonders von leistungsssschwachen Schülern mit Flächenmaßeinheiten oder nur als Zahl ohne Maßeinheit angegeben.
Um der Gefahr der Verwechslung von Längen und Flächeninhalten aus dem Wege zu gehen, wird hier das Streifenmodell nicht benutzt. Der Schüler ermittelt wie bei den Längen so auch beim Flächeninhalt die Maßzahlen der zum lückenlosen Belegen der rechteckigen Fläche notwendigen Quadrate. Durch die beigefügte Maßeinheit „dm^2" deutet er an, daß als Einheit ein Quadrat mit der Seitenlänge 1 dm gewählt wurde. Durch Multiplikation der Maßzahlen der Seitenlängen bestimmt er rechnerisch die Anzahl der Einheitsquadrate, mit denen das Rechteck belegt werden kann. Ein Rechteck mit den Seitenlängen 2 dm und 6 dm wird mit 12 Quadratdezimetern belegt.
Flächeninhalt des Rechtecks:
$2\ dm \cdot 6\ dm = 12\ dm^2$

4.6.1 Vom Auszählen zu einem verkürzten Verfahren

Zum Auszählen wird ein Quadrat mit der Seitenlänge 1 cm benützt (siehe 4.2.6, S. 101).

Abb. 179:

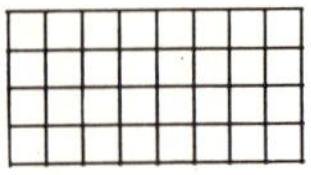

32 Quadrate mit je
1 cm Seitenlänge →
32 Quadratzentimeter

8 Quadratzentimeter in einer Reihe

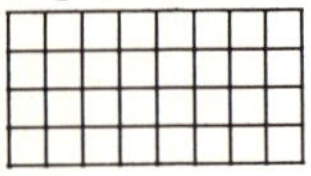

$$\underbrace{8\,cm^2 + 8\,cm^2 + 8\,cm^2 + 8\,cm^2}_{4 \cdot 8\,cm^2}$$

Der Flächeninhalt folgender Rechtecke bzw. Quadrate soll ermittelt werden:

Abb. 180:

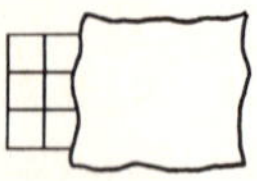

6 Quadratzentimeter in jeder Reihe; 3 Reihen
Lösung: $18\,cm^2$

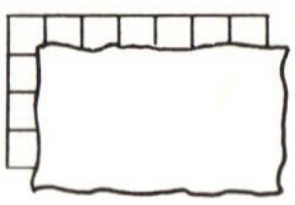

$28\,cm^2$

Die Anzahl der Reihen bzw. die Anzahl der Quadratzentimeter in einer Reihe soll ermittelt werden:

Abb. 181:

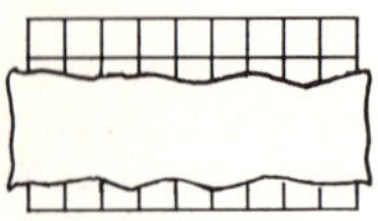

Insgesamt: $45\,cm^2$
Anzahl der Reihen?

Lösung: 5 Reihen

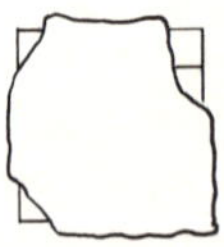

Insgesamt: $25\,cm^2$
Anzahl der Quadratzentimeter in einer Reihe?
Anzahl der Reihen?
5 Reihen
$5\,cm^2$ in einer Reihe.

4.6.2 Erkennen der Berechnungsformel für den Flächeninhalt durch Anlegen des Lineals

Der Flächeninhalt wird jetzt nicht mehr durch Auszählen, sondern durch Anlegen des Lineals gefunden. Nach mehreren Messungen finden die Schüler die Berechnungsformeln für den Flächeninhalt bei Rechtecken und Quadraten.

Abb. 182:

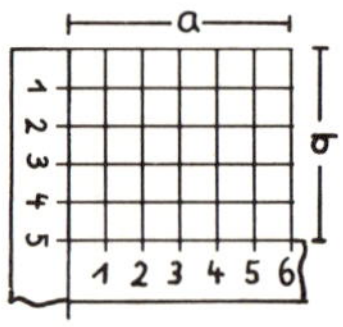

Flächeninhalt: $30\,cm^2$

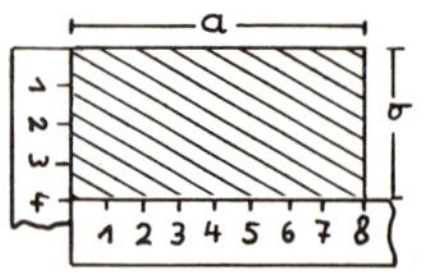

Flächeninhalt: $32\,cm^2$

Flächeninhalt des Rechtecks: $a \cdot b$

Die Flächeninhaltsformel des Quadrates läßt sich als rechnerische Verkürzung aus der des Rechtecks ableiten.

$a \cdot b \Rightarrow a = b \Rightarrow a \cdot a$

Flächeninhalt des Quadrats: $a \cdot a$

4.6.3 Schätzen des Flächeninhalts

Man benötigt dazu zwei verschiedenfarbige Kartons (möglichst DIN A 4 Format). In den einen Karton wird entlang der gestrichelten Linie ein Schlitz geschnitten. Der andere Karton wird in den Schlitz eingeschoben. Durch Verschieben dieses Kartons werden unterschiedlich große Rechtecksflächen sichtbar. Ein Quadratgitter aus Quadratzentimetern auf der Rückseite zeigt den Flächeninhalt des eingestellten Flächeninhalts auf. Ein Vergleich zwischen geschätztem und gemessenem Wert wird dadurch ermöglicht.

Abb. 183:

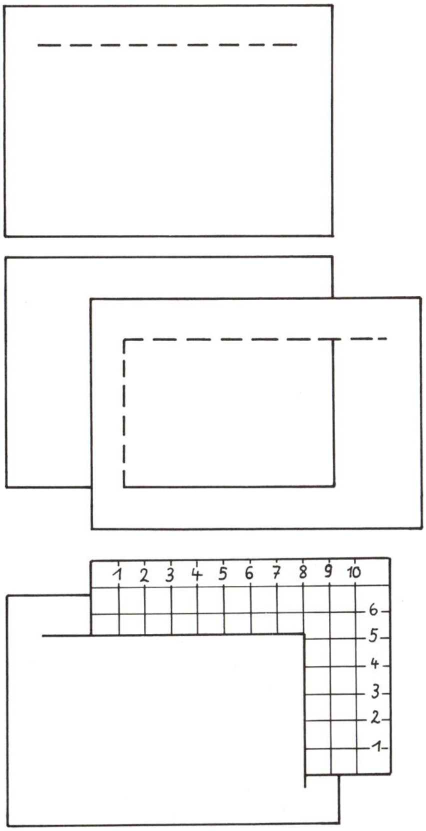

Flächeninhalt: 44 cm^2

4.6.4 Umrechnungen von einer Maßeinheit in die andere

Auch die Umrechnung von einer Maßeinheit in eine andere soll durch konkretes Tun – durch Auslegen – durchgeführt werden.
Ein Quadrat mit der Seitenlänge von 1 m kann in zehn Reihen mit je zehn Quadratdezimetern ausgelegt werden.

Ein Springen über mehrere Maßeinheiten ist meist für schwächerbegabte Schüler eine Überforderung. Bei mehrmaligen negativen Erfahrungen auf diesem Gebiet wird das Umrechnen für die Schüler zur Qual. Durch die Angst vor dem Versagen stellen sich rasch Blockaden und Unsicherheiten ein.
Eine große Hilfe für das Umrechnen ist die Operatordarstellung. Die Operatorzahl zeigt die Umrechnungszahl an. Wird von der größeren Einheit in die kleinere gesprungen, dann ist der Operator ein Multiplikationsoperator, wird dagegen von der kleineren in die größere gesprungen, dann ist der Operator ein Divisionsoperator.

Abb. 184:

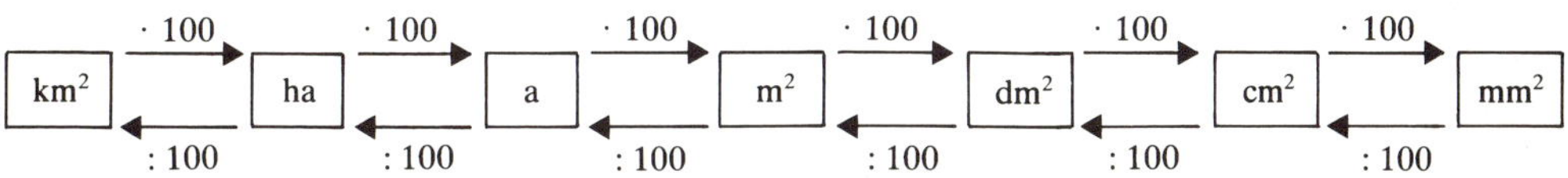

Von der vorausgegangenen Operatorbehandlung ist dem Schüler bekannt, daß dem Verketten von Operatoren eine Multiplikation der Operatorzahlen entspricht. Es ist deshalb auch möglich, mit dieser Operatordarstellung Sprünge über mehrere Maßeinheiten zu vollziehen.

Abb. 185:

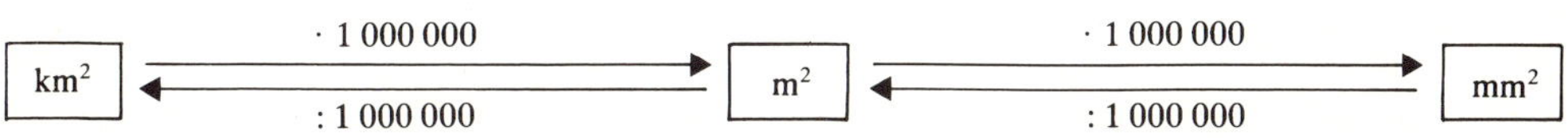

Weiterhin sind Umrechnungen von Maßeinheiten durch Anlegen von Stellenwerttafeln möglich. Die Stellenwerttafel soll ausgefüllt werden:

Abb. 186:

m²		dm²		Schreibweise	ohne
Z	E	Z	E	mit Komma	Komma
3	7	8	2	37,82 m^2	3782 dm^2
					4078 dm^2
				92,05 m^2	
2	0	0	4		

4.7 Operative Übungen

4.7.1 Umfang und Flächeninhalt von Quadraten und Rechtecken

Die zu berechnenden Größen sind in Klammern angegeben. Welche der Figuren sind Quadrate?

Abb. 187:

a	b	u	A
4 cm	5 cm	(18 cm)	(20 m^2)
9 cm	(6 cm)	(30 cm)	54 cm^2
(7 cm)	3 cm	20 cm	(21 cm^2)
6 cm	(6 cm)	24 cm	(36 cm^2)
5 cm	(2 cm)	(14 cm)	10 cm^2
7 cm	(7 cm)	(28 cm)	49 cm^2
(10 cm)	(7 cm)	34 cm	70 cm^2

4.7.2 Auswirkungen auf den Umfang und den Flächeninhalt bei Veränderungen der Seitenlängen

4.7.2.1 Verdoppeln/Halbieren der Seitenlänge eines Quadrates

Im Unterricht sollte mit Maßzahlen gerechnet werden. Durch eine Reihe dieser Aufgaben kann der Schüler Erkenntnisse gewinnen, wie sie hier für den Lehrer formelmäßig in der Tabelle zusammengestellt sind.

Abb. 188:

	Verdoppeln	Halbieren
$u = 4 \cdot a$	$u = 4 \cdot 2a$ $u = 8 \cdot a$	$u = 4 \cdot \frac{a}{2}$ $u = 2 \cdot a$
$A = a \cdot a$	$A = 2 \cdot a \cdot 2a$ $= 4 \cdot a \cdot a$	$A = \frac{a}{2} \cdot \frac{a}{2}$ $A = \frac{a \cdot a}{4}$

4.7.2.2 Auswirkungen auf den Umfang und den Flächeninhalt des Rechtecks bei Veränderung der Länge der Breit- bzw. Längsseite

Ebenfalls wie in 4.6.1 sollte mit Maßzahlen gerechnet werden. Durch eine Reihe von Aufgaben zu den folgenden Fällen ist es dem Schüler möglich, Auswirkungen auf den Umfang und den Flächeninhalt zu entdecken.

Wie wirkt es sich aus, wenn man

1. eine Seite des Rechtecks halbiert (verdoppelt)?
2. beide Seiten des Rechtecks halbiert (verdoppelt)?
3. eine Seite des Rechtecks halbiert (verdoppelt), die andere Seite dafür verdoppelt (halbiert)?

Abb. 189:

	1.	2.	3.
$u = 2 \cdot a + 2b$	$u = a + 2b$ $u = 2 \cdot a + b$	$u = a + b$	$u = a + 4 \cdot b$ $u = 4 \cdot a + b$
	$u = 4 \cdot a + 2 \cdot b$ $u = 2 \cdot a + 4 \cdot b$	$u = 4 \cdot a + 4 \cdot b$	$u = 4 \cdot a + b$ $u = a + 4 \cdot b$
$A = a \cdot b$	$A = \frac{1}{2} \cdot a \cdot b$	$A = \frac{1}{4} \cdot a \cdot b$	$A = a \cdot b$
	$A = 2 \cdot a \cdot b$	$A = 4 \cdot a \cdot b$	$A = a \cdot b$

4.8 Umfang und Flächeninhalt von rechtwinkligen Figuren

Zum Berechnen des Flächeninhalts müssen die folgenden Figuren in Rechtecke und Quadrate zerlegt werden.

Abb. 190:

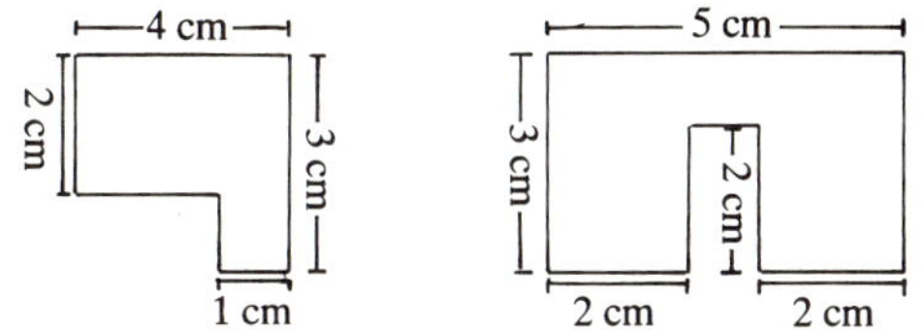

Mögliche Lösungen:

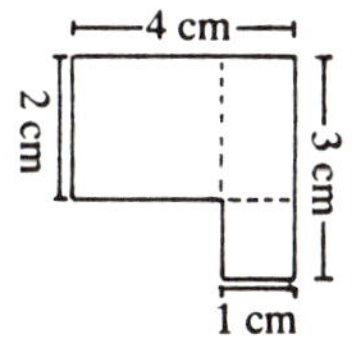

u = 3 cm + 4 cm + 2 cm
+ 3 cm + 1 cm
+ 1 cm = 14 cm
A = (2 cm · 3 cm)
+ (2 cm · 1 cm) +
(1 cm · 1 cm) = 9 cm²

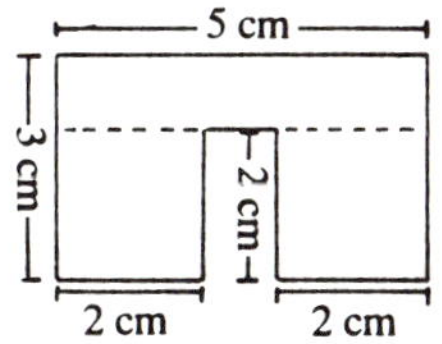

u = 5 cm + 3 cm + 2 cm
+ 2 cm + 1 cm + 2 cm
+ 2 cm + 3 cm = 20 cm
A = (5 cm · 1 cm)
+ (2 cm · 2 cm) +
(2 cm · 2 cm) = 13 cm²

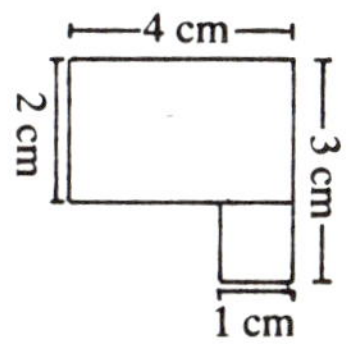

A = (2 cm · 4 cm)
+ (1 cm · 1 cm) = 9 cm²

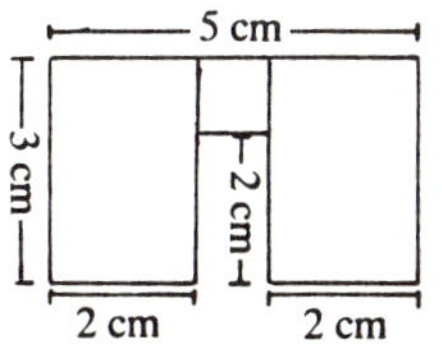

A = (3 cm · 2 cm)
+ (3 cm · 2 cm)
+ (1 cm · 1 cm) = 13 cm²

4.9 Sachaufgaben zu Umfang und Flächeninhalt von Rechtecken und Quadraten

1. Eine Wohnung hat folgenden Grundriß:

Abb. 191:

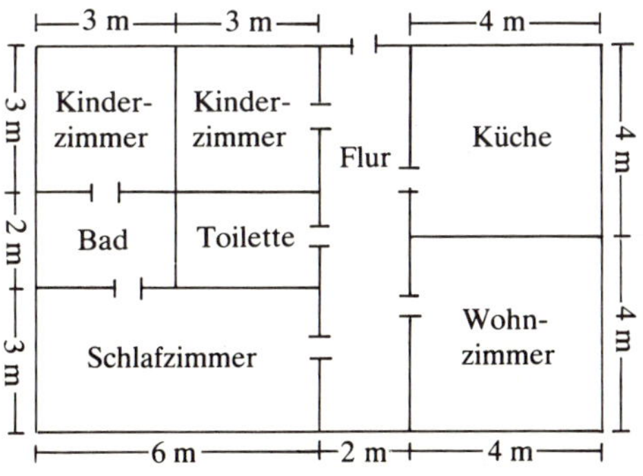

a) Wie groß ist der Flächeninhalt der einzelnen Zimmer?

b) Wie groß ist der Flächeninhalt der Wohnung?

c) Die Miete beträgt 8,40 DM pro Quadratmeter pro Monat. Monatsmiete der Wohnung?

2. Ein Wohnzimmer ist 4,35 m lang und 3,65 m breit. Am Bodenende wird eine Zierleiste gelegt. Der laufende Meter dieser Leiste kostet 2,25 DM.

3. Die Wand eines Badezimmers wird mit quadratischen Fliesen ausgelegt. Die Fläche ist 2,7 cm lang und 45 cm breit. Die Seitenlänge einer Fliese beträgt 0,15 m. Anzahl der Platten?

4. Ein quadratischer Bauplatz von 34 m Seitenlänge wird für 109 820 DM verkauft. Preis eines Quadratmeters?

Lösungen:

1a) Flächeninhalt des Kinderzimmers: 9 m²
3 · 3 = 9
Flächeninhalt des Bades: 6 m²
3 · 2 = 6

1b) Flächeninhalt der Wohnung: 96 m²
9 + 9 + 6 + 6 + 18 + 16 + 16 + 16 = 96

1c) Miete pro Monat: 806,40 DM
96 · 8,40 = 806,4

2) Umfang des Wohnzimmers: 16 m
2 · (4,35 + 3,65) = 16
Preis für die Zierleiste: 36 DM
16 · 2,25 = 36

3) Flächeninhalt der Badezimmerwand: 1,215 m²
2,7 · 0,45 = 1,215
Flächeninhalt einer Fliese: 0,0225 m²
0,15 · 0,15 = 0,0225
Anzahl der Platten: 54
1,215 : 0,0225 = 54

4) Flächeninhalt des quadratischen Bauplatzes: 1156 m²
34 · 34 = 1156
Quadratmeterpreis des quadratischen Bauplatzes: 95 DM
109 820 : 1156 = 95

5. Vierecke

Sechs Geraden lassen sich durch vier Punkte A, B, C und D ziehen; drei von diesen Punkten dürfen jedoch nicht auf einer Gerade liegen. Die Strecken [AC] und [BD] werden Diagonalen des Vierecks genannt. Je zwei Seiten eines Vierecks, die keinen gemeinsamen Punkt zusammen haben, werden Gegenseiten genannt. Je zwei gegenüberliegende Innenwinkel des Vierecks heißen Gegenwinkel. Liegen die beiden Diagonalen innerhalb der Vierecksfläche, so ist das Viereck konvex, andernfalls ist es konkav. Im Unterricht der Hauptschule werden nur konvexe Vierecke bearbeitet.

Abb. 192:

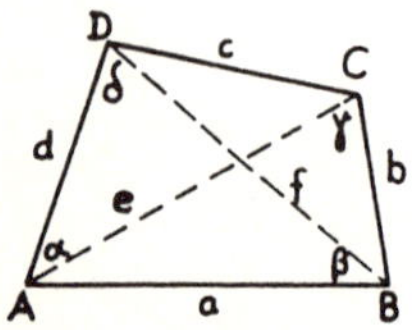

konvexes Viereck

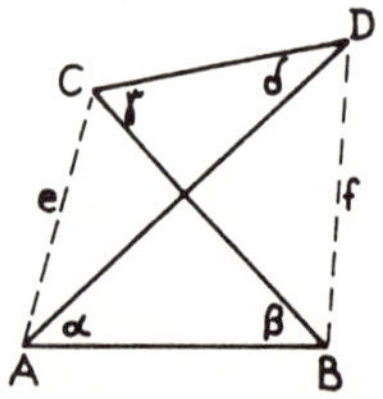

überschlagenes Viereck

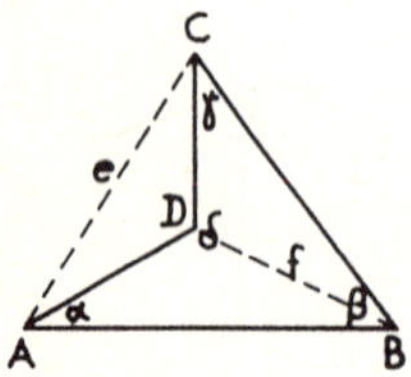

konkaves Viereck

5.1 Erste formenkundliche Betrachtung von Vierecken

5.1.1 Aufeinanderlegen von Streifen

Durch Aufeinanderlegen verschiedenfarbiger Folien, die zu Streifen (bzw. zu Winkelfeldern wie in 5.1.2 und in 5.1.3) geschnitten werden, lassen sich die Viereckstypen herstellen. Das Viereck entsteht dort, wo alle Streifen bzw. Winkelfelder aufeinanderliegen (konzipiert nach der Schnittmengenbildung des Mengenmodells).

Durch die Bewegung der Streifen läßt sich gut zeigen, wie durch Veränderung der Winkel aus dem Parallelogramm ein Rechteck oder wie aus der Raute ein Quadrat wird.

Abb. 193:

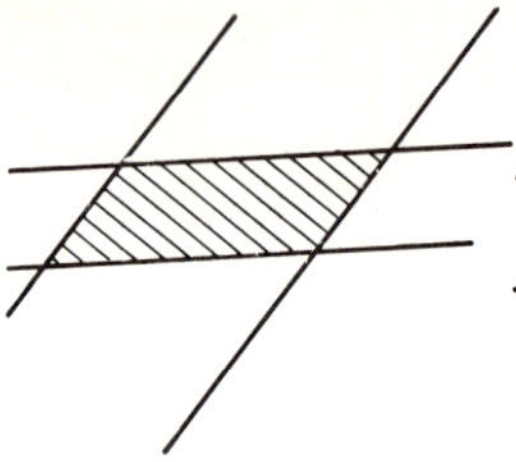

Parallelogramm

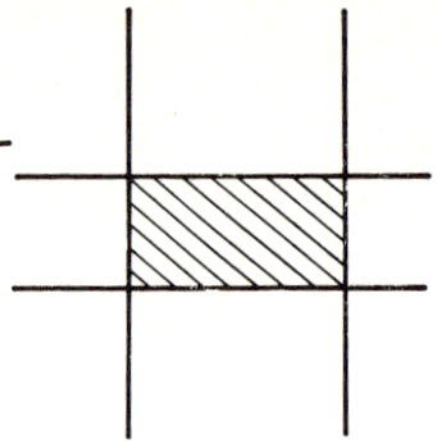

Rechteck

zwei verschieden breite Streifen

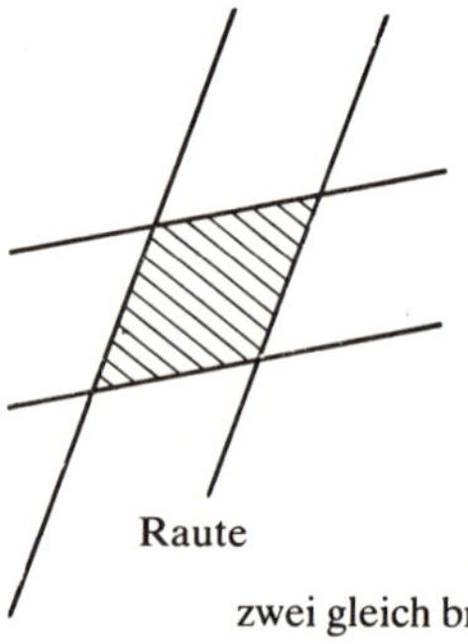

Raute

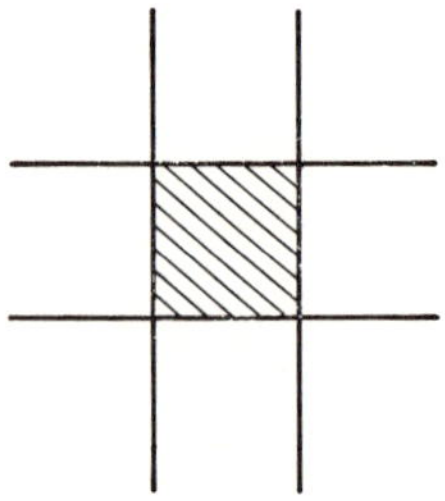

Quadrat

zwei gleich breite Streifen

5.1.2 Aufeinanderlegen eines Streifens und eines Winkelfeldes

Die Drehung des Winkelfeldes läßt jeweils eine bestimmte Art des Trapezes entstehen (gleichschenkliges Trapez, rechtwinkliges Trapez, Trapez).

Abb. 194:

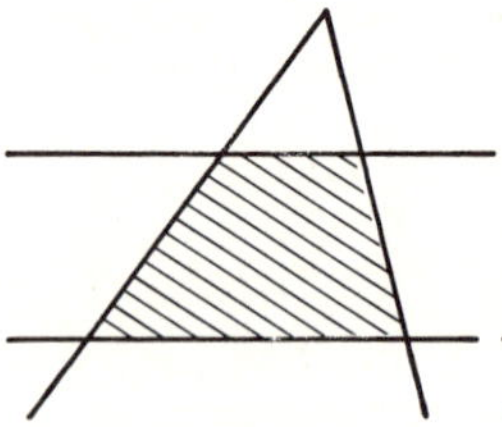

Trapez

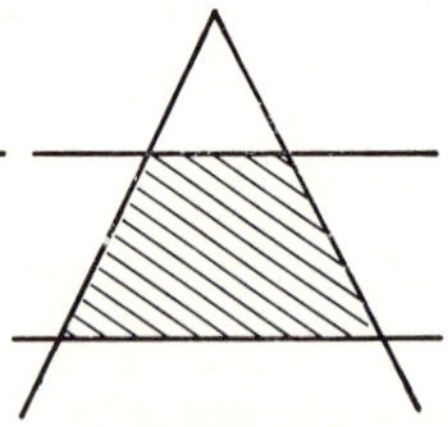

gleichschenkliges Trapez

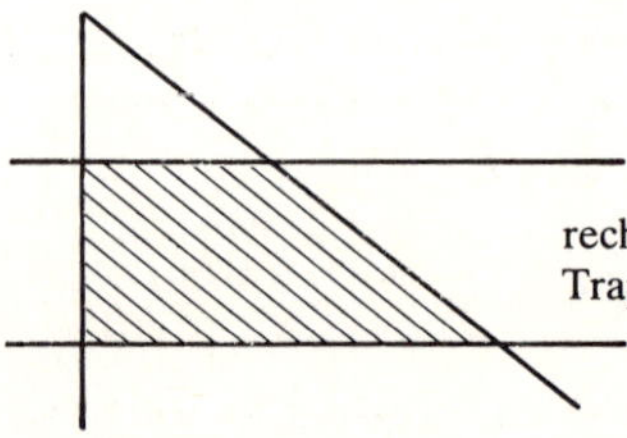

rechtwinkliges Trapez

Mit zunehmendem Alter gelingt es den Schülern immer mehr, geometrische Eigenschaften von Figuren zu erkennen. Aus lernpsychologischen Gründen ist es wichtig, daß diese geometrischen Erkenntnisse und Einsichten an Vierecken durch tätige Auseinandersetzung mit diesen Figuren gewonnen werden.

5.1.3 Aufeinanderlegen zweier Winkelfelder

Als Sonderformen des Vierecks ergeben sich beim Aufeinanderlegen zweier Winkelfelder bei entsprechender Wahl der Winkelgrößen und der Anordnung der Felder:

Abb. 195:

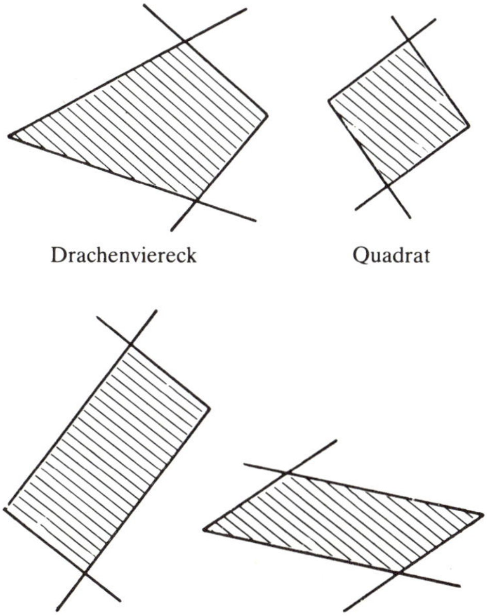

5.1.4 Entstehung der Vierecke durch Gelenkmodelle

Durch das Problem des Entstehens von steifen und biegsamen Figuren soll der Schüler erkennen, wie sich Figuren mit denselben Seitenlängen verändern (z. B. aus einem Quadrat wird eine Raute, aus einem Rechteck wird ein Parallelogramm).
Materialien: Strohhalme, Pfeifenreiniger und Klebstoff
Der Strohhalm wird in vier gleich lange (bzw. in je zwei Paar gleich lange) Teile zerschnitten. Vier Teile des Pfeifenreinigers werden zu einem rechten Winkel gebogen. Vor dem Aufstecken der Strohhalme auf die Teile des Pfeifenreinigers wird etwas Klebstoff in die Strohhalmenden gestrichen.
Der Schüler entdeckt, daß das Quadrat bzw. das Rechteck nicht steif sind, sie lassen sich biegen. Dabei verlieren Quadrat bzw. Rechteck die Eigenschaft der vier rechten Winkel. Der Schüler lernt auf diese Weise, warum das Rechteck ein Sonderfall des Parallelogramm bzw. das Quadrat ein Sonderfall der Raute ist.

Abb. 196:

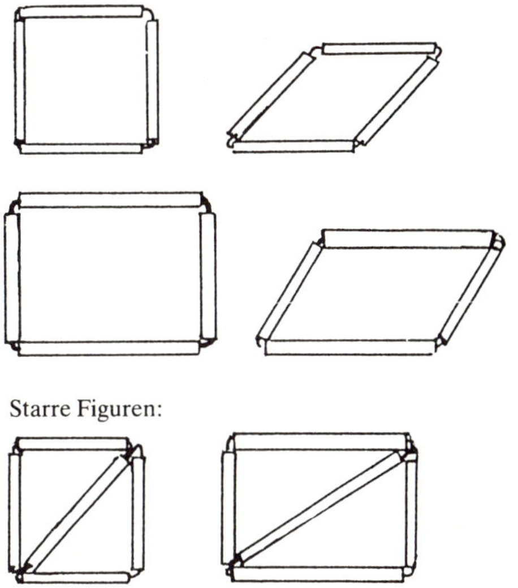

Mit diesen Materialien lassen sich auch alle anderen Vierecke herstellen. Diese aufgezeigten Übungen lassen sich auch mit Pappstreifen und Verpackklammern durchführen.

5.1.5 Entstehung von Vierecken aus Dreiecken

Aus den bereits bekannten Dreiecksarten werden die noch unbekannten Vierecksarten entwickelt (Prinzip: Das unbekannte Lerngut wird aus dem bereits bekannten entwickelt).
Die Entstehung von Vierecken läßt sich durch Ausschneiden von zwei deckungsgleichen Pappdreiecken und deren entsprechendes Zusammenlegen aufzeigen.

Abb. 197:

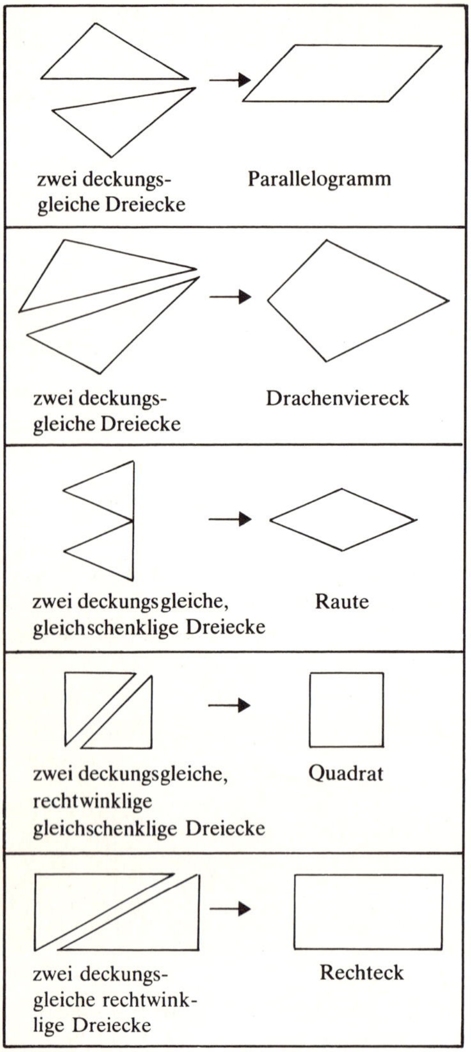

Diese Vierecke können auch durch Achsenspiegelung, Punktspiegelung und Drehung eines dieser zwei Dreiecke entstehen. In der Unterrichtspraxis der Hauptschule zeigt sich jedoch, daß das Umgehen mit je zwei Pappfiguren und deren Zusammensetzungen zu den Figuren besser vollzogen werden kann als das Punktspiegeln, das Achsenspiegeln und das Drehen eines Dreiecks zu einem Viereck.

5.1.6 Legespiel mit sieben Figuren

Aus einem Pappquadrat mit einer Seitenlänge von 10 cm werden die folgenden Figuren herausgeschnitten: zwei Quadrate, zwei kleine Dreiecke, zwei große Dreiecke und ein Parallelogramm.

Abb. 198:

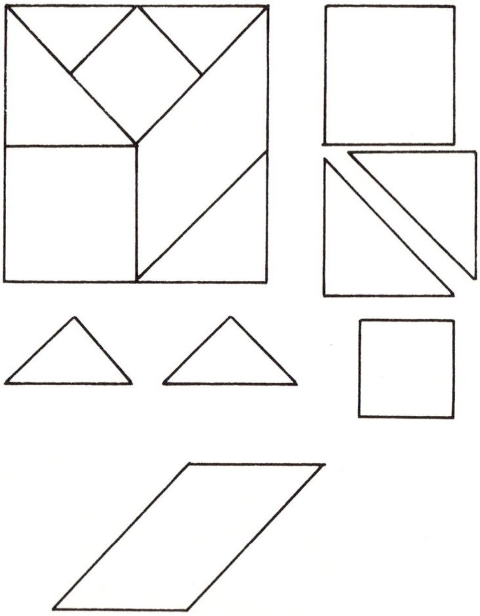

5.1.6.1 Freies Legen von Figuren

Am Anfang werden noch keine geometrischen Grundfiguren zusammengelegt. Der Schüler soll sich an den Umgang mit diesen Figuren zunächst gewöhnen und mit ihnen vertraut gemacht werden.

Abb. 199:

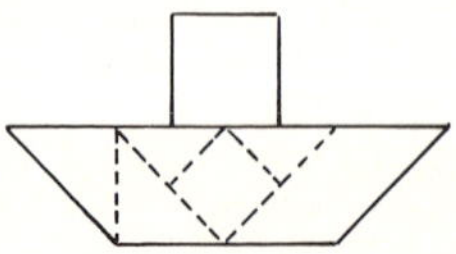

5.1.6.2 Legen geometrischer Grundfiguren

Lege mit den sieben Figuren ein gleichschenkliges Dreieck, ein Rechteck, ein Parallelogramm und ein rechtwinkliges Trapez.

Abb. 200:

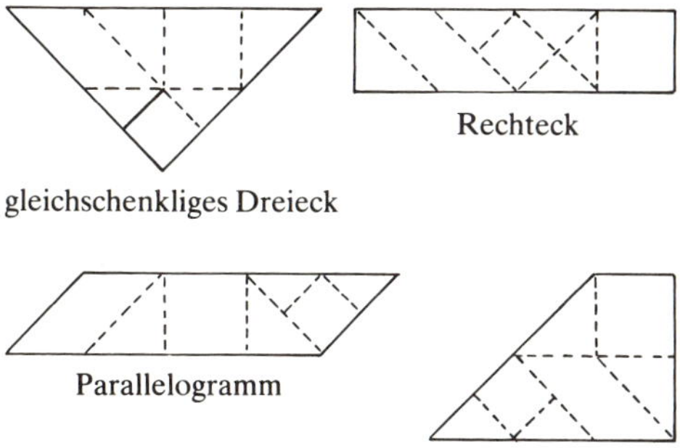

5.1.7 Legen von Vierecken mit Streichhölzern

5.1.7.1 Es sollen Vierecke mit acht Streichhölzern gelegt werden

Abb. 201:

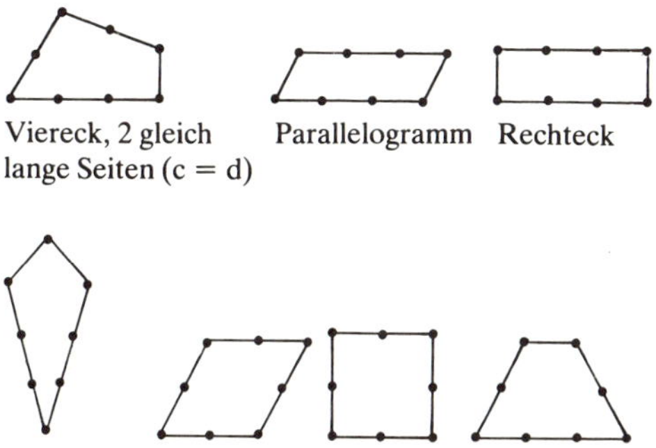

5.1.7.2 Es sollen Vierecke mit sechs Streichhölzern gelegt werden

Abb. 202:

5.2 Winkelsumme im Viereck

5.2.1 Erarbeitung der Winkelsumme durch Ausschneiden

Aus einem Pappviereck werden die Winkel ausgeschnitten und diese Winkelfelder in einem Punkt zusammengesetzt. Es ergibt sich ein Vollkreis, der 360° hat. In jedem Viereck beträgt die Summe aller vier Winkel 360°. Im Unterricht erfolgt die Erarbeitung nicht an einem Pappviereck, sondern an vielen Vierecken (Vierecke mit größerem, kleinerem Flächeninhalt, an Trapezen, an Parallelogrammen . . .).

Abb. 203:

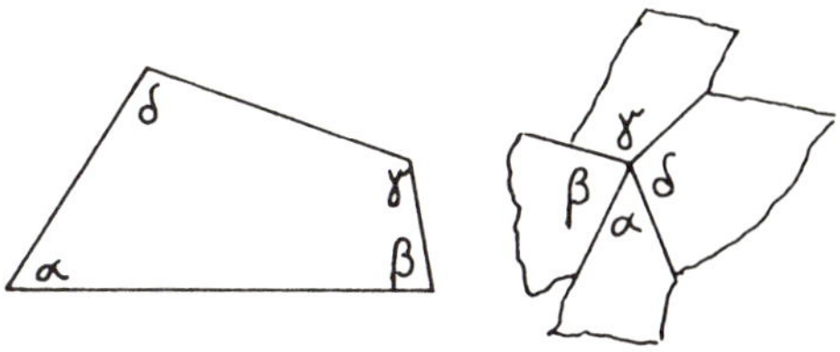

5.2.2 Erarbeitung der Winkelsumme durch Zerlegen

Jedes Viereck läßt sich durch Einzeichnen einer Diagonale in zwei Dreiecke zerlegen. Da in jedem Dreieck die Winkelsumme 180° ist, ist die Winkelsumme im Viereck:
$2 \cdot 180° = 360°$

Abb. 204:

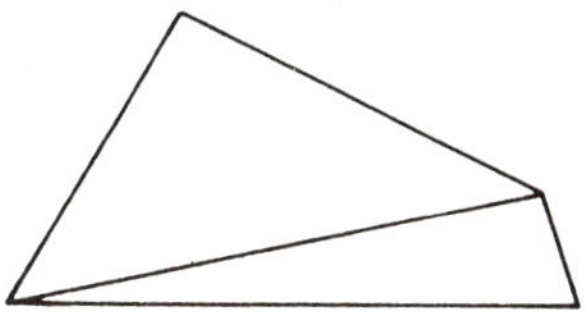

5.2.3 Erarbeitung der Winkelsumme durch Messen

5.2.3.1 Messen aller Winkel

Durch den Auftrag, Winkel zu schätzen, wird die Vorstellung für die Winkelgröße gefördert. Die Schätzwerte werden bei wiederholten Übungen immer genauer. Um das Schätzen nicht in ein sinnloses Raten ausarten zu lassen, empfiehlt es sich, Vergleichswinkelgrößen wie die Winkelgrößen von 45°, 90°, 135° und 180° gut einzuprägen.
Durch die Winkelmessung wird einerseits die Technik des Winkelmessens wiederholt, andererseits der Satz bewiesen: Die Winkelsumme im Viereck beträgt 360°.

Abb. 205:

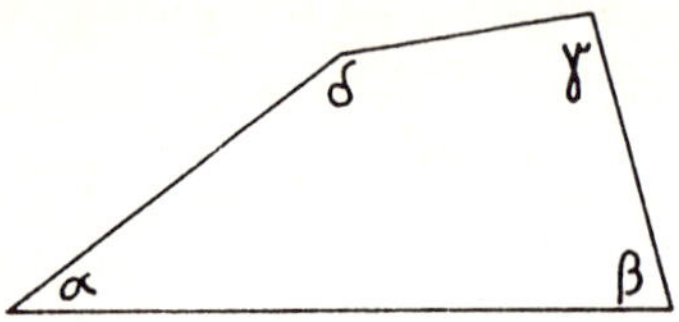

	geschätzt	gemessen	Abweichung vom Schätzwert
Winkel α		35°	
Winkel β		75°	
Winkel γ		95°	
Winkel δ		155°	
Winkelsumme		360°	

5.2.3.2 Messen oder Berechnen der Winkel

Durch Messen oder Berechnen sollen die Winkelgrößen α und γ ermittelt werden. Jetzt soll noch die Winkelsumme im Viereck berechnet werden.

Abb. 206:

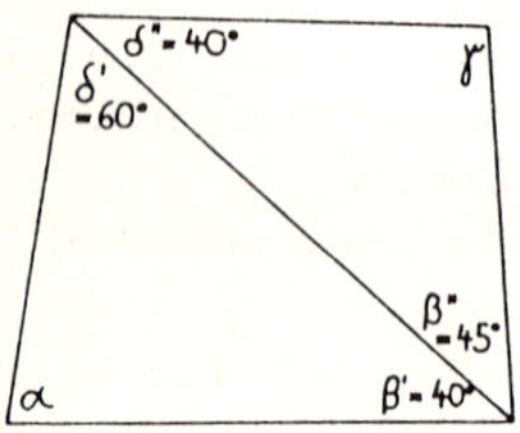

α	(80°)
β' + β''	40° + 45°
γ	(95°)
δ' + δ''	40° + 60°
Winkelsumme	360°

Lösung ist in Klammern angegeben

Der Schüler kann ausgehend von der bereits bekannten Winkelsumme im Dreieck die Winkel α bzw. γ rechnerisch ermitteln, z. B. $\alpha = 180° - 40° - 60°$. Ebenso ist es möglich, die Winkel α und γ zu messen. Vorteilhaft wirkt sich bei dieser Art der Bestimmung der Winkelsumme im Viereck aus, daß der Schüler nicht alle Winkel messen muß.

5.2.3.3 Anwendung des Satzes der Winkelsumme

Berechne die Winkelgröße des vierten Winkels:

Abb. 207:

α	65°	90°	(110°)	95°	90°
	145°	(38°)	40°	(110°)	
β	72°	120°	35°	(135°)	(90°)
	72°	42°	50°	30°	
γ	131°	(70°)	120°	110°	90°
	(45°)	110°	(160°)	120°	
δ	(92°)	80°	95°	20°	90°
	98°	170°	110°	110°	

Aus dieser Tabelle läßt sich erkennen, wie viele stumpfe (rechte) Winkel ein Viereck besitzen kann. Es kann höchstens drei stumpfe Winkel oder höchstens vier rechte Winkel besitzen, da sonst die Winkelsumme größer als $4 \cdot 90°$ wäre.

5.3 Intensivere Auseinandersetzung mit den Vierecken

5.3.1 Parallelogramm (Rhomboid)

5.3.1.1 Parallelogramme in der Umwelt

Abb. 208:

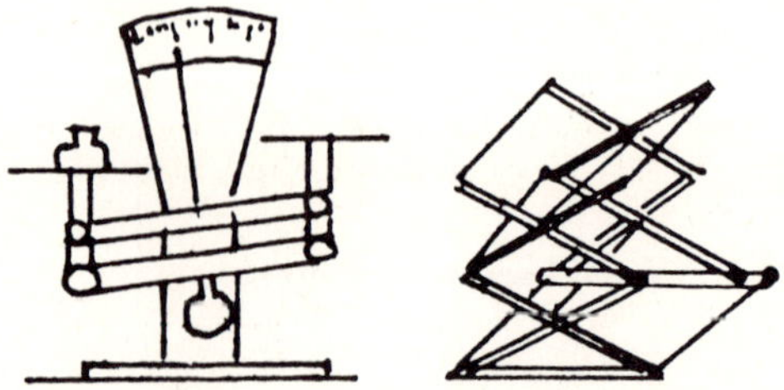

Waage Wäscheständer

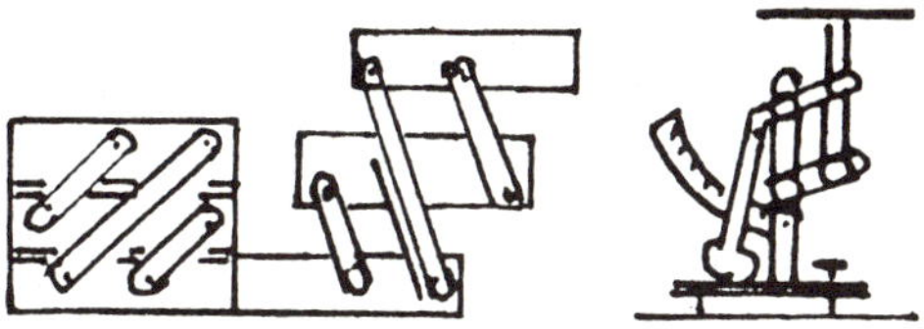

Nähkorb

Das Parallelogramm ist häufig an beweglichen Gegenständen anzutreffen.

5.3.1.2 Entstehung eines Parallelogramms und Erarbeitung der Flächeninhaltsformel

Abb. 209:

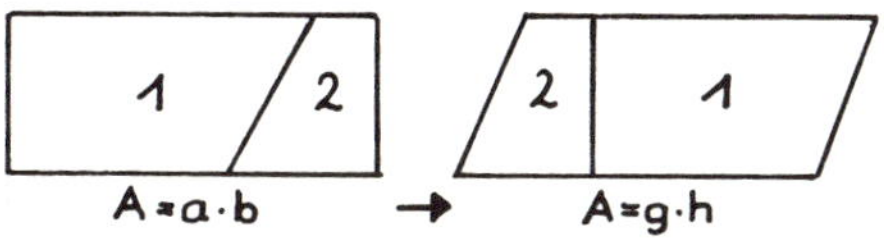

Durch einen Schrägschnitt beliebig am Rechteck entstehen zwei Teile. Die zwei Teile werden vertauscht und aneinandergelegt.

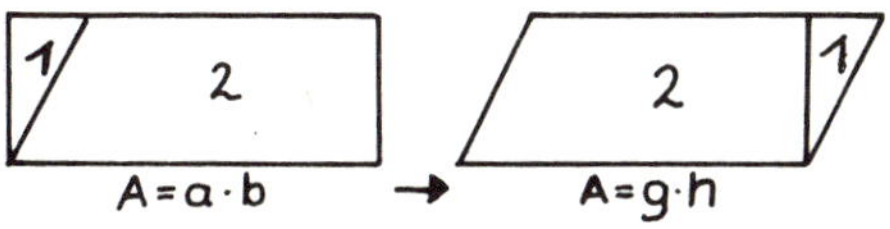

Durch einen Schrägschnitt eines Rechtecks von einer Ecke aus entstehen zwei Teile. Diese zwei Teile werden vertauscht und aneinandergelegt.

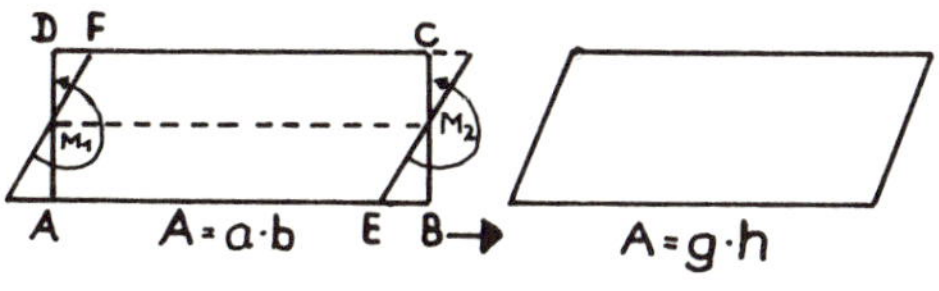

Der Mittelpunkt der Seiten [AD] und [BC] wird ermittelt. Die beiden kongruenten Dreiecke DFM_1 und EBM_2 werden um M_1 bzw. M_2 um 180° gedreht.

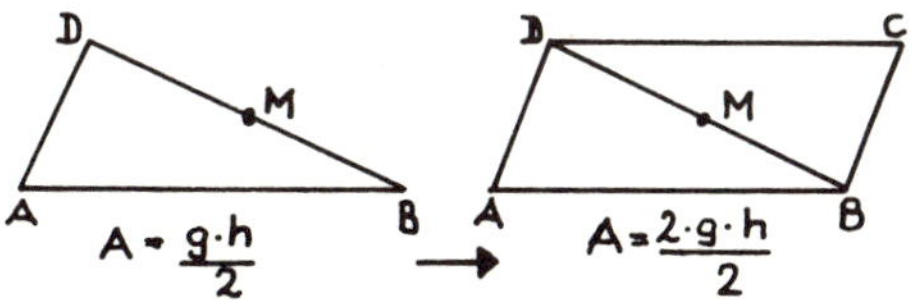

Der Mittelpunkt der Seite [BD] wird ermittelt. Das Dreieck ABD wird um M um 180° gedreht. Der Punkt A wird nach der Drehung Punkt C.

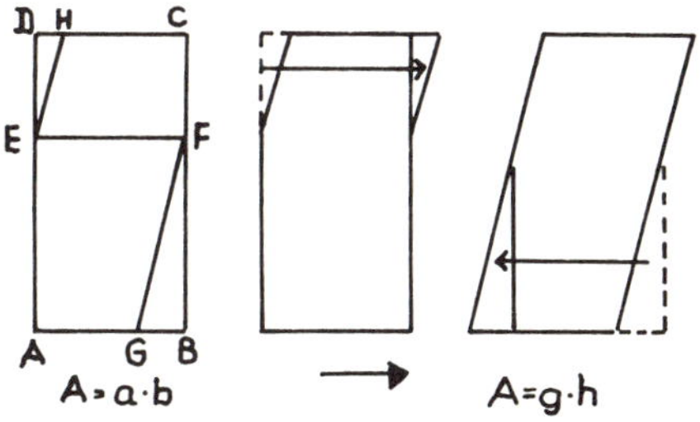

Knick [EF] parallel [AB] biegen. Ebenso Knicke [EH] und [FG] anbringen. [EH] und [FG] müssen parallel sein. Dreiecke DEH und FGB ausschneiden und wie in den Abbildern wieder anlegen.

Der Flächeninhalt ist gleich dem des zugehörigen Rechtecks bzw. doppelt so groß wie der der zwei zugeordneten deckungsgleichen Dreiecke.

5.3.1.3 Flächeninhaltsgleiche Parallelogramme

a) Welche Paraellogramme sind deckungsgleich (Abb. 210)?
(Parallelogramm B und Parallelogramm D sind deckungsgleich; Nachweis: Ausschneiden und Aufeinanderlegen)
b) Warum sind die Parallelogramme A, B, C, D flächeninhaltsgleich?
(Aus der Flächeninhaltsformel $A = g \cdot h$ wird deutlich, daß Parallelogramme mit gleich langer Grundlinie mit gleich langer Höhe flächeninhaltsgleich sind.)
c) Welches Parallelogramm hat den längsten und welches den kürzesten Umfang?
(längster Umfang: Parallelogramm C; kürzester Umfang: Parallelogramm bzw. Rechteck A)
d) Zeichne zu den Parallelogrammen A, B, C und D vier flächeninhaltsgleiche Parallelogramme. Die Grundlinie und die Höhe der Parallelogramme sollen gleich lang sein. Miß den Umfang (Abb. 211).

Abb. 210:

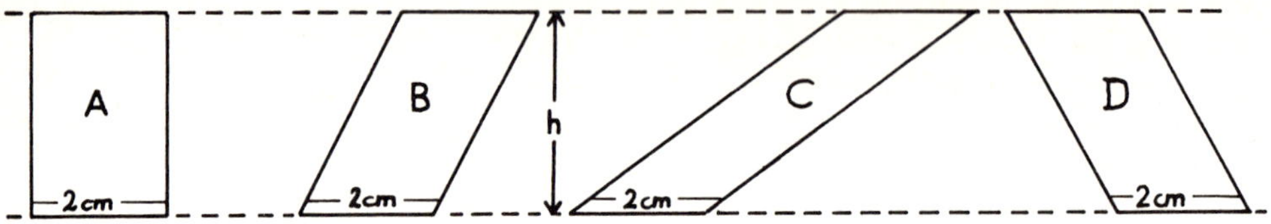

Abb. 211:

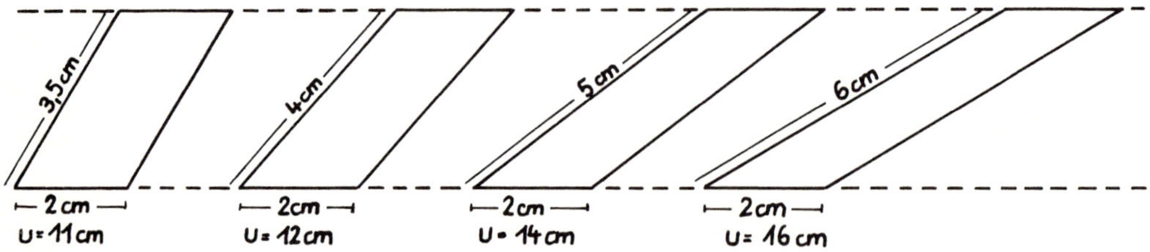

e) Finde flächeninhaltsgleiche Parallelogramme mit der Grundlinie 2 cm und dem Umfang 15 cm (18 cm; 16,6 cm; 13,8 cm und 9 cm). Die Schüler müssen vor der Konstruktion erkennen, daß bei gleichem Flächeninhalt und bei gleich langer Grundlinie auch die Höhe gleich sein muß.
Die Seitenlänge b bzw. d wird rechnerisch ermittelt.

Abb. 212:

u	15 cm	18 cm	16,6 cm	13,8 cm	9 cm
a + c (a = c)	4 cm	4 cm	4 cm	4 cm	4 cm
u − a − c = b + d	11 cm	14 cm	12,6 cm	9,8 cm	5 cm
$\frac{b+d}{2}$ (b = d)	5,5 cm	7 cm	6,3 cm	4,9 cm	2,5 cm (nicht möglich, da h = 3 cm)

5.3.1.4 Sachaufgaben zum Flächeninhalt des Parallelogramms

Die folgenden Sachaufgaben werden zunehmend komplexer. Ab der zweiten Aufgabe kommt das Problem der Maßstabsberechnung hinzu. Im Unterricht läßt sich die Maßstabsberechnung am besten mit dem Operatormodell bewältigen. In der Eingabespalte wird die Entfernung der Wirklichkeit eingetragen, die Ausgabespalte ist für die Entfernung auf der Karte vorgesehen. Der Maßstab wird in einen Multiplikations- und Divisionsoperator aufgelöst, z. B. 1 : 25 000 → Multiplikationsoperator 1 und Divisionsoperator 25 000. Ist die Entfernung auf der Karte gegeben, dann werden aus dem Multiplikationsoperator ein Divisionsoperator und aus dem Divisionsoperator ein Multiplikationsoperator.

Abb. 213:

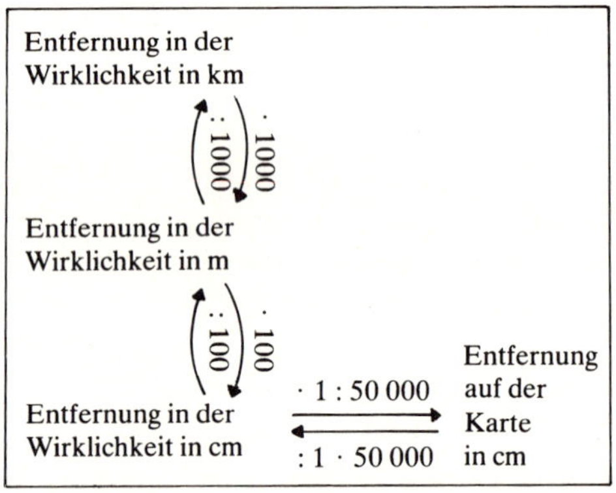

– Ein Bauplatz hat die Form eines Parallelogramms mit der Höhe von 26 m. Der Quadratmeter des Bauplatzes kostet 95 DM. Insgesamt kostet der Bauplatz 93 860 DM. Wie lang ist der Bauplatz?

Flächeninhalt des Bauplatzes:	Länge des Bauplatzes:
93 860 : 95 = 988	988 : 26 = 38
Der Bauplatz hat einen Flächeninhalt von 988 m^2	Der Bauplatz ist 38 m lang.

– Eine neue Straße wird schräg durch ein rechteckiges Grundstück gebaut. Die Zeichnung ist im Maßstab 1 : 2500 gezeichnet. Berechne die Entschädigungssumme, wenn der Quadratmeter für 75 DM abgelöst wird.

Abb. 214:

Maßstab 1 : 2500

	gemessen	in Wirklichkeit
Grundseite	1,5 cm	3750 cm = 37,5 m
Höhe	3,0 cm	7500 cm = 75,0 m
Flächeninhalt:	37,5 · 75,0 = 2812,5	

Der Flächeninhalt beträgt 2812,5 m^2
Ablösepreis: 2812,5 · 75 = 210 937,50
Der Ablösepreis für das Grundstück beträgt 210 937,50 DM

– Ein Acker hat die Form eines Parallelogramms mit einer Grundseite von 150 m und einer Höhe von 200 m. Der Umfang des Ackers mißt 900 m. Dieser Acker wird gegen einen flächeninhaltsgleichen Acker mit gleich langer Grundlinie und gleich langer Höhe, aber mit einem 100 m kürzeren Umfang ausgetauscht. Wie lang ist die Breitseite b bzw. d des neuen Ackers? Zeichne im Maßstab 1:5000.

Abb. 215:

	Wirklichkeit	Zeichnung
u_1	900 m	18 cm
h	200 m	4 cm
$a_1 = c_1$	150 m	3 cm
$b_1 = d_1 = \frac{u_1 - 2a}{2}$	300 m	6 cm

	Wirklichkeit	Zeichnung
u_2	800 m	16 cm
h	200 m	4 cm
$a_2 = c_2$	150 m	3 cm
$b_2 = d_2 = \frac{u_2 - 2a_2}{2}$	250 m	5 cm

Flächeninhalt:	Wirklichkeit	Zeichnung
	30 000 m^2	12 cm^2

5.3.1.5 Erarbeitung der geometrischen Eigenschaften des Parallelogramms

Stelle zwei Pappdreiecke mit den Maßen a = 4,5 cm, b = 3 cm und c = 4 cm her. Markiere den Mittelpunkt der Seite c. Benenne ihn mit Punkt M.

a) Lege die beiden Dreiecke deckungsgleich aufeinander. Drehe jetzt ein Dreieck um M um 180° (Halbdrehung). Welche Gesamtfigur bilden die zwei Pappdreiecke?

Abb. 216:

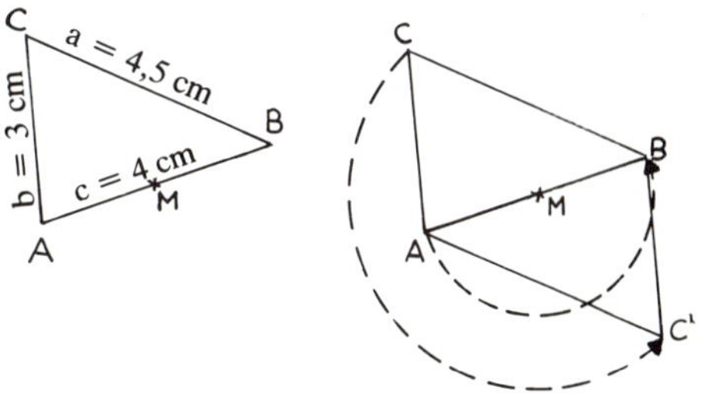

Die entstandene Gesamtfigur ist ein Parallelogramm.
Da diese Figur durch eine Drehung um 180° auf sich selbst abgebildet wird, nennt man diese Figur punktsymmetrisch.
Jedes Parallelogramm ist punktsymmetrisch. Der Drehpunkt ist der Schnittpunkt der Diagonalen.

b) Kreuze an, was du durch die punktsymmetrische Eigenschaft entdeckst. Verwende zur Untersuchung die beiden Pappdreiecke.

Abb. 217:

parallele Gegenseiten	⊗	benachbarte Winkel sind gleich groß	○
gleich lange Gegenseiten	⊗	gegenüberliegende Winkel sind gleich groß	⊗
benachbarte Seiten sind gleich lang	○	Diagonalen stehen senkrecht aufeinander	○
gleich lange Diagonalen	○	Diagonalen halbieren sich	⊗

5.3.1.6 Konstruktionen von Parallelogrammen

Da jede Diagonale ein Parallelogramm in zwei deckungsgleiche Dreiecke zerlegt, sind zur Konstruktion eines Parallelogrammes wie beim Dreieck drei voneinander unabhängige Bestimmungsstücke notwendig.
Bei Konstruktionsaufgaben ist es angebracht, vor der Konstruktionsdurchführung eine Planskizze zeichnen und in diese die vorgegebenen Stücke farbig eintragen zu lassen. Erfahrungsgemäß wird mit Hilfe der Planfigur auch dem schwächeren Schüler der Lösungsweg für die Konstruktion klar. Zusätzlich ist es vorteilhaft, vor der Konstruktionsdurchführung die Einzelschritte in einem Ablaufdiagramm festzuhalten.

Die Konstruktionsbeispiele steigern sich im Schwierigkeitsgrad.

Für die Konstruktionsaufgaben dient folgende Planskizze:

Abb. 218:

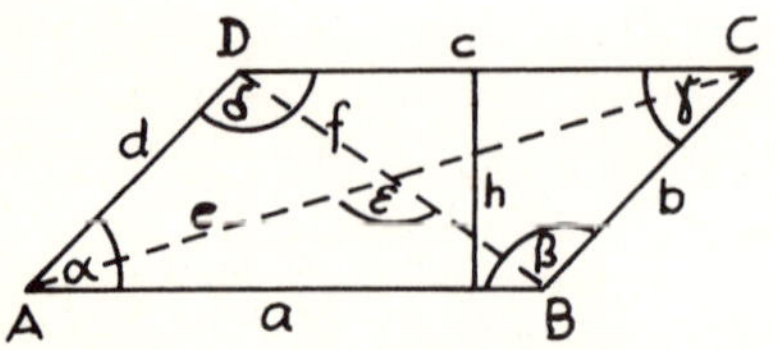

- Konstruiere ein Parallelogramm aus:
  a = 3,5 cm, h = 2,4 cm und b = 2,8 cm

Abb. 219:

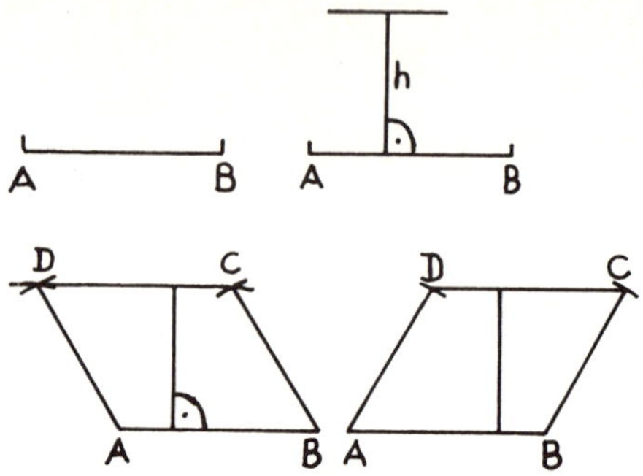

- Die Seite a wird angelegt. (Punkte A und B)
- Die Höhe wird auf a errichtet. Eine Parallele zu [AB] wird am Endpunkt von h gezogen.
- Um A (bzw. B) wird mit Radius b ein Kreisbogen gezeichnet. Schnittpunkte der Kreisbögen und der Parallele zu [AB] ergibt C und D.

- Konstruiere ein Parallelogramm aus:
  a = 3,5 cm, b = 3,8 cm und β = 120°

Abb. 220:

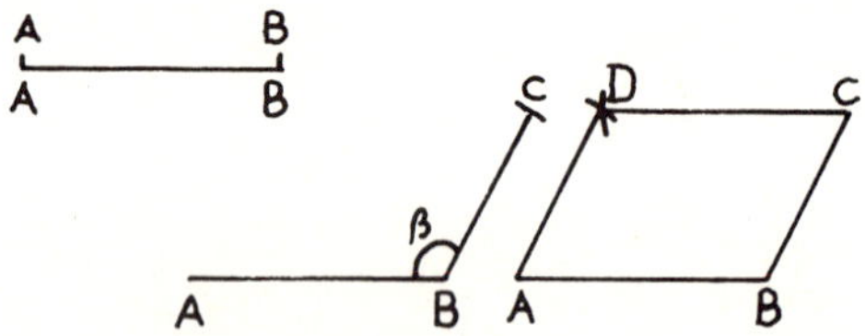

- Die Seite a wird angelegt (Punkte A und B)
- Der Winkel β wird in B angetragen. Um B Kreisbogen mit Radius b; Schnittpunkt ergibt C.
- Um C Kreisbogen mit Radius a; um A Kreisbogen mit Radius b; Schnittpunkt ergibt D

- Konstruiere ein Parallelogramm aus:
  a = 3,5 cm, f = 4 cm und ε = 80°

Abb. 221:

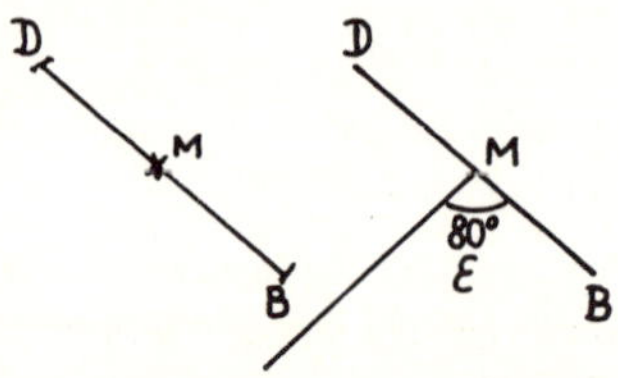

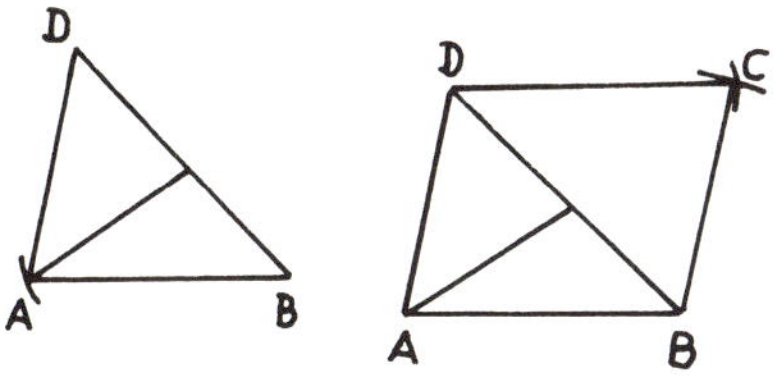

- Die Diagonale f antragen. Die Diagonale halbieren. (Punkte D, B, M)
- In M Winkel ε antragen.
- Um B Kreisbogen mit Radius a. Schnittpunkt des Kreisbogens mit dem freien Schenkel von ε ergibt Punkt A.
- Um B Kreisbogen mit Radius $\overline{AD}$; um D Kreisbogen mit Radius a; Schnittpunkt ergibt Punkt C.

5.3.2 Raute (Rhombus)

5.3.2.1 Rauten in der Umwelt

Abb. 222:

Nürnberger Schere (verstellbarer Arm)

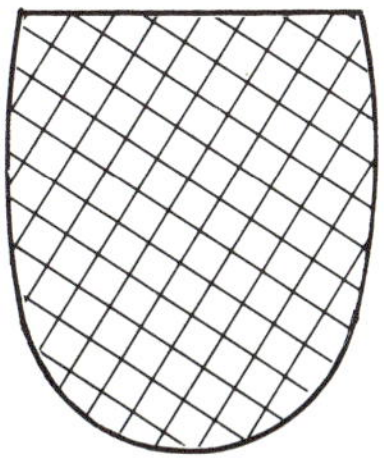

Rautenwappen

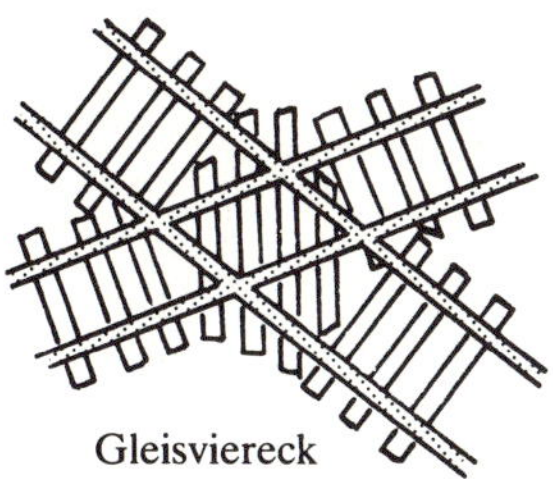

Gleisviereck

5.3.2.2 Charakterisierung der Raute durch bewegliche Modelle

Zwei verschieden lange Holzleisten werden in der Mitte zusammengenagelt. Ein Gummifaden wird über die Nägel an den Leistenenden gespannt (Diagonalenmodell).

Vier gleich lange Holzleisten werden an den Endpunkten zusammengenietet. Auf diese Weise entsteht ein bewegliches Modell (Seitenmodell).

Durch diese Modelle ist es dem Schüler möglich zu erkennen, daß Parallelogramm und Raute nicht etwas grundsätzlich Verschiedenes sind. Es lassen sich folgende Zusammenhänge aufstellen:

- Beim Parallelogramm halbieren sich die Diagonalen. Bei der Raute stehen sie noch zusätzlich senkrecht aufeinander (jede Raute ist ein Parallelogramm).
- Die Raute hat vier gleich lange Seiten. Beim Quadrat stehen diese vier gleich langen Seiten noch senkrecht aufeinander (jedes Quadrat ist eine Raute).

Abb. 223:

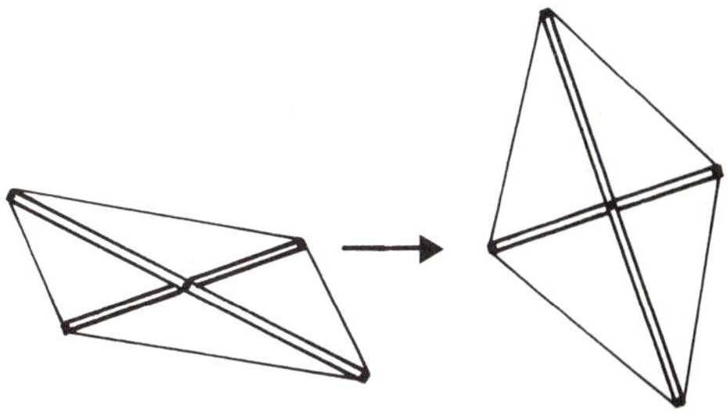

Parallelogramm Raute

Erkenntnis:
Die Diagonalen stehen aufeinander senkrecht

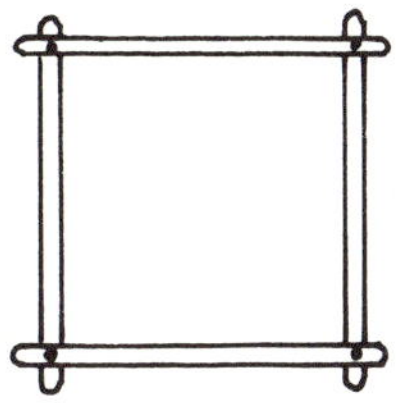

Quadrat

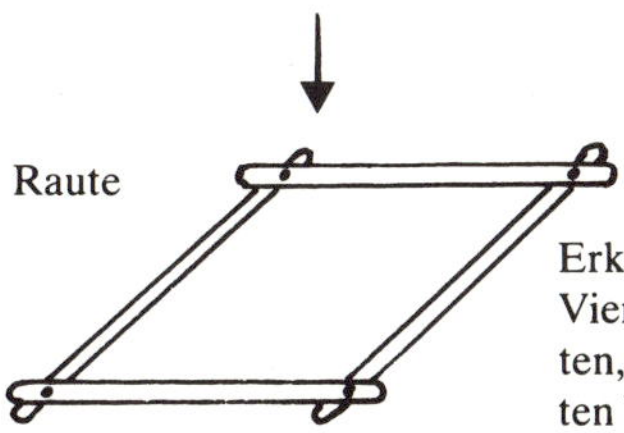

Raute

Erkenntnis:
Vier gleich lange Seiten, keine vier rechten Winkel

5.3.2.3 Erkennen von Rauten

Durch Nachmessen der Seitenlängen bzw. durch das Ermitteln eines rechten Winkels am Diagonalenschnittpunkt lassen sich Rauten erkennen.

Abb. 224:

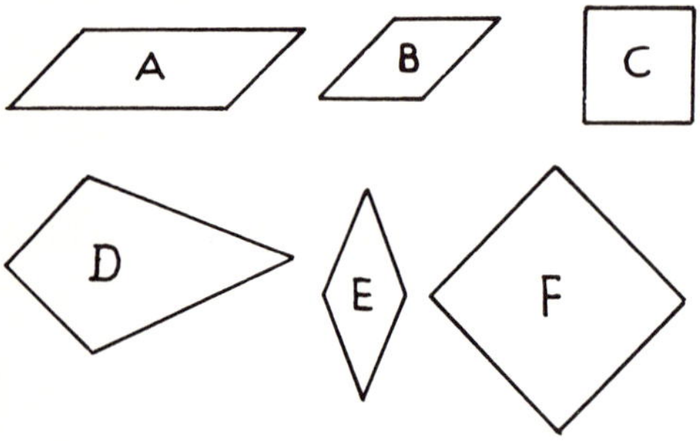

Lösung: B, C, E, F

5.3.2.4 Erarbeitung des Flächeninhalts einer Raute

Ein Blatt Papier (DIN A 4 Blatt) wird in vier gleich große Rechtecke eingeteilt. Die Eckpunkte der Knickkanten werden miteinander verbunden. Das Blatt (Rechteck) besteht jetzt aus acht deckungsgleichen rechteckigen Dreiecken. Werden vier (Nr. 1, 4, 5, und 8 bei Abb. 225) davon weggeschnitten, entsteht eine Raute. Der Flächeninhalt der Raute besteht aus vier deckungsgleichen rechtwinkligen Dreiecken. Auf diese Weise wird sichtbar, daß der Flächeninhalt der Raute halb so groß ist wie der des Rechtecks.

$$A_{\text{Rechteck}} = e \cdot f \rightarrow A_{\text{Raute}} = \frac{e \cdot f}{2}$$

Abb. 225:

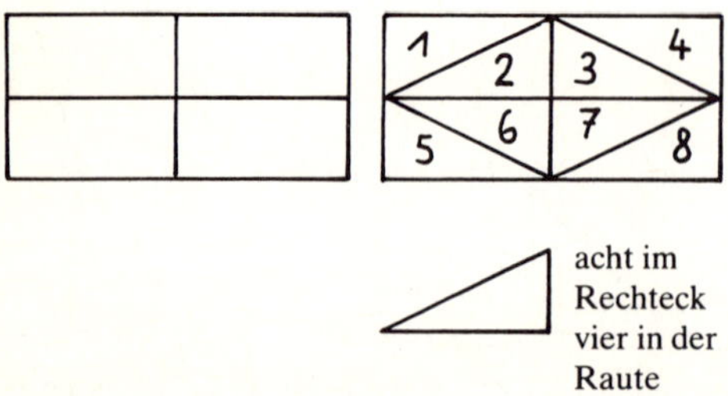

5.3.2.5 Sachaufgaben zum Flächeninhalt der Raute

– Die Diagonalen eines rautenförmigen Ackers sind 30 m und 40 m lang. Berechne den Flächeninhalt des Grundstücks.

  Flächeninhalt des Ackers: $\frac{30 \cdot 40}{2} = 6000$

Der Flächeninhalt des Ackers mißt 6000 m^2

Da jede Raute ein Parallelogramm ist, kann die Flächeninhaltsberechnung mit der Flächeninhaltsformel des Parallelogramms vollzogen werden (siehe 5.3.1.2, S. 119).

– Ein rautenförmiges Grundstück hat einen Umfang von 64 m und eine Höhe von 15 m. Berechne den Flächeninhalt des Grundstücks.
  Umfang des Grundstückes: 64 m
  Seitenlänge des Grundstückes: 64 : 4 = 16
  Die Seitenlänge des Grundstückes beträgt 16 m
  Flächeninhalt des Grundstückes: $15 \cdot 16 = 240$
  Der Flächeninhalt des Grundstückes beträgt 240 m^2.
– Eine rautenförmige Wiese hat einen Umfang von 152 m und einen Flächeninhalt von 1064 m^2. Die Wiese soll gegen eine quadratische Wiese ausgetauscht werden. Die neue Wiese hat denselben Umfang wie die rautenförmige.
  Die beiden Wiesen sollen als Bauland zu einem Quadratmeterpreis von 85 DM verkauft werden. Preisunterschied?
  Seitenlängen der beiden Wiesen:
  152 : 4 = 38 Die Seitenlänge der beiden Wiesen beträgt 38 m.
  Flächeninhalt der quadratischen Wiese:
  $38 \cdot 38 = 1444$
  Der Flächeninhalt der quadratischen Wiese beträgt 1444 m^2
  Unterschied des Flächeninhalts:
  1444 – 1064 = 380
  Der Unterschied des Flächeninhalts der zwei Wiesen beträgt 380 m^2
  Preisunterschied:
  32 300 DM

5.3.2.6 Erarbeitung weiterer geometrischer Eigenschaften der Raute

Die Grundlinie eines gleichschenkligen Dreiecks wird halbiert und mit Punkt M markiert. Das gleichschenklige Dreieck wird um 180° um M gedreht. Die Gesamtfigur (Ausgangsdreieck und gedrehtes Dreieck) ergibt eine Raute.
Als weitere Möglichkeit zur Erarbeitung geometrischer Eigenschaften wird ein gleichschenkliges Dreieck an der Grundlinie gespiegelt. Die Gesamtfigur (Ausgangsdreieck und gespiegeltes Dreieck) ergibt eine Raute. Aus der punktsymmetrischen und der achsensymmetrischen Eigenschaft werden die geometrischen Eigenschaften ermittelt.

Abb. 226:

Kreuze an:

Die Diagonalen sind Symmetrieachsen.	(X)	Die Diagonalen sind gleich lang und senkrecht zueinander.	○
Die Diagonalen sind gleich lang.	○	Die Seiten sind gleich lang.	(X)
Die Diagonalen sind senkrecht zueinander.	(X)	Die vier Winkel sind rechtwinklig.	○
Benachbarte Winkel sind 180°.	○	Gegenüberliegende Winkel sind gleich groß.	(X)

5.3.2.7 Konstruktionen der Raute

Zur Konstruktion einer Raute braucht man zwei geeignete Bestimmungsstücke.
Planfigur für die folgenden Konstruktionsaufgaben:

Abb. 227:

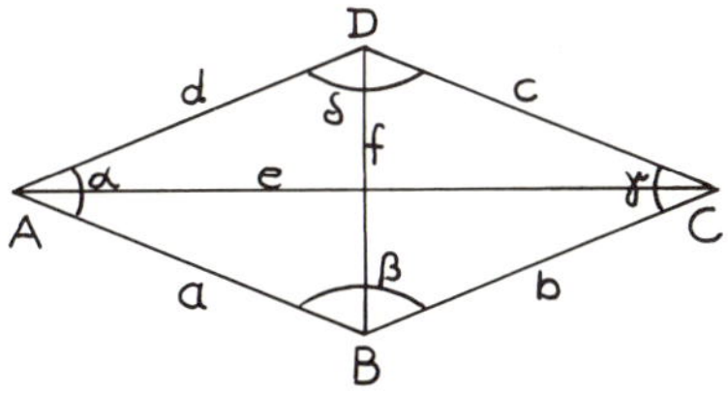

- Konstruiere eine Raute aus: a = b = c = d = 3 cm und der Diagonale e = 5 cm

Abb. 228:

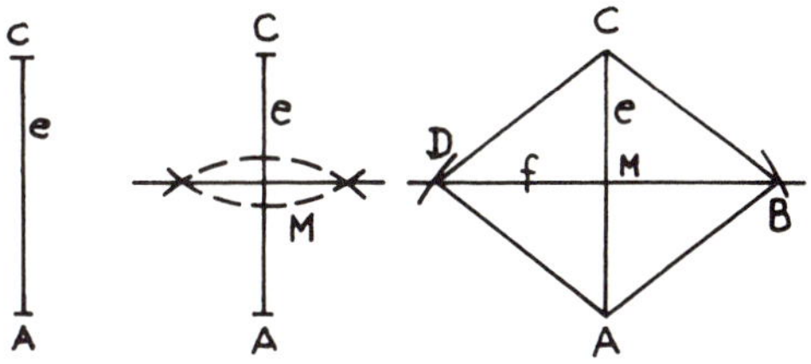

- [AC] aufzeichnen
- Die Mittelsenkrechte zu [AC] errichten
- Um A Kreisbogen mit Radius a; Schnittpunkt Kreisbogen und Mittelsenkrechte ergibt C (bzw. B)

- Konstruiere eine Raute aus: e = 5 cm und f = 2 cm

Abb. 229:

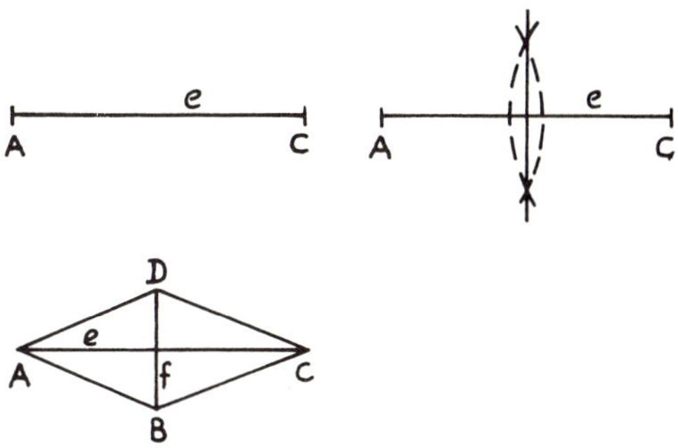

- [AC] aufzeichnen
- Die Mittelsenkrechte zu [AC] errichten
- Vom Mittelpunkt auf der Mittelsenkrechten $\frac{f}{2}$ (1 cm) nach oben und nach unten abtragen; Endpunkte ergeben B und D

- Konstruiere eine Raute aus: a = 3 cm und α = 60°.

Abb. 230:

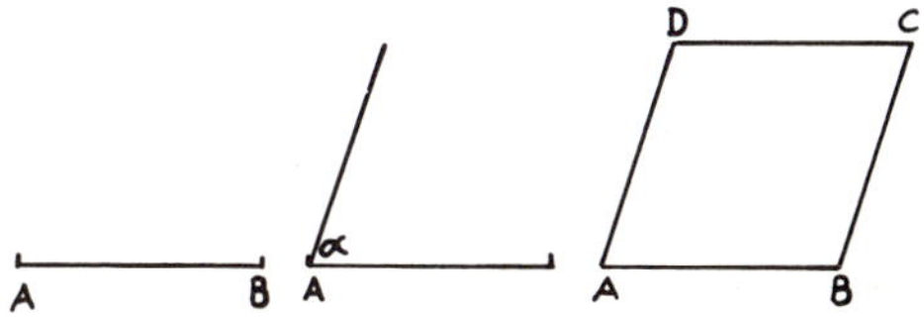

- [AB] aufzeichnen
- In A Winkel α abtragen.
- Um A Kreisbogen mit Radius a, ergibt D. Um D und um B Kreisbögen mit Radius a; Schnittpunkt ergibt C

5.3.3 *Drachenviereck*

5.3.3.1 Charakterisierung eines Drachenvierecks durch bewegliche Modelle

Bei der Erstellung eines Drachengerüstes werden bereits folgende Eigenschaften sichtbar:

- Die Leisten des Drachens (Diagonalen des Drachens) schneiden sich im rechten Winkel.
- Die kürzere Leiste (Diagonale) wird durch die längere halbiert.

Mit einem Gelenkviereck, bei dem benachbarte Leisten paarweise gleich lang sind, läßt sich ein Drachenviereck herstellen. Die Diagonalen werden mit Gummischnüren dargestellt. Die gegenseitigen Beziehungen der Diagonalen lassen sich beim Bewegen des Gelenkviereckes gut beobachten.

Abb. 231:

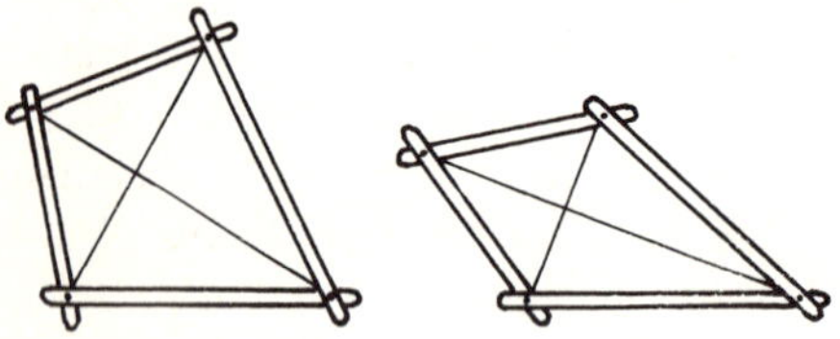

Erkenntnis:

Das Drachenviereck besitzt zwei Paar benachbarter Seiten, die gleich lang sind.
Im Drachenviereck stehen die Diagonalen aufeinander senkrecht.

Mit einem Holzgerüst wird auch der Zusammenhang zwischen einem Drachenviereck und einer Raute deutlich. Auf der längeren Diagonale wurde ein Führungsschlitz so eingefräst, daß sich die kürzere Diagonale hin und her bewegen läßt. Die Bewegung wird so ausgeführt, daß die beiden Diagonalen senkrecht zueinander sind. An den Enden der Diagonalen werden Gummischnüre befestigt. Befindet sich die kürzere Diagonale in der Mitte der längeren, dann erhält man eine Raute.
Es wird folgender Zusammenhang aufgezeigt: Bei der Raute stehen die Diagonalen senkrecht aufeinander, und alle vier Seiten sind gleich lang. Beim Drachenviereck müssen nur noch zwei Paar benachbarter Seiten gleich lang sein. Jede Raute ist ein Drachenviereck.

Abb. 232:

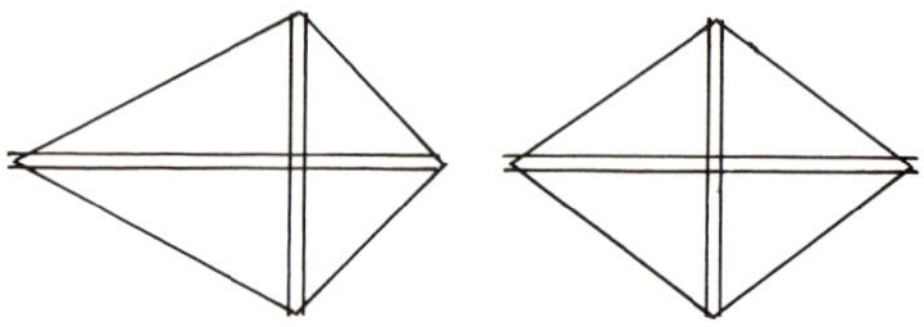

5.3.3.2 Erarbeitung des Flächeninhalts eines Drachenvierecks

Ein DIN A 4 Blatt wird an einer beliebigen Stelle parallel zur Breitseite und in der Mitte parallel zur Längsseite gefaltet. Die Eckpunkte der Faltlinien werden miteinander verbunden. Das Rechteck (DIN A 4 Blatt) besteht aus vier kleineren deckungsgleichen rechtwinkligen Dreiecken und aus vier größeren deckungsgleichen rechtwinkligen Dreiecken. Im Drachenviereck sind zwei kleinere deckungsgleiche rechtwinklige Dreiecke und zwei größere deckungsgleiche rechtwinklige Dreiecke enthalten. Auf diese Weise wird deutlich, daß der Flächeninhalt des Drachens halb so groß ist wie der des Rechtecks.

Abb. 233:

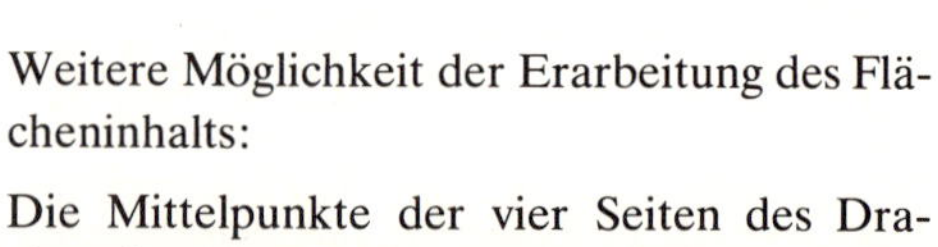

$$A_{\text{Drachen}} = \frac{1}{2} A_{\text{Rechteck}}$$

$$A_{\text{Drachen}} = \frac{1}{2} \cdot e \cdot f$$

Weitere Möglichkeit der Erarbeitung des Flächeninhalts:

Die Mittelpunkte der vier Seiten des Drachenvierecks werden bestimmt. Je zwei Mittelpunkte werden so miteinander verbunden, daß vier rechtwinklige Dreiecke (von denen je zwei deckungsgleich sind) entstehen.
Diese vier Dreiecke werden an den Mittelpunkten um 180° (Halbdrehung) gedreht. Auf diese Weise entsteht ein flächeninhaltsgleiches Rechteck.

Abb. 234:

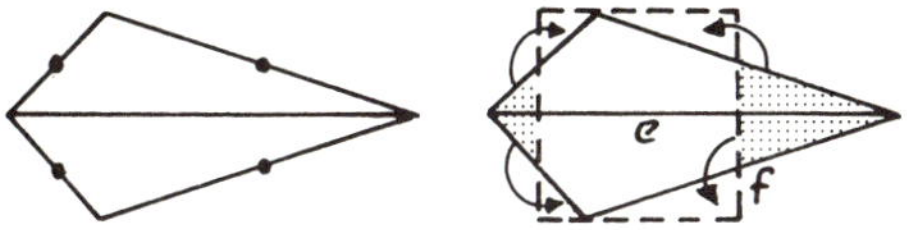

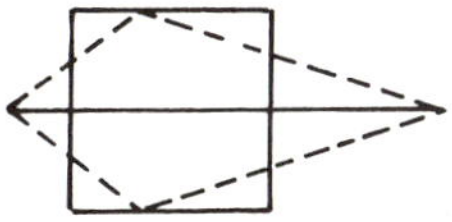

$A_{Rechteck} = \frac{e}{2} \cdot f$

$A_{Drachenviereck} = \frac{e \cdot f}{2}$

5.3.3.3 Erarbeitung geometrischer Eigenschaften des Drachenvierecks

Überprüfung der Punktsymmetrie: Herstellen von zwei Pappdreiecken mit den Maßen a = 5 cm, b = 2 cm und c = 6 cm; auf der Seite c soll der Mittelpunkt M bestimmt werden; beide Dreiecke werden deckungsgleich aufeinander gelegt; jetzt wird ein Dreieck um M um 180° gedreht.
Die entstandene Gesamtfigur ist kein Drachenviereck, sondern ein Parallelogramm. Das Drachenviereck ist nicht punktsymmetrisch.
Achsensymmetrie: Die beiden Pappdreiecke werden aufeinander gelegt. Eines der Dreiecke wird um die Seite c geklappt. Jetzt entsteht ein Drachenviereck. Das Drachenviereck ist achsensymmetrisch.

Abb. 235:

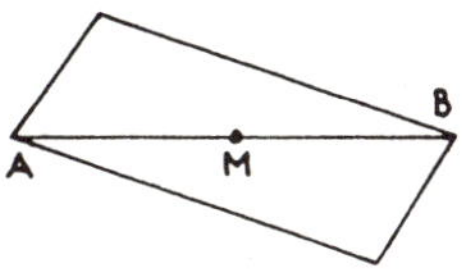

Bei einer Halbdrehung entsteht ein Parallelogramm (Punktsymmetrie).

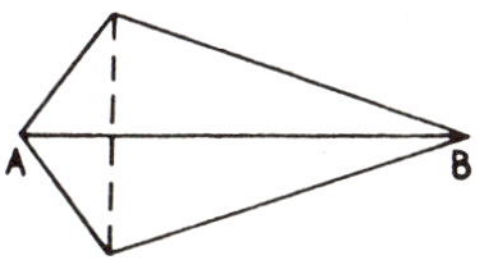

Durch Spiegelung entsteht ein Drachenviereck. Das Drachenviereck ist zu einer Diagonalen achsensymmetrisch.

Kreuze an, welche Eigenschaften für das Drachenviereck zutreffen:

Abb. 236:

Zwei Paar gegenüberliegende Seiten sind gleich lang.	○	Zwei Paar Gegenwinkel sind gleich groß.	○
Zwei Paar benachbarte Seiten sind gleich lang.	⊗	Ein Paar Gegenwinkel ist gleich groß.	⊗
Die Diagonalen sind gleich lang.	○	Das Drachenviereck ist punktsymmetrisch.	○
Die Diagonalen stehen senkrecht aufeinander.	⊗	Das Drachenviereck ist achsensymmetrisch.	⊗

5.3.3.4 Konstruktionen eines Drachenvierecks

Für ein Drachenviereck müssen drei geeignete Angaben über Längen oder Winkelmaße gemacht werden. Für die folgenden Konstruktionsaufgaben ist die Lage der Seiten und Winkel durch die folgende Planfigur festgelegt.

Abb. 237:

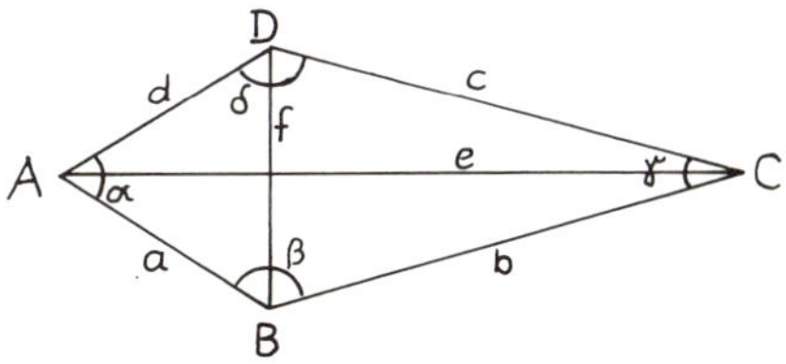

- Konstruiere ein Drachenviereck aus: a = 3 cm, b = 4 cm und f = 3 cm

Abb. 238:

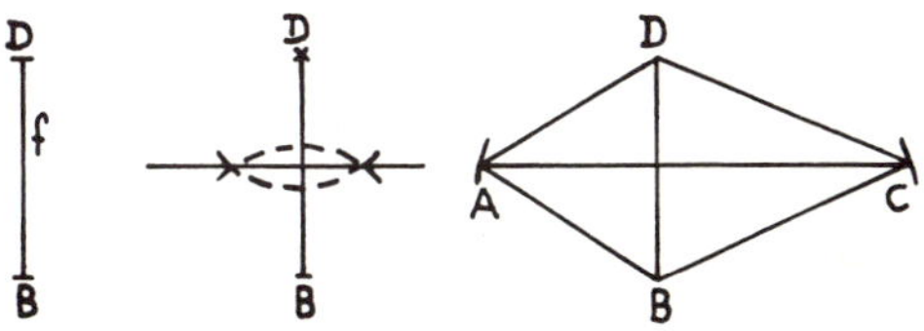

- [BD] aufzeichnen
- Mittelsenkrechte zu [BD] errichten.
- Um B Kreisbögen mit Radius b bzw. a; Schnittpunkt Kreisbogen mit Mittelsenkrechte ergibt A und C

- Konstruiere ein Drachenviereck aus:
  e = 6 cm, f = 3 cm und a = 3 cm

Abb. 239:

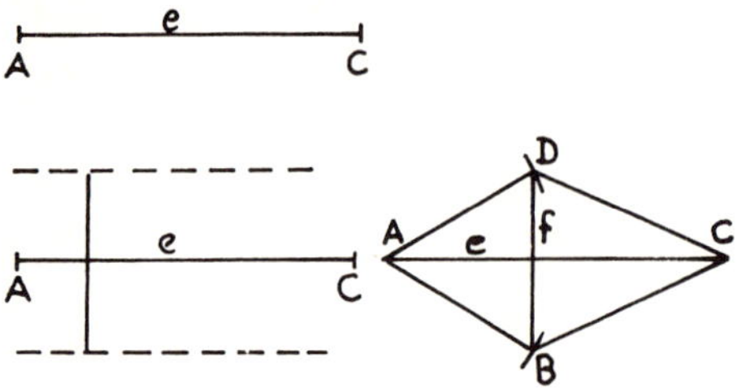

- [AC] aufzeichnen;
- In einem beliebigen Punkt von [AC] eine Senkrechte mit $\frac{f}{2}$ nach beiden Seiten errichten. In den Eckpunkten der Senkrechten Parallelen zu [AC] einzeichnen.
- Um A Kreisbögen mit Radius a; Schnittpunkt des Kreisbogens mit den Parallelen ergibt B und D;

- Konstruiere ein Drachenviereck aus:
  a = 3 cm; b = 4 cm und γ = 60°

Abb. 240:

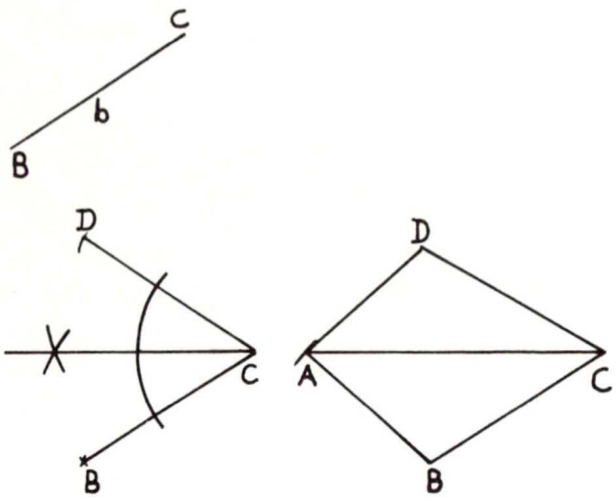

- [BC] aufzeichnen;
- In C γ errichten; Winkelhalbierende einzeichnen; um C Kreisbogen mit Radius b; Schnittpunkt Kreisbogen und freier Schenkel des Winkels γ ergibt D
- Um B Kreisbogen mit Radius a; Schnittpunkt mit Winkelhalbierender ergibt A;

5.3.3.5 Aufgaben zum Drachenviereck

- Ein Schüler hat das Holzgestell eines Drachens mit einem 2,2 m langen Faden umspannt. Eine Seite des Drachens ist 40 cm lang. Wie lang sind die anderen Seiten?
  Länge der beiden benachbarten Seiten insgesamt: 0,8 m
  Länge der beiden anderen benachbarten Seiten insgesamt: 1,4 m
  Länge einer Seite: 0,7 m
- Berechne die fehlenden Winkel des Drachens:
  $\alpha = 85°$ $\qquad \beta = 120°$
  $\beta = \delta$
  $\gamma = 360° - (\alpha + \beta + \delta)$
  $\gamma = 360° - (85° + 120° + 120°)$
  $\gamma = 35°$
- Berechne den Flächeninhalt des Drachenvierecks mit den Diagonalen e = 5 cm, f = 6 cm und a = 5 cm. Ermittle mit Hilfe einer Zeichnung den Umfang des Drachenvierecks.
  Flächeninhalt des Drachens: 15 cm^2
  Umfang des Drachens:
  a = 5 cm; b = 3,2 cm
  u = 16,4 cm

Abb. 241:

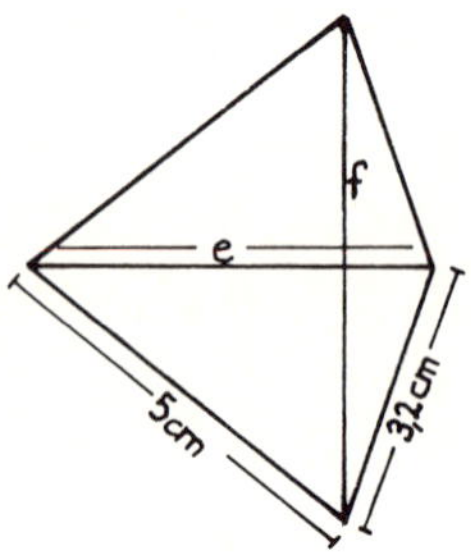

5.3.4 Trapez

5.3.4.1 Das Trapez in der Umwelt

Abb. 242:

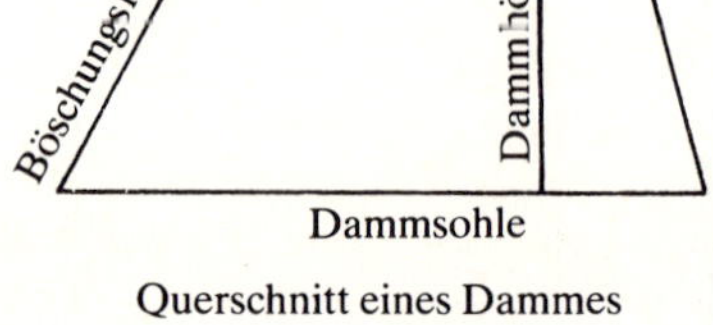

Querschnitt eines Dammes

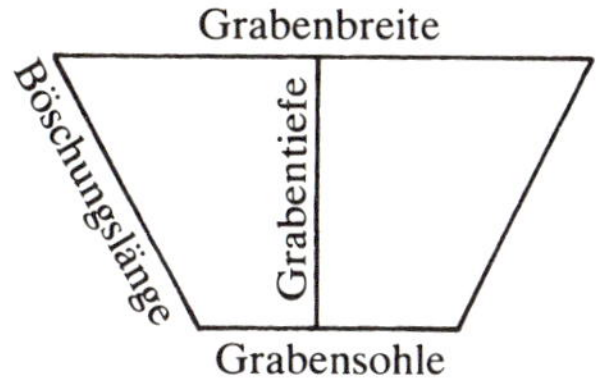

Querschnitt eines Grabens

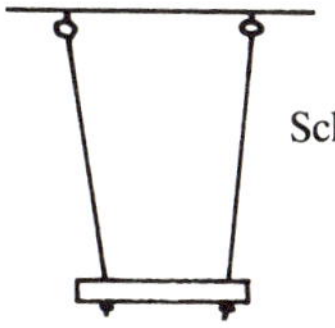

Schaukel

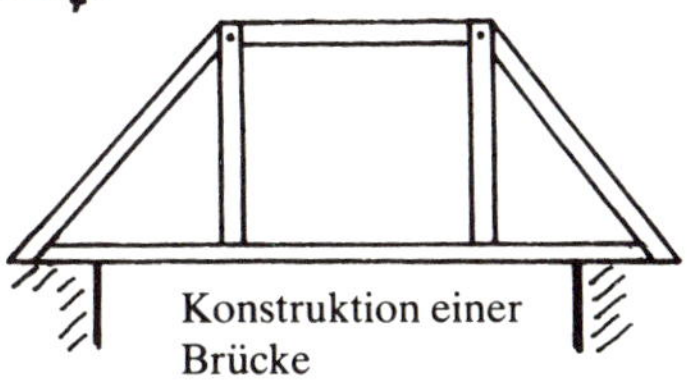

Konstruktion einer Brücke

5.3.4.2 Charakterisierung von Trapezen durch Herstellen aus Dreiecken

Die Dreiecke (Pappdreiecke) werden entlang einer Parallelen der drei Seiten abgeschnitten. Es entstehen zwei Figuren.

Abb. 243:

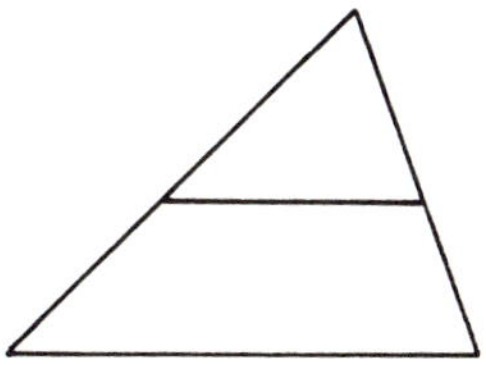

Dreieck
Trapez

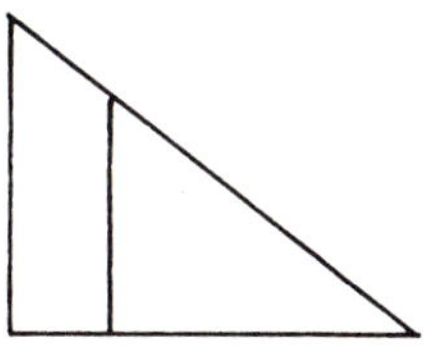

rechtwinkliges Dreieck
rechtwinkliges Trapez

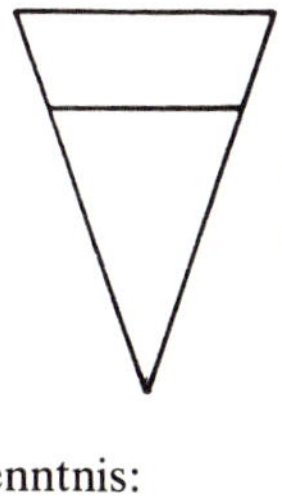

gleichschenkliges Dreieck
gleichschenkliges Trapez

Erkenntnis:

Ein Viereck mit genau zwei parallelen Seiten heißt Trapez.

5.3.4.3 Erarbeitung der Flächeninhaltsformel des Trapezes

Abb. 244:

– Zerlegen in zwei Dreiecke

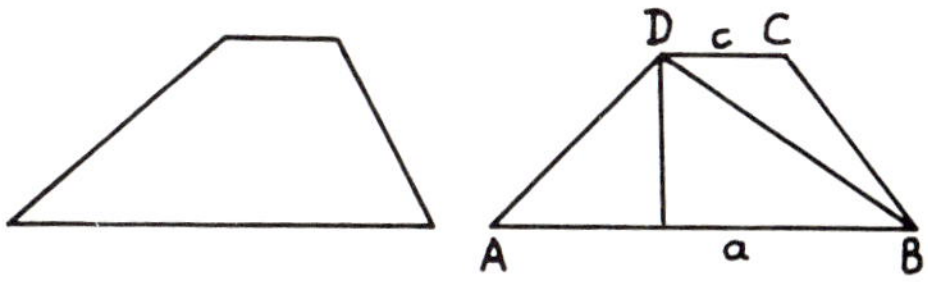

$A_{ABD} = \frac{1}{2} \cdot a \cdot h,\ A_{BCD} = \frac{1}{2} \cdot c \cdot h$

$A_{Trapez} = \frac{1}{2} \cdot a \cdot h + \frac{1}{2} \cdot c \cdot h = \frac{1}{2}(a + c) \cdot h$

Durch die Diagonale wird ein Trapez in zwei Dreiecke mit den Seiten a und c und der gleichen Höhe zerlegt.

– Ergänzen zu einem Parallelogramm

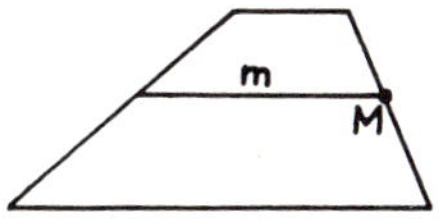

$2\,m = a + c$

$A_{Parallelog} = 2\,m \cdot h$

$A_{Trapez} = m \cdot h = \frac{a+c}{2} \cdot h$

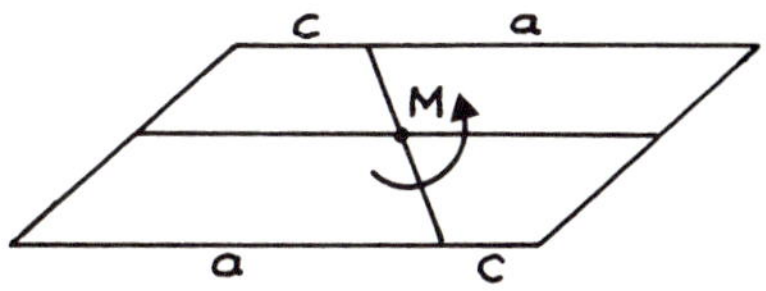

Das Trapez wird an M um 180° gedreht. Die Gesamtfigur ist ein Parallelogramm mit doppelt so großem Flächeninhalt wie das Trapez.

– Überführen in ein Rechteck

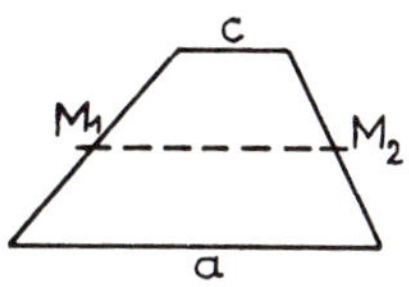

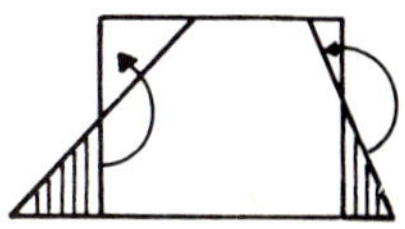

$A_{Rechteck} = m \cdot h$

$A_{Trapez} = \frac{a+c}{2} \cdot h$

Durch Falten der Seite a auf c wird die Knicklinie $[M_1M_2]$ ermittelt. An M_1 bzw. M_2 wird ein Teil der Seite auf einen anderen Teil der Seite geknickt. Die beiden entstehenden Dreiecke werden ausgeschnitten und um 180° gedreht. Es entsteht ein Rechteck.

– Überführen in ein Dreieck

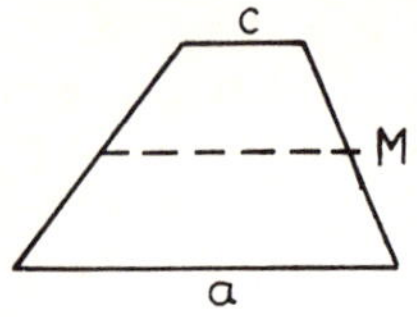

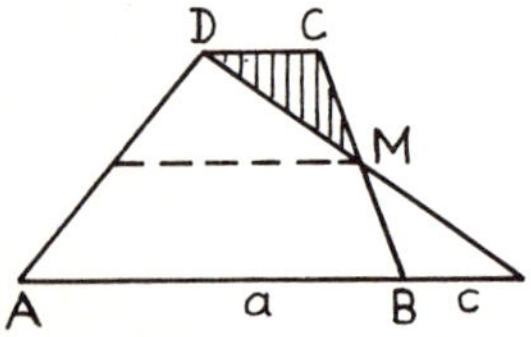

$$A_{Dreieck} = \frac{a+c}{2} \cdot h$$

$$A_{Trapez} = \frac{a+c}{2} \cdot h$$

Falte die Seiten a und c aufeinander. Du erhältst auf diese Weise den Punkt M. Zeichne das Dreieck CMD ein und schneide es aus. Drehe das Dreieck um M um 180°. Es entsteht ein Dreieck.

– Zerlegen in ein Dreieck und in ein Parallelogramm

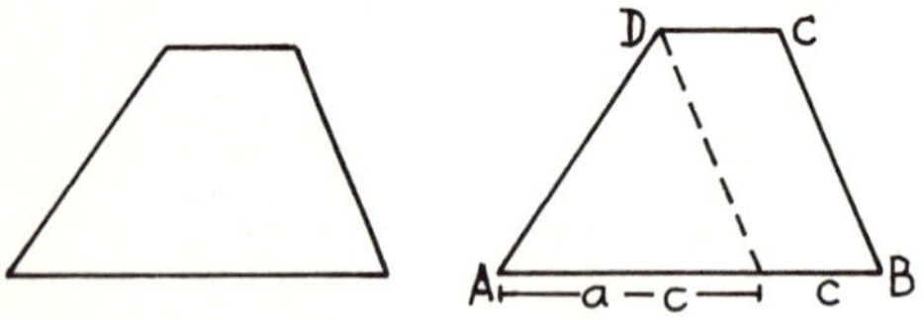

$$A_{Dreieck} = \frac{(a-c) \cdot h}{2} \quad A_{Parall} = c \cdot h$$

$$A_{Trapez} = \frac{a-c}{2} \cdot h + \frac{2c}{2} \cdot h$$

$$A_{Trapez} = \frac{a+c}{2} \cdot h$$

Durch Einzeichnen einer Parallelen zu [CB] durch D entstehen ein Dreieck und ein Parallelogramm mit der gleichen Höhe.

– Umwandlung in zwei Rechtecke

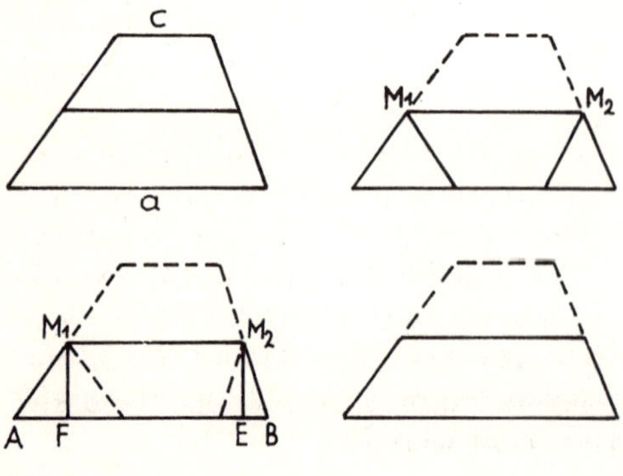

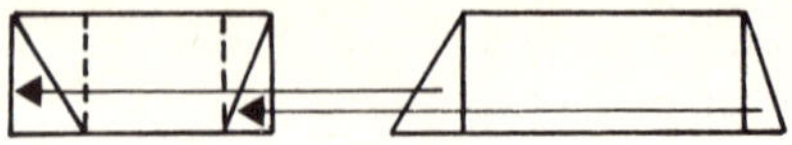

$$A_{Rechteck} = m \cdot \frac{h}{2}$$

$$A_{Trapez} = 2 \cdot m \cdot \frac{h}{2} = m \cdot h$$

$$A_{Trapez} = \frac{a+c}{2} \cdot h$$

Die Seite c wird auf die Seite a gefaltet. Dadurch entstehen eine Knicklinie $[M_1 M_2]$ und zwei Trapeze. Das obere Trapez wird an der Knicklinie $[M_1 M_2]$ nach unten geklappt. Die Dreiecke AFM_1 bzw. BEM_2 werden an M_1 bzw. M_2 so geknickt, daß die Seiten [AF] bzw. [EB] der Dreiecke auf die Seite a des Trapezes zu liegen kommen.
Die beiden Dreiecke ergänzen das nach unten geklappte Trapez zu einem Rechteck. Das untere Trapez wird ohne die beiden Dreiecke ebenso zu einem Rechteck, das deckungsgleich zum anderen Rechteck ist.

5.3.4.4 Sachaufgaben zum Flächeninhalt des Trapezes

– Berechne den Flächeninhalt eines Dammquerschnittes. Es sind folgende Stücke bekannt: Dammkrone: 3,5 m, Dammhöhe: 3,2 m und Dammsohle 12 m. Flächeninhalt des Dammquerschnittes:

$$A = \frac{12 + 3,5}{2} \cdot 3,2 = 24,8$$

Der Flächeninhalt des Dammquerschnittes beträgt 24,8 m^2

– Berechne den Flächeninhalt des Querschnitts eines Grabes: Grabentiefe: 2,8 m, Grabenbreite: 5,4 m, Böschungslänge: 3,2 m. Entnimm einer Zeichnung mit dem Maßstab 1 : 100 die fehlenden Maße und führe dann die Berechnung durch.

Abb. 245:

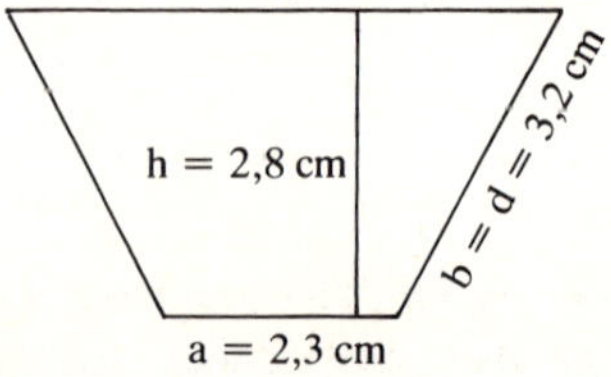

Maß entnommen aus der Zeichnung:
Grabensohle: 2,3 cm → 2,3 m
Flächeninhalt des Grabens:

$$\frac{2{,}3 \cdot 5{,}4}{2} \cdot 2{,}8 = 43{,}12$$

Der Flächeninhalt des Grabenquerschnitts beträgt 43,12 m^2

- Hier sind die Zeichnungen von Grundstükken (1:2500) vorgegeben. Berechne die fehlenden Größen in den Tabellen und gib alle Maße auch in der wirklichen Größe an.

Abb. 246:

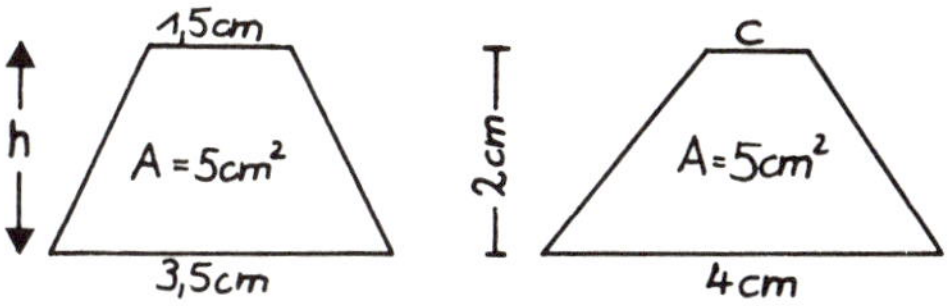

	Zeichnung	Wirklichkeit	Zeichnung	Wirklichkeit
a	3,5 cm	(87,5 m)	4 cm	(100 m)
b	(2,3 cm)	(57,5 m)	(2,4 cm)	(60 m)
c	1,5 cm	(37,5 m)	(1 cm)	(25 m)
d	(2,3 cm)	(57,5 m)	(2,6 cm)	(65 m)
u	(9,6 cm)	(240 m)	(10 cm)	(250 m)
h	(2 cm)	(50 m)	2 cm	(50 m)
A	5 cm^2	(3125 m^2)	5 cm^2	(3125 m^2)

5.3.4.5 Erarbeitung geometrischer Eigenschaften des Trapezes

- Erarbeitung geometrischer Eigenschaften des allgemeinen Trapezes

Ein Zeichenblatt soll entlang der gestrichelten Linien abgeschnitten werden. Es wird deutlich, daß die Grundseiten zueinander parallel sind. Die Diagonalen werden in das Trapez eingezeichnet.

Abb. 247:

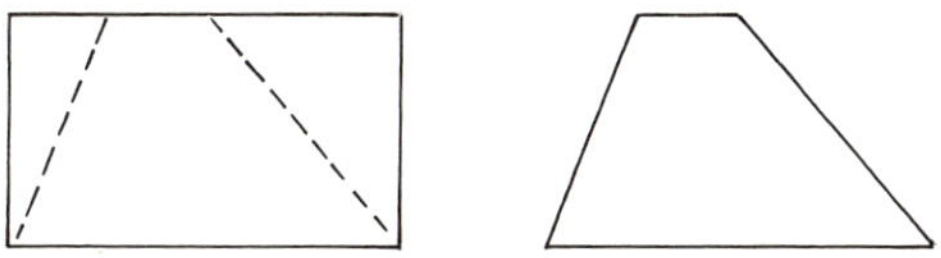

Erkenntnis: Jedes Viereck, das wenigstens zwei zueinander parallele Seiten hat, ist ein Trapez. Die Diagonalen müssen nicht aufeinander senkrecht stehen. Sie müssen sich nicht halbieren und müssen nicht gleich lang sein.

- Erarbeitung der geometrischen Eigenschaften eines gleichschenkligen Trapezes

Die Trapeze mit den Seitenlängen sollen ausgeschnitten werden:
a = 5 cm; b = d = 3 cm; h = 2,5 cm
a = 5 cm; b = d = 4 cm; $\alpha = \beta = 70°$
a = 5,5 cm; b = d = 3 cm; h = 2,5 cm

Die Winkelgrößen und die Länge der beiden Diagonalen werden gemessen. Die Meßwerte sollen in eine Tabelle eingetragen werden. Die Seitenmitten von Seite a und Seite c sollen mit M_1 und mit M_2 markiert werden. Das Trapez wird entlang der Faltlinie $[M_1 M_2]$ gefaltet, die zwei Teile werden aufeinander gelegt.

Abb. 248:

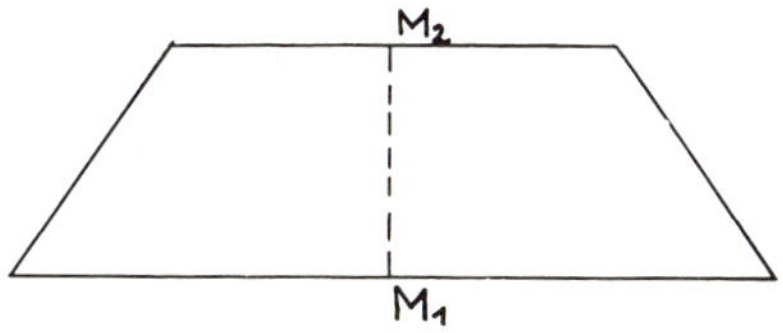

Was fällt auf?

α	(42°)	70°
β	(42°)	70°
γ	(138°)	(110°)
δ	(138°)	(110°)
Länge der Diagonalen $\overline{AC}$	(3,4 cm)	(5,1 cm)
Länge der Diagonalen $\overline{BD}$	(3,4 cm)	(5,1 cm)

Aus den Meßwerten der Tabelle und aus der achsensymmetrischen Eigenschaft lassen sich folgende Erkenntnisse für das gleichschenklige Trapez finden: Im gleichschenkligen Trapez sind außer den Schenkeln auch die Winkel an den beiden parallelen Seiten gleich groß. Die Diagonalen sind im gleichschenkligen Trapez gleich lang.

5.3.4.6 Konstruktionen des Trapezes

Für die Konstruktion eines Trapezes benötigt man vier, für ein rechtwinkliges und gleichschenkliges Trapez drei geeignete Angaben über Seitenlängen und Winkelgrößen.
Für die folgenden Konstruktionsaufgaben ist die Lage der Seiten und Winkel durch folgende Planfigur festgelegt:

Abb. 249:

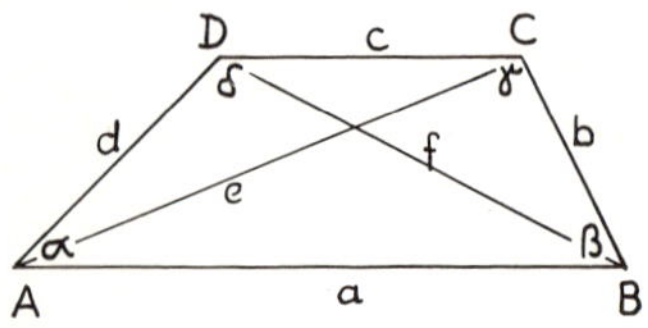

- Konstruiere ein Trapez aus: a = 3,5 cm; b = 2 cm; β = 70° und d = 2,5 cm

Abb. 250:

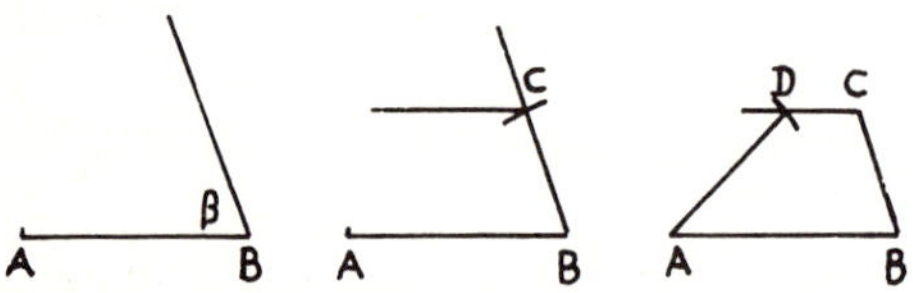

- a antragen; in B Winkel β antragen.
- Um B Kreisbogen mit Radius b; Schnittpunkt Schenkel und Kreisbogen ergibt C. Zu [AB] durch C Parallele ziehen.
- Kreisbogen um A mit Radius d; Schnittpunkt Parallele und Kreisbogen ergibt D.

- Konstruiere ein gleichschenkliges Trapez aus: a = 3,5 cm, e = 2,9 cm und β = 60°

Abb. 251:

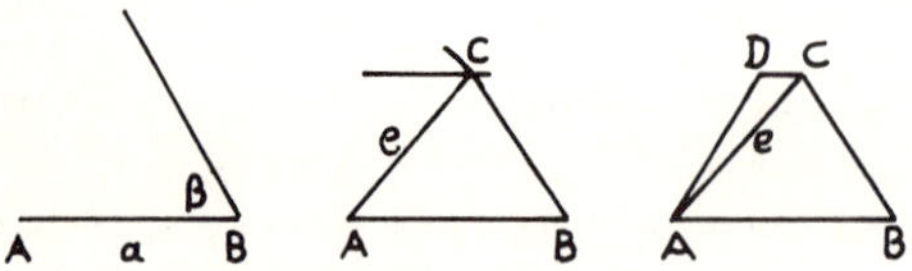

- a antragen; in B Winkel β antragen;
- Um A Kreisbogen mit Radius e; Schnittpunkt Schenkel von β und Kreisbogen ergibt C. Zu [AB] durch C Parallele ziehen.
- Kreisbogen um A mit Radius $\overline{BE}$; Schnittpunkt Parallele und Kreisbogen ergibt D.

- Konstruiere ein rechtwinkliges Trapez aus: a = 3,5 cm, β = 70° und b = 2 cm α = 90°

Abb. 252:

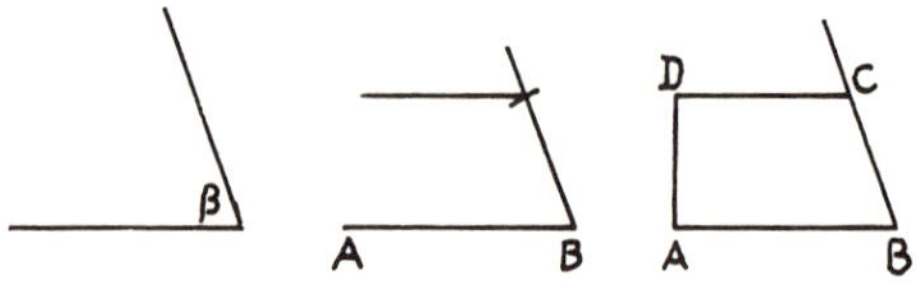

- a antragen; in B Winkel β antragen
- Um B Kreisbogen mit Radius b; Schnittpunkt Schenkel von β und Kreisbogen ergibt C. Zu [AB] durch C Parallele ziehen.
- Durch A Senkrechte zu [AB] ziehen. Schnittpunkt der Senkrechten und der Parallelen ergibt D.

5.4 Übersicht über die Vierecke und Ordnung der Vierecke

5.4.1 Aufdecken von Beziehungen zwischen den Vierecken

5.4.1.1 Anlegen von Lochkarten

Neun kleine Karteikarten (Maße: 10,5 x 7,5 cm) werden verwendet. Im Abstand von 1 cm stanzt man 8 Löcher ein. Diese Löcher werden von 1 bis 8 durchnumeriert. Für jedes der folgenden Vierecke soll eine Karteikarte verwendet werden.

Abb. 253:

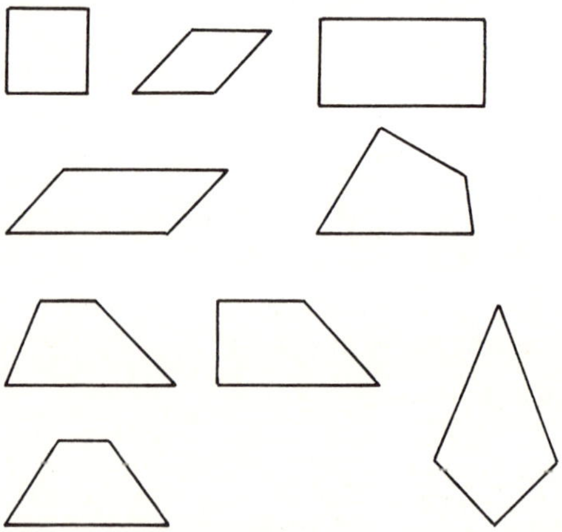

Jetzt wird jede Merkmalskarte nach den folgenden Merkmalsangaben überprüft. Besitzt eine Figur eine Merkmalsangabe nicht, so wird das Loch nach oben erweitert, so daß eine Strichnadel die Karte an dieser Stelle nicht mehr halten kann.

Merkmalsangaben:

1. Mindestens ein Paar gegenüberliegender Seiten ist parallel zueinander.
2. Mindestens ein Paar gegenüberliegender Seiten ist gleich lang.
3. Die Diagonalen halbieren einander.
4. Die Diagonalen stehen senkrecht aufeinander.
5. Die Diagonalen sind gleich lang.
6. Das Viereck ist punktsymmetrisch. (Es läßt sich am Mittelpunkt einer Diagonale um 180° drehen. Nach dieser Drehung siehst du die gleiche Figur wieder.)
7. Das Viereck hat als Symmetrieachse mindestens eine Diagonale.
8. Das Viereck hat als Symmetrieachse mindestens eine Mittellinie.

Abb. 254:

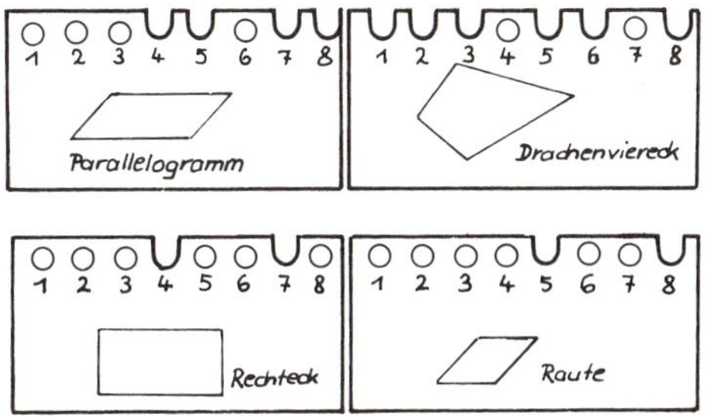

Die Lochkarten werden jetzt so aufeinander gelegt, daß die Löcher bzw. die ausgeschnittenen Löcher genau aufeinander liegen. Mit einer oder mehreren Stricknadeln ist es jetzt möglich, gemeinsame Eigenschaften der einzelnen Vierecke aufzuspüren. Die Nadeln halten die Karten bei Eigenschaften (nicht erweiterten Löchern) auf.

Abb. 255:

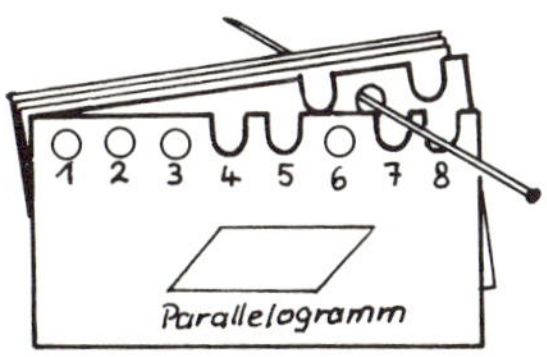

Die Schüler können jetzt mit Hilfe dieser Lochkarten und der Stricknadeln folgende Fragen beantworten:

1. Welche Vierecke sind punktsymmetrisch? (Die Stricknadel wird in das Loch 6 der Karten eingeführt. Folgende Lochkarten bleiben hängen: Karte mit Quadrat, Rechteck, Parallelogramm und Raute)
2. Welche Vierecke haben als Symmetrieachse mindestens eine Diagonale? (Quadrat, Raute und Drachenviereck)
3. Welche Vierecke haben als Symmetrieachse mindestens eine Mittellinie? (Quadrat, Rechteck, gleichschenkliges Trapez)
4. Welches Viereck hat als Symmetrieachse sowohl mindestens eine Mittellinie als auch mindestens eine Diagonale? (Die Stricknadeln werden in die Löcher 7 und 8 eingeführt. Folgende Lochkarte bleibt hängen: Quadrat)
5. Bei welchen Vierecken sind die Diagonalen gleich lang? (Quadrat, Rechteck, gleichschenkliges Trapez)
6. Bei welchen Vierecken sind die Diagonalen senkrecht zueinander? (Raute, Quadrat und Drachenviereck)
7. Bei welchen Vierecken sind die Diagonalen zueinander senkrecht und auch gleich lang? (Quadrat)
8. Welche Vierecke besitzen mindestens ein Paar paralleler Seiten? (Quadrat, Raute, Rechteck, Parallelogramm, Trapez, gleichschenkliges Trapez, rechtwinkliges Trapez)
9. Welche Karteikarten haben acht (sieben, fünf, vier, zwei, null) nach oben erweiterte Löcher? (acht erweiterte Löcher: Viereck; sieben erweiterte Löcher: Trapez, rechtwinkliges Trapez; fünf erweiterte Löcher: Drachenviereck; vier erweiterte Löcher: Parallelogramm und gleichschenkliges Trapez; zwei erweiterte Löcher: Raute und Rechteck; keine erweiterten Löcher: Quadrat)

5.4.1.2 Anlegen von Tabellen

In einer Tabelle sollen die Eigenschaften der Vierecke zusammengestellt werden:

Abb. 256:

Viereck	Seiten		Winkel	Diagonalen		Mittellinie	
	parallel	gleich lang	$\alpha + \beta + \gamma + \delta$ 360°	Länge	Schnittwinkel	Länge	Schnittwinkel
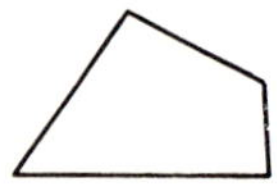	—	—		—	—		
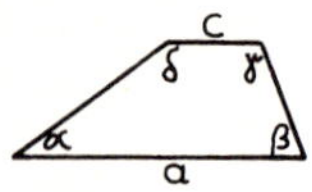	$a \parallel c$	—	$\alpha + \delta = 180°$ $\beta + \gamma = 180°$	—	—	—	—
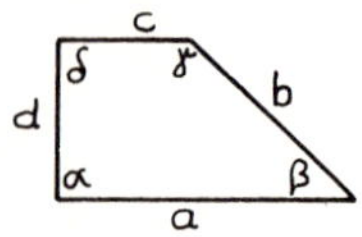	$a \parallel c$	—	Zwei Winkel jeweils rechte Winkel; $\beta + \gamma = 180°$				
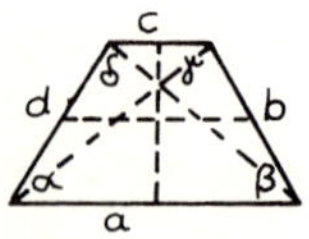	$a \parallel c$	$b = d$	$\alpha = \beta$ $\gamma = \delta$ $\alpha + \delta = 180°$ $\beta + \gamma = 180°$	gleich lang	—		90°
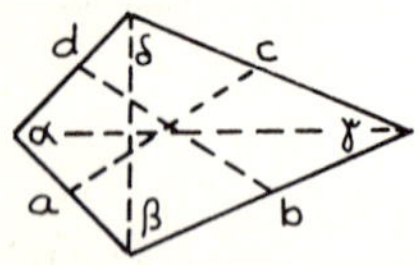	—	$a = d$ $b = c$	$\beta = \delta$		90°	gleich lang	
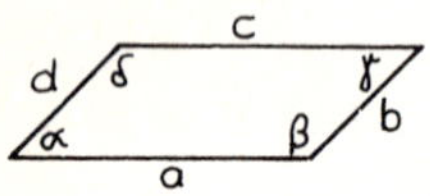	$a \parallel c$ $b \parallel d$	$a = c$ $b = d$	$\alpha = \gamma$ $\beta = \delta$ $\alpha + \beta = 180°$ $\beta + \gamma = 180°$ $\gamma + \delta = 180°$ $\alpha + \delta = 180°$	—	—	—	—
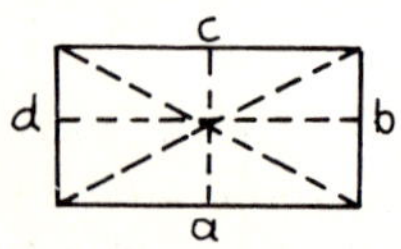	$a \parallel c$ $b \parallel d$	$a = c$ $b = d$	$\alpha = \beta = \gamma = \delta = 90°$	gleich lang	—	—	90°
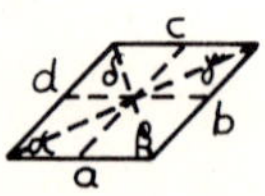	$a \parallel c$ $b \parallel d$	$a = b = c = d$	$\alpha = \gamma$ $\beta = \delta$ $\alpha + \beta = 180°$ $\beta + \gamma = 180°$ $\gamma + \delta = 180°$ $\alpha + \delta = 180°$	—	90°	gleich lang	—
	$a \parallel c$ $b \parallel d$	$a = b = c = d$	$\alpha = \beta = \gamma = \delta = 90°$	gleich lang	90°	gleich lang	90°

5.4.1.3 Die Menge der Parallelogramme

Zum Aufdecken der Beziehungen eignen sich die Lochkarten (5.4.1.1) und das Anlegen von Tabellen (5.4.1.2).
Ein punktsymmetrisches Viereck heißt Parallelogramm. Die gegenüberliegenden Seiten sind gleich lang und parallel. Die Diagonalen halbieren einander.
Diese Eigenschaften erfüllen neben dem Parallelogramm auch Raute, Rechteck und Quadrat.
Rechtecke und Rauten sind spezielle Parallelogramme. Das Quadrat ist ein Sonderfall der Raute und auch des Rechtecks.
Diese Feststellung läßt sich wie folgt zum Ausdruck bringen:

Abb. 257:

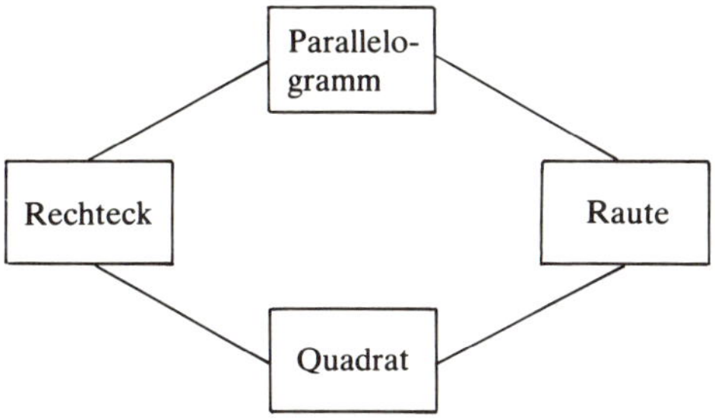

Jedes Quadrat ist eine Sonderform der Raute.
Jedes Quadrat ist eine Sonderform des Rechtecks.
Jede Raute ist eine Sonderform des Parallelogramms.
Jedes Rechteck ist eine Sonderform des Parallelogramms.

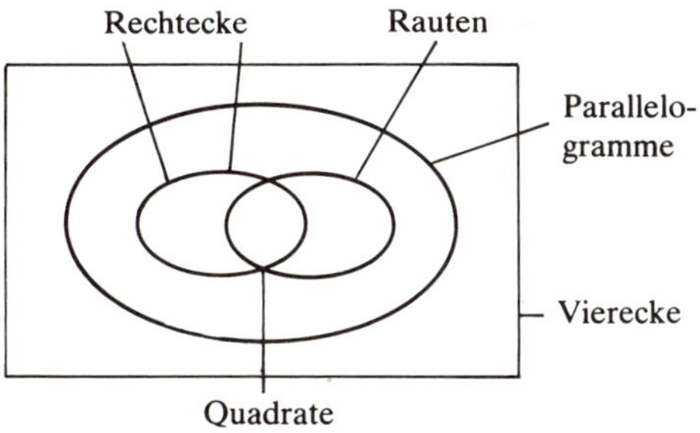

Zur Menge der Vierecke gehört als eine Teilmenge die Menge der Parallelogramme. Die Menge der Parallelogramme enthält als Teilmenge die Menge der Rechtecke und die Menge der Rauten.
Die Schnittmenge der Menge der Rauten und der Menge der Rechtecke ist die Menge der Quadrate.

5.4.1.4 Die Menge der Drachenvierecke

Ein Viereck, das als Symmetrieachse eine Diagonale hat, ist ein Drachenviereck. Die zwei Diagonalen stehen senkrecht aufeinander, eine Diagonale wird durch die zweite halbiert.
Dies trifft außer auf das Drachenviereck noch auf die Raute und das Quadrat zu.

Abb. 258:

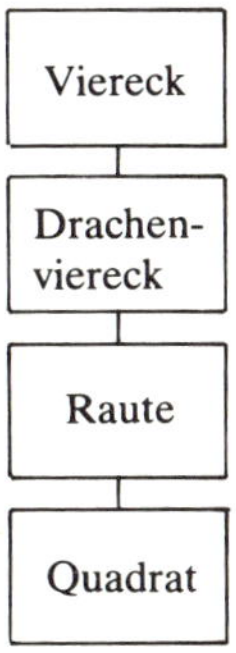

Jedes Quadrat ist eine Sonderform der Raute.
Jede Raute ist eine Sonderform des Drachenvierecks.
Jedes Drachenviereck ist eine Sonderform der Vierecke.

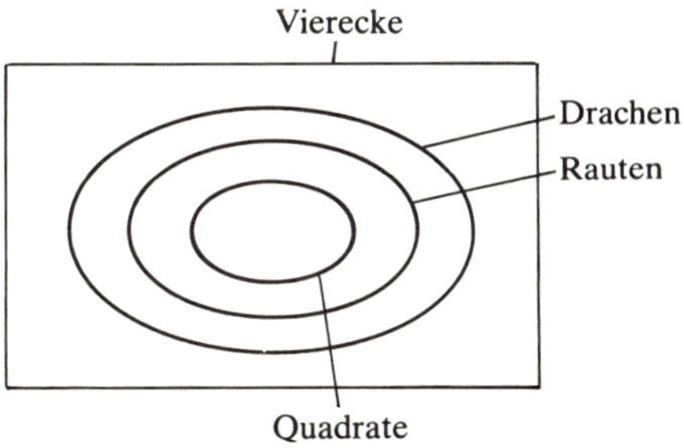

Zur Menge der Vierecke gehört als eine Teilmenge die Menge der Drachenvierecke.
Zur Menge der Drachenvierecke gehört als eine Teilmenge die Menge der Rauten.
Zur Menge der Rauten gehört als eine Teilmenge die Menge der Quadrate.

5.4.1.5 Die Menge der Trapeze

Ein Viereck, das zwei parallele Seiten hat, ist ein Trapez.
Dies trifft außer auf das Trapez noch auf das Parallelogramm, das Rechteck, die Raute und das Quadrat zu.

Abb. 259:

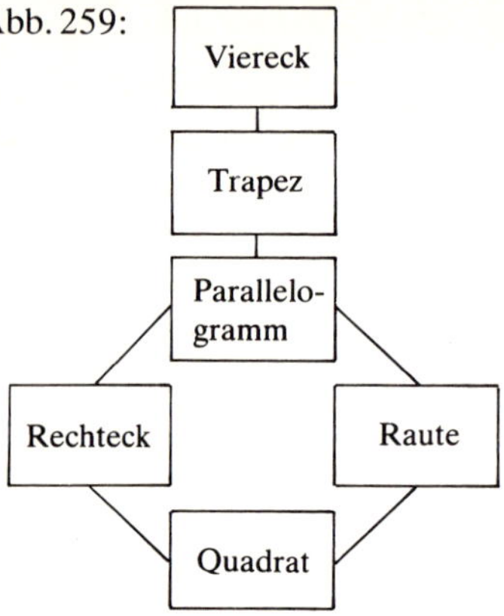

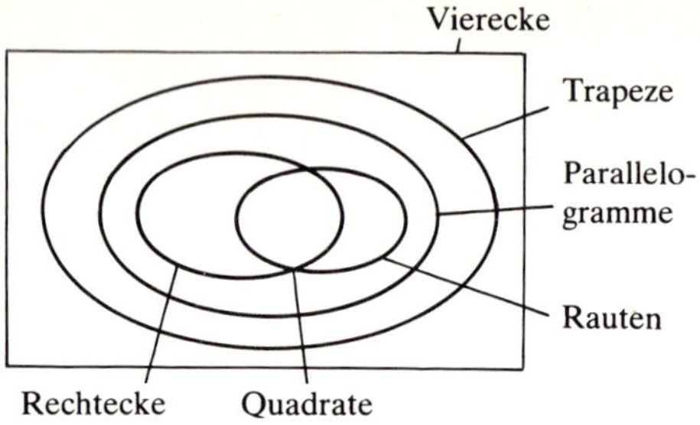

Jedes Quadrat ist eine Sonderform des Rechtecks und der Raute.
Jedes Rechteck bzw. jedes Quadrat bzw. jede Raute ist eine Sonderform des Parallelogramms.
Jedes Parallelogramm ist eine Sonderform des Trapezes.

Zur Menge der Vierecke gehört als Teilmenge die Menge der Trapeze.
Zur Menge der Trapeze gehört als Teilmenge die Menge der Parallelogramme.
Zur Menge der Parallelogramme gehört die Teilmenge der Rechtecke und die Teilmenge der Rauten.
Die Schnittmenge der Menge der Rauten und der Menge der Rechtecke ist die Menge der Quadrate.

5.4.2 Übersicht über die Vierecke

Nachdem einzelne Beziehungen (Menge der Parallelogramme, Menge der Drachenvierecke, Menge der Trapeze) aufgezeigt worden sind, wird jetzt eine umfassendere Übersicht über die Vierecke entwickelt.

5.4.2.1 Geometrische Eigenschaften der Vierecke

Abb. 260:

	Quadrat	Raute	Rechteck	Drachen-viereck	Parallelo-gramm	gleichschenk-liges Trapez	Trapez
gleich lange Seiten	4	4	2 Paar Gegen-seiten	2 Paar Nachbar-seiten	2 Paar Gegen-seiten	1 Paar Gegen-seiten	—
Paare parelleler Seiten	2	2	2	—	2	1	1
gleich große Winkel	4 rechte Winkel	2 Paar Gegen-winkel	4 rechte Winkel	1 Paar Gegen-winkel	2 Paar Gegen-winkel	2 Paar Nachbar-winkel	—
durch andere Diagonale halbierte Diagonalen	2	2	2	1	2	—	—
gleich lange Diagonalen	ja	—	ja	—	—	ja	—
aufeinander senkrechte Diagonalen	ja	ja	—	ja	—	—	—

5.4.2.2 Symmetrieeigenschaften der Vierecke

Abb. 261:

	Quadrat	Raute	Rechteck	Drachenviereck	Parallelogramm	gleichschenkliges Trapez	Trapez
Anzahl der Symmetrieachsen durch Seitenmitten	2	0	2	0	0	1	0
Anzahl der Symmetrieachsen durch Ecken (Diagonalen)	2	2	0	1	0	0	0
Punktsymmetrie	1	1	1	0	1	0	0
Summe der Symmetrien	5	3	3	1	1	1	0

5.4.2.3 Notwendige Bestimmungsstücke zur eindeutigen Bestimmung des Vierecks

Abb. 262:

	Quadrat	Raute	Rechteck	Drachenviereck	Parallelogramm	gleichschenkliges Trapez	Trapez
notwendige Bestimmungsstücke	1	2	2	3	3	3	4

5.4.2.4 Aufbau der Vierecke

Aus 5.4.2.2 und 5.4.2.3 ergibt sich folgende Anordnung der Vierecke

Abb. 263:

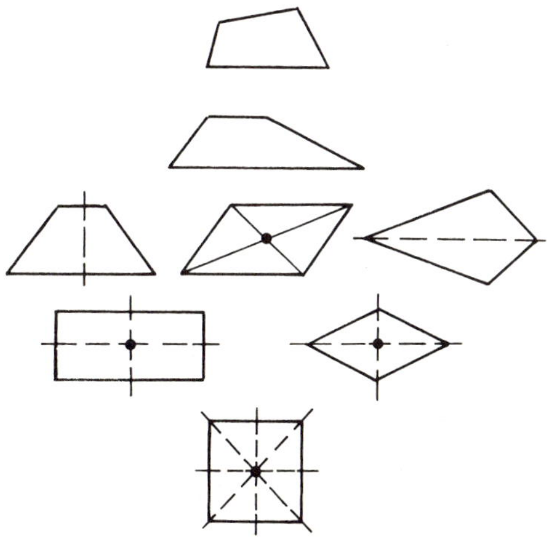

Keine Symmetrien
Fünf Bestimmungsstücke müssen gegeben sein, damit das Viereck eindeutig bestimmt ist.

Keine Symmetrien
Vier Bestimmungsstücke sind notwendig

Eine Symmetrie
Drei Bestimmungsstücke sind notwendig

Drei Symmetrien
Zwei Bestimmungsstücke sind notwendig

Fünf Symmetrien
Ein Bestimmungsstück ist notwendig

5.4.2.5 Darstellungsmöglichkeiten für einen gestuften Aufbau der Vierecke

Abb. 264:

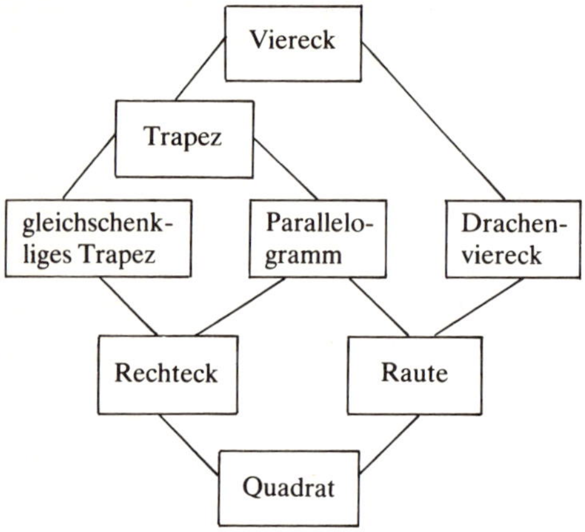

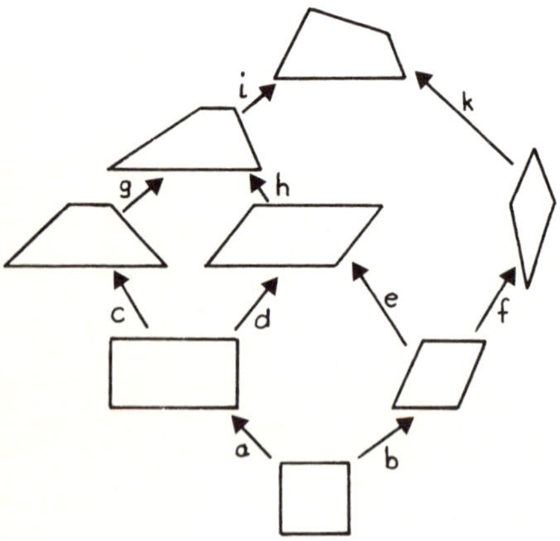

Aus der Darstellung der Übersicht kann abgelesen werden:
Von oben nach unten: Das Viereck umfaßt als Sonderfall das Trapez, das Trapez umfaßt als Sonderfall das gleichschenklige Trapez und das Parallelogramm.
Von unten nach oben: Jedes Rechteck ist zugleich eine Sonderform des gleichschenkligen Trapezes und des Parallelogramms.
Der Vierecksbegriff wird von oben nach unten immer mehr durch Sondereigenschaften eingeengt.

Die Pfeile haben folgende Bedeutung:
a: Jedes Quadrat ist ein Rechteck.
b: Jedes Quadrat ist eine Raute.
c: Jedes Rechteck ist ein gleichschenkliges Trapez.
d: Jedes Rechteck ist ein Parallelogramm.
e: Jede Raute ist ein Parallelogramm,
f: Jede Raute ist ein Drachenviereck.
g: Jedes gleichschenklige Trapez ist ein Trapez.
h: Jedes Parallelogramm ist ein Trapez.
i: Jedes Trapez ist ein Viereck.
k: Jedes Drachenviereck ist ein Viereck.

5.4.3 Aufgaben zur Übersicht von Vierecken

- Es soll angegeben werden, ob folgende Aussagen wahr oder falsch sind.

- Jedes Quadrat ist eine Raute (wahr).
- Jede Raute ist ein Quadrat (falsch).
- Jedes Trapez ist ein Parallelogramm (falsch).
- Jedes Parallelogramm ist ein Trapez (wahr).
- Jedes Parallelogramm ist ein Drachenviereck (falsch).
- Wenn ein Viereck sowohl ein Rechteck als auch eine Raute ist, dann ist es ein Quadrat (wahr).
  Wenn ein Viereck ein gleichschenkliges Trapez und ein Parallelogramm ist, dann ist es ein Rechteck (wahr).
  Jede Raute ist ein Trapez (wahr).
  Jedes Trapez ist eine Raute (falsch).

- Ergänzen der Aussagen anhand der Übersicht der Vierecke:

- Jedes Parallelogramm ist eine Sonderform des .... (Trapezes).
- Jede Raute ist eine Sonderform des ... und eine Sonderform des .... (Parallelogramms, Drachenvierecks).
- Nicht jedes Trapez ist ein ... oder ein ... (gleichschenkliges Trapez, Parallelogramm).

- Erkennen von Vierecken anhand von Merkmalsangaben:

- Das Viereck besitzt zwei parallele Seiten. Es ist aber nicht symmetrisch. (Trapez).
- Das Viereck ist einmal achsensymmetrisch. Die Diagonalen stehen senkrecht aufeinander (Drachenviereck).
- Das Viereck ist punktsymmetrisch und viermal achsensymmetrisch. (Quadrat).
- Die Diagonalen des Vierecks sind Symmetrieachsen. Alle vier Seiten des Vierecks sind gleich lang (Quadrat, Raute).
- Das Viereck besitzt gleich lange Diagonalen und ein Paar parallele Seiten (gleichschenkliges Trapez).

6. Dreiecke

Das Dreieck ist von allen geometrischen Gebilden die geradlinige ebene Fläche (planimetrische Figur) mit der geringsten Anzahl von Seiten.

6.1 Formenkundliche Betrachtungen am Dreieck

6.1.1 Entstehung von Dreiecken

6.1.1.1 Zerschneiden von Vierecken

Jedes Viereck läßt sich durch einen Diagonalschnitt in zwei Dreiecke zerlegen. Liegen besondere Vierecke (Quadrat, Rechteck, Raute, Parallelogramm) vor, so entstehen auch besondere Dreiecksarten (siehe 6.1.2.2, S. 140).

Abb. 265:

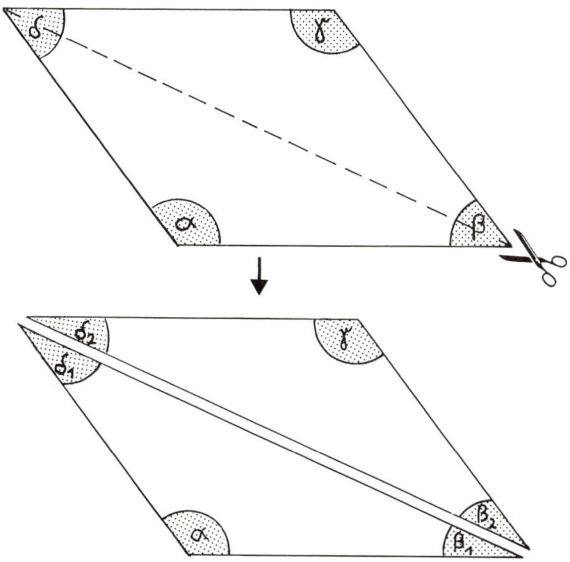

6.1.1.2 Aufeinanderlegen von Winkelfeldern

Winkelfelder aus bunten Folienteilen werden so aufeinandergelegt, daß im Überschneidungsbereich ein Dreieck entsteht. (siehe 7.1.1.1, S. 172).

6.1.1.3 Legen mit drei Streifen

Drei Strohhalme (Bindfäden, Papierstreifen) mit je 30 cm Länge werden in drei Teilstücke wie folgt zerschnitten:

a) 12 cm; 8 cm; 10 cm;
b) 16 cm; 6 cm; 8 cm;
c) 14 cm; 9 cm; 7 cm;

Die Schüler sollen nun aus den drei Teilstükken jeweils ein Dreieck legen.

Abb. 266:

a)

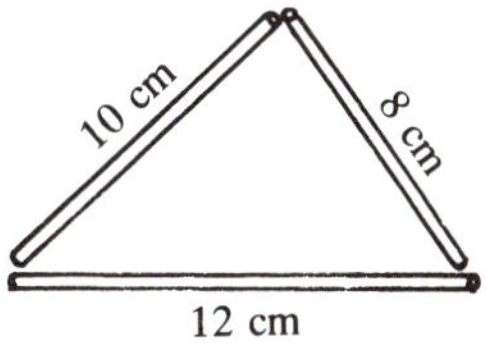

b)

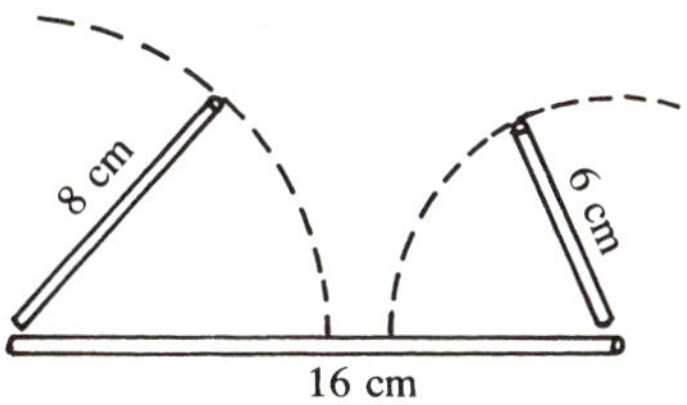

c)

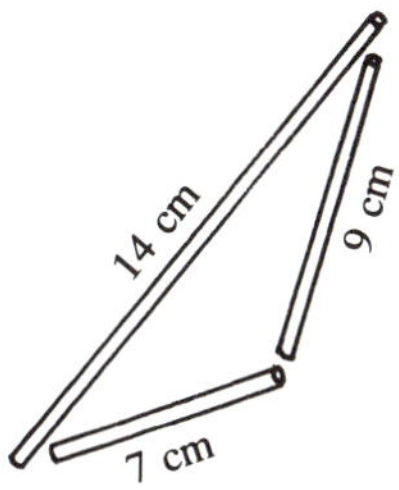

In Fall b ergibt sich kein Dreieck. Durch Verlängern (bzw. Verkürzen) der zu (langen) Seite erarbeiten sich die Schüler mit einer Meßreihe die Erkenntnis:
Dreiecke können nur dann gebildet werden, wenn die Summe der Länge zweier Dreiecksseiten größer ist als die Länge der dritten Seite.

6.1.1.4 Beschriftungsübungen

Bei der Beschriftung von Dreiecken ist darauf zu achten, daß die Seite a dem Punkt A, die Seite b dem Punkt B und die Seite c dem Eckpunkt C gegenüberliegt. Die Beschriftung der Eckpunkte erfolgt in Linksdrehung, also dem Uhrzeigersinn entgegen.

Abb. 267:

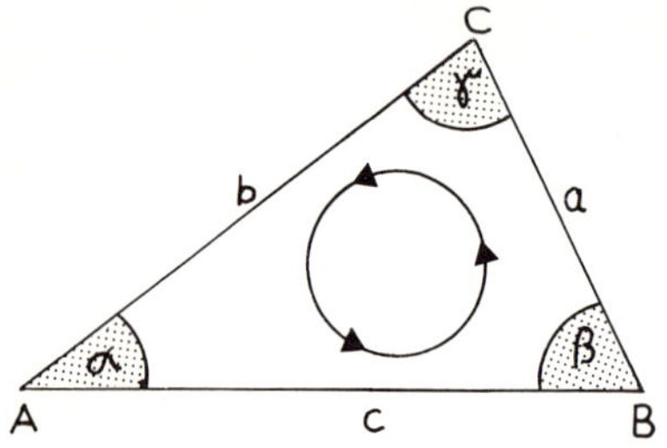

Bei den vertiefenden Übungen sollte bewußt von der Normallage (c liegt als Grundlinie waagrecht) abgewichen werden.

Stufung im Schwierigkeitsgrad:

Gegeben:	*Gesucht:*
Ecken	Winkel, Seiten
Winkel	Ecken, Seiten
Seiten	Ecken, Winkel

Erschwert wird die Aufgabe, wenn jeweils nur eine Angabe (Ecke, Winkel, Seite) erfolgt (siehe 2.3.2, S. 61).

6.1.2 Dreiecksarten

Verschiedene Dreiecksformen entstehen durch Veränderung der Länge von Dreiecksseiten bzw. der Größe der Dreieckswinkel. Bei der vergleichenden Betrachtung verschiedener auf Folie oder Arbeitsblatt vorgegebener Dreiecke ermitteln die Schüler die Längen der Seiten und die Größe der Winkel. Als Besonderheiten werden erarbeitet:

6.1.2.1 Seitenlängen als Merkmal

Ungleichschenklige Dreiecke liegen vor, wenn alle drei Seiten verschieden lang sind.
Allgemein: $a \neq b \neq c$

Abb. 268:

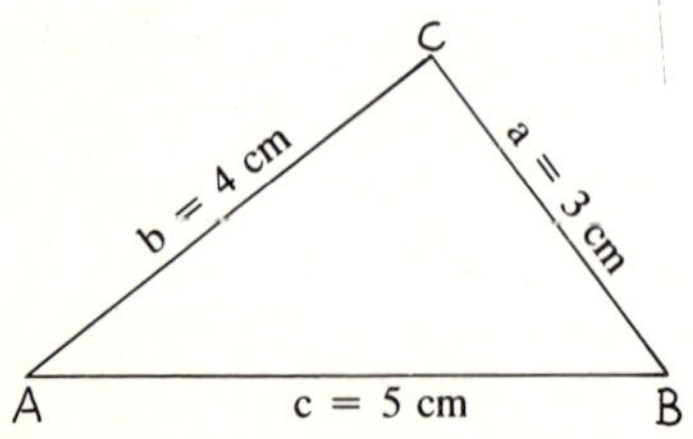

Gleichschenklige Dreiecke entstehen, wenn zwei Seiten gleich lang sind. Die dritte Seite heißt Grundseite oder *Basis.* Die beiden gleich langen Seiten nennt man *Schenkel.*

Es gilt:

$a = b \neq c \rightarrow \alpha = \beta$
$a = c \neq b \rightarrow \alpha = \gamma$
$b = c \neq a \rightarrow \beta = \gamma$

Abb. 269:

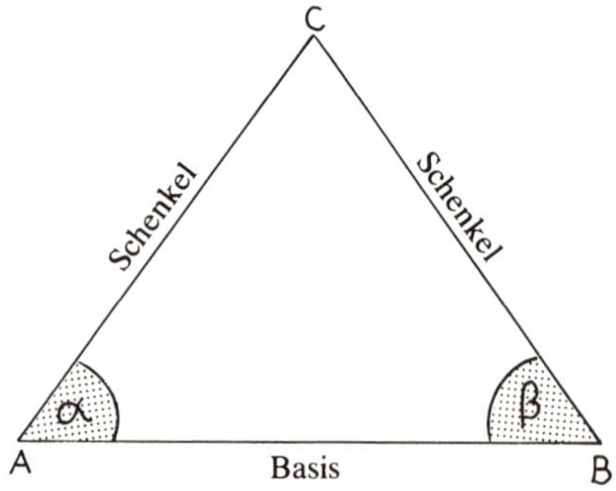

Eine Sonderform des gleichschenkligen Dreiecks:

Gleichseitige Dreiecke sind dadurch gekennzeichnet, daß alle drei Seiten gleiche Länge haben.

Es gilt:

$a = b = c$
$\alpha = \beta = \gamma = 60°$

Abb. 270:

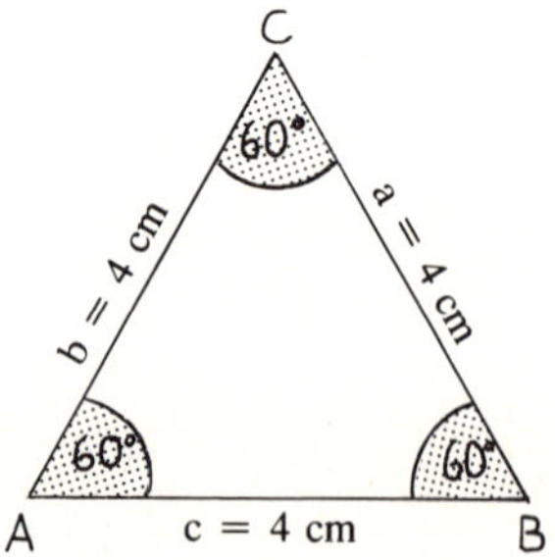

6.1.2.2 Winkelgrößen als Merkmal

Die Form von Dreiecken ist einerseits durch die Länge der Seiten und andererseits durch die Größe der Winkel determiniert.

Zur Erarbeitung zerschneiden wir besondere Vierecke.

Wir zerschneiden:	Wir erhalten:
Parallelogramm (entlang der kürzeren Diagonale)	2 spitzwinklige Dreiecke
Parallelogramm (entlang der längeren Diagonale)	2 stumpfwinklige Dreiecke
Rechteck	2 rechtwinklige Dreiecke
Quadrat	2 gleichschenklig-rechtwinklige Dreiecke

Abb. 271:

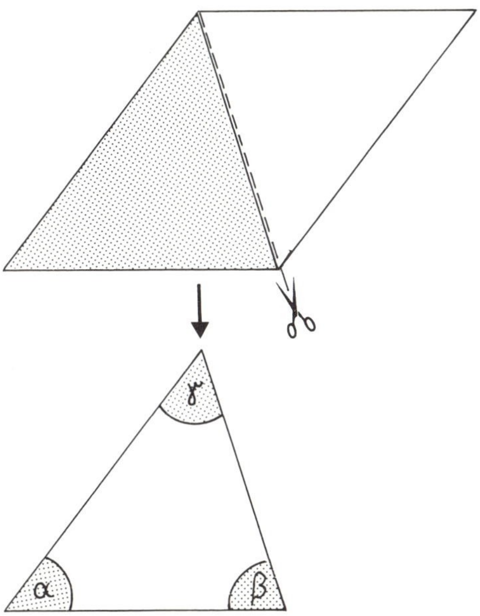

6.1.2.3 Das rechtwinklige Dreieck

Beim rechtwinkligen Dreieck ist – auch mit Blick auf den Lehrsatz des Pythagoras – auf die genaue Bezeichnung der Seiten zu achten. Die Schenkel, die den rechten Winkel bilden, nennt man *Katheten* oder *Lotseiten.* Die dem rechten Winkel gegenüberliegende Seite bezeichnet man als *Hypotenuse* oder *Spannseite.*

Abb. 272:

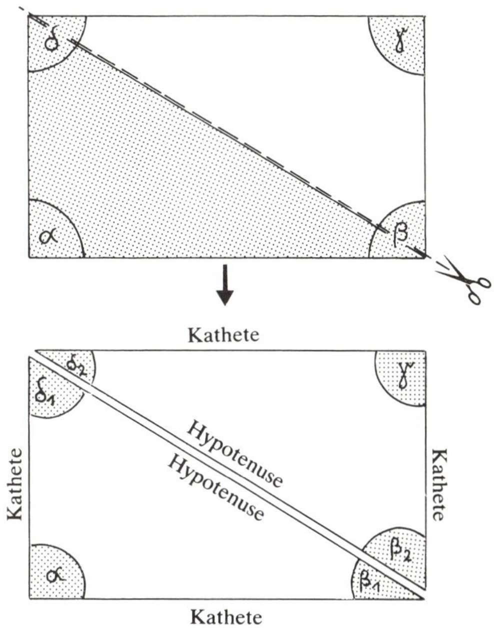

6.1.3 Symmetrieeigenschaften von Dreiecken

Dreiecke können auch nach dem abbildungsgeometrischen Aspekt hin untersucht werden, damit die Schüler im Sinne einer operativen Durchdringung geometrischer Grunderfahrungen vertiefte Einsichten vermittelt bekommen. Eine Möglichkeit dazu bietet die Achsenspiegelung (Klappsymmetrie).

6.1.3.1 Allgemeine Dreiecke

Der Lehrer gibt auf dem Arbeitsblatt drei ungleichschenklige Dreiecke vor, am besten ein spitzwinkliges, rechtwinkliges und stumpfwinkliges Dreieck. Die Schüler schneiden sie aus und versuchen durch Falten, zwei deckungsgleiche Teilflächen zu erhalten.

Es gibt zwei Möglichkeiten der Faltung:

a) Zwei Seiten werden zur Deckung gebracht:

Abb. 273:

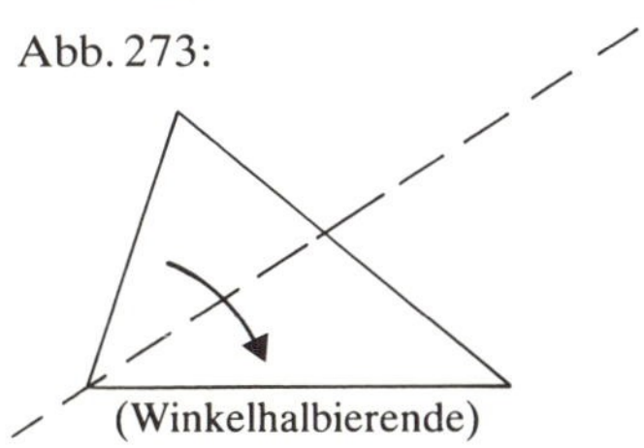

b) An einer Seite wird die Faltung vorgenommen:

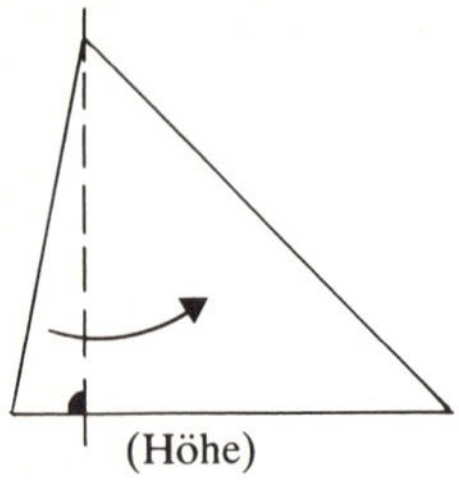

Ergebnis: Allgemeine Dreiecke haben keine Spiegelachsen.

Einige Schüler werden vielleicht jetzt schon Vermutungen äußern, wie die Dreiecke aussehen müssen, wenn sie eine Spiegelachse haben sollen.

6.1.3.2 Gleichschenklige Dreiecke

Auf dem Arbeitsblatt schneiden die Schüler nun gleichschenklige Dreiecke aus. Der Arbeitsauftrag könnte lauten:
Versuche durch geeignetes Falten die Spiegelachse zu finden!

Abb. 274:

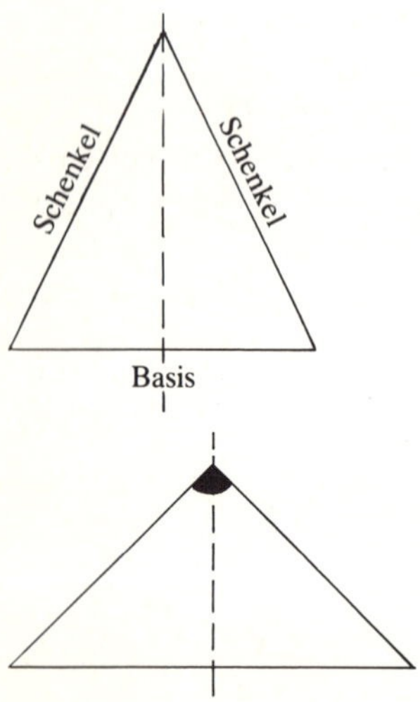

Ergebnis:

Gleichschenklige Dreiecke – mit nur zwei gleich langen Seiten – haben eine Spiegelachse.

Vorausgesetzt, die Schüler können Geradenspiegelungen durchführen, bieten sich auf der zeichnerischen Ebene folgende Übungsaufgaben an:

- Durch den Punkt C der Strecke [AC] wird beliebig eine Symmetrieachse gezogen und [AC] daran gespiegelt. Wird A mit A′ verbunden, so entsteht das gleichschenklige Dreieck AA′C.

Abb. 275:

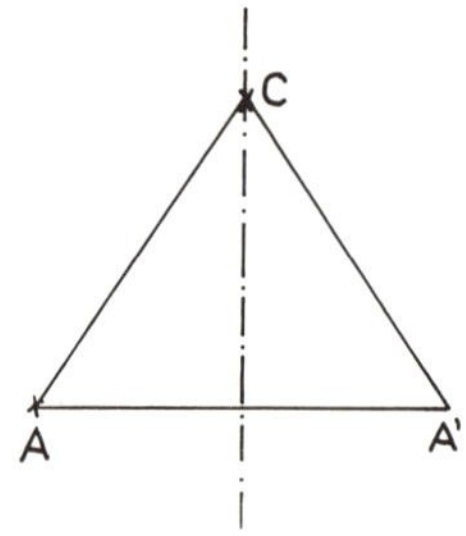

- Spiegele das rechtwinklige Dreieck ABC an der Kathete [AC]. Man erhält ein gleichschenkliges Dreieck ABB'.

Abb. 276:

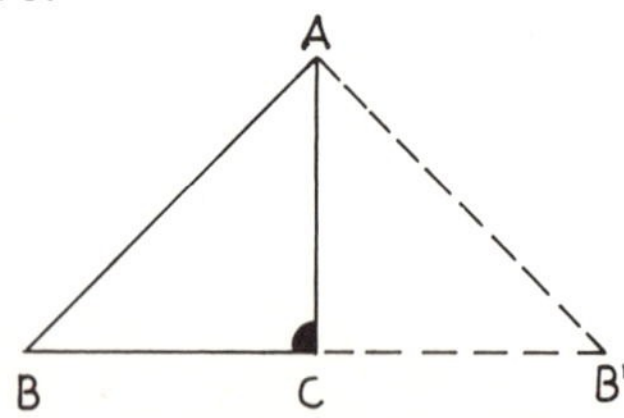

6.1.3.3 Gleichseitiges Dreieck

Eine Sonderform des gleichschenkligen Dreiecks ist das *gleichseitige Dreieck.* Die Schüler sollen durch entsprechendes Falten begründen, warum wir ein gleichseitiges Dreieck dreimal als gleichschenkliges Dreieck mit den Spitzen A, B und C auffassen können.

Abb. 277:

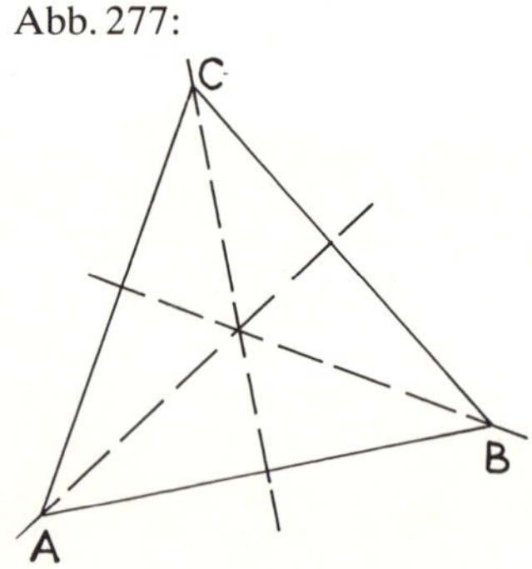

Ergebnis:

Das gleichseitige Dreieck hat drei Spiegelachsen.

6.1.4 Übungsmöglichkeiten zur Sicherung der Dreiecksarten

Für die formenkundliche Arbeit an Dreiecken bietet sich eine Vielzahl von Übungsformen an.

6.1.4.1 Beschreiben von Dreiecken

Die Schüler müssen gegebene Dreiecke nach deren Form (Länge der Seiten; Größe der Winkel) beschreiben.

Übersicht der möglichen Formen:

Abb. 278:

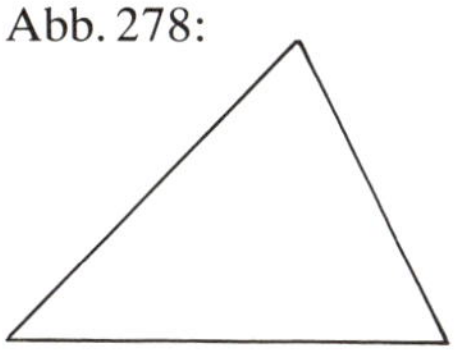

ungleichschenklig-spitzwinkliges Dreieck

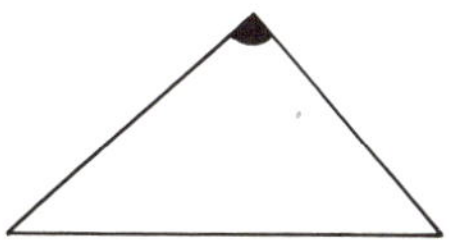

ungleichschenklig-rechtwinkliges Dreieck

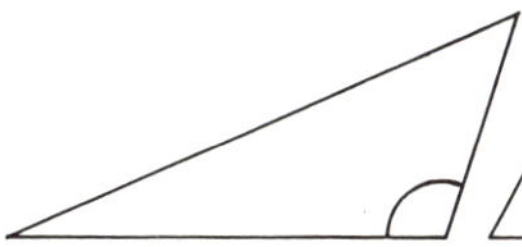

ungleichschenklig-stumpfwinkliges Dreieck

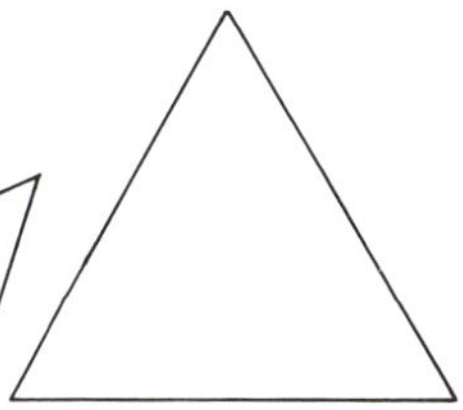

gleichseitig- (spitzwinkliges) Dreieck

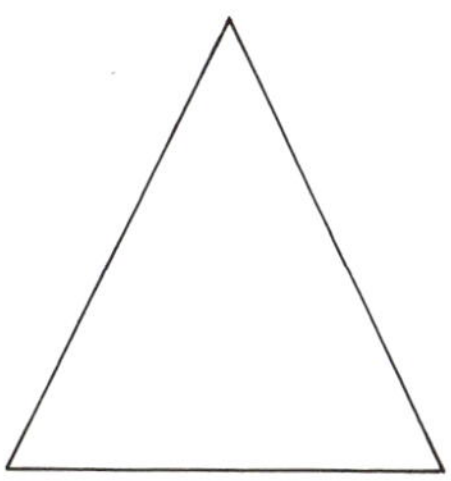

gleichschenklig-spitzwinkliges Dreieck

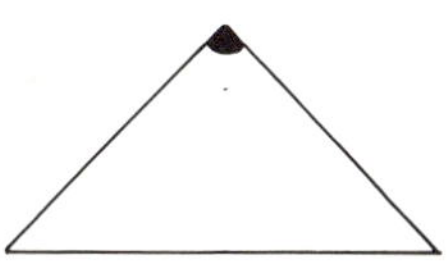

gleichschenklig-rechtwinkliges Dreieck

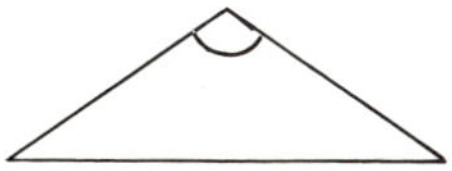

gleichschenklig-stumpfwinkliges Dreieck

6.1.4.2 Erkennen von Dreiecken

Von einem Dreieck sind nur die Größen bekannt. Beschreibe die Eigenschaften der Dreiecke und gib ihre Namen an!

a) $a = b = c = 5$ cm
b) $a = 3$ cm; $b = 4$ cm; $c = 5$ cm
c) $a = b = 5$ cm
d) $\alpha = \beta = 68°$
e) $\alpha = \gamma = 60°$
f) $\gamma = 90°$; $\alpha = 45°$
g) $\alpha = 22°$; $\beta = 127°$; $\gamma = 31°$

6.1.4.3 Zeichnen von Dreiecken nach Merkmalen

1. Konstruiere ungleichschenklige Dreiecke, die zugleich sind:
   a) spitzwinklig
   b) stumpfwinklig
   c) rechtwinklig
2. Zeichne gleichschenklige Dreiecke, die auch folgende Eigenschaften haben:
   a) rechtwinklig
   b) stumpfwinklig
   c) spitzwinklig

Die Überprüfung der Ergebnisse erfolgt durch Partnerkontrolle (Nachmessen).

6.1.4.4 Vollenden von Dreiecken

Der Lehrer gibt Teilstücke eines Dreiecks vor, die der Schüler zum vorgeschriebenen Dreieck ergänzt.

Zeichne

a) ein gleichschenklig-spitzwinkliges Dreieck
b) ein ungleichschenklig-stumpfwinkliges Dreieck
c) ein gleichseitiges Dreieck

Abb. 279:

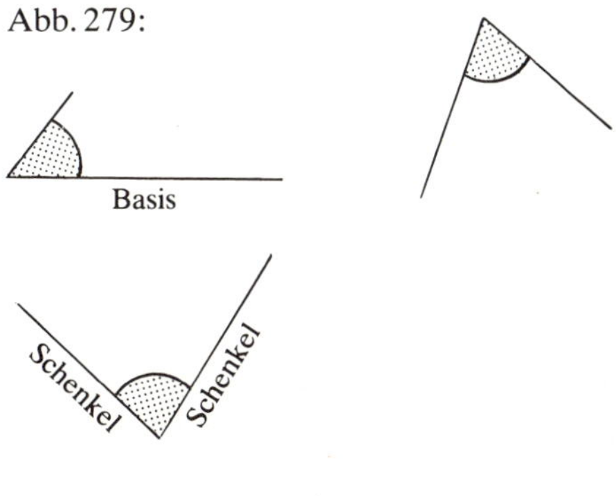

6.1.4.5 Verändern von Dreiecksformen

Vertieft wird das Formenverständnis für Figuren, wenn Dreiecksformen nach gewissen Vorschriften verändert werden.

Beispiele:

1. Zeichne ein rechtwinkliges Dreieck mit $a = 4$ cm, $c = 5$ cm und $\beta = 90°$. Wie verändert sich die Größe der Winkel α und γ, wenn der Winkel β um jeweils 10° größer wird?
2. In einem gleichschenkligen Dreieck ist die Grundlinie $c = 8$ cm. Wie verändern sich die Länge der Schenkel und die Größe des Basiswinkels, wenn der Winkel an der Spitze a) größer, b) kleiner wird?
3. Von drei Dreiecken sind die Größen $a = 5$ cm und $c = 4$ cm konstant. Beschreibe die Form der Dreiecke, wenn sich die Größe des Winkels β ändert. $\beta_1 = 80°$, $\beta_2 = 90°$; $\beta_3 = 100°$

6.1.4.6 Aufgaben zur Vertiefung

Der Schüler soll hier zeigen, ob er schon ein Gefühl für Dreiecksformen entwickelt hat.

Abb. 280:

Kreuze die richtige Antwort an! Lösung:

	ja	nein
1. Kann ein Dreieck drei gleich große Winkel haben?	⊗	○
2. Gibt es ein gleichseitig-rechtwinkliges Dreieck?	○	⊗
3. Ist ein gleichschenklig-rechtwinkliges Dreieck mit den Basiswinkeln von je 50° vorstellbar?	○	⊗
4. Gibt es ein gleichseitiges Dreieck mit zwei Winkeln von je 60°?	⊗	○
5. Kann ein gleichseitiges Dreieck drei Symmetrieachsen haben?	⊗	○
6. Gibt es ein ungleichseitiges Dreieck mit nur einer Symmetrieachse?	⊗	○

6.1.5 Höhen im Dreieck

Für die Berechnung z. B. des Flächeninhalts eines Dreiecks spielt das Erkennen der Grundlinie und der zugehörigen Höhe eine bedeutende Rolle.

6.1.5.1 Kennzeichen der Höhe

Bei verschiedenen spitzwinkligen Dreiecken stellen die Schüler den kürzesten Abstand von einer Ecke zur gegenüberliegenden Seite fest, z. B. zunächst probierend mit Zirkel oder Bindfaden.

Abb. 281:

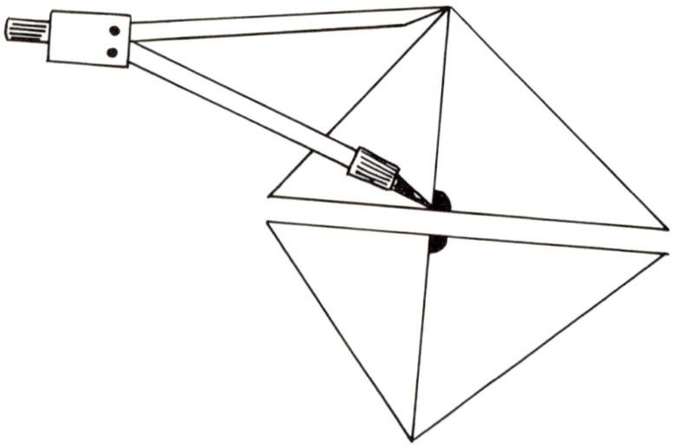

Die Vermutung eines rechten Winkels am Fußpunkt dieser Linie wird durch Messungen bestätigt.
Dieses Lot von einem Eckpunkt auf die gegenüberliegende Seite wird als *Höhe* dieser Seite bezeichnet.

6.1.5.2 Einzeichnen der Höhe

Das Einzeichnen der Höhe in einem Dreieck entspricht dem Fällen eines Lotes von einem Eckpunkt auf die gegenüberliegende Seite.

Es gibt zwei Möglichkeiten:

Abb. 282:

a) Anlegen eines Geo-Dreiecks

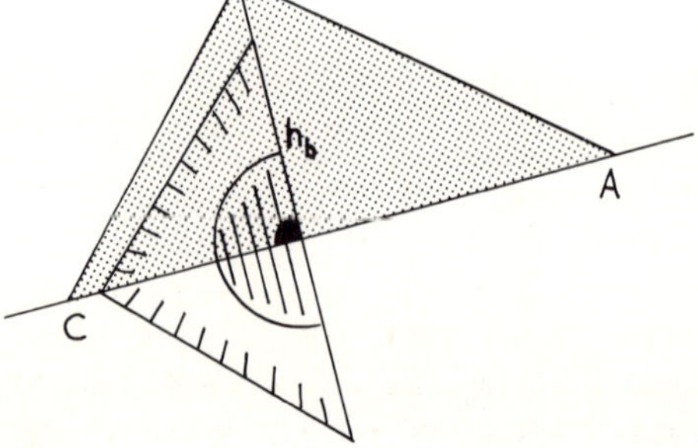

b) Konstruktion durch Errichten der Mittelsenkrechten

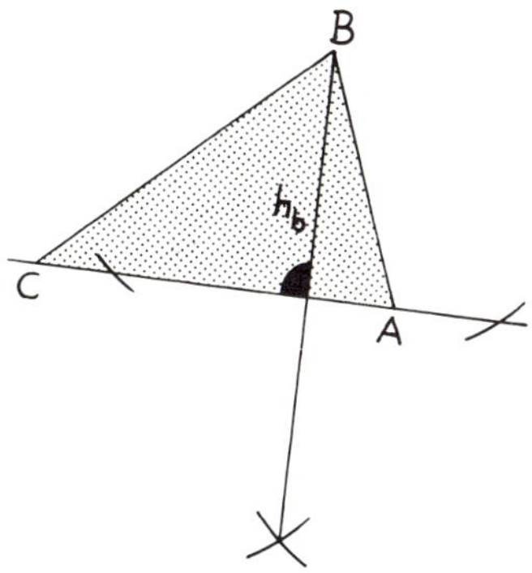

Jede Seite eines Dreiecks kann somit Grundseite sein. Dazu gehört die entsprechende Höhe. Darum gibt es in jedem Dreieck auch drei Höhen, die im allgemeinen Dreieck verschieden lang sind.

Abb. 283:

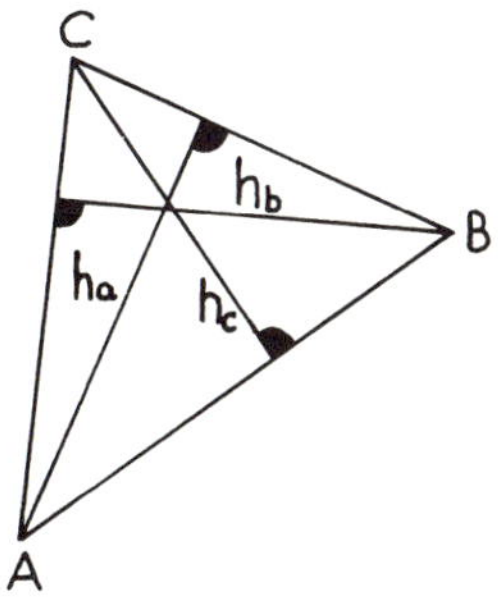

h_a = Höhe auf der Grundseite a
h_b = Höhe auf der Grundseite b
h_c = Höhe auf der Grundseite c

In der Übungsphase ist darauf zu achten, daß die Grundseiten von Dreiecken vorgegeben werden, die sich in Form, Größe und Lage voneinander unterscheiden.

6.1.5.3 Besondere Lagen der Höhe

Gelegentlich verwechseln die Schüler die Höhe mit der Länge der Seite eines Dreiecks, vor allem immer dann, wenn z. B. eine Seite fast senkrecht auf der anderen steht. Deshalb sollten die Möglichkeiten für die Darstellung der Höhe gesondert erläutert werden.

Abb. 284:

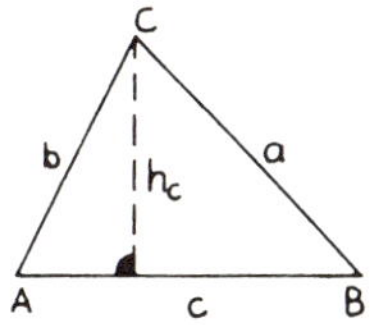

Höhe innerhalb eines Dreiecks

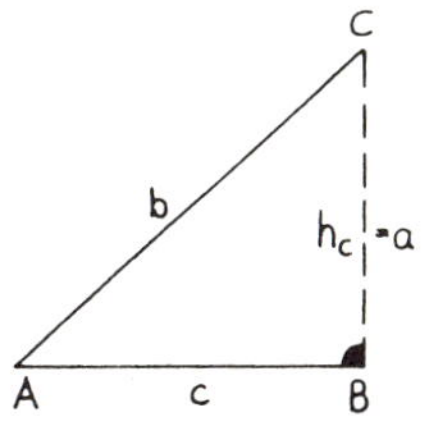

Höhe gleich der Seite eines Dreiecks

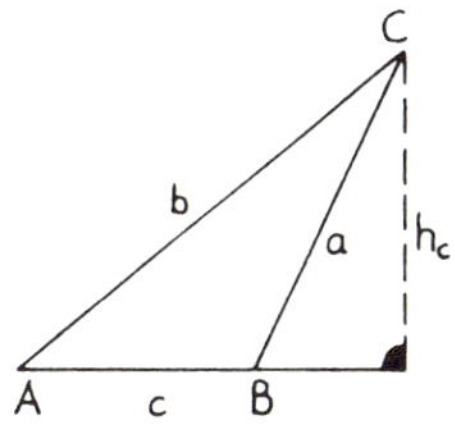

Höhe außerhalb eines Dreiecks

Man muß also manchmal die Grundseite verlängern, um die Höhe zeichnen und abmessen zu können. Es ist unbedingt festzuhalten, daß die Höhe h eines Dreiecks immer senkrecht auf der jeweiligen Grundseite bzw. deren Verlängerungslinie steht.

Ergänzender Hinweis: Im allgemeinen Sprachgebrauch stellt die Höhe z. B. eines Baumes ja auch das Lot dar, das von der Spitze des Baumes auf den Boden gefällt wird. Jedoch darf die Höhe einer Flächenfigur nicht mit der Körperhöhe z. B. einer Pyramide verwechselt werden.

Abb. 285:

Die Körperhöhe h_k steht senkrecht auf der Grundfläche

Die Höhe h_a des Dreiecks steht senkrecht auf der Grundseite a.

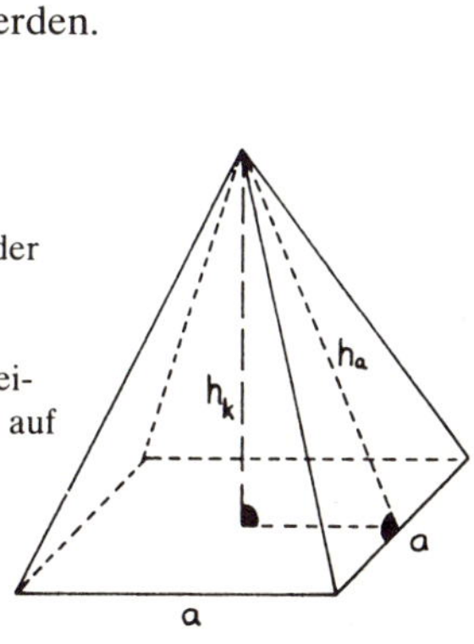

6.1.6 Winkelsumme im Dreieck

Es gibt eine Vielzahl von Ableitungsmöglichkeiten für den Satz über die Winkelsumme im Dreieck. Der Lehrer muß von Fall zu Fall unterscheiden, welches Verfahren er im Unterricht anwendet. Gegebenenfalls muß er differenzieren und den Beweis, der die meisten mathematischen Kenntnisse voraussetzt, der Leistungsgruppe A vorbehalten.

6.1.6.1 Der experimentell-induktive Weg

Eine erste Möglichkeit, die Winkelsumme im Dreieck zu ermitteln, ist die Bestimmung durch Messung der Winkel. Jeder Schüler zeichnet 5 verschiedene Dreiecke, mißt die 3 Winkel eines jeden Dreiecks mit dem Winkelmesser und addiert die Winkelgrößen. Wir erhalten Ergebnisse um oder mit 180°.

Abb. 286:

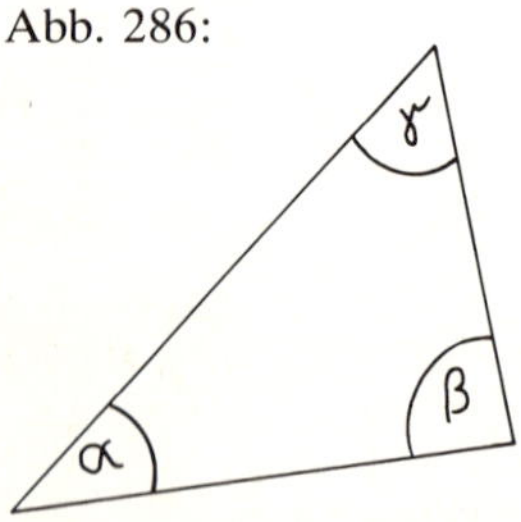

$\alpha = 40°$
$\beta = 86°$
$\gamma = 56°$
$\overline{}$
$182°$

Dies führt zur ersten Vermutung, daß die Winkelsumme im Dreieck 180° beträgt, wenn wir genau messen könnten. Diese Methode wird aber immer ungenau bleiben.

6.1.6.2 Zusammenfügen der Einzelwinkel zu einem gestreckten Winkel

Schon einsichtiger ist das Verfahren, die Winkelsumme im Dreieck über den gestreckten Winkel (= 180°) zu beweisen. Es ist aus Papier ein Dreieck auszuschneiden. Die Schüler reißen nun an den 3 Eckpunkten Winkelfelder ab und legen sie so aneinander, daß die Scheitelpunkte der Winkel zusammenfallen. Was kann man vermuten?

Abb. 287:

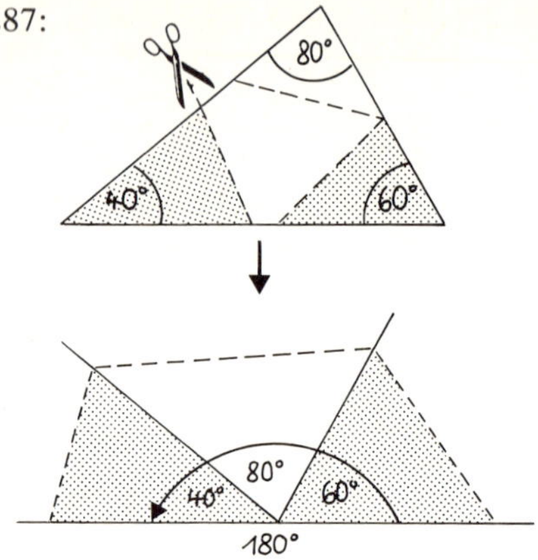

Ergebnis:

In jedem Dreieck beträgt die Winkelsumme 180°.

$\alpha + \beta + \gamma = 180°$

6.1.6.3 Faltung eines Dreiecks

Dieses Verfahren ist auch von leistungsschwächeren Schülern durchzuführen. Dazu muß man auf Papier ein Dreieck zeichnen und es dann ausschneiden.

Arbeitsanweisung: Fälle von dem Eckpunkt C das Lot auf die gegenüberliegende Seite c. Falte jedesmal so, daß die drei Eckpunkte auf den Schnittpunkt des Lotes mit der Seite c fallen. Begründe den Satz von der Winkelsumme im Dreieck.

Abb. 288:

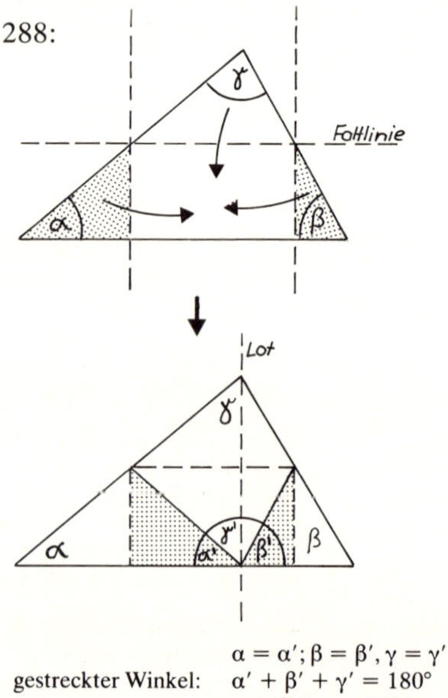

$\alpha = \alpha'; \beta = \beta', \gamma = \gamma'$

gestreckter Winkel: $\alpha' + \beta' + \gamma' = 180°$

$\alpha + \beta + \gamma = 180°$

6.1.6.4 Spiegeln von Teildreiecken

Einen gestreckten Winkel erhält man auf der konkreten Stufe durch Faltung, auf der zeichnerisch-konstruktiven Ebene mit der abbildungsgeometrischen Methode der Achsenspiegelung. Die Winkelfelder α, β und γ können an den angegebenen Achsen, die durch den Mittelpunkt der jeweiligen Seite gehen, gespiegelt werden. Das Ergebnis ist immer ein gestreckter Winkel mit 180°.

Abb. 289:

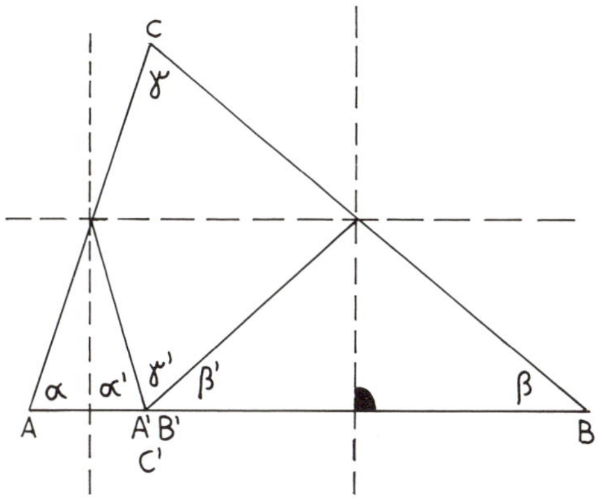

$\alpha' + \beta + \gamma' = 180° = \alpha + \beta + \gamma$

6.1.6.5 Begründen der Winkelsumme mit Winkelgesetzen an Parallelen

Der Schüler zeichnet ein beliebiges Dreieck ABC und zieht durch den Punkt C die Parallele zu [AB]. Grundlage dieser euklidischen Beweisführung sind das Parallelenaxiom und die Lehrsätze, daß Wechsel- und Stufenwinkel an Parallelen gleich groß sind.

Abb. 290:

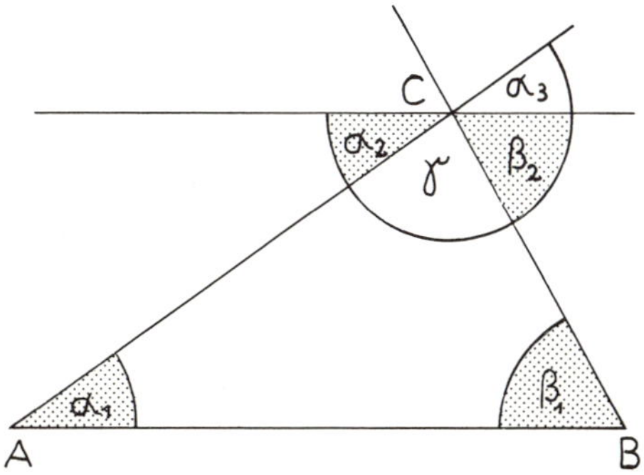

a) $\alpha_1 = \alpha_2$ (Wechselwinkel)
$\beta_1 = \beta_2$ (Wechselwinkel)
$\alpha_1 + \beta_1 + \gamma = \alpha_2 + \gamma + \beta_2 = 180°$

b) $\alpha_1 = \alpha_3$ (Stufenwinkel)
$\beta_1 = \beta_2$ (Wechselwinkel)
$\alpha_1 + \beta_1 + \gamma = \gamma + \beta_2 + \alpha_3 = 180°$

6.1.6.6 Anwendungs- und Übungsaufgaben

Eine praktische Anwendung des Satzes von der Winkelsumme im Dreieck ist immer dann möglich, wenn es gilt, den fehlenden dritten Winkel im Dreieck zu bestimmen.

– Tabelle

Abb. 291:

α	50°	24°			45°	60°	90°
β	60°		74°	90°		60°	
γ		112°	48°	45°	45°		30°

– Verbale Aufgabenstellung (Textaufgabe)

In einem gleichschenkligen Dreieck ist der Winkel an der Spitze um 60° größer als der Basiswinkel. Wie groß ist der Basiswinkel?

– Zeichnerische Aufgabenstellung

In zusammengesetzten Flächen müssen oft fehlende Winkelgrößen berechnet werden. Dabei wird in der Regel der 90°-Winkel nicht eigens angegeben. Aus der Flächenform kann man zusätzliche Aufgaben entnehmen.

Berechne die grau unterlegten Winkel nachstehender Figuren!

Abb. 292:

a)

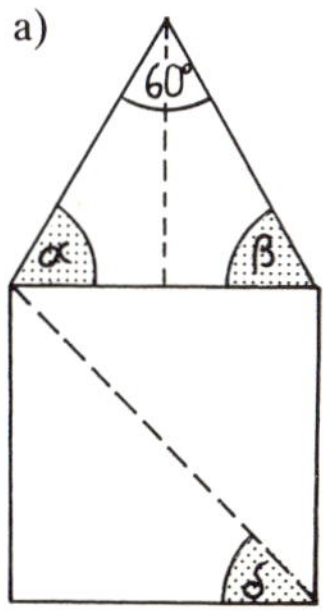

b)

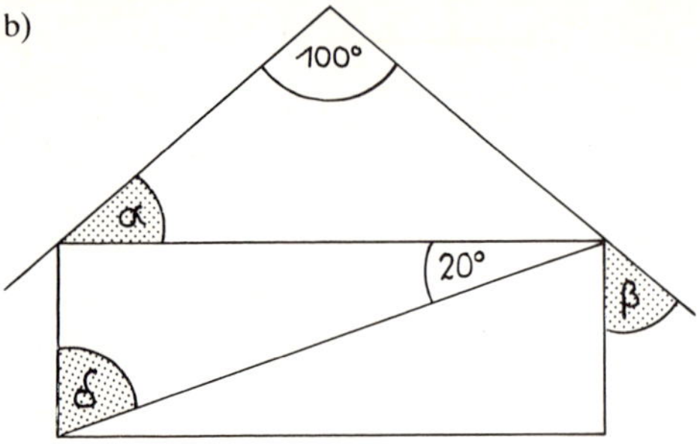

6.2 Grundkonstruktionen am Dreieck

Nach der formenkundlichen Betrachtung von Dreiecken erfolgt ihre Konstruktion mit Zirkel, Winkelmesser und Lineal. Es ist sinnvoll, zunächst einmal heuristisch vorzugehen und die Schüler ausprobieren zu lassen, welche möglichen Lösungen bei Vorgabe einer bzw. zweier Größen in Frage kommen. Gleichzeitig erkennen sie, daß die Lösungen in diesen Fällen nicht eindeutig sind.

6.2.1 Unbestimmte Dreieckskonstruktionen

Wir geben von einem Dreieck zunächst nur eine Seite (S) bzw. einen Winkel (W) an. Es können beliebig viele Dreiecke konstruiert werden, die sich in Größe und Form unterscheiden.

Abb. 293:

c = 5 cm:

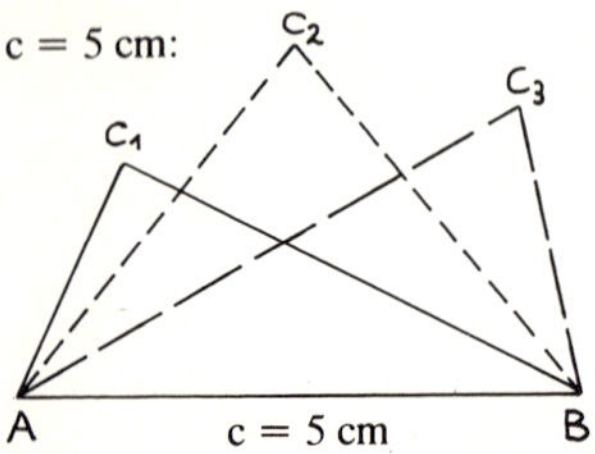

α = 35°:

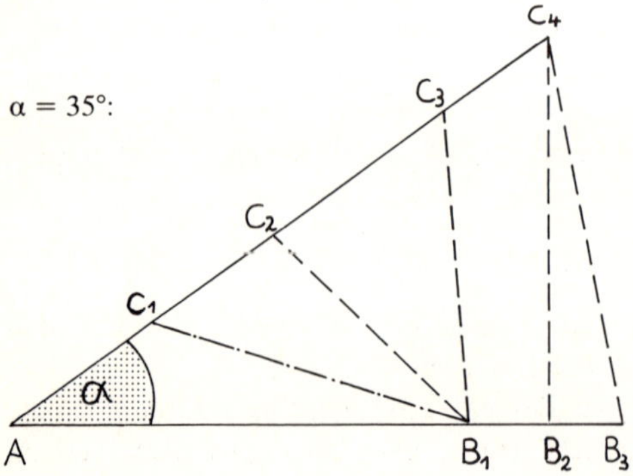

Nun sollten die Schüler versuchen, Dreiecke zu konstruieren, von denen zwei Größen bekannt sind. Auf einer Folie werden die Ergebnisse am OHP zusammengestellt. Als Erkenntnis ist festzuhalten, daß die Lösung wieder nicht eindeutig ist.

Abb. 294:

a) c = 5 cm; a = 4 cm (SS)

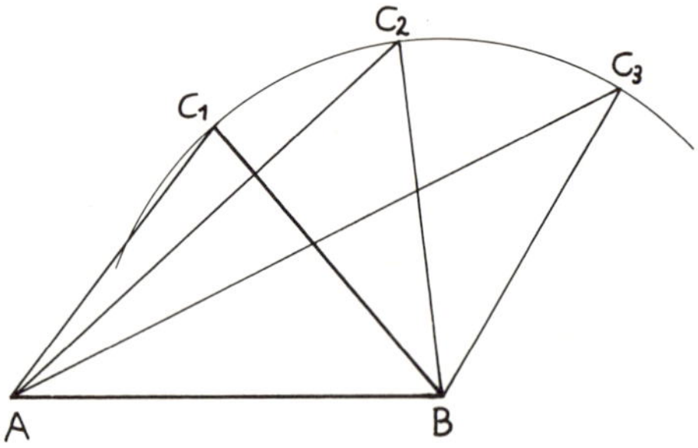

b) c = 6 cm; β = 70° (SW)

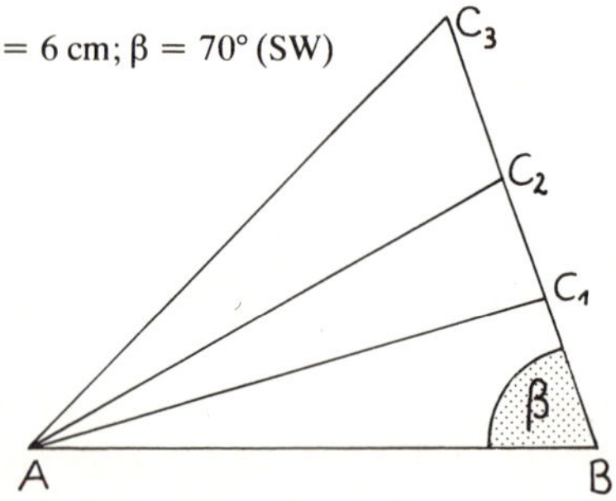

Sind Dreiecke zu zeichnen, bei denen zwei Winkel gegeben sind (WW), so erhalten wir ähnliche Dreiecke, weil sie in zwei Winkeln und somit auch in der Grundform ihrer Fläche übereinstimmen.

Abb. 295:

α = 50°; β = 60° (WW)

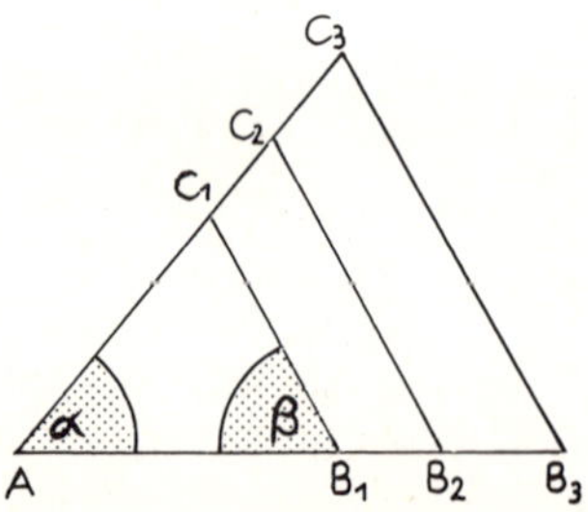

oder

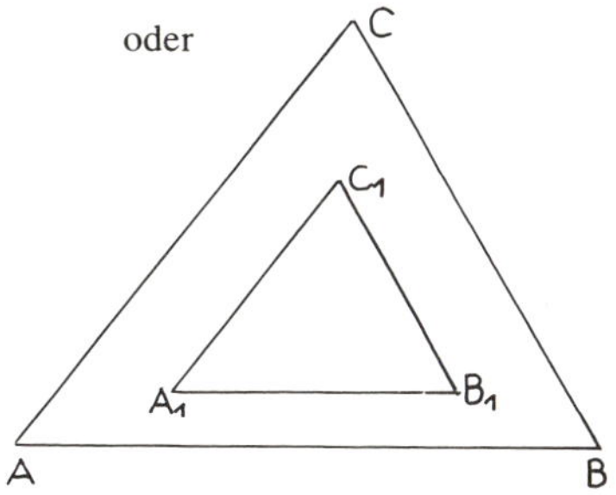

Zwei Dreiecke heißen ähnlich, wenn sie nicht in der Größe, sondern nur in der Form ihrer Fläche übereinstimmen.

6.2.2 Bestimmte Dreieckskonstruktionen

Mit drei gegebenen Größen lassen sich bestimmte Dreiecke konstruieren. Es gibt zwar auch zwei Lösungen, die jedoch kongruent (deckungsgleich) sind, da eine Achsensymmetrie vorliegt.
Für den Hauptschüler sind in der Regel jedoch nur Dreiecke in Normallage relevant. Nur zur Information des Lehrers wird in 6.2.2.1 auf die kongruente Lösung eingegangen und der Nachweis für diese Kongruenz erbracht.
Es bleibt der Lehrkraft überlassen, ob sie im Rahmen der Differenzierung und Individualisierung gelegentlich im Unterricht aufzeigt, wie die Kongruenz von Dreiecken durch Falten, Spiegeln und Drehen nachgewiesen werden kann.

6.2.2.1 Eine Seite und die beiden anliegenden Winkel (WSW)

Gegeben: c = 4,5 cm; α = 45°; β = 70°

Abb. 296:

Zeichne c = 4,5 cm!
(Punkte A und B).

Lege α in A an!

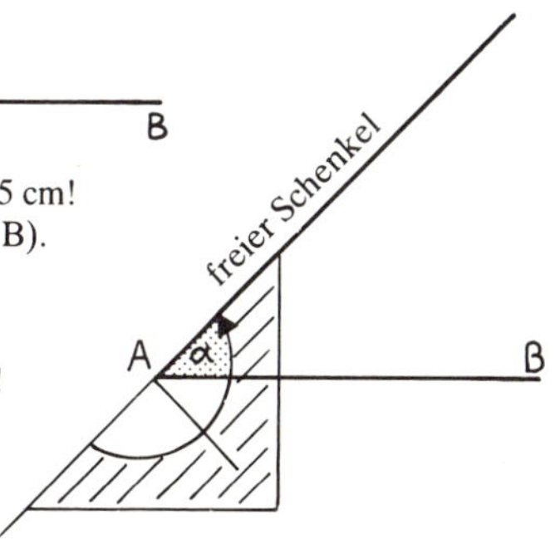

Trage β in B an!
(Punkt C)

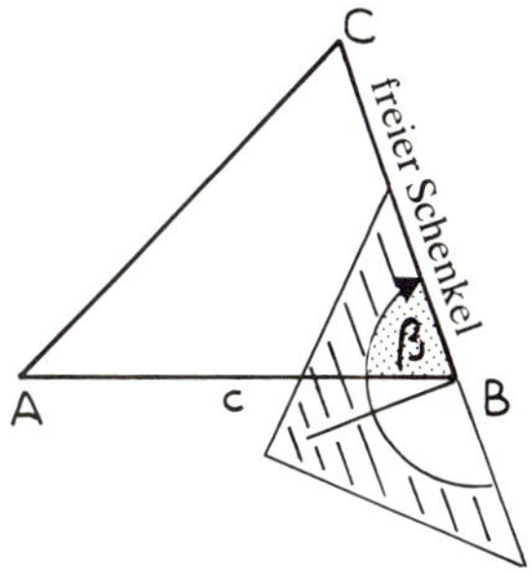

Die Normallage des Dreiecks ABC – für Schüler relevant – ergibt sich, wenn der Winkel α in Linksdrehung an A, der Winkel β in Rechtsdrehung an B angetragen wird. Die freien Schenkel der Winkel α und β schneiden sich im Punkt C.
Im allgemeinen nur für den Lehrer interessant: Alternierend zum Dreieck ABC kann auch ein Dreieck ABC′ gezeichnet werden. Zu diesem Zweck wird der Winkel α an A in Rechtsdrehung, der Winkel β an B in Linksdrehung angetragen.

Abb. 297:

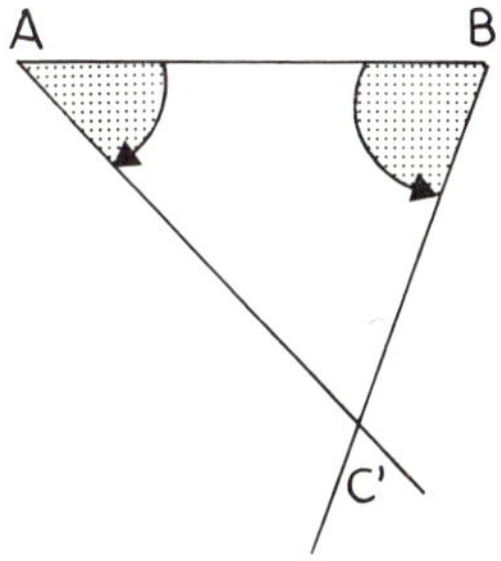

Beide Dreiecke ABC und ABC′ können ausgeschnitten oder durch Faltung an [AB] zur Deckung gebracht werden.
Die Begründung für die Kongruenz der beiden Dreiecke kann leicht abbildungsgeometrisch erbracht werden. Es wird lediglich das Dreieck ABC an der Geraden [AB] gespiegelt.

Man spiegelt den Urpunkt C an der Geraden [AB] und erhält den Bildpunkt C′.
Das Dreieck ABC wird also durch Achsenspiegelung in ein deckungsgleiches Dreieck

A′B′C′ übergeführt, wobei sich lediglich der Drehsinn ändert.

Abb. 298:

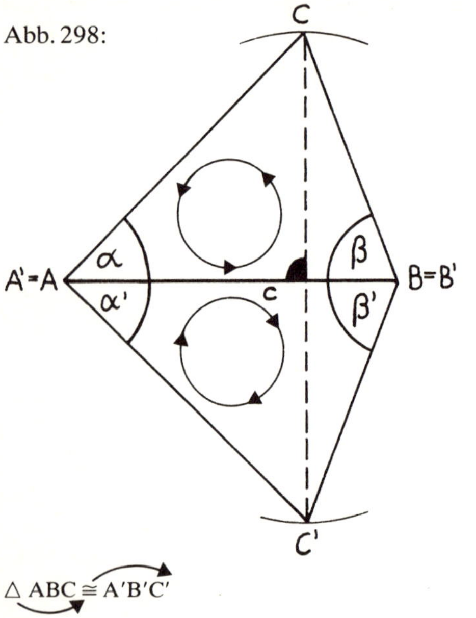

Ist statt des einen anliegenden der gegenüberliegende Winkel gegeben, so ergibt sich daraus nicht etwa eine neue Konstruktionsmöglichkeit nach dem „SWW-Satz“. Vielmehr kann mit Hilfe des Lehrsatzes von der Winkelsumme im Dreieck der zweite anliegende Winkel berechnet werden.

Beispiel:

Konstruiere ein Dreieck aus b = 5 cm,
α = 70°, β = 60°.
Daraus folgt: γ = 180° – 70° – 60° = 50°
Eine praktische Anwendung des WSW-Satzes ergibt sich immer dann, wenn die fehlenden Seiten eines Dreiecks ermittelt werden sollen. Die zeichnerische Lösung bietet sich z. B. durch die folgende Aufgabe an:
Ein Beobachter ist von einem Kirchturm 90 m entfernt und sieht die Kirchturmspitze aus einem Winkel von 35° zur horizontalen Ebene. Wie hoch ist der Turm?

Abb. 299:

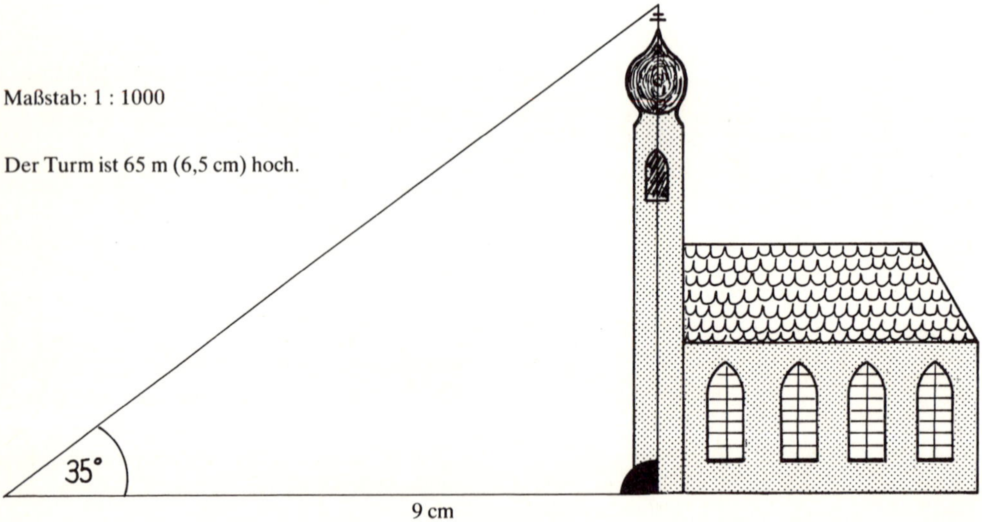

6.2.2.2 Zwei Seiten und der Zwischenwinkel (SWS)

Der Lehrer kann als Ausgangsproblem eine Kartenskizze von Indien zeigen. Die Eckpunkte des Dreiecks stellen die Städte Bombay, Kalkutta und Delhi dar.

Problemfrage: Wie weit ist Delhi von Kalkutta in Luftlinie entfernt? Zur besseren Schulung der Vorstellungskraft und als Erleichterung für die Planung der Konstruktionsschritte empfiehlt sich das Zeichnen einer Planfigur, in der z. B. die gegebenen Größen schwarz, die gesuchten grau erscheinen.

Abb. 300:

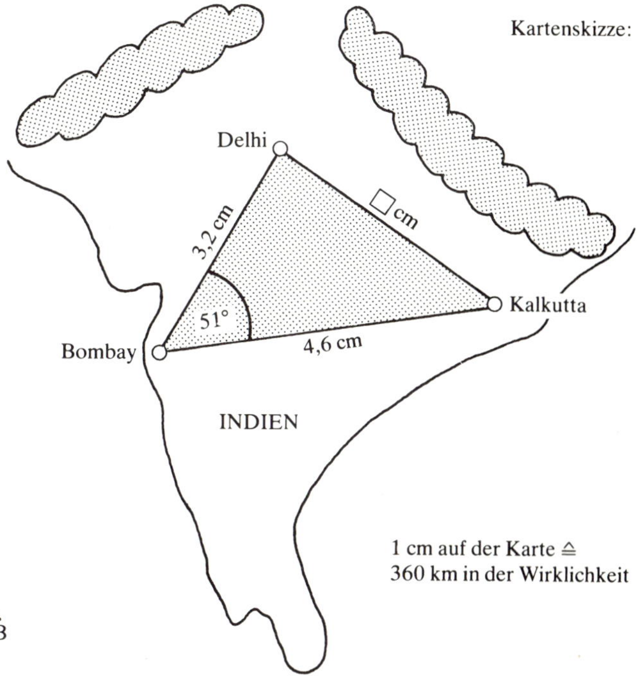

Planfigur:

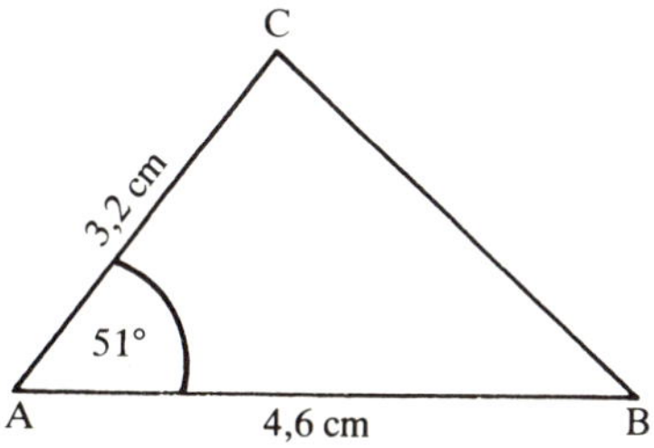

Die Schüler versuchen nun in Partnerarbeit die Reihenfolge der Konstruktionsschritte anhand der Planfigur zu beschreiben und führen dann die Konstruktion des Dreiecks wie folgt durch:

Abb. 301:

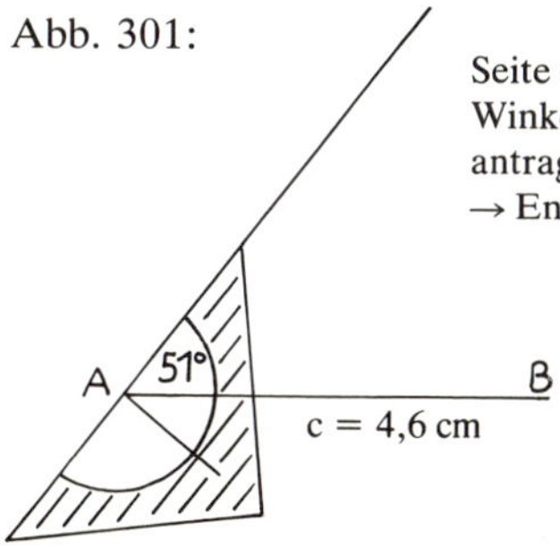

Seite c zeichnen und Winkel α in Punkt A antragen
→ Endpunkte A und B

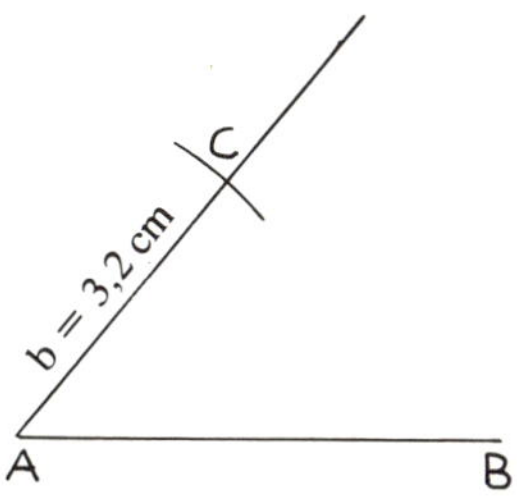

Seite b mit Zirkel auf freiem Schenkel von α abtragen
→ Endpunkt C

Punkte B und C verbinden.

Entfernung $\overline{BC}$ abmessen

Umrechnung:

1 cm ≙ 360 km

3,5 cm ≙ 360 km · 3,5

= 1260 km

Die Entfernung von Delhi nach Kalkutta beträgt in Luftlinie gemessen rund 1260 km.

Als Anwendungsbeispiel kann folgendes Problem gestellt werden:

Ein Vermessungsingenieur will die Breite eines Teiches von Baum zu Baum ermitteln. Wie könnte er diese Aufgabe lösen, wenn er nur am Ufer Messungen durchführen kann?

Abb. 302:

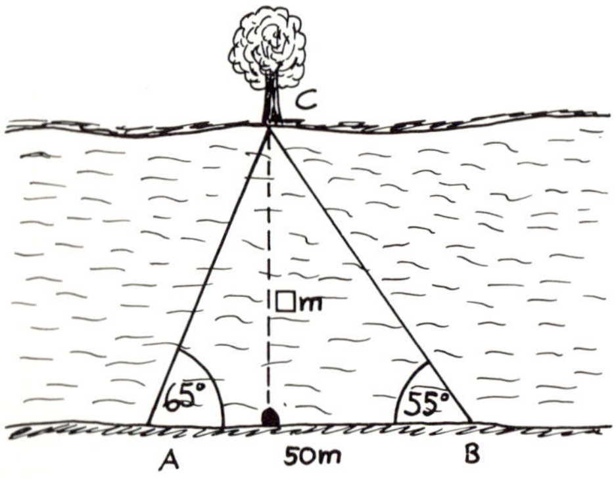

Der Vermessungsingenieur markiert am Ufer des Teiches zwei Punkte A und B und mißt ihre Entfernung (50 m) voneinander ab. Von den beiden Punkten aus visiert er den Baum (Punkt C) an, der auf der anderen Uferseite steht. Ferner ermittelt er die Winkel CAB = 65° und ABC = 55°. Jetzt kann man das Bestimmungsdreieck ABC konstruieren (WSW) und die Breite des Teiches, sprich die Höhe des Dreiecks abmessen.

6.2.2.3 Drei Seiten sind gegeben (SSS)

Bei dieser Dreieckskonstruktion ist ein Dreieck zu zeichnen mit a = 3,5 cm, b = 4,5 cm und c = 5 cm. In der Regel wird zuerst die Strecke $\overline{AB}$ = c = 5 cm, in unserem Beispiel die Grundseite c angetragen. Punkt C liegt dann im Schnittpunkt der Kreisbögen um A mit b und um B mit a.

Abb. 303:

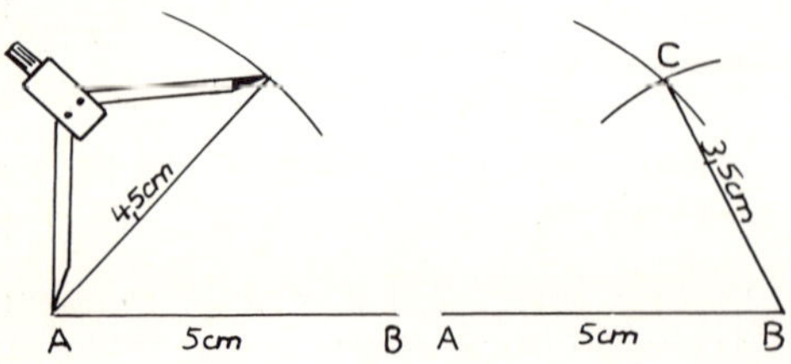

Es ist einmal sehr sinnvoll, zu einem aus 3 Seiten gegebenen Dreieck kongruente Dreiecke in verschiedenen Lagen zeichnen zu lassen. Reihenfolge der Eckpunkte beachten. (Linksdrehung!)

Abb. 304:

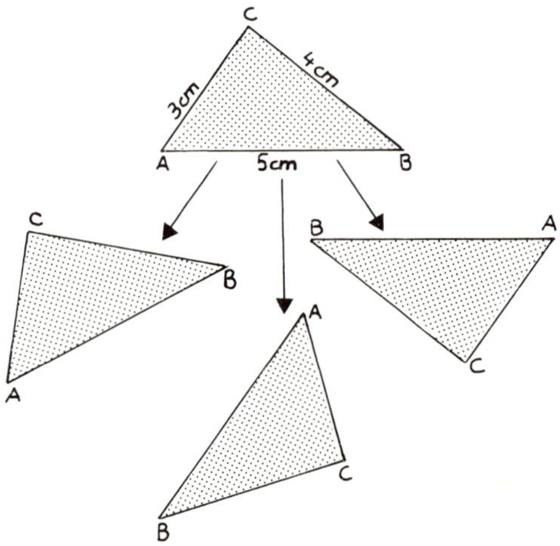

Als Anwendungsbeispiel kann das Dachgeschoß eines Einfamilienhauses dienen. Dachflächen werden nach bestimmten Neigungswinkeln errichtet, deren Größe anhand der Zeichnung nachgeprüft werden kann.

Das Dachstudio eines Hauses hat folgende Abmessungen:

Hausbreite c = 10 m
Dachschräge b = 9 m
Dachschräge a = 5 m
Aus der Zeichnung sind die beiden Neigungswinkel α und β zu ermitteln, welche die beiden Dachflächen zur Dachbodenfläche bilden.

Abb. 305:

1 cm ≙ 1 m

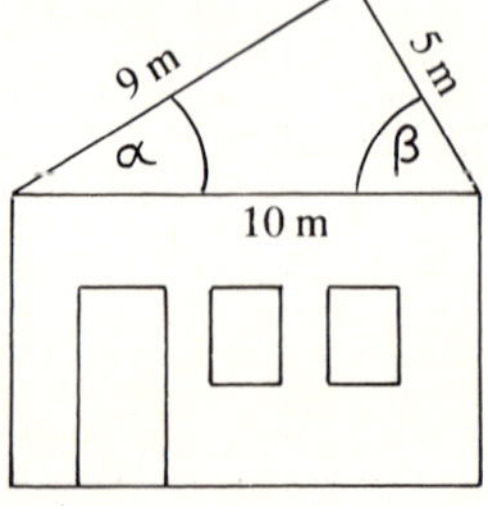

α = 30°
β = 60°

6.2.2.4 Zwei Seiten und der Gegenwinkel der größeren Seite (SSW)

Es ist ein Dreieck ABC aus den zwei Seiten c = 4,5 cm, a = 5,5 cm und dem Gegenwinkel der größeren Seite $\alpha = 75°$ zu konstruieren.
Konstruktionsschritte:

Abb. 306:

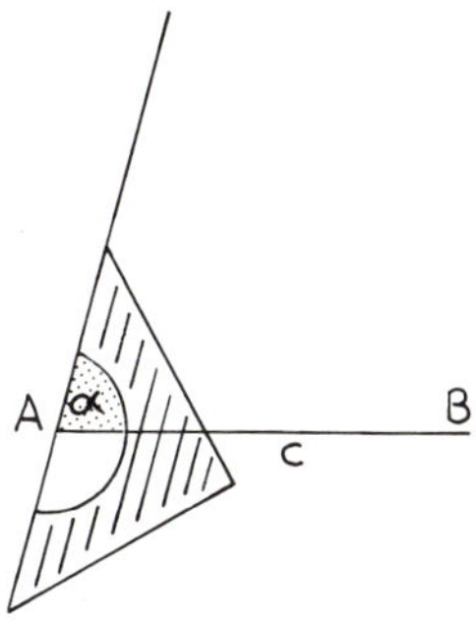

Seite c zeichnen und $\alpha = 75°$ in A antragen!

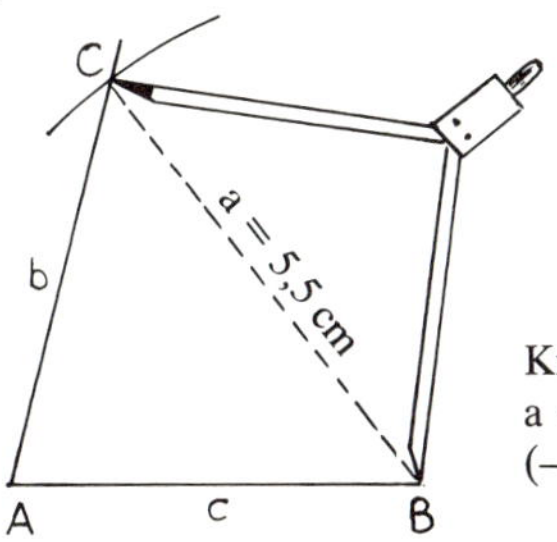

Kreisbogen um B mit a = 5,5 cm ziehen! (→ Punkt C)

6.2.2.5 Zwei Seiten und der Gegenwinkel der kleineren Seite

Bei leistungsstärkeren Schülern sollte auch der Fall erarbeitet werden, daß zwei Seiten und der Gegenwinkel der kleineren Seite gegeben sind.

Es ist ein Dreieck zu konstruieren mit
c = 4,1 cm; b = 2,9 cm; $\beta = 38°$

Der Kreisbogen um A mit dem Radius b = 2,9 cm schneidet den freien Schenkel des Winkels β nicht nur in C_1, sondern auch in C_2, das heißt:
Die Lösung ist nicht eindeutig, weil die beiden Dreiecke ABC_1 und ABC_2 nicht deckungsgleich sind.

Abb. 307:

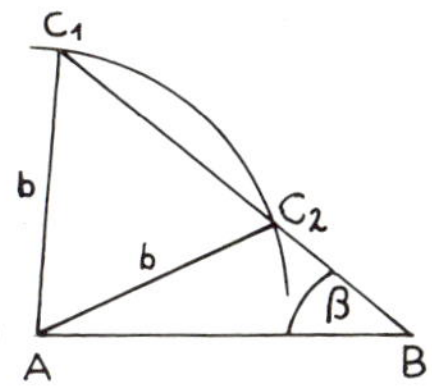

6.2.2.6 Praktische Anwendungsbeispiele

Eine kleine Sammlung von möglichen Dreieckskonstruktionen zur zeichnerischen Ermittlung des fehlenden Winkels bzw. der fehlenden Seite eines Dreiecks soll den Blick für praktische Anwendungsmöglichkeiten schärfen. Die gegebenen Größen sind jeweils im Dreieck vermerkt.

Abb. 308:

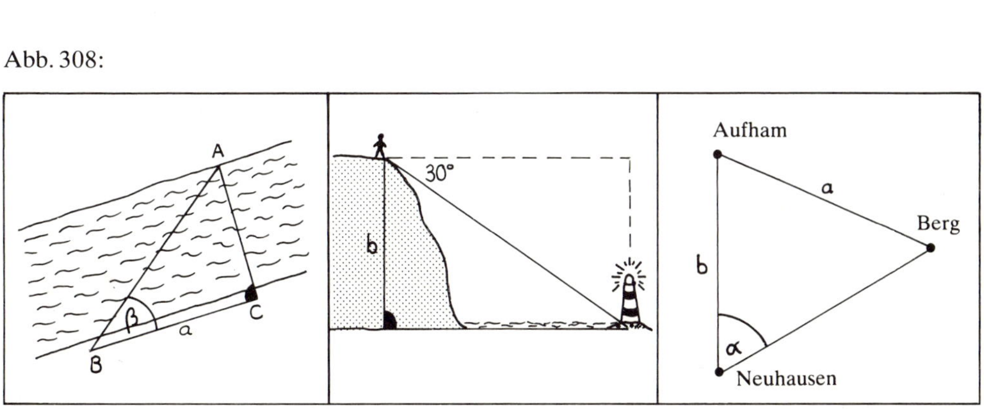

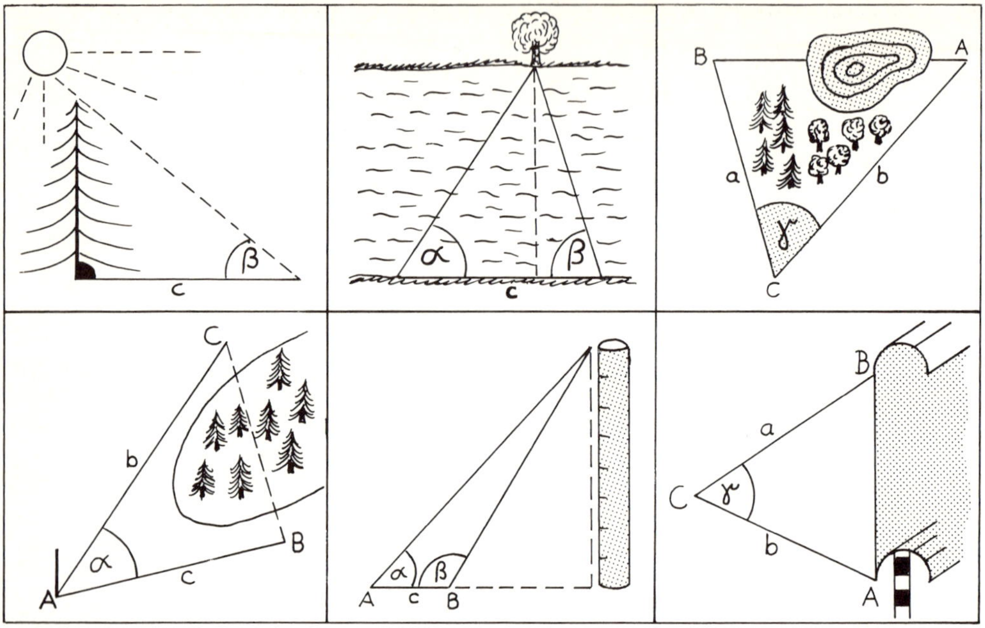

6.2.3 Dreieckskonstruktionen bei gegebener Höhe

Abb. 309:

● Gegeben: a = 5 cm; h_a = 3,5 cm; b = 4 cm

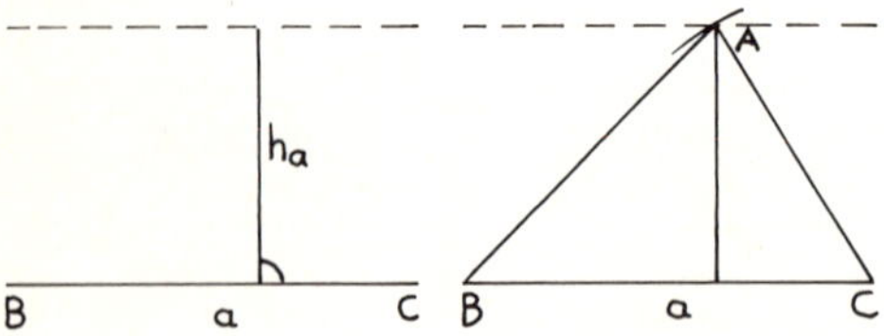

- a antragen (Punkte B und C)
- Parallele zu a im Abstand h_a

- Kreis um C mit Radius b
- Schnittpunkt Kreis mit Parallele ergibt Punkt A.

Abb. 310:

● Gegeben: c = 4 cm; a = 3 cm; h_b = 2 cm

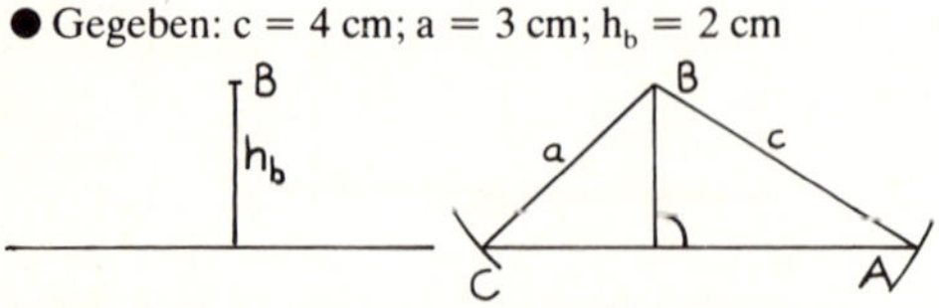

- h_b antragen (Eckpunkt B)
- Senkrechte zu h_b errichten (Seite [AC])

- Kreis um B mit Radius c (Punkt A)
- Kreis um B mit Radius a (Punkt C)

Abb. 311:

● Gegeben: c = 3 cm; h_c = 3,5 cm; β = 30°

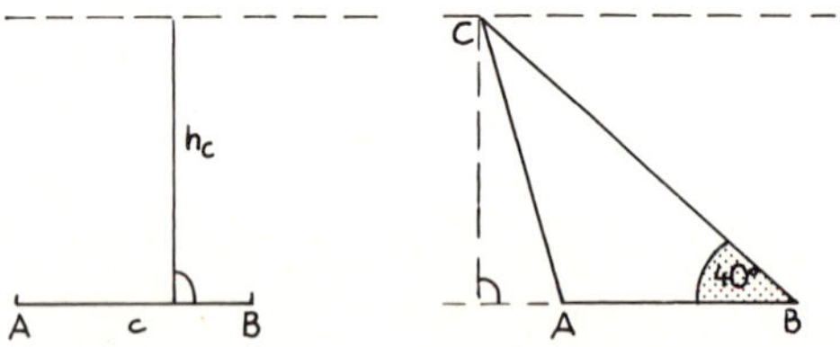

- c antragen (Punkte A und B)
- Parallele zu c im Abstand h_c

- In B Winkel β antragen
- Schnittpunkt freier Schenkel mit Parallele ergibt Punkt C.

Abb. 312:

● Gegeben: h_b = 3,5 cm; h_c = 3 cm; c = 4 cm

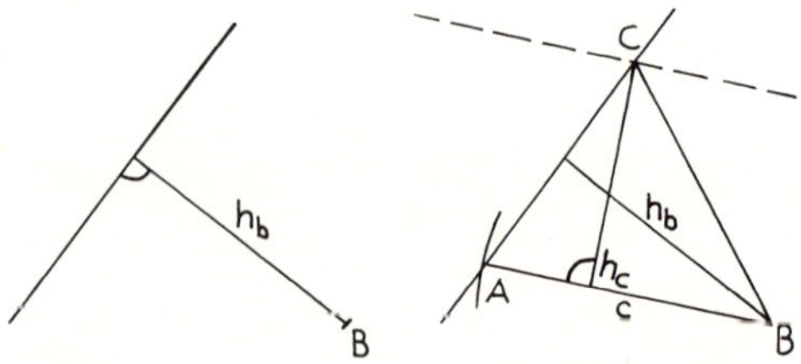

- h_b antragen (Punkt B)
- Senkrechte zu h_b (Seite [AC])

- Kreis um B mit Radius c (Punkt A)
- Zu [AB] Parallele im Abstand h_c.
- Schnittpunkt Parallele mit Seite [AC] ergibt Punkt C.

6.3 Berechnungen beim Dreieck

6.3.1 Umfang des Dreiecks

Zur Erarbeitung werden drei verschieden lange Bleistifte (Strohhalme, Papierstreifen) zu einem Dreieck gelegt. Die Bleistifte bilden, umfassen oder „umfangen“ das Dreieck und repräsentieren als Summe der drei Bleistiftlängen den Umfang dieses Dreiecks.

Der Umfang eines Dreiecks ist die Summe aller Seitenlängen a, b und c.

$$u = a + b + c$$

Für das gleichschenklige und gleichseitige Dreieck wird keine eigene „Kurzformel“ erarbeitet, da diese nur eine arithmetische Verkürzung der allgemeinen Umfangsformel darstellt.
Die Einbeziehung der inversen Aufgabenstellung (Seite gesucht, z. B. a = u – b – c) erfolgt in Tabellen.

Abb. 313:

a	17 m	9 cm	4,5 dm	□ m	34 mm
b	25 m	□ cm	6,2 dm	68 m	4,7 cm
c	12 m	7 cm	□ dm	73 m	0,5 dm
u	□ m	21 cm	18,1 dm	195 m	□ cm

Als Ausgangsprobleme für Sachaufgaben eignen sich:

- Einsäumen von dreieckigen Wimpeln, Tüchern, . . .
- Einzäunen, Umfrieden, Bepflanzen mit einer Hecke bei dreieckigen Grundstücken
- Einrahmen von dreieckigen Bildern, Mosaikfenstern, Arbeitsplatten, . . .

Die Berechnung der Seitenlängen speziell bei rechtwinkligen Dreiecken wird beim Satz des Pythagoras (siehe 6.5.1, S. 165 ff.) näher erläutert.

6.3.2 Flächeninhalt des Dreiecks

In der Fachdidaktik bestimmt man den Flächeninhalt eines Dreiecks herkömmlicherweise über die Umwandlung des Dreiecks in ein flächeninhaltsgleiches Rechteck bzw. Parallelogramm. Deshalb ist es ratsam, die Lernsequenz mit der Wiederholung der Flächeninhaltsberechnung des Rechtecks zu beginnen (siehe 4.6, Seite 109 f.).

6.3.2.1 Flächeninhaltsbestimmung durch Zerlegen von Vierecken

Der Flächeninhalt von Dreiecken kann bestimmt werden durch das Halbieren besonderer Vierecke.
Dabei ist besonders Wert darauf zu legen, daß die Schüler die Bestimmungsgrößen beim jeweiligen Viereck in die dreiecksspezifischen Bezeichnungen transferieren. Die einander entsprechenden Längen sind deshalb hervorzuheben.

Abb. 314:

Rechteck — rechtwinkliges Dreieck

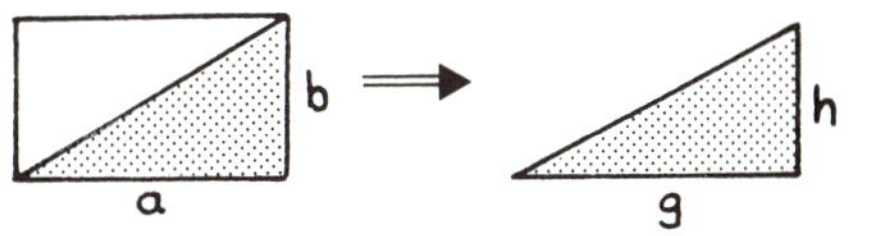

$A_R = a \cdot b$ — $\frac{1}{2} A_R = A_\triangle = \frac{1}{2} \cdot g \cdot h$

Quadrat — rechtwinklig-gleichschenkliges Dreieck

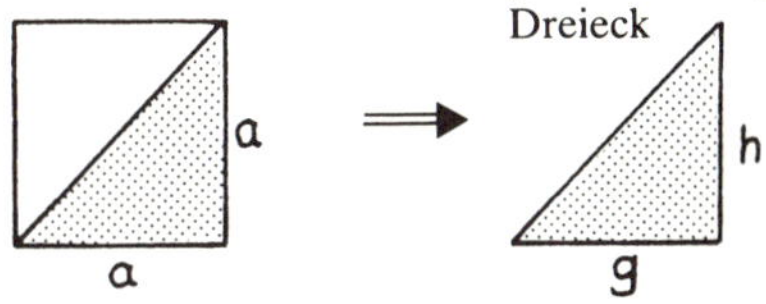

$A_{Qu} = a^2$ — $\frac{1}{2} A_{Qu} = A_\triangle = \frac{1}{2} g \cdot h$

Parallelogramm — spitzwinkliges Dreieck

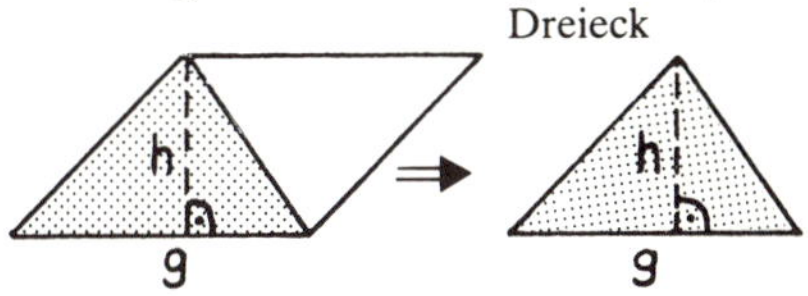

$A_P = g \cdot h$ — $\frac{1}{2} A_P = A_\triangle = \frac{1}{2} g \cdot h$

Parallelogramm — stumpfwinkliges Dreieck

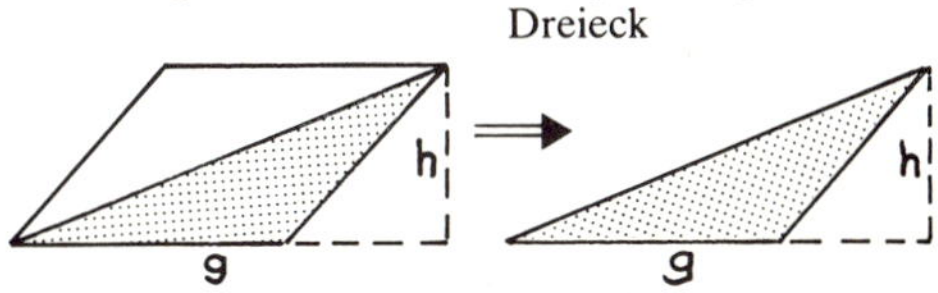

$A_P = g \cdot h$ — $\frac{1}{2} A_P = A_\triangle = \frac{1}{2} g \cdot h$

6.3.2.2 Flächeninhaltsbestimmung durch Ergänzen zu einem Parallelogramm

Der Schüler zeichnet ein Dreieck zweimal und schneidet eines davon aus. Seine Aufgabe ist nun, dieses ausgeschnittene Dreieck so an das andere anzulegen, daß ein Viereck entsteht, das mit den „Dreiecksangaben" leicht berechnet werden kann.

Abb. 315:

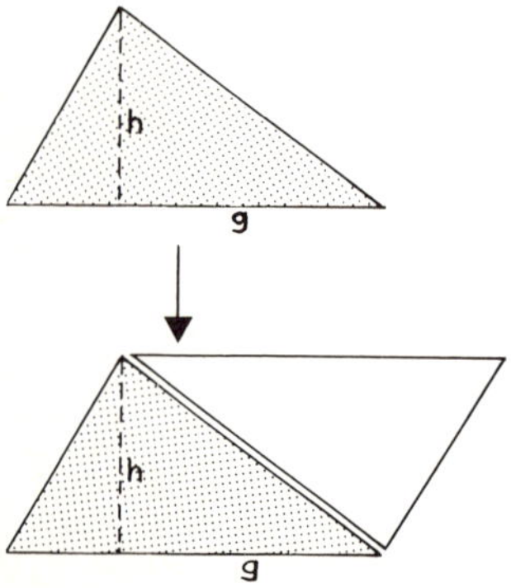

Wird das zweite Dreieck nicht an der Grundseite g angelegt, so entsteht stets ein Parallelogramm bzw. eine Sonderform wie Rechteck, Raute oder Quadrat.
Aus der Verknüpfung von 6.3.2.1 und 6.3.2.2 ergibt sich:

$$A_\Delta = \frac{g \cdot h}{2}$$

6.3.2.3 Flächeninhaltsbestimmung durch Ergänzen zu einem Rechteck

Jedes Dreieck kann auch zu einem Rechteck ergänzt werden, das den doppelten Flächeninhalt aufweist.

Abb. 316:

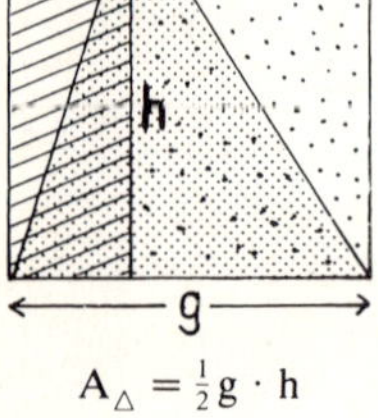

$A_\Delta = \frac{1}{2} g \cdot h$

6.3.2.4 Flächeninhaltsbestimmung des Dreiecks durch Umwandeln zu einem Rechteck

Zweifellos stellt die Ergänzungsmethode, also das Ergänzen eines Dreiecks zu einem Rechteck bzw. Parallelogramm die bekannteste Form der Flächeninhaltsberechnung eines Dreiecks dar. Im Rahmen der inneren Differenzierung wäre auch folgende Fragestellung z. B. für spitzwinklige Dreiecke möglich:
Könnt ihr ein Rechteck finden, das den gleichen Flächeninhalt wie das Dreieck hat?

Abb. 317:

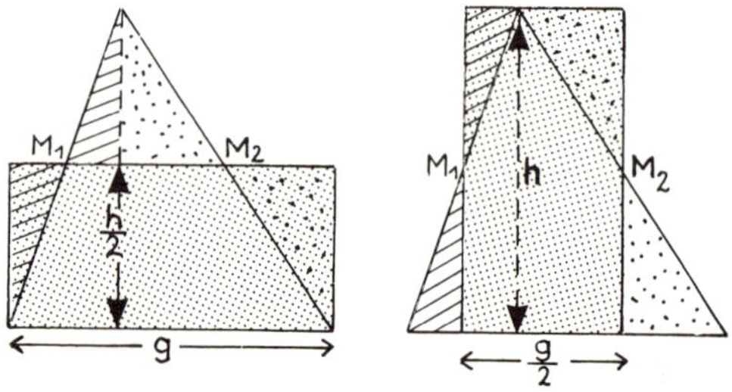

$A = g \cdot \frac{h}{2}$ $\quad$ $A = \frac{g}{2} \cdot h$

Die Schüler zerschneiden das Dreieck und legen ein neues flächeninhaltsgleiches Rechteck.
M_1 und M_2 sind die Mittelpunkte der Seiten b bzw. a. Deshalb wird die Höhe und die Grundlinie des Dreiecks durch das eingezeichnete Rechteck halbiert.

6.3.2.5 Flächeninhaltsbestimmung durch Drehen und Spiegeln von Teilflächen

Eine Formel kann man von verschiedenen Seiten her beleuchten. Sie sollte nicht stereotyp zur Gewohnheit werden, denn mathematische Operationen organisieren sich in Gruppierungen. So ist die Herleitung und operative Durcharbeitung der Flächenformel für das Dreieck mit Hilfe der Abbildungsgeometrie möglich. Es sind lediglich die entsprechenden Drehungen um 180° bzw. Punktspiegelungen von Teilflächen durchzuführen.

Abb. 318:

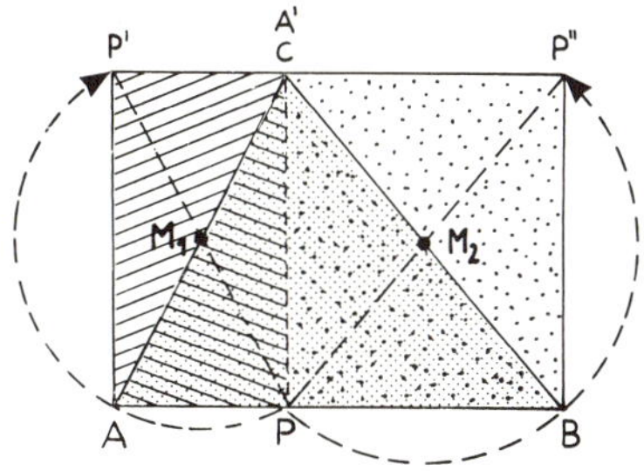

Drehung um 180° bei M

$A_\triangle = \frac{g \cdot h}{2}$

Punktspiegelung bei M

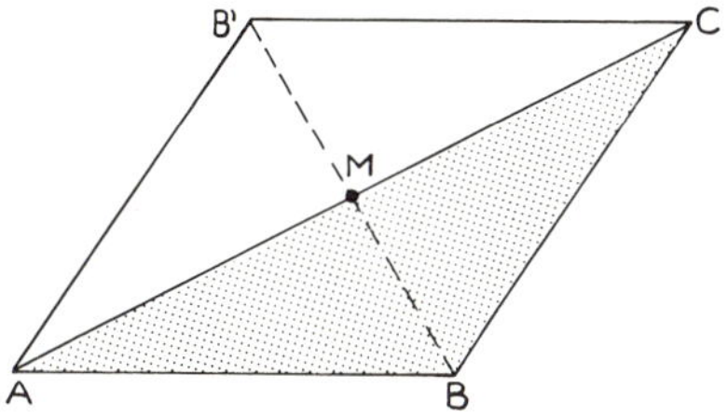

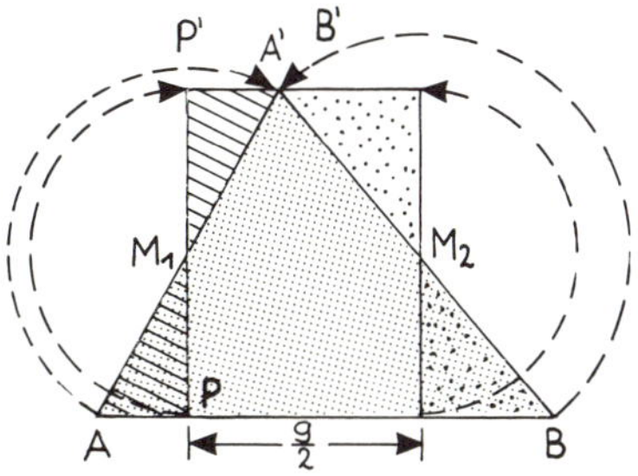

Drehung um 180° bei M

$A = \frac{g}{2} \cdot h$

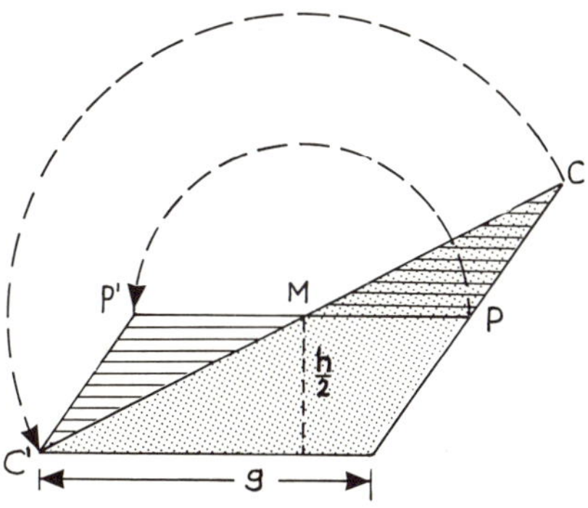

Drehung um 180° bei M

$A = g \cdot \frac{h}{2}$

Zur Kontrolle kann die Punktspiegelung an den Mittelpunkten M_1 und M_2 bzw. M durchgeführt werden.

6.3.2.6 Operative Übungen zur Flächeninhaltsbestimmung

- Grundlinie und Höhe sind nicht vorgegeben, sondern müssen erst einer Zeichnung entnommen werden, wobei die Lage von g variabel sein soll.

Abb. 319:

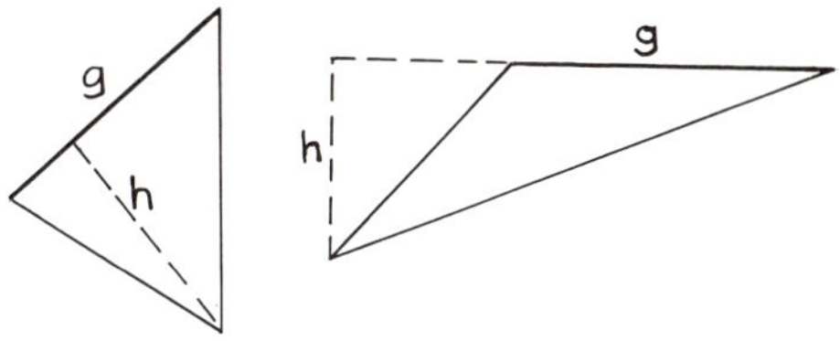

- Zur Erschwerung wird nur g bzw. h in der Zeichnung markiert. Die Schüler müssen die fehlende Größe erst bestimmen und einzeichnen.

Abb. 320:

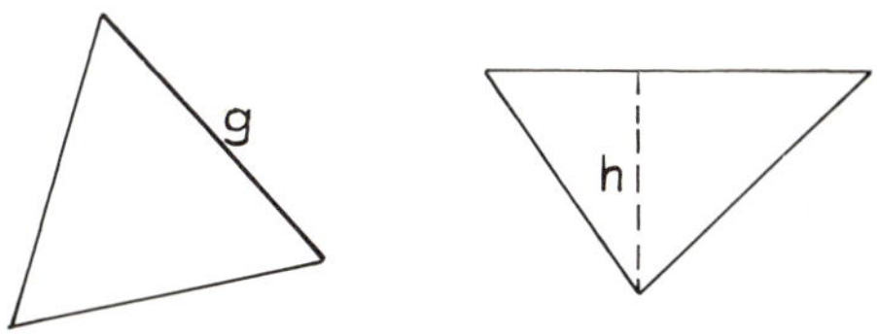

- Durch Umstellen der Formel ist g bzw. h zu berechnen. Dies wird schwächeren Schülern durch verschiedene Notation der Formel erleichtert, da so die gesuchte Größe leichter isoliert werden kann.

$$A_\triangle = \frac{g \cdot h}{2} = \frac{1}{2} \cdot g \cdot h = \frac{g}{2} \cdot h = g \cdot \frac{h}{2}$$

Abb. 321:

g	7 cm	9 cm	□ cm
h	3 cm	□ cm	5 cm
$A_\triangle$	□ cm^2	18 cm^2	15 cm^2

- Die Größen der Dreiecksseiten sind nicht gegeben, sondern müssen (z. B. aus u) erst errechnet werden.

Beispiel: Ein Grundstück hat die Form eines gleichseitigen Dreiecks und einen Umfang von 210 m. Fertige eine maßstabsgetreue Skizze an, trage die Höhe ein und miß deren Länge. Berechne den Flächeninhalt des Dreiecks.

u = 210 m h = 59 m (gemessen)

s = 70 m A_Δ = 2065 m²

6.3.2.7 Themenbereiche für Sachaufgaben

- Dreieckiges Grundstück (Acker) wird gegen flächeninhaltsgleiches rechteckiges Grundstück getauscht (h bzw. g gesucht).
- Dreieckige Tischplattte wird neu furniert (mit Mosaiksteinen ausgelegt).
- Dachgiebel (bzw. ganze Giebelseite eines Hauses) wird neu mit Brettern verschalt (verputzt, gestrichen).
- Atelierfenster im Dachgeschoß wird neu geglast.
- Boden eines Tanzlokals wird mit dreieckigen Mustern ausgelegt.
- Blechbedarf bei dreieckigen Verkehrszeichen
- Dreieckiger Parkplatz wird geteert (Preis).

6.4 Besondere Linien und Punkte im Dreieck

Zu den besonderen Linien und Punkten zählen im Dreieck:

- ► die Mittelsenkrechten → Mittelpunkt des Umkreises
- ► die Winkelhalbierenden → Mittelpunkt des Inkreises
- ► die Höhen → Höhenschnittpunkt
- ► die Seitenhalbierenden → Schwerpunkt des Dreiecks.

6.4.1 Umkreis des Dreiecks

Als Ausgangsproblem dient das Folienbild einer Kartenskizze. Drei Schüler aus verschiedenen Orten wollen sich zu einem Ausflug an einem Punkt treffen, der von ihren Wohnorten gleich weit entfernt ist. Im probierenden Verfahren sollen nun Konstruktionsmöglichkeiten gefunden werden.

Abb. 322:

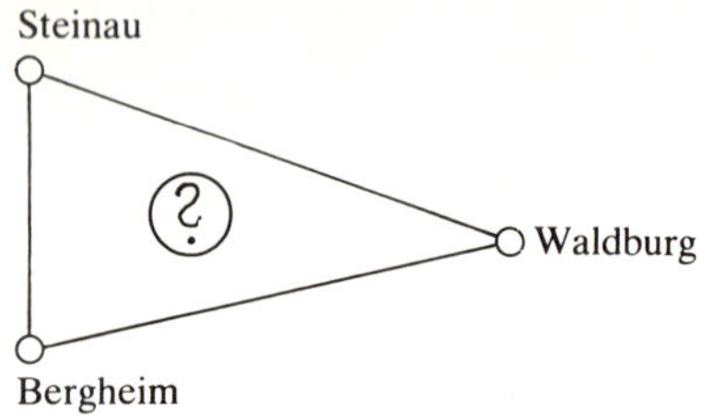

6.4.1.1 Versuch mit der Gummischnur

Auf einem Holzbrett werden die drei Orte B, W und S mit Reißzwecken markiert. Zwischen jeweils zwei der drei Orte wird eine Gummischnur gespannt, in deren Mitte jeweils der Treffpunkt wäre. An den Mittelpunkten der Strecken [BS], [BW] und [WS] wird nun die Gummischnur gleichmäßig nach innen gezogen, bis sie sich berühren. Auf diese handelnde Weise erhält man den ungefähren Treffpunkt.

6.4.1.2 Ermitteln des Treffpunkts durch Falten

In der folgenden Lernsequenz wird für die Schüler das Problem zunächst reduziert auf die Frage: „Gibt es Treffpunkte, die jeweils von zwei Eckpunkten, also von B und S, von B und W, von W und S gleich weit entfernt liegen?“ Für die genauere Ermittlung des Treffpunkts bietet sich die Möglichkeit des Faltens an. Das Dreieck BWS wird an jeder Seite durch Aufeinanderlegen der entsprechenden Eckpunkte gefaltet. Derjenige Punkt, der von B, W und S gleiche Entfernung hat, liegt auf dem Schnittpunkt der Faltlinien, welche die Symmetrieachsen (Mittelsenkrechten) darstellen.

Abb. 323:

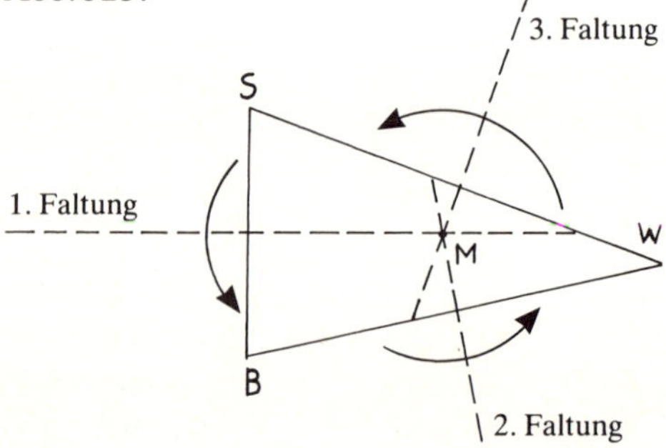

Nun messen die Schüler nach, ob die folgenden Strecken gleiche Entfernung haben. $\overline{BM} = \overline{WM} = \overline{SM}$.

Begründung: Auf jeder dieser drei Faltlinien sind die zugehörigen Eckpunkte jeweils gleich weit von der Faltlinie entfernt. Deshalb muß der Schnittpunkt dieser Faltlinien von allen drei Eckpunkten B, W und S die gleiche Entfernung haben.

6.4.1.3 Konstruktion des Umkreismittelpunktes

Durch den zeichnerischen Nachvollzug des Faltens wird der Mittelpunkt M gefunden. Die Schüler konstruieren jeweils die Mittelsenkrechte, die mit der Symmetrieachse einer Strecke identisch ist (siehe 2.5.1.2, S. 77).

Im arbeitsteiligen Verfahren zeichnet die eine Gruppe der Schüler die Spiegelachse bzw. die Mittelsenkrechte zu den Strecken [BS], [BW] und [WS] auf durchsichtiges Papier. Die andere Gruppe verwendet Klarsichtfolien.

Alle drei Folienstücke bzw. Papierstücke werden nun auf die Dreiecksfigur BWS aufgelegt. Ersetzen wir die Punkte B, W und S durch A, B und C, so können wir die Mittelsenkrechten des Dreiecks jetzt mit m_a, m_b und m_c angeben.

Alle drei Punkte A, B und C sind von M gleich weit entfernt. Sie liegen auf dem Kreis um M, da $\overline{MA} = \overline{MB} = \overline{MC} = r$.

Abb. 324:

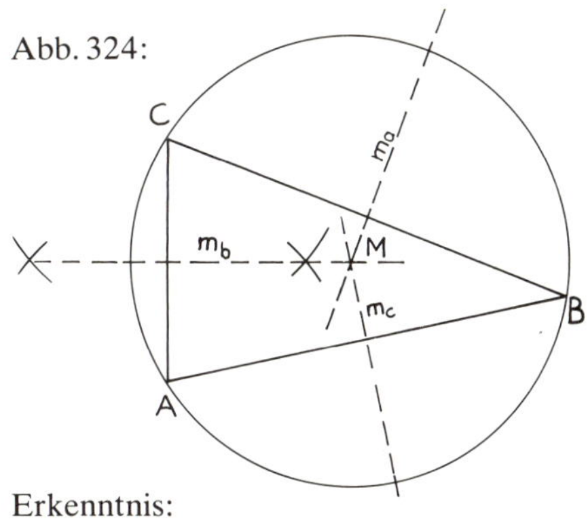

Erkenntnis:

Die drei Mittelsenkrechten m_a, m_b und m_c schneiden sich in einem Punkt, dem *Umkreismittelpunkt M* des Dreiecks.

6.4.1.4 Wanderung des Umkreismittelpunktes

Die Schüler schneiden mehrere spitzwinklige, rechtwinklige und stumpfwinklige Dreiecke aus und bestimmen durch Falten jeweils den Umkreismittelpunkt.

Der Schnittpunkt der Mittelsenkrechten liegt beim spitzwinkligen Dreieck innerhalb und beim rechtwinkligen Dreieck auf der längsten Seite, der Hypotenuse. Beim stumpfwinkligen Dreieck schneiden sich die Faltlinien nicht, der Schnittpunkt liegt daher vermutlich außerhalb.

Nach der Konstruktion der Mittelsenkrechten ergibt sich die Lage des Umkreismittelpunktes:

Abb. 325:

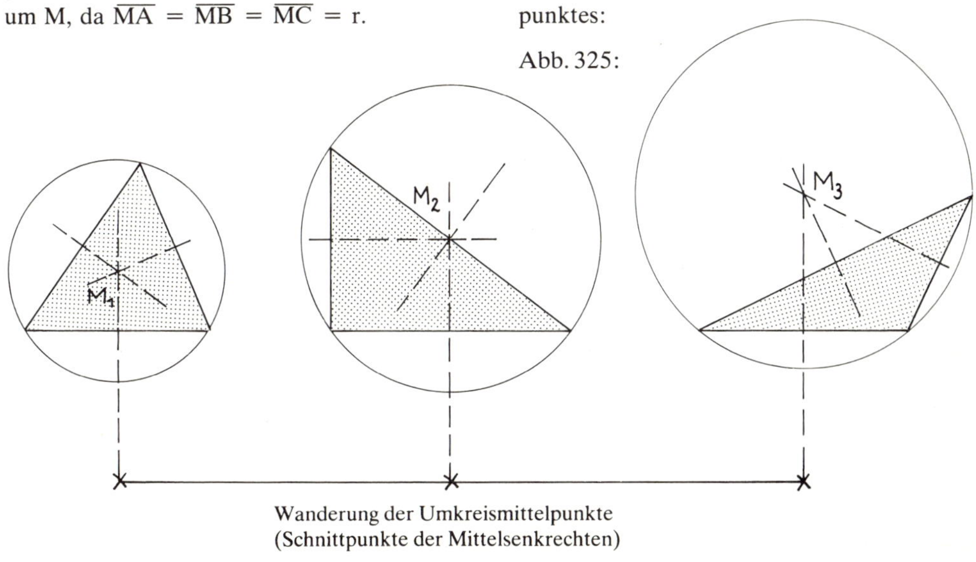

Wanderung der Umkreismittelpunkte
(Schnittpunkte der Mittelsenkrechten)

6.4.1.5 Der Umkreismittelpunkt bei rechtwinkligen Dreiecken

Mit dem Schnittpunkt der Mittelsenkrechten bei rechtwinkligen Dreiecken sollte man sich intensiver befassen.

Es ergibt sich:

Unabhängig von der Lage des rechten Winkels liegt der Schnittpunkt stets im Mittelpunkt der längsten Seite des Dreiecks, der Hypotenuse.

6.4.1.6 Satz des Thales

Nicht unerwähnt bleiben darf in diesem Zusammenhang die Tatsache, daß der Umkreis des rechtwinkligen Dreiecks zugleich der Thales-Kreis ist.

Er besagt:

Jeder Winkel, dessen Schenkel durch A und B gehen und dessen Scheitelpunkt auf dem Umfang des Halbkreises über der Strecke [AB] liegt, ist ein rechter Winkel.

Abb. 326:

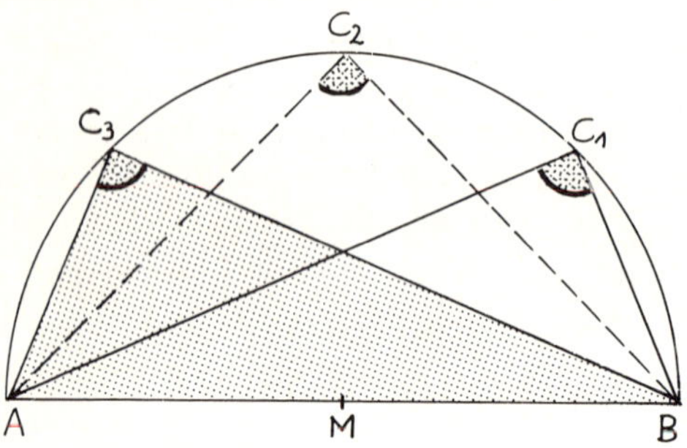

6.4.1.7 Übungen zum Umkreis

● Bestimmen des Kreismittelpunktes

Die zeichnerische Lösung sieht so aus, daß in den Kreis ein beliebiges Dreieck einzuzeichnen ist. Die drei Seiten des Dreiecks stellen zugleich die Sehnen dar, auf denen die Mittelsenkrechten zu errichten sind. Ihr Schnittpunkt ist der Mittelpunkt des Kreises (Umkreises).

Abb. 327:

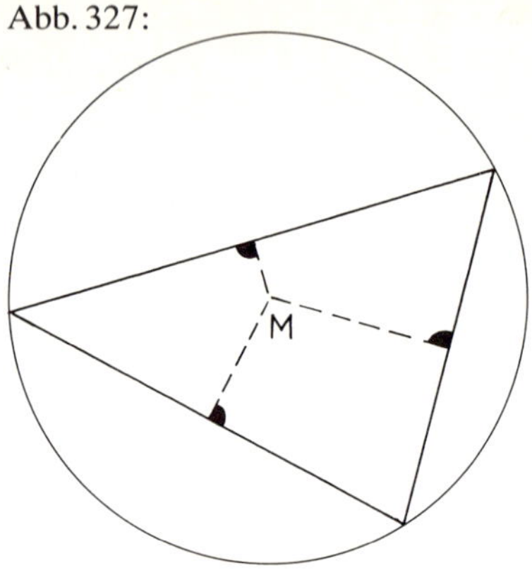

● Konstruktion von Dreiecken

Mit Hilfe des Umkreises und zweier gegebener Größen können Dreiecke konstruiert werden:
Beispiel: Zeichne ein Dreieck aus $c = 6$ cm; $r = 4$ cm; $\beta = 75°$

Konstruktionsschritte:

1. Zeichne $c = 6$ cm und trage den $\sphericalangle \beta = 75°$ in Punkt B an!
2. Der Umkreismittelpunkt ist der Schnittpunkt der Mittelsenkrechten von c und des Kreisbogens um A mit r
3. Der Umkreis um M mit $r = 4$ cm schneidet den freien Schenkel des Winkels β im Punkt C.

Abb. 328:

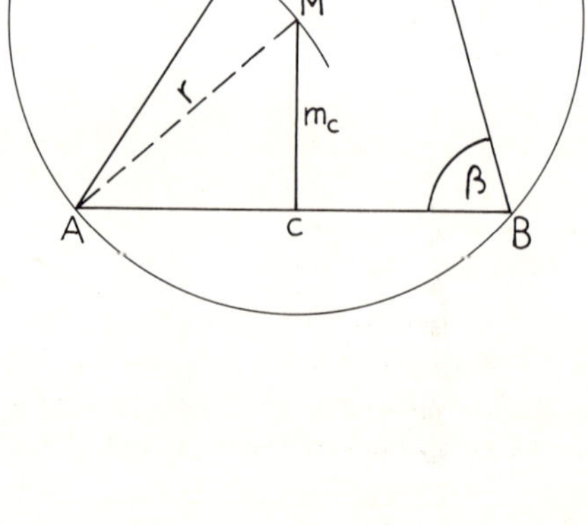

● Sachaufgabe zum Umkreis

Als praktisches Anwendungsbeispiel für die Konstruktion des Umkreismittelpunktes könnte folgende Aufgabe gestellt werden: Eine Firma möchte ihre Zweigstelle im Raum Stuttgart, München, Nürnberg in einer Kleinstadt errichten, die von allen drei Großstädten aus möglichst gleich weit entfernt liegt.

Im Gitternetz sind folgende Punkte durch ihre Koordinaten bestimmt:
S (0/3,7) – M (8,9/0) – N (7,1/7,2)
Donauwörth (6/3,5)
Dillingen (4,9/2,8)
Welche Kleinstadt kommt als möglicher Standort in Frage?

Abb. 329:

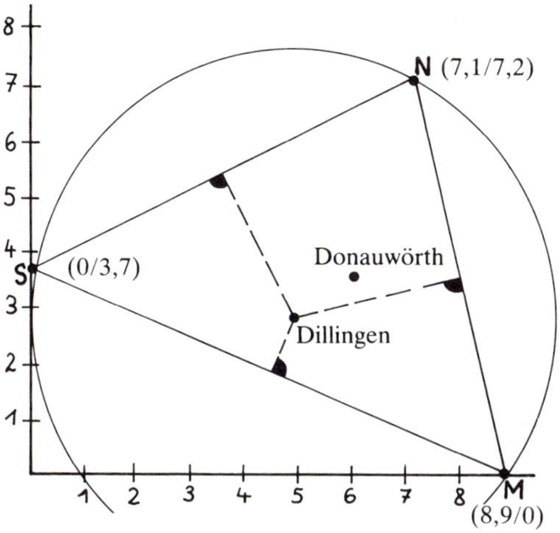

6.4.2 *Inkreis des Dreiecks*

6.4.2.1 Einführungsphase

Der Schüler hat gelernt, wie man den Umkreis eines Dreiecks konstruiert. Nun könnte die mathematische Problemfrage so gestellt werden:
Kannst du auch einen in ein Dreieck einbeschriebenen Kreis zeichnen, der die drei Seiten des Dreiecks berührt?
Als konkreter Einstieg bietet sich als Ausgangssituation ein Sachproblem an:
In einer Parkanlage befindet sich ein dreieckiges Grundstück, an das drei Gehwege grenzen. Die Gartenbaudirektion beabsichtigt, auf diesem Grundstück einen kreisförmigen Teich anzulegen, der möglichst nahe an alle drei Wege reichen soll. In der Mitte des Teiches soll ein Springbrunnen angelegt werden. Wo liegt der Mittelpunkt M?

Abb. 330:

Folienbild:

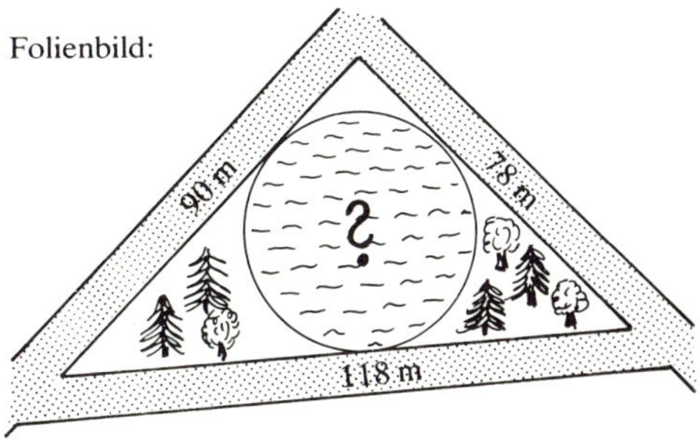

Die Schüler probieren bei verschieden großen Dreiecken aus, einen Kreis einzuzeichnen, der die drei Seiten berührt.
Als Hinführung werden zunächst bei verschieden großen Winkelfeldern die Punkte gesucht, die gleich weit von beiden Schenkeln entfernt liegen.
Jedes Winkelfeld wird gefaltet, wobei die Schenkel zur Deckung gebracht werden.
Nach Einzeichnen der Faltlinie messen die Schüler den Abstand beliebiger Punkte auf der Faltlinie zu den Schenkeln ab.

Abb. 331:

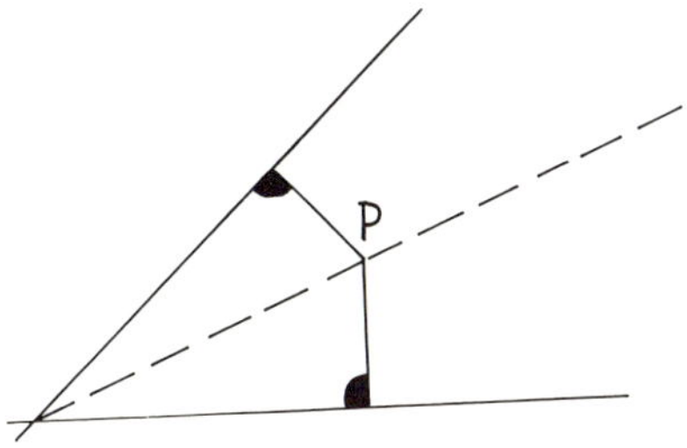

Erkenntnis:

Alle Punkte auf der Faltlinie (Winkelhalbierenden) haben zu den Schenkeln gleichen Abstand.

Der Schüler schneidet nun Dreiecke aus und versucht, durch geschicktes Falten den Mittelpunkt des Kreises zu finden.

Beginne mit einer Ecke (z. B. A) und falte das Dreieck so, daß die anliegenden Seiten b und c zur Deckung gebracht werden. Verfahre mit den Winkelfeldern β und γ ebenso! Der Schnittpunkt der drei Faltlinien ist der Mittelpunkt W des Inkreises.

Abb. 332:

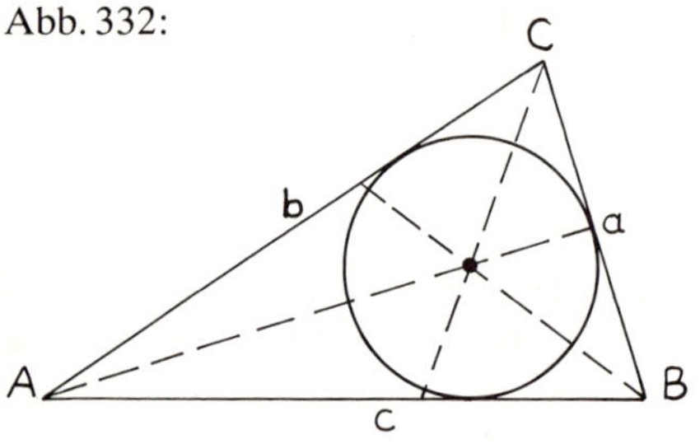

6.4.2.2 Konstruktion des Inkreises

Der Lehrer sollte gegebenenfalls die Konstruktion der Winkelhalbierenden wiederholen (siehe 2.5.1.6, S. 78).
Durch Falten des Dreiecks wurden die Winkelfelder α, β und γ halbiert. Diese Tatsache muß auch für die Konstruktion des Inkreises gelten, und wir zeichnen in das Dreieck die drei Winkelhalbierenden ein.

Abb. 333:

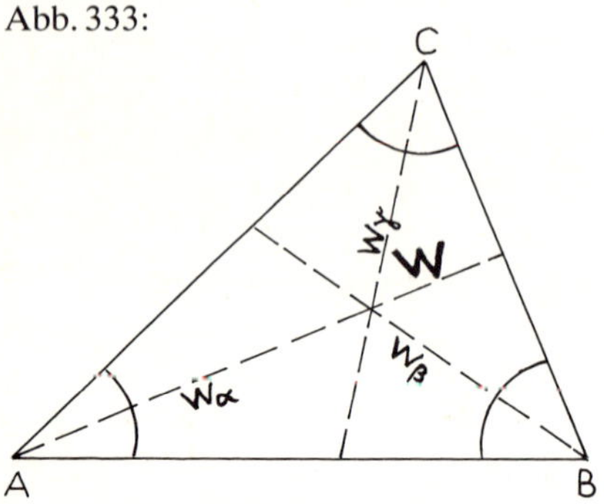

w_α = Winkelhalbierende von α
w_β = Winkelhalbierende von β
w_γ = Winkelhalbierende von γ

Ergebnis:

Die Winkelhalbierenden w_α, w_β und w_γ schneiden sich in einem Punkt W.

Nun sollen in ein weiteres Dreieck erneut die Winkelhalbierenden eingezeichnet werden, die allerdings im Punkt W enden. Vom Schnittpunkt W aus fällt man die Lote auf die Seiten a, b und c. Welche Besonderheit tritt in bezug auf die Länge der Lote wieder auf?
Ergebnis:

Die Lote sind gleich lang.
Folgerung: Der Punkt W ist der Inkreismittelpunkt des Dreiecks.

Abb. 334:

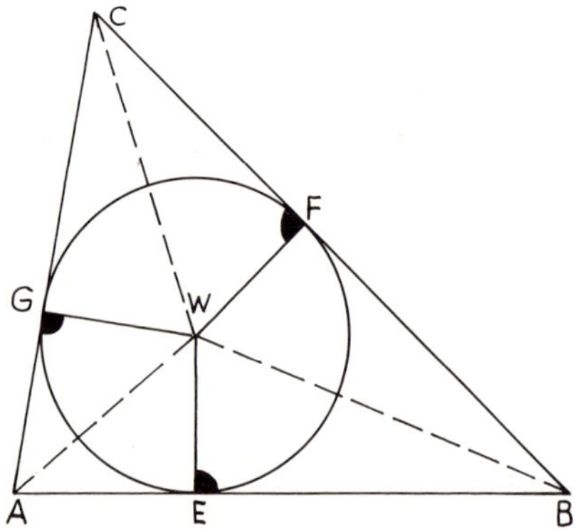

Radius des Inkreises:

$\overline{EW} = \overline{FW} = \overline{GW} = r$

Punkt W hat von a und c, von a und b, von b und c den gleichen Abstand (Symmetrie), also auch von a, b und c den gleichen Abstand.
Die Fußpunkte der Lote von W auf die Seiten des Dreiecks liegen auf einem Kreis, dem Inkreis des Dreiecks.

6.4.3 Schwerpunkt des Dreiecks

Im allgemeinen Sprachgebrauch taucht der Begriff Schwerpunkt häufig auf. Ein Jongleur muß beim Hochwerfen der Kegel ihren Schwerpunkt beachten. Ein Turnlehrer setzt den Helfergriff (Trage-Schiebe-Griff) beim Körperschwerpunkt an. Schließlich muß ein Balkongeländer mindestens 90 cm hoch sein. Beugt sich eine Person über das Geländer, so liegt der Körperschwerpunkt noch innerhalb des Balkonbereiches.

6.4.3.1 Konkretes Erfahren des Schwerpunkts

Eine Möglichkeit, die Schwerelinien eines Dreiecks handelnd zu erarbeiten, soll hier aufgezeigt werden:

- Schneide mehrere Dreiecke aus Zeichenpapier oder Karton aus.
- Fertige mit Bindfaden und Kugel (Radiergummi) ein Senklot an.
- Stich in die Ecken des Dreiecks Löcher ein.
- Hänge Dreieck und Lot an eine Nadel.
- Schwinge das Dreieck hin und her und lasse es dann auspendeln.
- Partner markiert am Senklot entlang Linie auf dem Dreieck.
- Verfahre mit den beiden anderen Eckpunkten ebenso.

Variante: Man sticht nun mit der Zirkelspitze in den Eckpunkten des Geo-Dreiecks A (B, C) ein, läßt das Geo-Dreieck auspendeln und drückt es gegen einen senkrecht stehenden Block, auf dem eine Folie befestigt ist. Umfahre jetzt den Umriß des Geo-Dreiecks mit einem Folienstift und befestige auf dem Block (mit Folie) in A (B, C) ein Senklot. Ziehe auf der Folie am Senklot entlang eine Linie.
Alle drei Folienstücke werden aufeinandergelegt. Der Schnittpunkt der Schwerelinien ergibt den Schwerpunkt des Geo-Dreiecks. Je zwei Schüler arbeiten immer zusammen.

Abb. 335:

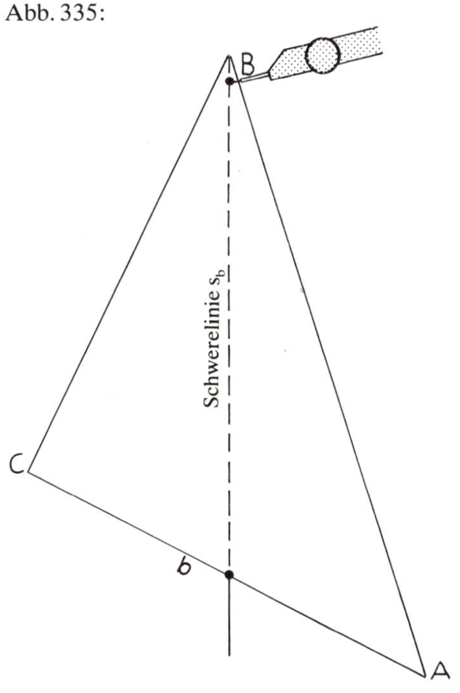

Ergebnis:

1. Die Dreiecke pendeln sich unterschiedlich aus.
2. Vergleichende Messungen ergeben, daß die Schwerelinien die gegenüberliegenden Seiten in deren Mittelpunkt schneiden (= Seitenhalbierende).
3. Die Schwerelinien schneiden sich in einem Punkt, dem Schwerpunkt des Dreiecks.

6.4.3.2 Konstruktion des Schwerpunkts

Daraus folgt für die Konstruktion: Der Schüler zeichnet ein Dreieck und verbindet jede Ecke mit der Mitte der entsprechenden Gegenseite.

Ergebnis:

Die Seitenhalbierenden (Schwerelinien) s_a, s_b und s_c schneiden sich in einem Punkt, dem Schwerpunkt des Dreiecks.

Abb. 336:

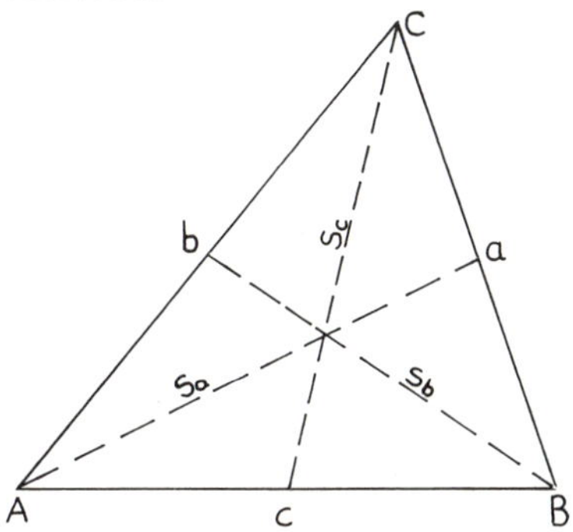

6.4.3.3 Streckenverhältnis bei Seitenhalbierenden

Die Schüler zeichnen nun in ein spitzwinkliges, rechtwinkliges und stumpfwinkliges Dreieck die Seitenhalbierenden ein. Der Schwerpunkt teilt die Seitenhalbierenden in einem bestimmten Verhältnis, das die Schüler durch Abmessen der einzelnen Abschnitte tabellarisch ermitteln können.

Abb. 337:

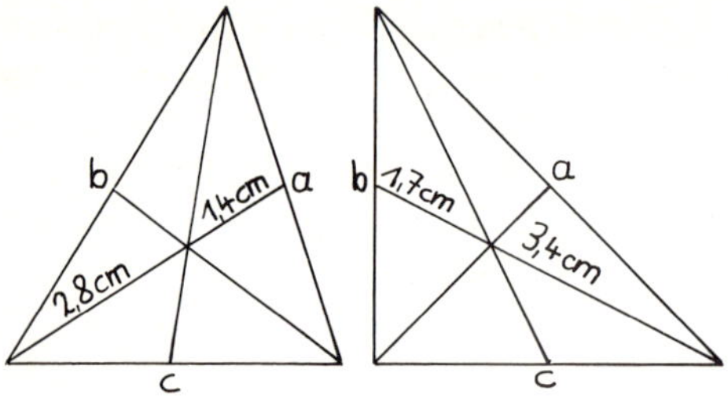

spitzwinkliges Dreieck

s_a:	2,8 cm	1,4 cm
s_b:	2,5 cm	1,25 cm
s_c:	2,4 cm	1,2 cm

rechtwinkliges Dreieck

s_a:	2,1 cm	1,05 cm
s_b:	3,4 cm	1,7 cm
s_c:	3,4 cm	1,7 cm

$$\frac{2{,}8\text{ cm}}{1{,}4\text{ cm}} = \frac{2{,}5\text{ cm}}{1{,}25\text{ cm}} = \frac{2{,}4\text{ cm}}{1{,}2\text{ cm}} = \frac{2{,}1\text{ cm}}{1{,}05\text{ cm}} =$$

$$\frac{3{,}4\text{ cm}}{1{,}7\text{ cm}} = \frac{3{,}4\text{ cm}}{1{,}7\text{ cm}} = \frac{2}{1} = 2:1$$

Der Schwerpunkt teilt die Seitenhalbierenden im Verhältnis 2:1.

Der Merksatz läßt sich auch anders formulieren: Der Schwerpunkt S ist von der jeweiligen Seitenmitte halb so weit entfernt wie von der gegenüberliegenden Ecke.

Das gleiche Streckenverhältnis von 2:1 trifft auf alle Seitenhalbierenden eines Dreiecks zu.

6.4.4 Höhenschnittpunkt

6.4.4.1 Konstruktion des Höhenschnittpunkts

Alle Linien im Dreieck wurden bisher betrachtet, nur die Höhen nicht. Die Vermutung eines Höhenschnittpunktes wird überprüft. Die Schüler zeichnen spitzwinklige Dreiecke und tragen die Höhen ein, fällen also von jeder Ecke das Lot auf die Gegenseite (Konstruktion: siehe 2.5.1.3, S. 78).

Abb. 338:

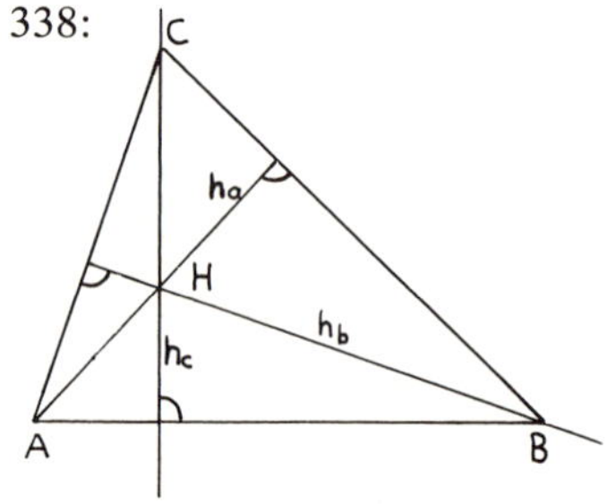

Ergebnis:

Die Lote (Höhen) schneiden sich in einem Punkt, dem Höhenschnittpunkt H.

6.4.4.2 Wanderung des Höhenschnittpunkts

Zu Übungszwecken und zur Weckung neuer Einsichten werden auf einem Arbeitsblatt mehrere spitz- und stumpfwinklige Dreiecke und ein rechtwinkliges Dreieck vorgegeben. Der Schüler soll nun durch Einzeichnen der Höhen erkennen, wie der Höhenschnittpunkt nach außen wandert, und seine Erkenntnisse schriftlich festhalten.

Abb. 339:

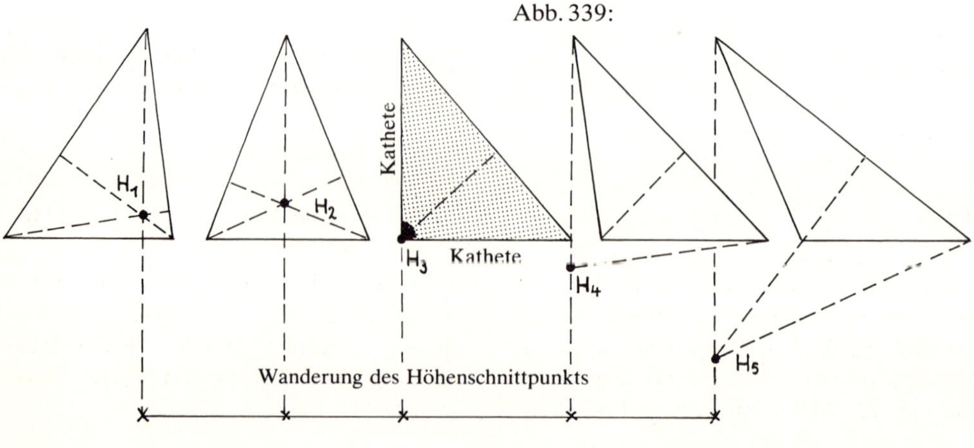

Wir fassen zusammen:

Beim spitzwinkligen Dreieck liegt der Höhenschnittpunkt innerhalb des Dreiecks, beim stumpfwinkligen außerhalb des Dreiecks. Während bei den Mittelsenkrechten der Übergang der Schnittpunkte in der Mitte der Hypotenuse liegt, so befindet er sich bei den Höhen im Schnittpunkt der Katheten.

6.5 Lehrsätze am rechtwinkligen Dreieck

6.5.1 Lehrsatz des Pythagoras

Es gibt eine Vielzahl von Beweisen für diesen Lehrsatz, wovon nur diejenigen aufgeführt werden, die relativ einfach und einleuchtend zu erklären sind. Der Lehrsatz des Pythagoras gilt *nur* für rechtwinklige Dreiecke.

6.5.1.1 Bezeichnungen am rechtwinkligen Dreieck

Die Schüler zeichnen rechtwinklige Dreiecke und beschriften sie. Die korrekten Bezeichnungen werden wiederholt.

Abb. 340:

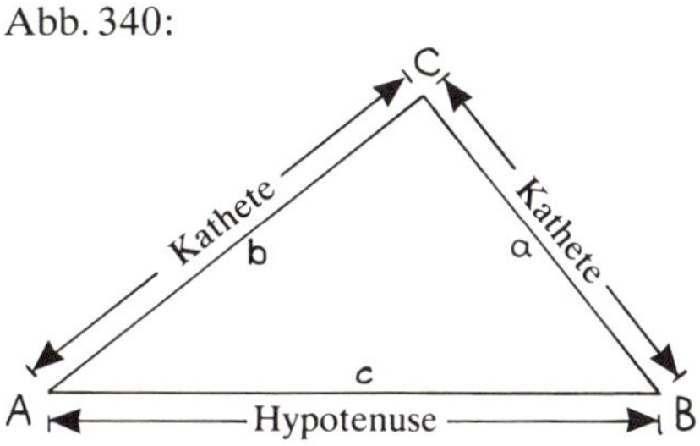

Man bezeichnet zunächst die längste Seite mit c (Hypotenuse). Dann legt man die Katheten a und b so fest, daß die Seitenfolge linksherum gelesen a, b, c ergibt! (Wenn nichts anderes festgelegt wird, gilt als Vereinbarung in der Geometrie stets die Linksdrehung.)

Hinweis:

Selbstverständlich muß der rechte Winkel nicht immer γ sein, auch α und β können 90°-Winkel sein. Um aber die Schüler bei der Erarbeitung der Formel für den Lehrsatz des Pythagoras ($a^2 + b^2 = c^2$) nicht zu verwirren, wird als 90°-Winkel immer γ gewählt.

6.5.1.2 Einzeichnen der Einheitsquadrate

Auf den Seiten eines rechtwinkligen Dreiecks (a = 3 cm; b = 4 cm; c = 5 cm) werden Quadrate errichtet und deren Flächeninhalte verglichen. Dazu werden in die einzelnen Quadrate Einheitsquadrate (1 cm^2) eingezeichnet und deren Anzahl bestimmt.

Abb. 341:

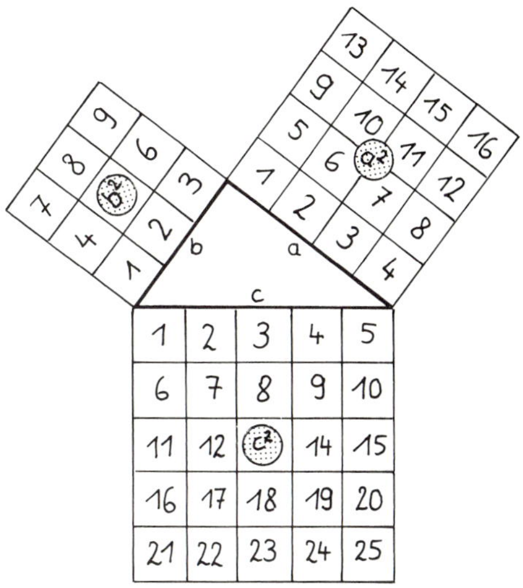

Wir erkennen:

In einem rechtwinkligen Dreieck ist die Summe der Flächeninhalte der Quadrate über den Katheten gleich dem Flächeninhalt des Quadrats über der Hypotenuse.

$16\ cm^2 + 9\ cm^2 = 25\ cm^2$

$$a^2 + b^2 = c^2$$

Es bleibt zu überprüfen, ob dieser – nach dem griechischen Philosophen Pythagoras benannte – *Pythagoreische Lehrsatz* nur für diesen konkreten Fall oder ganz allgemein für rechtwinklige Dreiecke gilt.

6.5.1.3 Ableitung durch Zerlegen der Kathetenquadrate

Für praktisch begabte Schüler sind die folgenden Beweise geeignet. Die beiden Kathetenquadrate werden zerschnitten und zu einem gleich großen Hypotenusenquadrat zusammengesetzt.

- Zeichne ein gleichschenklig-rechtwinkliges Dreieck mit c = 5 cm. Halbiere das Kathetenquadrat a^2 durch eine Waagrechte und das Kathetenquadrat b^2 durch eine Senkrechte. Schneide die Teilflächen aus und lege sie zu einem Hypotenusenquadrat zusammen.
  Was stellt man fest?

Abb. 342:

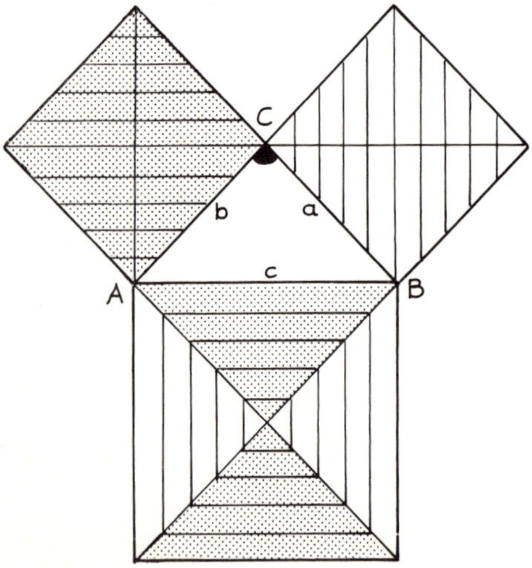

- Zeichne ein beliebiges rechtwinkliges Dreieck mit c = 4,5 cm. (Thales-Kreis)
  Ziehe durch den Mittelpunkt des größeren Kathetenquadrates eine Parallele und eine Senkrechte zur Hypotenuse c.
  Zerschneide a^2 und lege mit den Teilstükken und b^2 die Fläche des Hypotenusenquadrates aus.

Abb. 343:

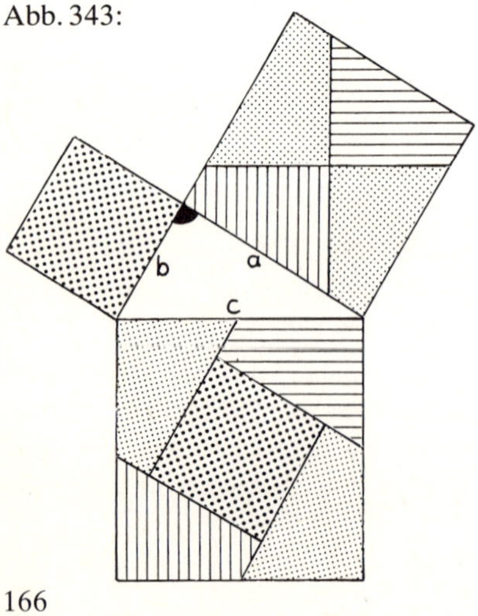

6.5.1.4 Abbildungsgeometrische Herleitung

Der folgende Beweis ist leistungsstärkeren Schülern vorbehalten. Vorher sollte aber das flächeninhaltsgleiche Umwandeln eines Rechtecks in ein Parallelogramm und das Drehen von Figuren an einfachen Beispielen wiederholt werden.

1. Rechteck und zugehöriges Parallelogramm sind flächeninhaltsgleich, wenn sie in der Länge der Grundlinie und der Höhe übereinstimmen.

Abb. 344:

$A_{\square} = a \cdot b = g \cdot h$; $A_{\text{▱}} = g \cdot h$

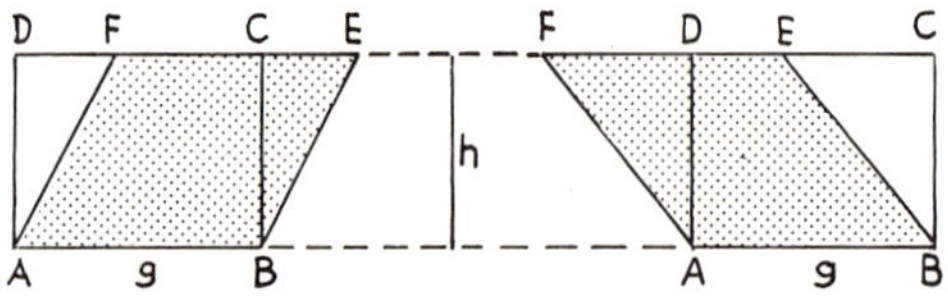

□ABCD = ▱ABEF

2. Drehung um 90° nach rechts:

Abb. 345:

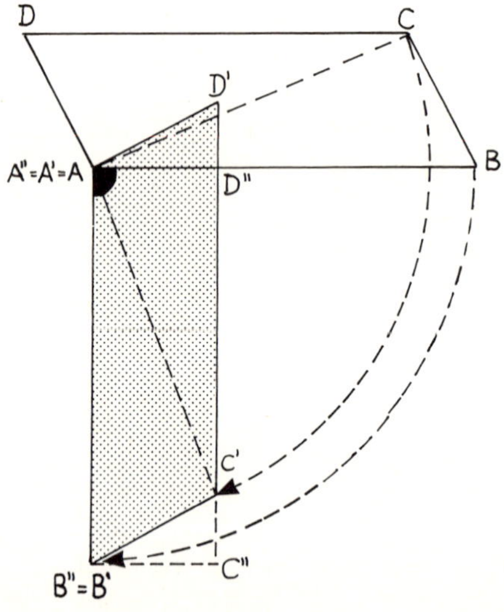

Bei Drehungen sind Urbild und Bildfigur deckungsgleich (kongruent).
Der Drehpunkt ist A.
▱ ABCD = ▱ A′B′C′D′
Jetzt ist es nicht mehr schwer, das Parallelogramm A′B′C′D′ in das Rechteck A″B″C″D″ zu verwandeln.

Auf einem Arbeitsblatt gibt der Lehrer dreimal je zwei Dreiecke (a = 4 cm; b = 3 cm; c = 5 cm) mit dazugehörigen Quadraten vor. Nach jeder Verschrägung bzw. Drehung ist die entstandene Bildfigur in die nächste Zeichnung zu übertragen. Zum Schluß ist ersichtlich, daß der Flächeninhalt der beiden Kathetenquadrate so groß ist wie der des Hypotenusenquadrates.

Abb. 346:

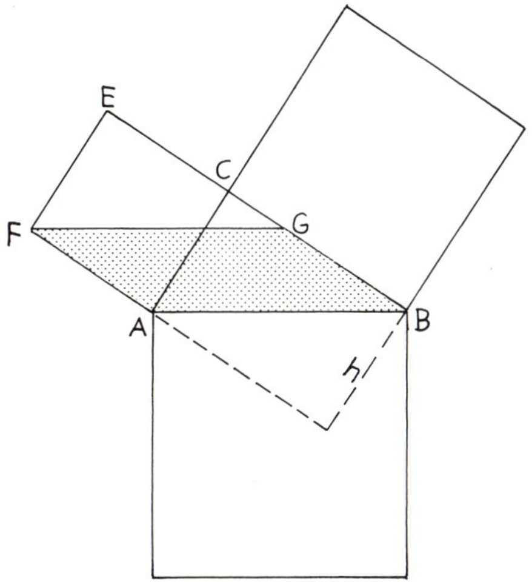

□ ACEF = ▱ ABGF

Kathetenquadrat in flächeninhaltsgleiches Parallelogramm verwandeln!

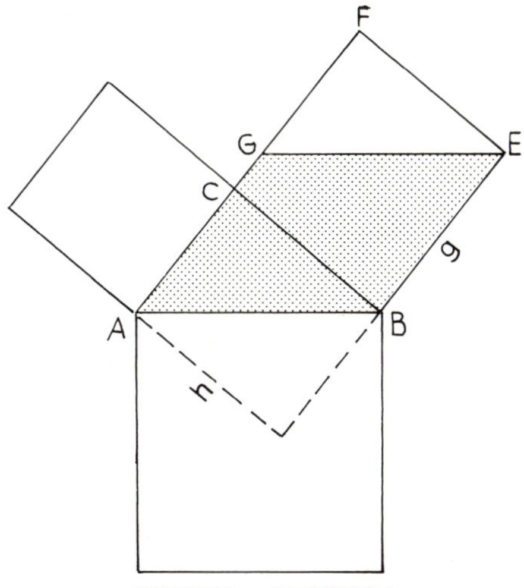

□ BEFC = ▱ BEGA

Aus der Zeichnung ist ersichtlich, daß Quadrat und zugehöriges Parallelogramm gleiche Grundlinie und gleiche Höhe haben.

Nun werden die entstandenen Parallelogramme in das Hypotenusenquadrat hineingedreht und zwar um 90° (Rechts- bzw. Linksdrehung).

Abb. 347:

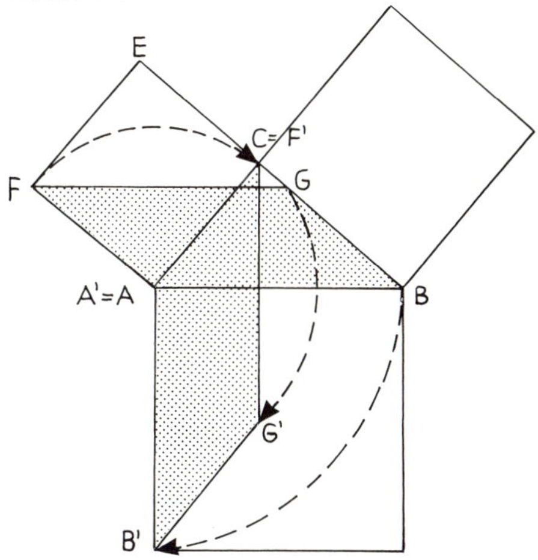

▱ ABGF = ▱ A'B'G'F'

Drehung

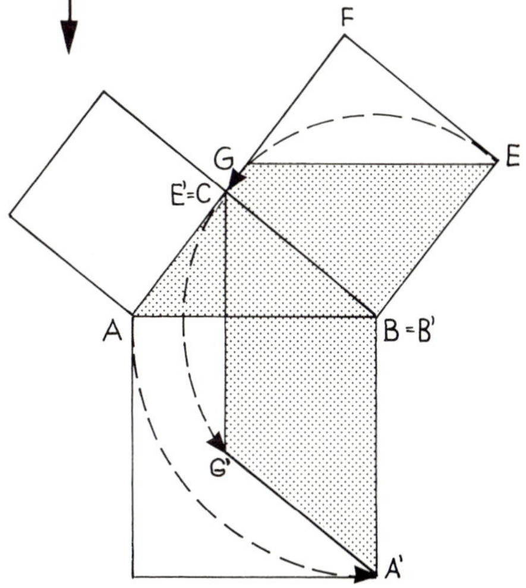

▱ ABEG = ▱ B'E'G'A'

Jetzt können die entstandenen Parallelogramme leicht in flächeninhaltsgleiche Rechtecke verwandelt werden. Parallelogramm und zugehöriges Rechteck haben gleiche Grundlinie und gleiche Höhe.

Abb. 348:

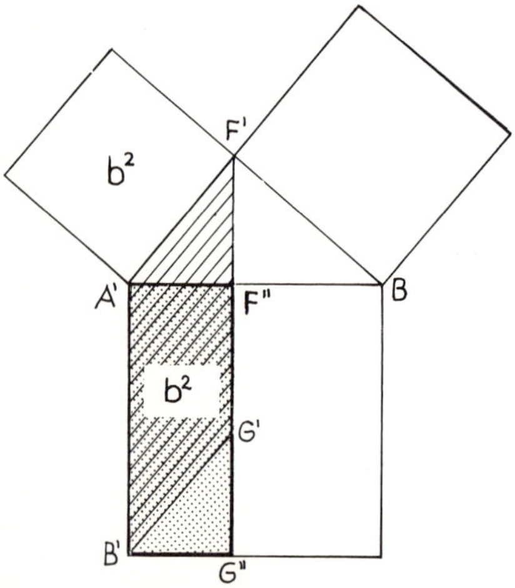

▱ A'B'G'F' = ▭ A'B'G''F''

Parallelogramme
in flächeninhaltsgleiche
Rechtecke
verwandeln!

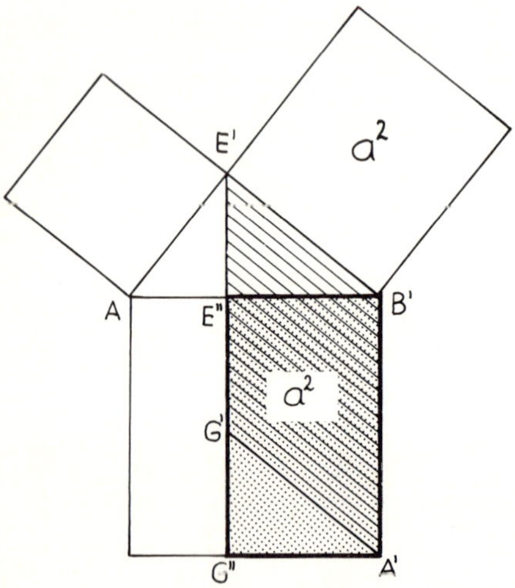

▱ B'E'G'A' = ▭ A'B'E''G''

Die abbildungsgeometrische Beweisführung ist schwierig durchzuführen, hat jedoch den Vorteil, dynamisch zu sein, d. h. sie führt über Formveränderungen (Quadrat-Parallelogramme-Rechteck) bei Konstanz des Flächeninhalts zum gewünschten Ziel.

$$a^2 + b^2 = c^2$$

6.5.1.5 Grundaufgaben zum pythagoreischen Lehrsatz

Für die Berechnung der Seitenlänge eines rechtwinkligen Dreiecks ist das Wurzelziehen nötig.

$c^2 = 25$
$c = \sqrt{25}$

Anleitung für die Benützung des Rechenstabes:

Stelle auf der x^2-Skala des Rechenstabes mit dem Läufer z. B. 25 ein! Auf der x-Skala findet man die Zahl 5.

Quadratwurzelziehen mit dem Taschenrechner:

Zahl 25 eingeben – Taste $\sqrt{x}$ drücken – Zahl 5 ablesen

Beim pythagoreischen Lehrsatz kommen folgende Grundaufgaben vor:

Die Zahlenbeispiele beziehen sich jeweils auf: a = 6 cm; b = 8 cm; c = 10 cm

– Hypotenuse gesucht

$$a^2 + b^2 = c^2 \Longrightarrow c = \sqrt{a^2 + b^2}$$

$$36 + 64 = c^2 \Longrightarrow c = \sqrt{100} = 10$$
$$c = 10 \text{ cm}$$

– Kathete a gesucht:

$$c^2 - b^2 = a^2 \Longrightarrow a = \sqrt{c^2 - b^2}$$

$$100 - 64 = a^2 \Longrightarrow a = \sqrt{36} = 6$$
$$a = 6 \text{ cm}$$

– Kathete b gesucht:

$$c^2 - a^2 = b^2 \Longrightarrow b = \sqrt{c^2 - a^2}$$

$$100 - 36 = b^2 \Longrightarrow b = \sqrt{64} = 8$$
$$b = 8 \text{ cm}$$

6.5.1.6 Anwendungsaufgaben bei Flächen

Bei vielen Aufgaben zum Lehrsatz von Pythagoras spielt häufig die Höhe eines Dreiecks eine Rolle, weil sie senkrecht auf der Grundlinie steht und somit ein rechtwinkliges Dreieck vorliegt. Der Schüler sollte zudem darauf aufmerksam gemacht werden, daß in den Fällen, in denen bei einer Flächenform ein rechter Winkel vorkommt, der Lehrsatz des Pythagoras angewandt werden kann.

Abb. 349:

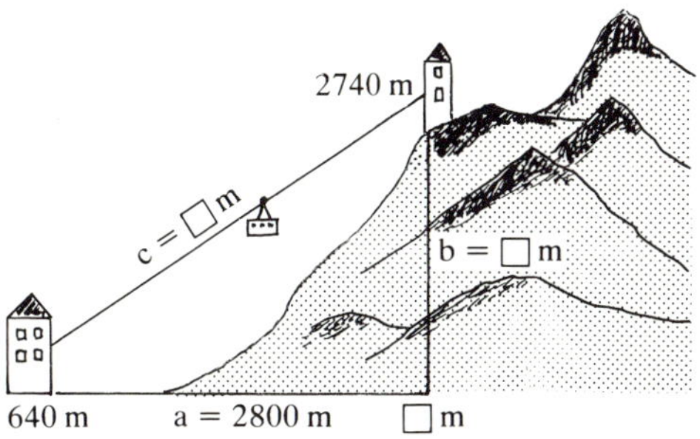

1. Eine Seilbahn führt von der 640 m hoch gelegenen Talstation auf den 2740 m hohen Gipfel eines Berges. Auf der Landkarte ist der Abstand von der Talstation bis zur Bergstation am Gipfel mit 2800 m angegeben. Errechne die Seilbahnlänge in Metern!

   Höhenunterschied: 2740 m – 840 m = 2100 m

   $c^2 = a^2 + b^2$
   $c^2 = 2800^2 + 2100^2$
   $c^2 = 12\,250\,000$
   $c = \sqrt{12\,250\,000}$*
   $c = 3500$
   Die Seilbahnlänge beträgt 3500 m.

2. Ein Grundstück hat die Form eines Trapezes. Berechne Umfang und Flächeninhalt des Trapezes anhand der folgenden Skizze.

* In Taschenrechner 12 250 000 eingeben
$\sqrt{x}$-Zeichen tippen
Zahl 3500 ablesen

Abb. 350:

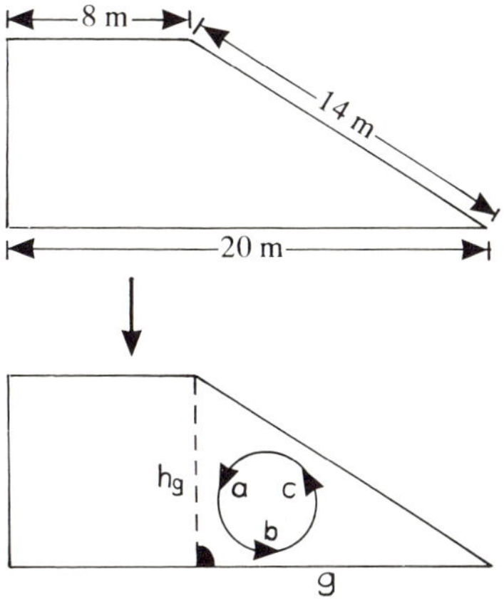

$h_g^2 + 12^2 = 14^2$
$h_g^2 = 14^2 - 12^2$
$h_g^2 = 52$
$h_g = \sqrt{52}$
$h_g = 7{,}21$

$u = a + b + c + d$
$u = 20\,m + 14\,m + 8\,m + 7{,}21\,m$
$u = 49{,}21\,m$

$$A = \frac{g_1 + g_2}{2} \cdot h_g$$

$$A = \frac{20\,m + 8\,m}{2} \cdot 7{,}21\,m$$

$A = 100{,}94\,m^2$

6.5.1.7 Anwendungsaufgaben bei Körpern

Abb. 351:

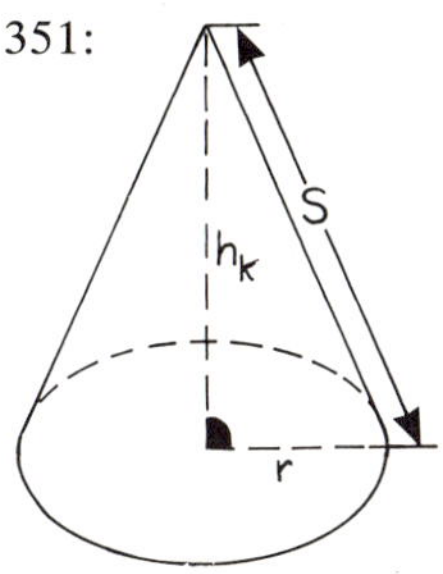

1. Ein Kreiskegel hat folgende Abmessungen:
   Körperhöhe $h_K = 8$ dm;
   Radius $r = 6$ dm
   Wie groß ist die Mantelfläche?

$s^2 = h_k^2 + r^2$
$s^2 = 8^2 + 6^2$
$s = \sqrt{100}$
$s = 10$

$$M = \frac{u \cdot s}{2}$$

$$M = \frac{12 \cdot 3{,}14 \cdot 10}{2}$$

$M = 188{,}4$

Die Mantelfläche beträgt 188,40 dm^2.

Abb. 352:

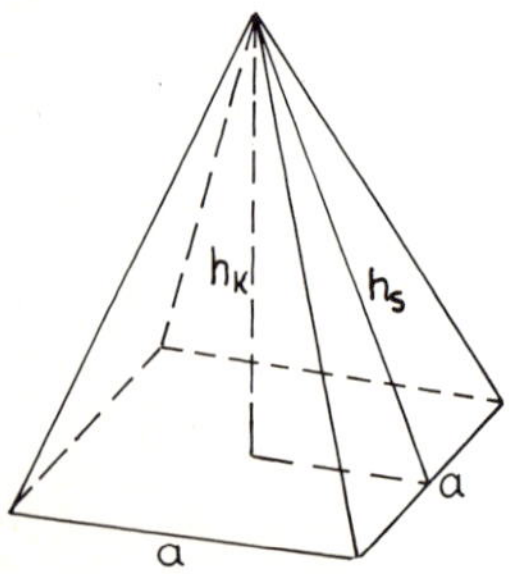

2. Eine quadratische Pyramide hat eine Grundfläche von 36 dm^2.
   a) Berechne die Körperhöhe der Pyramide, wenn der Flächeninhalt des Seitendreiecks 10,20 dm^2 beträgt!
   b) Wie groß ist das Volumen der Pyramide?

a) $a^2 = 36.$
$a = \sqrt{36}$
$a = 6$
$\frac{a}{2} = 3$

$$\frac{a \cdot h_s}{2} = A$$

$$\frac{6 \cdot h_s}{2} = 10{,}20$$

$h_s = 3{,}4$
$h_k^2 + (\frac{a}{2})^2 = h_s^2$
$h_k^2 + 3^2 = 3{,}4^2$
$h_k^2 = 2{,}56$
$h_k = \sqrt{2{,}56}$
$h_k = 1{,}6$

b) $$V = \frac{a^2 \cdot h_k}{3} = \frac{6 \cdot 6 \cdot 1{,}6}{3} = 19{,}2$$

Das Volumen der Pyramide beträgt 19,2 dm^3.

6.5.2 Lehrsatz des Euklid

Zeichne ein rechtwinkliges Dreieck aus den Seiten $a = 4$ cm, $b = 3$ cm und trage die Höhe h_c ein. Die Verlängerung der Höhe teilt das Hypotenusenquadrat in zwei Rechtecke. Die Hypotenusenabschnitte heißen q und p. Vergleiche den Flächeninhalt des Kathetenquadrates mit dem der zugehörigen Rechtecksfläche. Was stellst du fest?

Abb. 353:

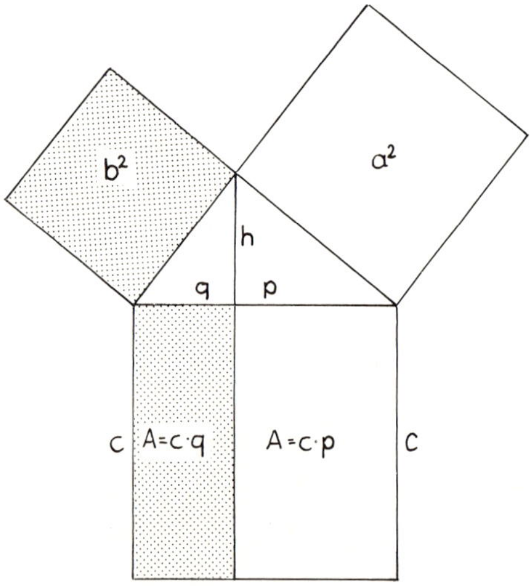

Kathetensatz von Euklid:

Im rechtwinkligen Dreieck ist das Kathetenquadrat flächeninhaltsgleich dem Rechteck aus der Hypotenuse und dem anliegenden Hypotenusenabschnitt.

$a^2 = c \cdot p$	$b^2 = c \cdot q$

Der abbildungsgeometrische Beweis für den Lehrsatz des Pythagoras gilt auch als Beweis für den Lehrsatz des Euklid. Das Kathetenquadrat ist flächeninhaltsgleich dem zugehörigen Rechteck – erzeugt durch Scherung, Drehung, Scherung – im Hypotenusenquadrat.

6.5.3 Höhensatz

Zeichne ein rechtwinkliges Dreieck mit $c = 6$ cm, trage die Höhe $h_c = 2{,}6$ cm ein und errichte über der Höhe ein Quadrat. Konstruiere ferner ein Rechteck aus den Hypotenusenabschnitten q und p. Miß die Seiten des Quadrats und des Rechtecks ab und berechne ihren Flächeninhalt! Was kann festgestellt werden?

Abb. 354:

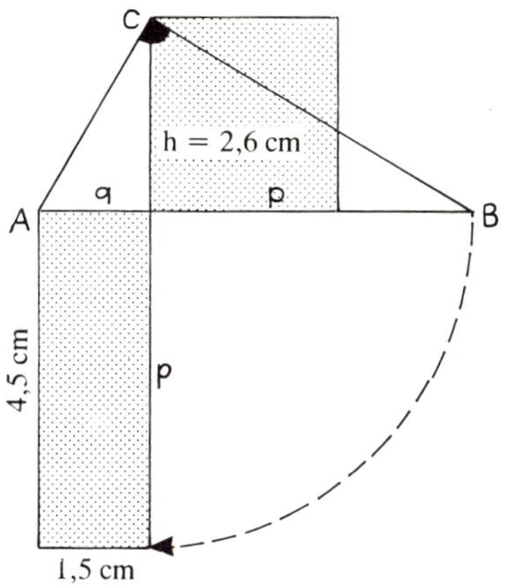

Flächeninhalt des Quadrats:

$$h^2 = 2{,}6 \cdot 2{,}6$$
$$= 6{,}76 \approx 6{,}8;\ h^2 \approx 6{,}8\ \text{cm}^2$$

Flächeninhalt des Rechtecks:

$$q \cdot p = 1{,}5 \cdot 4{,}5$$
$$= 6{,}75 \approx 6{,}8;\ A_{▭} \approx 6{,}8\ \text{cm}^2$$
$$\rightarrow A_{\square} = A_{▭}$$

Höhensatz:

In jedem rechtwinkligen Dreieck ist das Quadrat über der Höhe flächeninhaltsgleich dem Rechteck aus den beiden Hypotenusenabschnitten.

$$\boxed{h^2 = q \cdot p}$$

7. Vielecke

Geschlossene ebene Figuren mit geradlinigen Begrenzungslinien werden Vielecke oder Polygone genannt. Vielecke werden durch die Anzahl ihrer Eckpunkte charakterisiert. Sie werden nach der Anzahl der Eckpunkte bezeichnet. Ein Vieleck mit fünf Eckpunkten wird Fünfeck bezeichnet. Je zwei Eckpunkte, die nicht Endpunkte ein und derselben Seiten sind, bestimmen eine Diagnonale.
Regelmäßige Vielecke besitzen n gleich lange Seiten und n gleich große Innenwinkel.

7.1 Unregelmäßige Vielecke

7.1.1 Formenkundliche Betrachtung von unregelmäßigen Vielecken

7.1.1.1 Entstehung von Vielecken

Wie in 5.1.1, 5.1.2 und 5.1.3 (Seite 114 f.) sind auch hier bunte Folienteile angebracht, die auf dem Tageslichtprojektor aufeinandergelegt werden können.
Mit drei Winkelfeldern lassen sich folgende Vielecke herstellen:

Abb. 355:

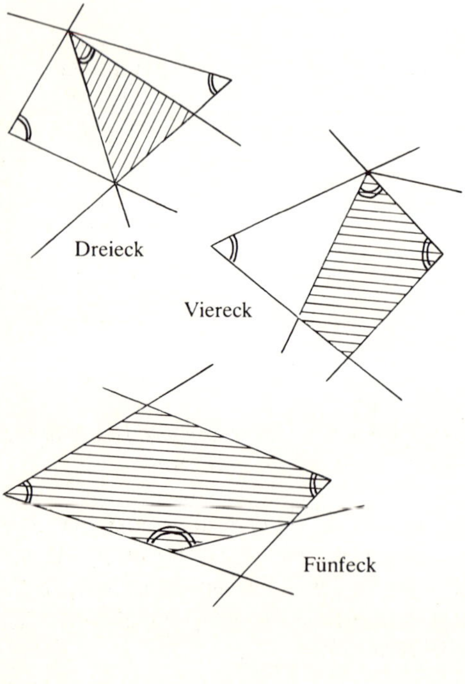

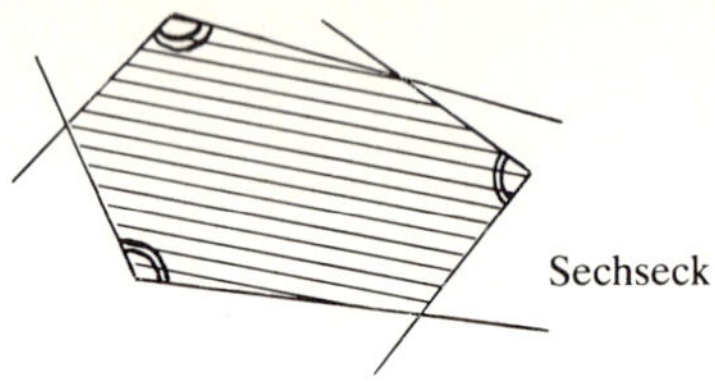

Mit vier Winkelfeldern lassen sich Dreiecke bis Achtecke herstellen.

Abb. 356:

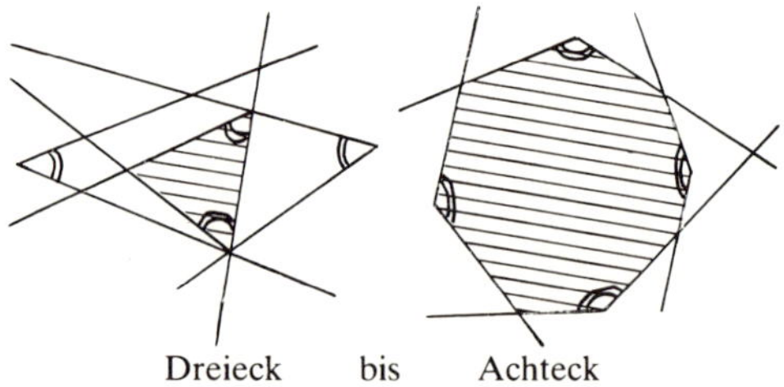

Weitere Möglichkeit der Entstehung von Vielecken durch Abschneiden von Ecken:

Abb. 357:

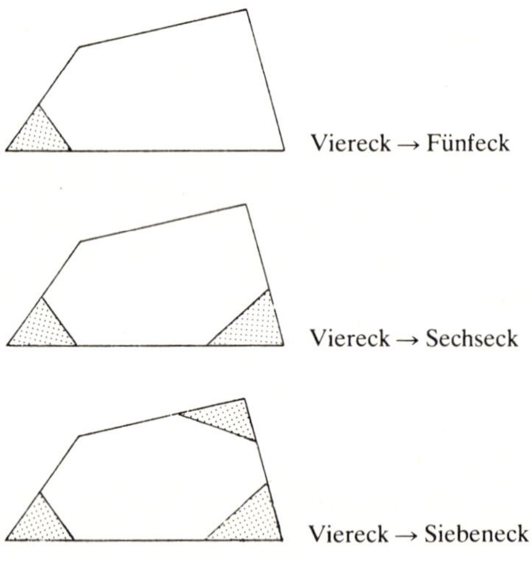

7.1.1.2 Erschließung des Zusammenhangs zwischen der Anzahl der Ecken und der Anzahl der Diagonalen

Zeichne die Diagonalen in die Vier-(Fünf-, Sechs- und Sieben-)ecke ein. Stelle die Anzahl fest. Ermittle dann die Anzahl der neu hinzukommenden Diagonalen. Welche Gesetzmäßigkeit entdeckst du?

Abb. 358:

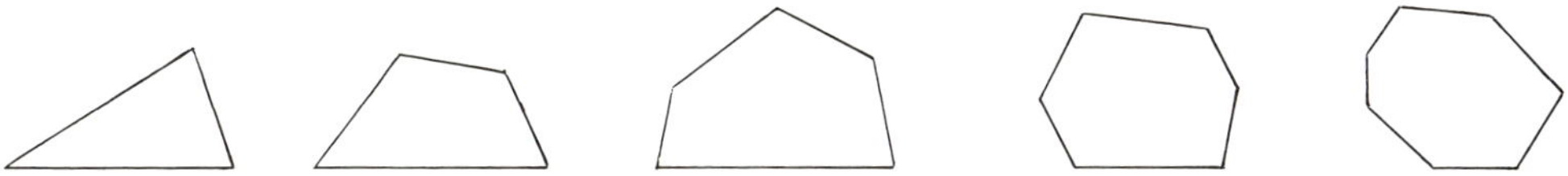

Anzahl der Ecken	3	4	5	6	7	8	9	10
Anzahl der Diagonalen	0	2	5	9	14	(20)	(27)	(35)
Anzahl der neu hinzugekommenen Diagonalen	0	2	3	4	5	(6)	(7)	(8)

Die Tabelle wird bewußt erweitert angelegt, da so offensichtlich wird, ob die Schüler die Gesetzmäßigkeit erkannt haben.

7.1.1.3 Ermitteln der Winkelsumme im Vieleck

Verbinde einen inneren Punkt des Vielecks mit den n Ecken. Wie viele Dreiecke entstehen dann? Berechne die Gesamtwinkelsumme der Dreiecke. Wenn du die Gesamtwinkelsumme der Dreiecke um den Vollwinkel (beim inneren Punkt) subtrahierst, erhältst du die Winkelsumme im Vieleck.

Abb. 359:

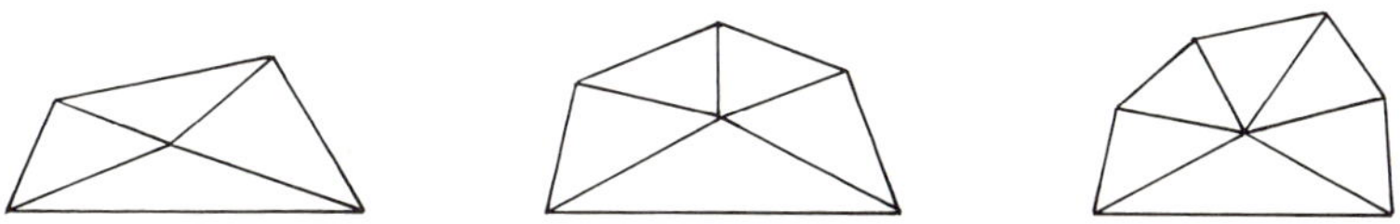

Vieleck	Anzahl der Dreiecke	Gesamtwinkelsumme der Dreiecke	Vollwinkel	Winkelsumme des Vielecks
Viereck	4	720°	360°	360°
Fünfeck	5	900°	360°	540°
Sechseck	6	1080°	360°	720°
allgemeines n-Eck	n	$n \cdot 180°$	360°	$n \cdot 180° - 360° =$ $= 180° \cdot (n - 2)$

7.1.2 Berechnen des Flächeninhaltes von Vielecken

7.1.2.1 Auszählen des Flächeninhaltes

Notwendig ist dazu ein Quadratgitter mit einem Gitterabstand von 1 cm. Angeschnittene Kästchen lassen sich dann am besten auszählen, wenn man mehrere Kästchen zu einem Rechteck ergänzt und dann die Hälfte davon nimmt (siehe 4.2.6, S. 101 ff.).

Zeichne in das Gitternetz (Gitterabstand 1 cm) ein Viereck mit (1/2), (3/0), (5/1) und (4/3); ein Siebeneck mit (1/0, (5/2), (6/5), (5/5), (3/4), (2/3) und (1/1). Ermittle den Flächeninhalt.

Abb. 360:

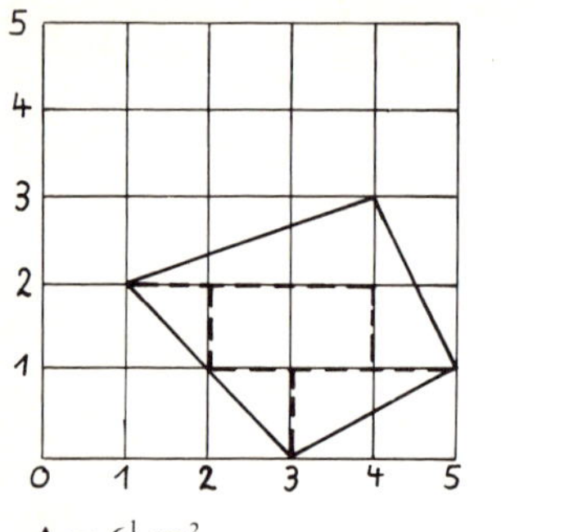

$A = 6\frac{1}{2}\,\text{cm}^2$

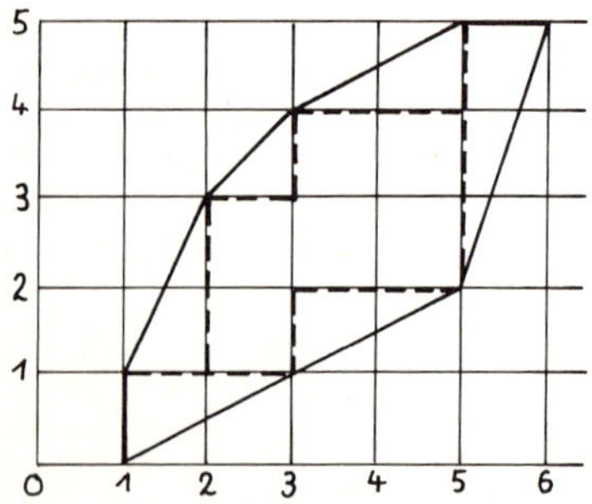

$A = 12\,\text{cm}^2$

7.1.2.2 Berechnung des Flächeninhaltes von Vielecken

Die Berechnung des Flächeninhaltes eines beliebigen Vielecks kann entweder auf die Berechnung der Flächeninhalte von Dreiecken (Dreiecksmethode) oder auf die Berechnung der Flächeninhalte von rechtwinkligen Dreiecken und rechtwinkligen Trapezen erfolgen (Standlinienmethode oder auch Trapezmethode).

– Berechnung des Flächeninhaltes von Vielecken durch die Dreiecksmethode

Jedes Vieleck kann in Dreiecke zerlegt werden. Vorteilhaft wirkt sich für die Schüler aus, daß nur die Flächeninhaltsformel für das Dreieck bekannt sein muß. Bei den Einzelmessungen wirkt sich dagegen negativ aus, daß die zu messenden Strecken nicht auf einer Linie liegen.

Abb. 361:

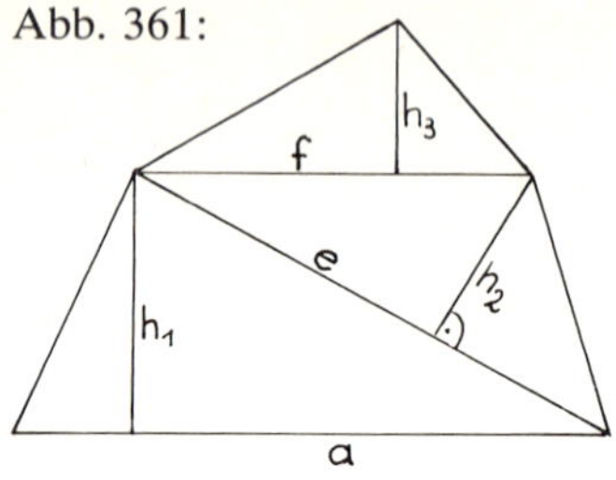

Notwendige Messungen:

a, e, f, h_1, h_2, h_3

Flächeninhalt:

$$A = \frac{a \cdot h_1}{2} + \frac{e \cdot h_2}{2} + \frac{f \cdot h_3}{2}$$

– Berechnung des Flächeninhaltes von Vielecken durch die Standlinienmethode

Es wird eine geeignete Diagonale gewählt und die Senkrechten zu dieser Diagonale durch die nicht von der Standlinie belegten Eckpunkte gezeichnet. Gemessen werden müssen die Teilstrecken der Standlinie und die Abstände der Eckpunkte von der Diagonalen.

Abb. 362:

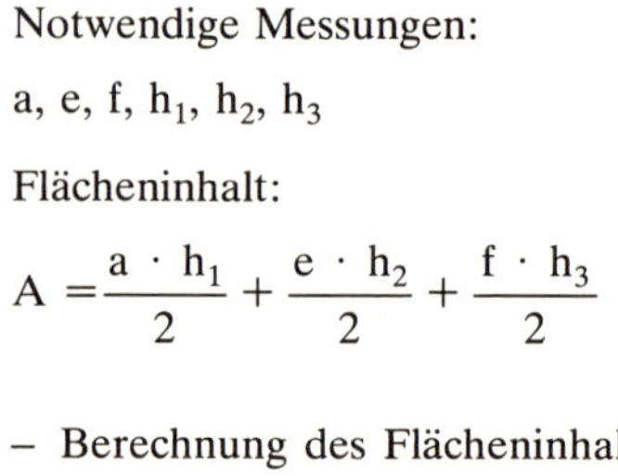

Notwendige Messungen:

$h_1; h_2; h_3; e; e_1, e_2, e_3, e_4$

Flächeninhalt:

$$A = \frac{e \cdot h_3}{2} + \frac{h_1 + h_2}{2} \cdot e_2 + \frac{h_1 \cdot e_1}{2} + \frac{e_4 \cdot h_2}{2} + \frac{h_3 \cdot e_3}{2};$$

In der Praxis wird mehr die Standlinienmethode bevorzugt, da die Teilabschnitte der Diagonalen schnell gemessen werden können. Bei der Berechnung erhält man rechtwinklige Dreiecke und rechtwinklige Trapeze.

7.1.3 Ermitteln der Anzahl der Bestimmungsstücke eines Vielecks

Bei der Konstruktion von Vielecken wird von einem Teildreieck ausgegangen. Eine weitere Ecke wird durch zwei Bestimmungsstücke festgelegt.

Abb. 363:

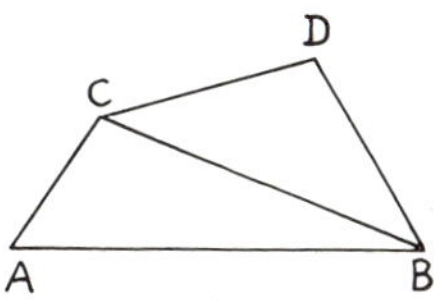

△ ABC benötigt 3 Bestimmungsstücke. Ecke D benötigt zwei weitere Bestimmungsstücke

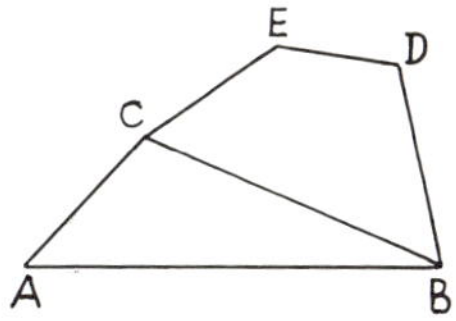

△ ABC benötigt 3 Bestimmmungsstücke. Ecken D und E benötigen vier weitere Bestimmungsstücke.

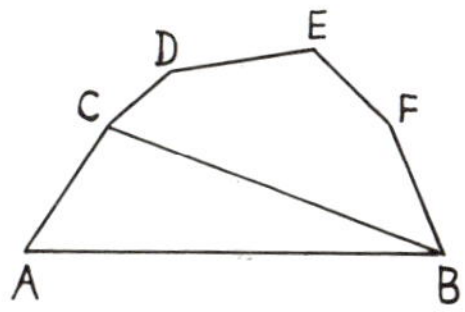

△ ABC benötigt 3 Bestimmungsstücke. Ekken D, E, F benötigen sechs weitere Bestimmungsstücke.

Vieleck	Anzahl der Bestimmungsstücke des Teildreiecks	Anzahl der Ecken	Anzahl weiterer Ecken	Anzahl weiterer Bestimmungsstücke	Gesamtsumme der Bestimmungsstücke
Viereck	3	4	1	2	3 + 2 = 5
Fünfeck	3	5	2	4	3 + 4 = 7
Sechseck	3	6	3	6	3 + 6 = 9
Siebeneck	3	7	4	8	3 + 8 = 11
Achteck	3	8	5	10	3 + 10 = 13
n-Eck	3	n	n – 3	(n – 3) · 2	3 + (n – 3) · 2 2 n – 3

Beispiel für die Konstruktion eines Vielecks:

Konstruiere ein Fünfeck aus a = 2 cm, α = 105°, e = 2,5 cm; β = 90°, c = 2,5 cm; d = 1,5 cm und b = 1,5 cm

Abb. 364:

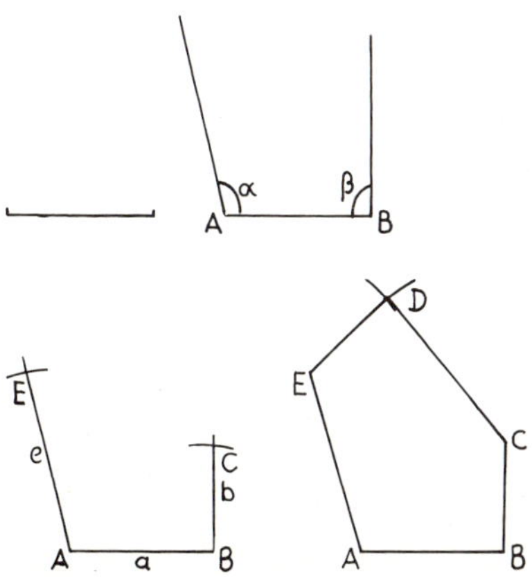

- a anlegen
- In A α antragen; in B β antragen
- Um A Kreisbogen mit Radius e. Um B Kreisbogen mit Radius b; Schnittpunkte mit den Schenkeln ergeben C und E
- Um C Kreisbogen mit Radius c und E Kreisbogen mit Radius d, Schnittpunkt der beiden Kreisbögen ergibt D.

7.2 Regelmäßige Vielecke

In den Lehrplänen der Hauptschule wird größtenteils die Behandlung der regelmäßigen Vielecke nicht verbindlich vorgeschrieben. Die Aufgaben mit formenkundlichem Anspruch, mit Konstruktionen sowie Umfangs- und Flächeninhaltsbestimmungen besitzen ihren Bildungswert in der Möglichkeit, zahlreiche für den Schüler interessante Gesetzmäßigkeiten aufzuspüren. In Klassen mit leistungsstarken Schülern sollte deshalb auf diesen Abschnitt nicht verzichtet werden.

7.2.1 Formenkundliche Betrachtung regelmäßiger Vielecke

7.2.1.1 Aufsuchen der charakteristischen Merkmale von Vielecken

Die Seitenlänge und die Winkelgröße von vorgegebenen Vielecken (eventuell Pappfiguren) sollen gemessen werden.

Abb. 365:

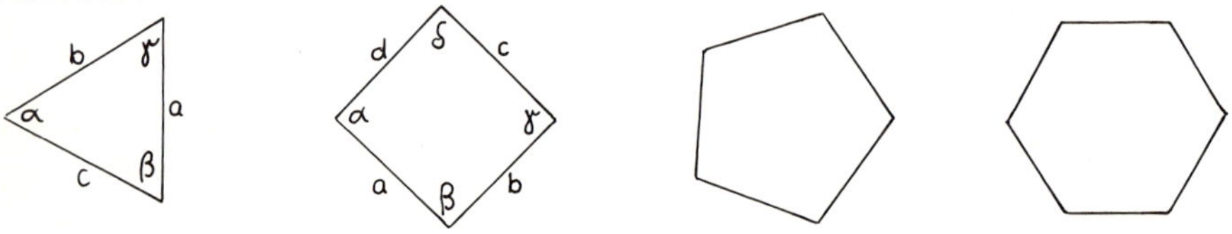

Dreieck Viereck Fünfeck Sechseck

Vieleck	a	b	c	d	e	f	α	β	γ	δ	ε	ζ
Dreieck	1,73 · r	1,73 · r	1,73 · r				60°	60°	60°			
Viereck	1,41 · r	1,41 · r	1,41 · r	1,41 · r			90°	90°	90°	90°		
Fünfeck	1,18 · r	1,18 · r	1,18 · r	1,18 · r	1,18 · r		108°	108°	108°	108°	108°	
Sechseck	r	r	r	r	r	r	120°	120°	120°	120°	120°	120°

Die als Seitenlängen angegebenen Werte stellen lediglich eine Hilfe zur Überprüfung der Meßwerte für den Lehrer dar. Die Schüler tragen nur Meßwerte ein.
Erkenntnis: Diese Vielecke haben gleich lange Seiten und gleich große Winkel. Sie werden regelmäßige Vielecke genannt.

7.2.1.2 Erkennen von regelmäßigen Vielecken

Welche dieser Vielecke sind regelmäßig?

Abb. 366:

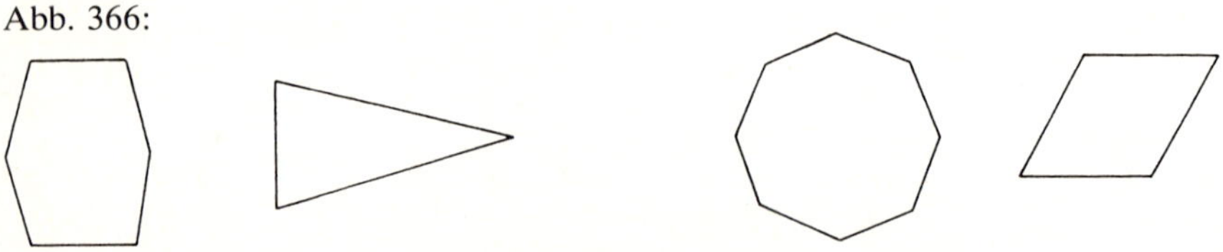

7.2.1.3 Herstellen eines regelmäßigen Fünfecks mit einem Papierstreifen

Mit einem Papierstreifen, der ungefähr 25 cm lang und 3 cm breit ist, soll ein Knoten gemacht werden. Welche Form hat das Fünfeck ABCDE?

Abb. 367:

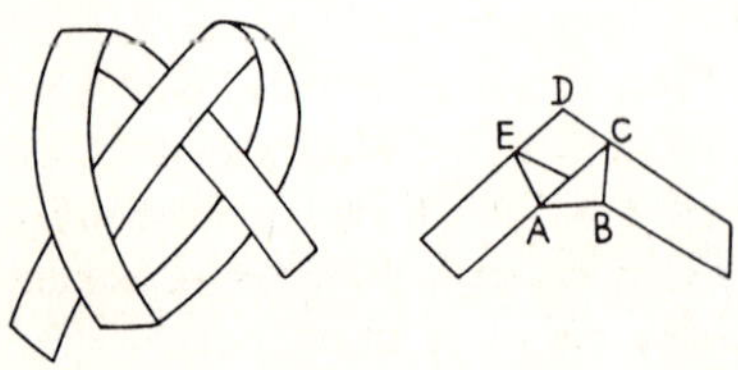

7.2.1.4 Bestimmung der Größe eines Winkels aus der Anzahl der Ecken des regelmäßigen Vielecks

Die Vielecke sollen in Dreiecke zerlegt werden. Die Anzahl der Dreiecke wird festgestellt. Jetzt wird die Gesamtwinkelsumme der Dreiecke und schließlich ein Winkel im Vieleck ermittelt.

Abb. 368:

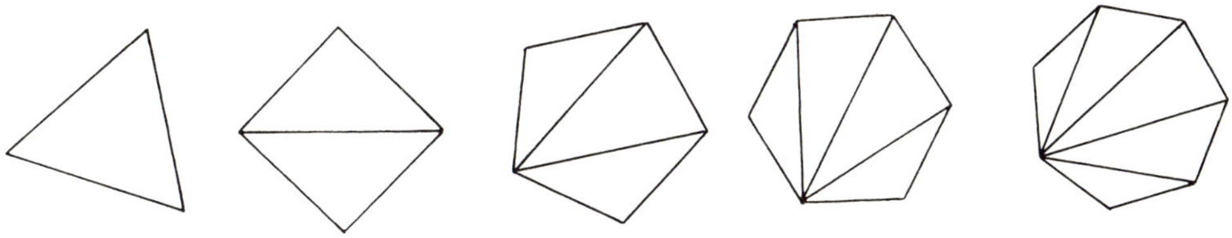

Vieleck	Anzahl der Dreiecke	Summe aller Winkel	Winkel
Dreieck	1	$1 \cdot 180° = 180°$	$\frac{180°}{3} = 60°$
Viereck	2	$2 \cdot 180° = 360°$	$\frac{360°}{4} = 90°$
Fünfeck	3	$3 \cdot 180° = 540°$	$\frac{540°}{5} = 108°$
Sechseck	4	$4 \cdot 180° = 720°$	$\frac{720°}{6} = 120°$
Siebeneck	5	$5 \cdot 180° = 900°$	$\frac{900°}{7} = 128{,}57°$
Achteck	6	$6 \cdot 180° = 1080°$	$\frac{1080°}{8} = 135°$
Neuneck	7	$7 \cdot 180° = 1260°$	$\frac{1260°}{9} = 140°$
n-Eck	n – 2	$(n-2) \cdot 180°$	$\frac{(n-2)}{n} \cdot 180°$

7.2.1.5 Zusammenhang zwischen der Größe des Winkels und der Anzahl der Seiten der regelmäßigen Vielecke

Wie wächst die Größe des Winkels, wenn die Anzahl der Seiten wächst?

Abb. 369:

Anzahl der Seiten	Winkel	Zunahme
3	60°	
4	90°	30°
5	108°	18°
6	120°	12°
7	128,57°	8,57°
8	135°	6,43°

Anzahl der Seiten	Winkel	Zunahme
9	140°	5°
10	144°	4°
11	147,27°	3,27°
12	150°	2,73°
13	152,30°	2,30°
14	154,3°	2,0°
15	156°	1,7°

Die Anzahl der Seiten wächst fortlaufend um eine Seite, die Winkelgröße nimmt zuerst rasch zu und wächst immer langsamer. Bei noch so großer Seitenzahl erreicht die Winkelgröße nie 180°.

7.2.2 Symmetrieeigenschaften des regelmäßigen Vielecks

Abb. 370:

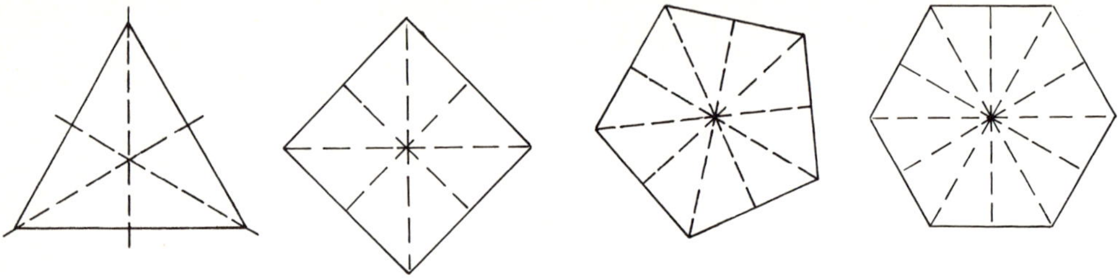

	Dreieck	Viereck	Fünfeck	Sechseck	Siebeneck	Achteck	Neuneck
Anzahl der Symmetrie-achsen, die nur Winkel-halbierende sind	0	2	0	3	0	4	0
Anzahl der Symmetrie-achsen, die nur Mittel-senkrechte sind	0	2	0	3	0	4	0
Anzahl der Symmetrie-achsen, die sowohl Winkelhalbie-rende als auch Mittel-senkrechte sind	3	0	5	6	7	0	9
Anzahl der Symmetrie-achsen	3	4	5	6	7	8	9

Erkenntnis: Ein regelmäßiges n-Eck hat n Symmetrieachsen. Ist n ungerade, so hat das Vieleck n Symmetrieachsen, von denen jede eine Mittelsenkrechte und zugleich auch eine Winkelhalbierende ist. Ist n gerade, so sind die Symmetrieachsen $\frac{n}{2}$ Mittelsenkrechten und $\frac{n}{2}$ Winkelhalbierende.

7.2.3 Konstruktionen eines regelmäßigen Vielecks

Konstruiere ein regelmäßiges Fünfeck mit a = 2 cm

Abb. 371:

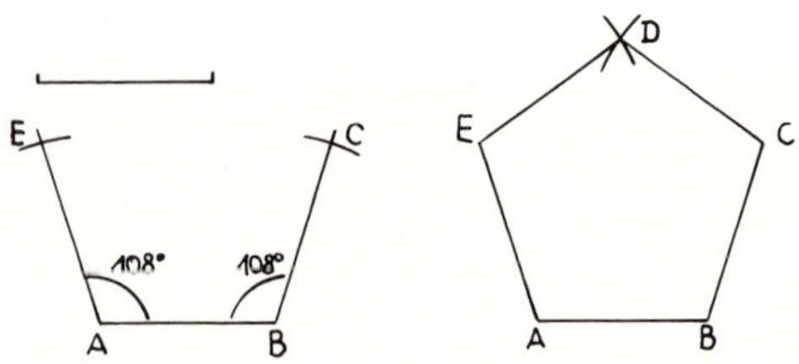

– a anlegen
(Punkte A und B)

- In A und in B 108° antragen; Kreisbogen um A und B mit Radius a; Schnittpunkte der Schenkel und Kreisbögen ergeben C und E
- Um C und um E Kreisbogen mit Radius a; Schnittbögen der beiden Kreisbögen ergibt D

- Winkel im regelmäßigen Vieleck:

$$\frac{(n \cdot 180) - 360}{n} =$$

$$= \frac{n \cdot 180 - 2 \cdot 180}{n} =$$

$$= \frac{(n-2) \cdot 180}{n}$$

oder:

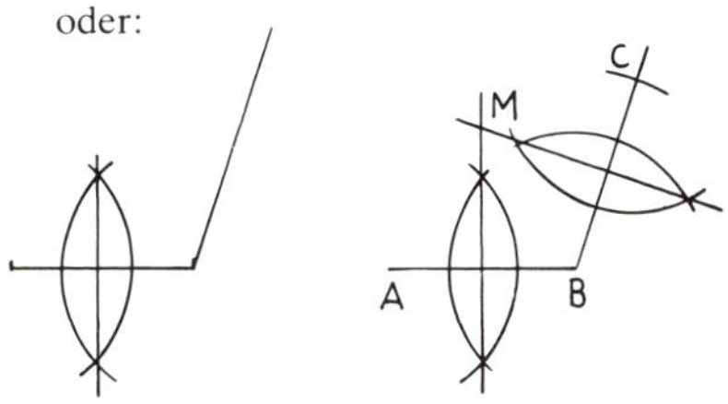

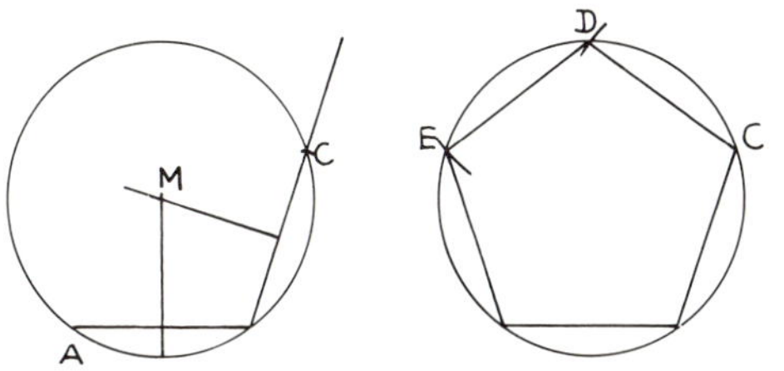

- a anlegen (Punkte A und B); Mittelsenkrechte zu a errichten; in B 108° antragen;
- Kreisbogen um B mit Radius a; Schnittpunkt von Kreisbogen und Schenkel ergibt C. Mittelsenkrechte zur Seite [BC] errichten;
- Schnittpunkt der beiden Mittelsenkrechten ergibt M; Kreis um M mit Radius $\overline{AM}$
- Um C Kreisbogen mit Radius a; Schnittpunkt Kreislinie und Kreisbogen ergibt D; um D Kreisbogen mit Radius a; Schnittpunkt Kreislinie und Kreisbogen ergibt E;

oder:

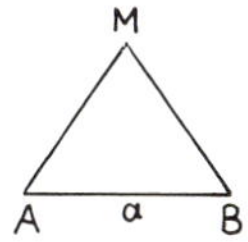

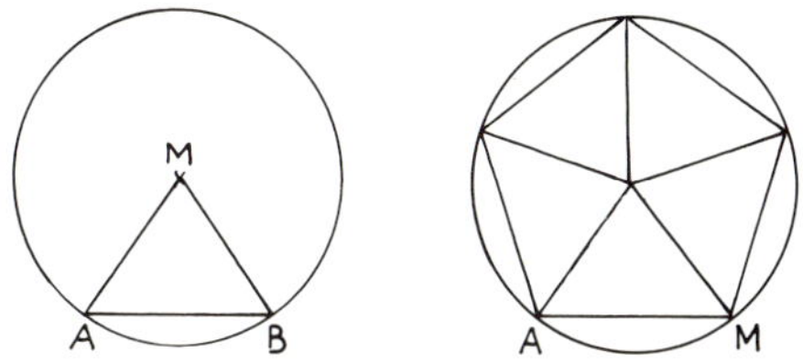

- Zuerst wird das Bestimmungsdreieck konstruiert: a wird festgelegt, in A und B werden die Basiswinkel

$$\frac{(180° - \frac{360°}{n})}{2}$$

des gleichschenkligen Bestimmungsdreiecks errichtet. Schnittpunkt der Schenkel ergibt M;
- Um die Spitze M des gleichschenkligen Dreiecks wird mit Radius $\overline{AM}$ ein Kreis gezogen.
- Auf dem Kreisbogen wird mit dem Zirkel die Länge der Grundseite $\overline{AB}$ des Dreiecks noch 4mal abgetragen. Schnittpunkte des Kreisbogens mit Zirkellänge werden verbunden.

7.3 Berechnung des Flächeninhaltes einiger ausgewählter regelmäßiger Vielecke

7.3.1 Verschiedene Zerlegungsmöglichkeiten eines regelmäßigen Sechsecks

Der Flächeninhalt des regelmäßigen Sechsecks läßt sich durch verschiedene Zerlegungen in bekannte Figuren berechnen.

Abb. 372:

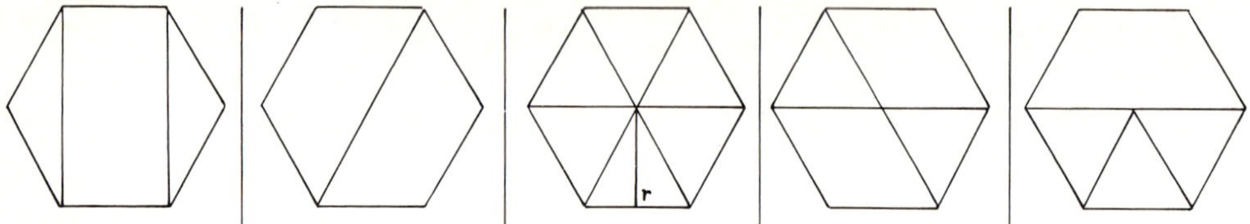

Zwei flächeninhaltsgleiche gleichseitige Dreiecke und ein Rechteck $A_{Rechteck}: r^2\sqrt{3}$ $A_{Dreieck}: \frac{r^2}{2}\sqrt{3}$	Zwei gleichschenklige Trapeze; $2 \cdot A_{Trapez}: \frac{2r+r}{2} \cdot \frac{2 \cdot r\sqrt{3}}{2}$ $2 \cdot A_{Trapez}: \frac{3r}{2} r^2 \sqrt{3}$	Sechs gleichseitige Dreiecke: $6 \cdot A_{Dreiecke}:$ $\frac{6 \cdot r \cdot r\sqrt{3}}{2 \cdot 2}$	Zwei gleichseitige Dreiecke und zwei Rauten $2\,A_{Dreiecke}:$ $\frac{r^2}{2}\sqrt{3}.$ $2 \cdot A_{Rauten}: 2\,r^2\sqrt{3}$	drei gleichseitige Dreiecke und ein gleichschenkliges Trapez $3 \cdot A_{Dreieck} = \frac{3}{4} r^2\sqrt{3}$ $A_{Trapez} = \frac{3}{4} r^2\sqrt{3}$

A (regelmäßiges Sechseck) $= \frac{3}{2} r^2\sqrt{3}$

7.3.2 Flächeninhaltsberechnung eines Zwölfecks

Zwei Seiten eines Teildreiecks bilden die Diagonalen der beiden Rechtecke. Die Restfläche des halben Radiusquadrats ist somit flächeninhaltsgleich mit einem Teildreieck.
Wenn in ein Radiusquadrat vier Teildreiecke passen, dann ergeben 12 Teildreiecke 3 Radiusquadrate.

Abb. 373:

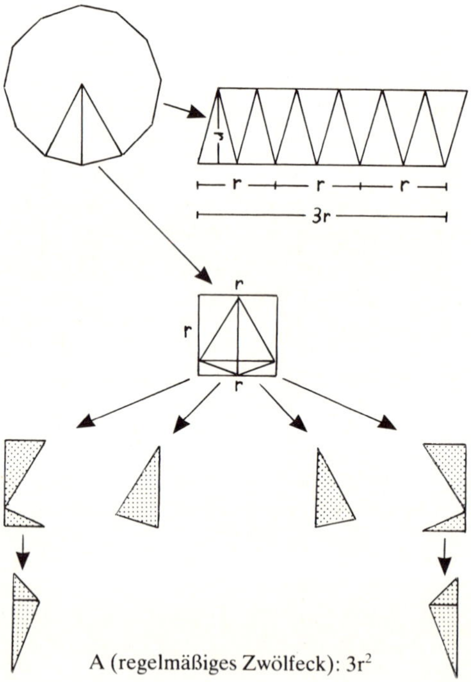

A (regelmäßiges Zwölfeck): $3r^2$

8. Kreis, Kreisteile, Ellipse

Die Hauptschulgeometrie beschränkt sich – abgesehen von der Zerlegung von Vielecken und zusammengesetzten Körpern – auf die Betrachtung und Berechnung von ebenen und räumlichen Grundformen.
Von den Flächen mit gekrümmtem Rand gilt dabei das besondere Interesse dem Kreis und seiner Teile. Bei der Ellipse, die dem Schüler meist nur in Schrägbildern begegnet, beschränkt man sich auf die formenkundliche Betrachtung.

8.1 Kreisbetrachtung

Der Kreis als Idealbild einer runden Figur stellt die elementarste ebene Grundform dar, wenn man davon ausgeht, daß er von einem Kleinkind als erstes aufgrund der fehlenden Ecken deutlich von anderen Formen unterschieden wird.
Trotz dieses hohen Geläufigkeitsgrades werden die Kreisberechnungen z. B. nach dem bayerischen Lehrplan erst in der achten Jahrgangsstufe verlangt, da die rechnerische Ermittlung des Umfangs und des Flächeninhalts eine Grenzwertbetrachtung erfordert, die zur Irrationalität von $\pi = \frac{u}{d}$ führt.

8.1.1 Erarbeitung grundlegender Begriffe

8.1.1.1 Gleiche Entfernung aller Kreispunkte vom Mittelpunkt M

Mehrere Wagen mit Rädern unterschiedlicher Form werden einander gegenübergestellt, und die Schüler müssen das jeweilige Fahrverhalten beschreiben und begründen.

Abb. 374:

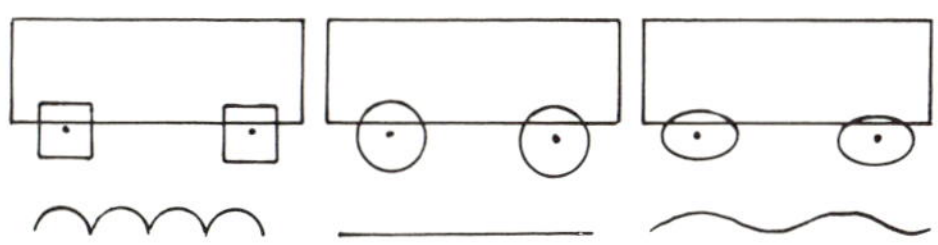

Bewegung des Wagens

Die Schüler erkennen schnell, daß nur bei der Kreisform der Räder eine gleichmäßige geradlinige Bewegung möglich ist, da nur bei dieser Form der Abstand Achse – Straße (Mittelpunkt der Form – Rand der Form) stets gleich groß ist.

8.1.1.2 Kreise in der Umwelt

Nach der Erarbeitung des Kennzeichens eines Kreises soll den Schülern bewußt gemacht werden, wie häufig gerade diese Form in ihrer Umwelt zu finden ist.
Im arbeitsteiligen Verfahren lassen sich unter verschiedenen Oberbegriffen vielfältige Beispiele finden, wobei auch Körper zuzulassen sind, deren Querschnitt einen Kreis darstellt. Dies ist an einem Beispiel zu erklären: Ein Kreis liegt vor, wenn ich einen Becher umfahre, der Becher selbst ist ein Zylinder.

Behälter:

Glas, Becher, Krug, Tonne, Schüssel, Teller, Flasche, . . .

Technik:

Rad, Reifen, Rohr, Scheibe, Schraube, . . .

Schmuck:

Ring, Armreif, Glieder eines Kettchens, Zifferblatt, . . .

Sport:

Ball, Reifen, Diskus, Kegel, Speer, Abwurfring, . . .

Sonstiges:

Springbrunnen, Verkehrszeichen, Fenster, Tisch, Zylinder, Verkehrsrondell, . . .

Auflockernd wirken sich Suchbilder aus, auf denen die Schüler Kreise bzw. Gegenstände mit kreisförmigen Querschnitten markieren müssen.

8.1.1.3 Bedeutung der Kreisform

Anhand ausgewählter Beispiele sollen nun die Vorteile der Kreisform bewußt gemacht werden.

- Die fehlenden Ecken verringern die Verletzungsgefahr, verhindern unerwünschte Ablagerungen (Töpfe, Kanalrohre, . . .).
- Räder können gleichmäßig, ohne Erschütterungen abrollen.

- Bei Gartenanlagen, in Wohnungen, bei Möbeln usw. kommt der runden Form als Gestaltungselement große Bedeutung zu.
- Das Runde hatte stets schon eine große Symbolbedeutung (in sich abgeschlossen, ohne Anfang und Ende, . . .).
- Die einprägsame, leicht zu unterscheidende Form wird zur Zeichengebung (Gebots- und Verbotsschilder) verwandt.
- Schraubverschlüsse setzen die Zylinderform voraus. Verbindungen und Verschlüsse dieser Art sind leicht herzustellen und auch wieder zu lösen.

8.1.1.4 Vergleichende Betrachtung

Die Schüler zeichnen auf ein Blatt eine Strecke von 10 cm. Sie sollen nun ohne Verwendung von Hilfsmitteln freihand mit einem Schwung einen Kreis zeichnen, dessen Linie durch die beiden Endpunkte der Strecke geht. Diese „Kreise“ werden ausgeschnitten.
Durch Auflegen dieser Kreisscheiben auf den Overhead-Projektor können die Schattenbilder mehrerer solcher „Kreise“ verglichen werden. Die Schüler müssen jeweils begründen, weshalb sie eine Form als Kreis akzeptieren, eine andere vielleicht nicht.
Zur Kontrolle werden nun eingefärbte Kreisfolien mit ebenfalls 10 cm Durchmesser darübergelegt und mit den ausgeschnittenen Formen zur Deckung gebracht. Die überstehenden Teile der Freihandzeichnung sind einzufärben. So wird der Kreis deutlicher sichtbar.

Abb. 375:

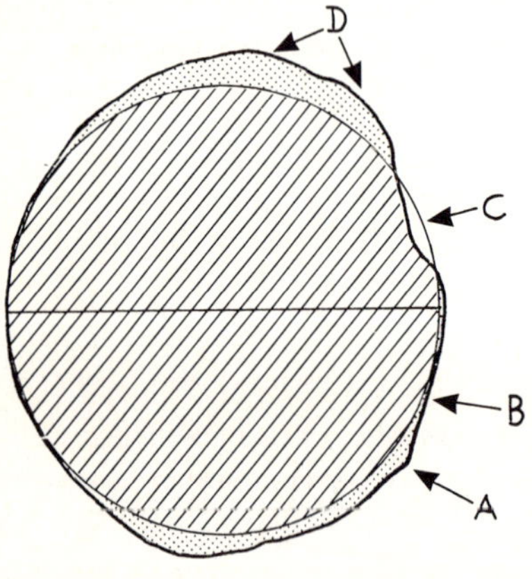

Unregelmäßigkeiten in den Freihandzeichnungen werden so offensichtlich. In dieser Verbalisierungsphase sollte auf korrekte Beschreibungen geachtet werden bei Verzicht auf die genauen mathematischen Bezeichnungen.

Beispiele:

Beim ausgeschnittenen „Kreis“ ist

- an der Stelle A eine Ecke
- bei A der Kreis nicht rund
- zwischen A und B ein fast gerades Stück
- bei C der Kreisbogen zu eng geworden
- bei D der Kreisbogen zu groß geworden . . .

Der Versuch, bei diesen „Rädern“ die Achse zu markieren, führt zur Erkenntnis, daß nur beim Kreis dieser Mittelpunkt durch zwei Faltvorgänge (Halbieren des Kreises → Herstellen einer Deckungsgleichheit) leicht zu bestimmen ist.
Beim Nachvollzug dieses Vorgehens erkennen die Schüler, daß sich ihre „Kreise“ nicht deckungsgleich falten lassen, daß ihre „Kreise“ unregelmäßig sind.
Um genaue, vergleichbare Angaben zu erhalten, empfiehlt es sich, den Kindern mehrere, verschieden große Kreise vorzugeben, die sie ausschneiden und falten. Die Linien vom Mittelpunkt zur Kreislinie werden farbig nachgezogen und gemessen.
Auf die genaue Verbalisierung der Erkenntnis sollte nicht verzichtet werden, da indirekt damit schon zum Ausdruck kommt, daß mit Kreis eigentlich die Kreislinie (siehe 8.1.1.5) gemeint ist.

Je nach Leistungsstand und Vorkenntnis können die Formulierungen unterschiedlich ausfallen.

- Beim Kreis sind alle Punkte gleich weit vom Mittelpunkt M entfernt.
- Der Abstand aller Kreispunkte vom Mittelpunkt M ist gleich groß.
- Der Kreis ist die Menge aller Punkte, deren Abstand von einem Punkt M gleich groß ist.

Diese Erkenntnis läßt sich anwenden, wenn unter mehreren (nahezu) kreisförmigen Figuren die Kreise durch das Bestimmen von M herausgefunden werden müssen.

8.1.1.5 Kreislinie und Kreisfläche

Kinder (und viele Erwachsene) unterscheiden nicht zwischen Kreislinie und Kreisfläche, sondern sprechen allgemein nur vom Kreis. Es ist deshalb erforderlich, bewußt zu machen, daß mit Kreis nur die Kreislinie gemeint ist.
Man läßt die Kinder ein Glas oder einen Becher umfahren und die Standfläche (Auflagefläche) andersfarbig markieren. Dadurch hebt sich die Kreislinie deutlich von der Kreisfläche ab und man kann erarbeiten:

Kreislinie = Kreis (Rand des Bechers)
Kreisfläche = Kreisscheibe = das von der Kreislinie umgebene Gebiet (Standfläche).

8.1.1.6 Kreisgebiete

Durch den Kreis als geschlossene Figur entstehen zwei Gebiete:

Gebiet A: Kreisfläche oder Kreisscheibe oder Kreisinneres
Gebiet B: Das den Kreis umgebende Gebiet oder das Kreisäußere.

Der Kreis selbst gehört zum Gebiet A.

Abb. 376:

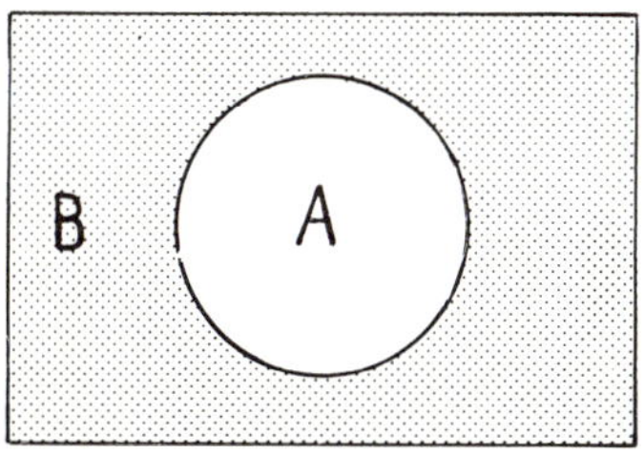

Möglicher Sachbezug: Bohrung, kreisförmige Ausfräsung

8.1.1.7 Durchmesser

Der Begriff des Durchmessers d läßt sich auf zweierlei Art erarbeiten:

- Ein Kreis wird mehrmals durch Falten halbiert. Die Knicklinien werden farbig nachgezogen und gemessen.
- Die Schüler sollen die längsten geradlinigen Verbindungen zweier Kreispunkte ermitteln.

Beide Wege führen zu denselben Erkenntnissen:

- Alle Linien schneiden sich in einem Punkt, im Mittelpunkt M.
- Die Verbindungsgerade von einem Kreispunkt zu einem anderen durch den Mittelpunkt M heißt *Durchmesser* (d).
- Alle diese Strecken sind gleich lang.

8.1.1.8 Radius

Das Bild eines alten Speichenrades (mit 8 Speichen) lenkt die Aufmerksamkeit auf den Halbmesser, den Radius. Durch dreimaliges Falten lassen sich die acht Speichen andeuten, die verschiedenfarbig markiert und gemessen werden.
Der Begriff *Radius* prägt sich den Schülern leichter ein, wenn sie erfahren, daß dieses Wort aus dem Lateinischen kommt und „Strahl" bedeutet. Diese Erklärung hilft auch, den Unterschied zum Durchmesser zu verdeutlichen, da der Radius von M wie ein Strahl ausgeht. Es gibt unzählige Möglichkeiten, den Radius r einzuzeichnen.

8.1.1.9 Zusammenhang Durchmesser – Radius

In einer Tabelle werden Durchmesser und Radius verschieden großer Kreise gegenübergestellt, so daß der mathematische Zusammenhang $d = 2 \cdot r$ offensichtlich wird. Nun kann auch der Begriff *Halbmesser* gebraucht werden. Einfache Kopfrechenübungen (d bzw. r gegeben, r bzw. d gesucht) schließen sich an.

8.1.1.10 Zusammenschau

Abb. 377:

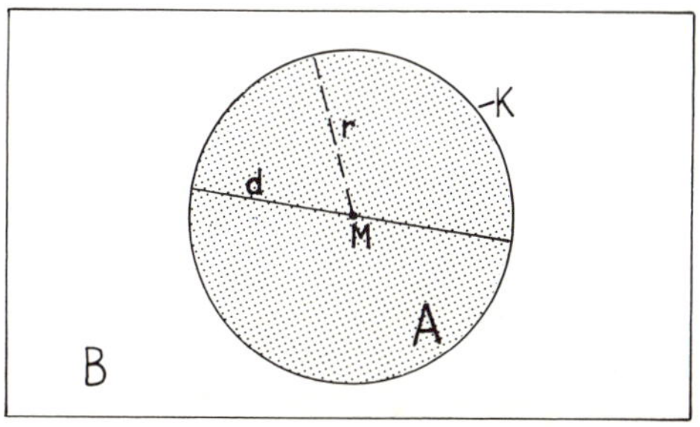

K = Kreis = Kreislinie
M = Mittelpunkt
r = Radius (Halbmesser) von K
d = Durchmesser von K = 2 · r
A = Kreisfläche = Kreisscheibe = Kreisinneres
B = Kreisäußeres

8.1.2 Kreis und Gerade

Welche Lagen eine Gerade in bezug auf einen Kreis einnehmen kann, läßt sich am besten erarbeiten, wenn eine Gerade durch ein Kreisgebiet wandert, wie z. B. ein Radarstrahl oder ein Lichtstrahl eines Leuchtturms eine kreisrunde Insel im Überwachungsgebiet überstreicht.
Der Overhead-Projektor eignet sich zur Demonstration optimal.

Abb. 378:

a) Die Gerade hat mit dem Kreis keinen Punkt gemeinsam.

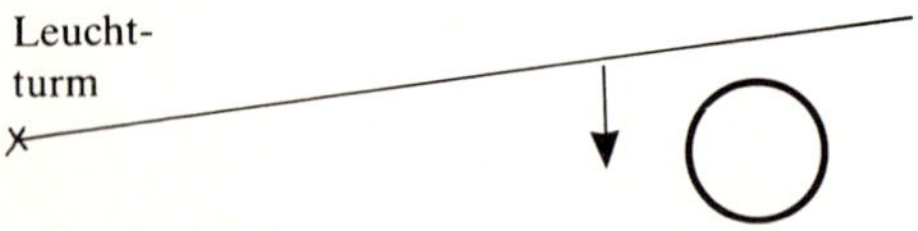

b) Die Gerade berührt den Kreis *(Tangente)*. (Die gestrichelte Linie zeigt die zweite Möglichkeit.)

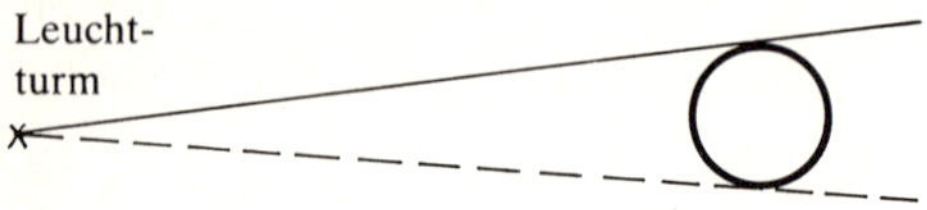

c) Durch eine Meßreihe ist festzustellen, daß unabhängig von der Position des Leuchtturms bzw. der Entfernung oder der Größe des Kreises jede tangierende Gerade im Berührungspunkt B senkrecht auf [BM] steht.

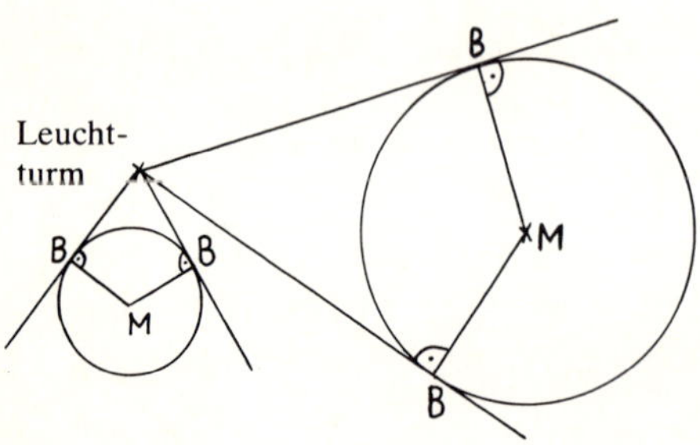

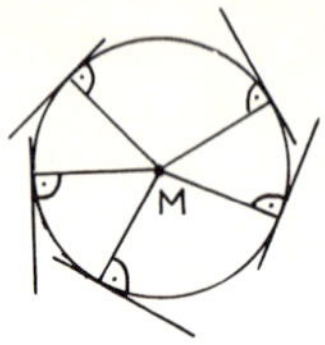

Kreis mit mehreren Tangenten (ohne Sachbezug)

Diese Erkenntnis ist Grundlage für die Konstruktion einer Tangente, bei der im Punkt B eine Senkrechte zum Radius [BM] errichtet wird.

d) Die Gerade schneidet den Kreis *(Sekante)*.

Jede Gerade, die einen Kreis schneidet, hat mit der Kreislinie zwei gemeinsame Punkte. Die Schüler zeichnen mehrere schneidende Geraden – aber keinen Durchmesser – ein und messen jeweils die durch die Schnittpunkte begrenzte Strecke, die *Sehne*. Diese ist stets kürzer als der Durchmesser und teilt – ebenso wie jede Sekante – die Kreisfläche in zwei verschieden große Kreisgebiete.

Abb. 379:

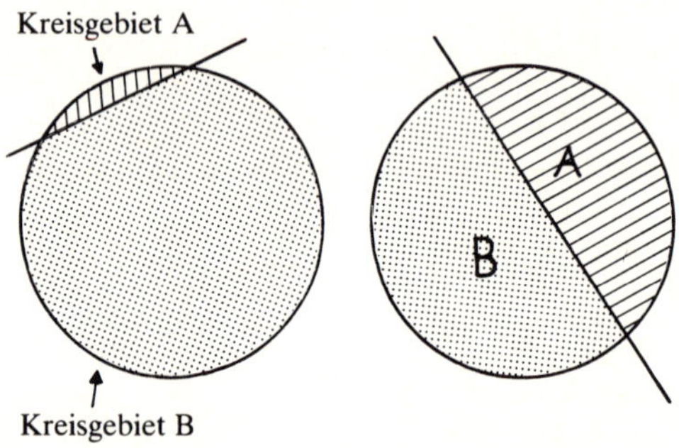

8.1.3 Kreiskonstruktionen

Schüler greifen beim Stichwort Kreis meist spontan zum Zirkel. Trotzdem sollten andere Verfahren zumindest an einem Beispiel erprobt werden.

8.1.3.1 Kreisherstellung durch Umfahren

Die Kreiserstellung durch das Umfahren runder Gegenstände ist für die Schüler selbstver-

ständlich. Dieses Vorgehen ist sinnvoll und effektiv, wenn man eine Vorlage der gewünschten Größe besitzt und wenn viele solcher Kreise zu zeichnen sind.
Schablonen, bei denen Kreise mit unterschiedlichen Radien ausgestanzt sind, erfreuen sich deshalb großer Beliebtheit und erleichtern (auch Lehrkräften) die Arbeit oft enorm.

8.1.3.2 Gärtnerkonstruktion

Die Gärtnerkonstruktion spielt vor allem bei Arbeiten im freien Gelände eine Rolle. Mit einem „Schnurzirkel", bei dem die Schnurlänge dem Radius entspricht, werden dabei die Kreise gezogen.

Abb. 380:

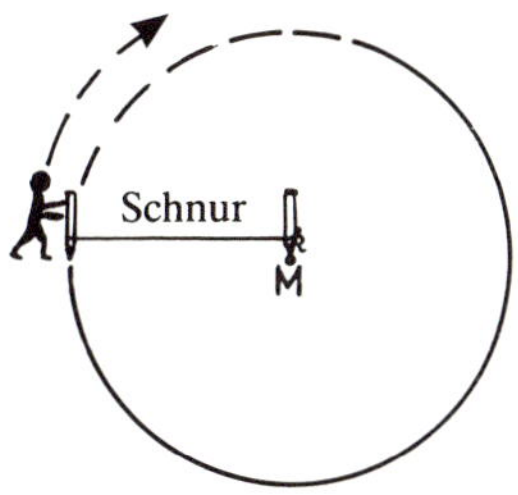

Damit die Schüler das Verfahren auch konkret ausprobieren können, werden auf dem Schulhof die so konstruierten Kreise mit Kreide aufgezeichnet.

Beispiele für die Aufgabenstellung:

- Bei einem neu angelegten Fußballplatz ist der Mittelkreis (r = 9,15 m) zu markieren.
- Ein Verkehrsrondell soll gebaut werden. Der runde Innenraum erhält einen Durchmesser von 38 m.
- Ein Brunnen mit einem Durchmesser von 8,40 m ist geplant.
- Der Schulhof soll mit runden Baum- und Sitzgruppen schöner gestaltet werden.

Mit zwei Bleistiften und einem Bindfaden läßt sich das Verfahren auch im Klassenzimmer nachvollziehen, wenn die Schüler von der Aufgabenstellung her gezwungen sind, einen Kreis zu schlagen, dessen Radius größer ist als die beim Zirkel einzustellende Spanne. Als Arbeitsgrundlage wird eine großflächige Landkarte (Wanderkarte, Stadtplan) benötigt.

Aufgabenbeispiele (Zahlangaben hängen vom Maßstab der Karte ab):

- Du willst von deinem Heimatort (Urlaubsort) aus die nähere und weitere Umgebung im Umkreis von ... km (mit dem Rad) erkunden.
- Ein Bergwanderer wird vermißt. Man weiß nicht, in welche Richtung er gegangen ist. Im Umkreis von ... km um die Berghütte wird das Gebirge abgesucht.
- Von der Spitze des Kirchturms (des Fernsehturms, des ... berges) kann man ... km weit schauen.
- Ein Pkw kann mit einer Tankfüllung mindestens 900 km zurücklegen. Welche Städte kann er erreichen (wenn er ohne zu tanken auch zurückfahren will)?

8.1.3.3 Zirkelkonstruktion

Bei der Konstruktion des Kreises mit dem Zirkel ist besonders darauf zu achten, daß der Radius mit dem Zirkel sorgfältig abgegriffen wird.
Genaue Hinweise zum funktionsgerechten Zirkel und zu dessen Handhabung finden Sie unter 2.4.1, S. 62 f.

8.1.3.4 Bestimmen des Mittelpunkts

Ein konkretes Objekt (angefeuchteter Bierdeckel, ausgeschnittener Kreis, ...) wird zweimal deckungsgleich gefaltet. Der Schnittpunkt der Knicklinien ergibt M.
Bei der Konstruktion des Mittelpunkts werden zwei nicht parallele Sehnen (siehe 8.1.2) eingezeichnet und jeweils die Mittelsenkrechte errichtet (siehe 2.5.1.2, S. 77). Der Schnittpunkt der beiden Mittelsenkrechten ergibt M.

Abb. 381:

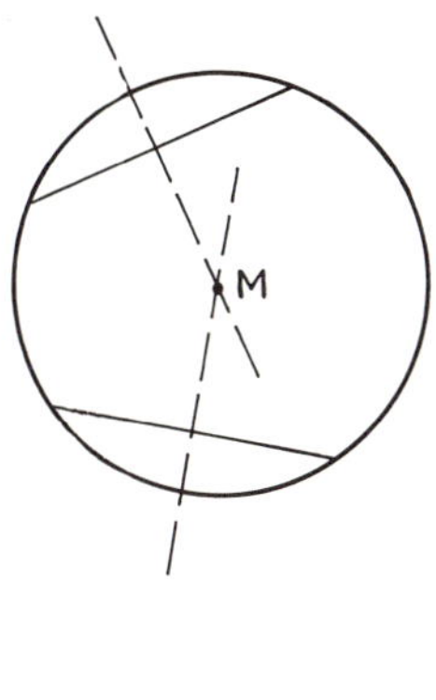

8.1.4 Konstruktionsaufgaben

8.1.4.1 Zeichnerische Aufgabenstellung

Kreiskonstruktionen unter vorgegebenen Bedingungen fördern das operative und konstruktive Denken. Die Schüler müssen bekannte Erkenntnisse bei der Lösung miteinbringen.
Aufgabe: Zeichne einen Kreis durch die angegebenen Punkte!

Abb. 382:

Gegeben	Vorgehen
a) P, Q	[PQ] (= d) einzeichnen, Mittelsenkrechte durch [PQ]; Schnittpunkt ⟹ M

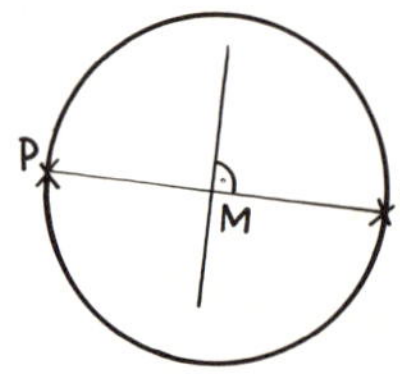

Gegeben	Vorgehen
b) P, Q und r r	Mittelsenkrechte durch [PQ]; Kreis um P oder Q mit r; Schnittpunkt ⟹ M

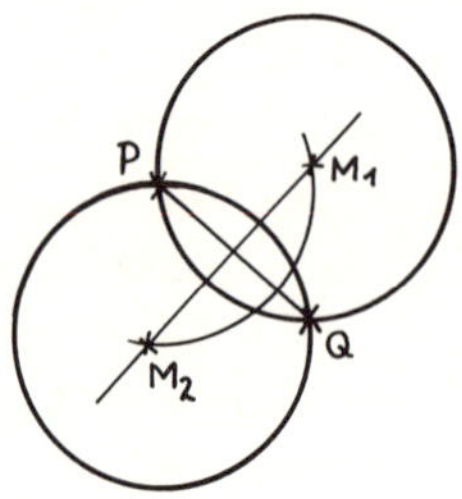

oder:
Kreise um P und Q mit r; Schnittpunkt ⟹ M

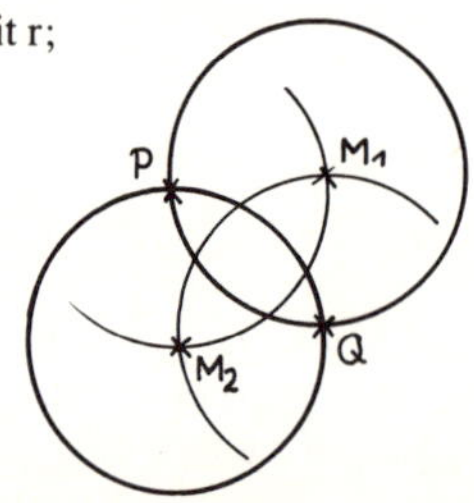

Gegeben	Vorgehen
c) P, Q und R	Zwei Mittelsenskrechten durch [PQ], [PR] oder [RQ]; Schnittpunkt ⟹ M

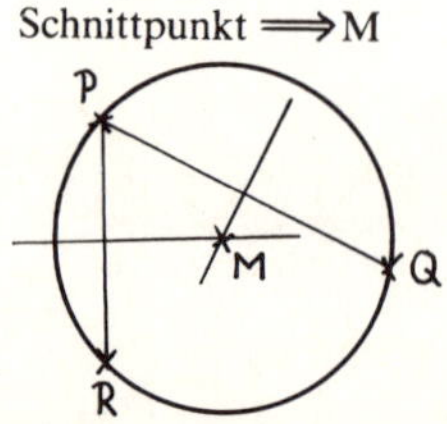

Gegeben	Vorgehen
d) Sehne [PQ] und r	siehe b
e) Tangente, Berührungspunkt B und r r	Lot in B; Kreis um B mit r; Schnittpunkt ⟹ M

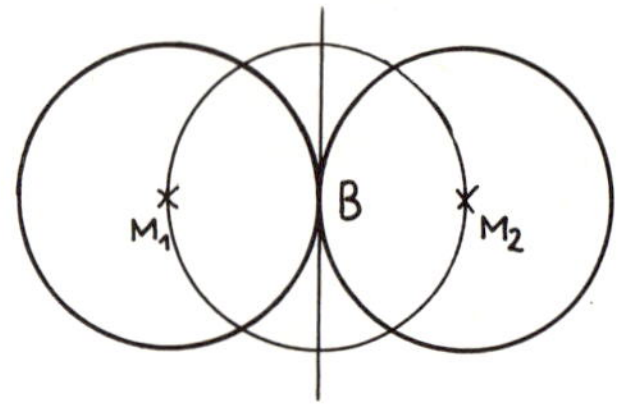

8.1.4.2 Aufgabenstellung mit dem Gitternetz

Analog dazu lassen sich auch Aufgaben mit dem Gitternetz bilden, wenn die vorgegebenen Punkte durch die Koordinaten bestimmt sind und die Schüler sie zunächst eintragen müssen.
Aufgabe: Zeichne einen Kreis durch P (2/3), Q (4/7) und R (8/2)!

Abb. 383:

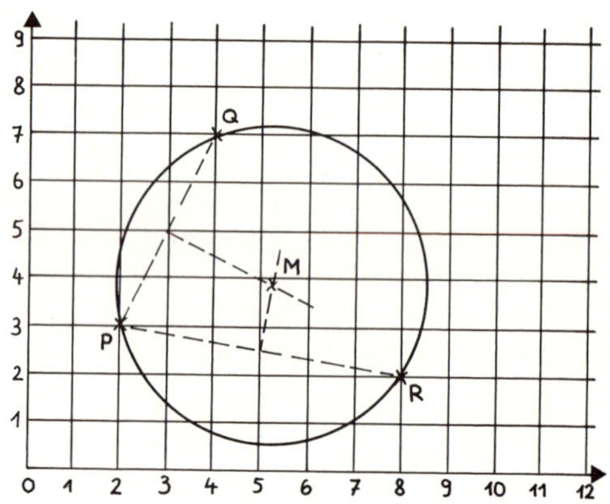

Aufgaben zur Differenzierung:

- Welche der genannten Gitterpunkte (A (2/5); B (3/1); C (6/5); . . .) liegen im Kreis, auf der Kreislinie, außerhalb des Kreises?
- Nenne jeweils drei Punkte, die im Kreis, auf dem Kreis, außerhalb des Kreises liegen!

8.1.4.3 Ziermuster und Ornamente

Schüler zeichnen gerne Ziermuster. Es lohnt sich, hierfür Zeit einzuplanen, da durch den

spielerischen und lustbetonten Umgang mit dem Zirkel die Schüler Sicherheit in der Handhabung dieses Geräts gewinnen (siehe 2.4.1, S. 67 f.).
Als Übungsformen bieten sich an:

- Übertragen von Zierformen
  - Die Mittelpunkte sind als Hilfe für den Schüler hervorgehoben.
  - Die Mittelpunkte sind durch die Kinder selbst zu bestimmen.

Abb. 384:

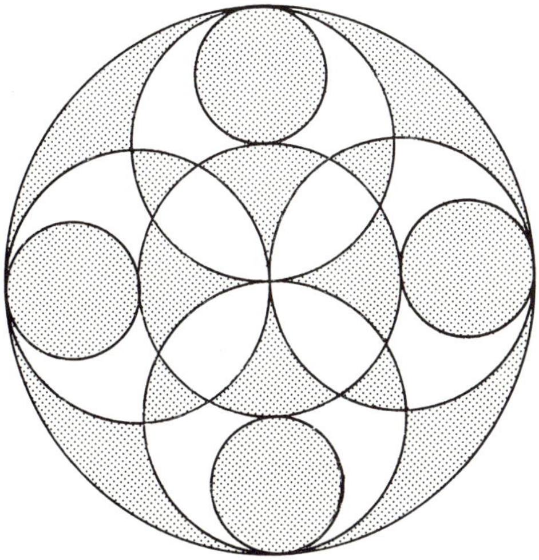

- Zierformen sind zu vollenden. (Beispiele siehe Abb. 80, S. 80)

- Selbständige Konstruktion nach Vorschrift
  - Die Ecken und der Schnittpunkt der Diagonalen eines Quadrates mit der Seitenlänge r stellen die Mittelpunkte.

Abb. 385:

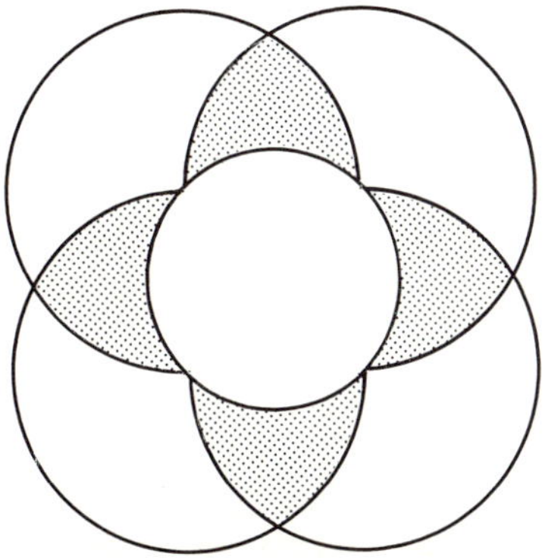

  - Die acht Mittelpunkte liegen mit gleichem Abstand (r der 8 Kreise) auf einem Kreis.

- Freies kreatives Gestalten.

8.2 Kreisberechnungen

Bei der Berechnung des Flächeninhalts und des Umfangs des Kreises müssen neue Wege eingeschlagen werden, da die bisherigen, bei Polygonen gewählten Verfahren bei dieser Form nicht zum Ziel führen.

8.2.1 Kreisumfang

Bei der Umfangberechnung wird zunächst empirisch dieser Wert festgestellt, um dann durch Vergleich und Quotientenberechnung den Wert pi (π) zu ermitteln.
Als empirische Verfahren zur Ermittlung des Umfangs bieten sich an:

8.2.1.1 Abrollen runder Körper

Die Schüler rollen verschiedene, kreisrunde Gegenstände (Kaffeedose, Münzen, Bierdeckel, Deckel einer Waschmitteltrommel, selbstausgeschnittene Kreise aus Karton, . . .) entlang einer Linie ab.

Abb. 386:

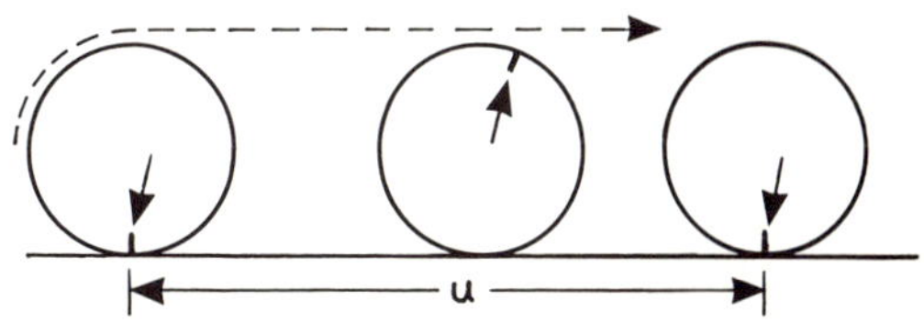

8.2.1.2 Fadenmessung

Als Kontrollverfahren (z. B. bei arbeitsteiliger Gruppenarbeit) kann auch mit einem angefeuchteten Bindfaden, der um die runden Gegenstände gelegt wird, der Umfang bestimmt werden.

8.2.1.3 Der Wert PI (π)

In einer Tabelle werden der gemessene Umfang und der Durchmesser einander gegenübergestellt.

Durch einen Vergleich von d mit den für den Umfang ermittelten Werten stellt man schnell fest, daß der Umfang etwa die dreifache Länge des Durchmessers aufweist.
Wir wählen deshalb d als „Maßeinheit" und messen, wie oft diese Maßeinheit d im Umfang u enthalten ist.

Abb. 387:

Gegenstand	u in cm	d in cm	u : d
Kaffeedose	31,6	10	3,16
Glas	20,1	6,3	3,19
Deckel einer Waschmitteltrommel	91,7	28,4	3,22
Topf	51,8	16	3,23
Schutzhülle einer 16-mm-Filmspule	24,3	7,7	3,15

Aus dem annähernd stets gleichen Quotientenwert läßt sich schließen, daß eine konstante Größe bei der Umfangberechnung eine ausschlaggebende Rolle spielt.
Zu dieser Zahl sollte die Lehrkraft nun einiges erzählen, um den Kindern deren Bedeutung auch bewußt zu machen.
Pi ist der 16. Buchstabe im griechischen Alphabet und bezeichnet unseren Laut p. Im Griechischen wurde er π geschrieben.
Dieser Buchstabe π wurde bei den Griechen als Kreiszahl verwendet. Seither gab es immer wieder Versuche, diese Kreiszahl möglichst genau zu bestimmen. Da es sich bei π aber um einen nicht-endlichen Dezimalbruch handelt, besitzt π auch unendlich viele Stellen.
Um 1600 gelang es dem niederländischen Mathematiker *Ludolf van Ceulen* die Zahl π auf 35 Stellen zu errechnen, weshalb sie manchmal auch als Ludolfsche Zahl bezeichnet wird.
Ein Teil dieser Stellen sollte ruhig angeschrieben werden.
$\pi = 3{,}14159\ 26535\ 89793\ 23846\ 26433\ 83279\ 50288\ldots$
Die Schüler werden noch mehr staunen, wenn man ihnen erzählt, daß im Jahre 1961 mit einem Rechenautomaten in 8 Stunden 43 Minuten bereits 100 265 Dezimalen von π berechnet wurden.
Dankbar werden es die Schüler dann akzeptieren, daß sie mit dem Näherungswert $\pi = 3{,}14$ bzw. $\pi = \frac{22}{7}$ rechnen dürfen.

Pi (π) läßt sich anschaulich mit einer Schnecke vergleichen, bei der jede neue Windung weiteren Dezimalen entspricht, wodurch man sich dem Idealwert immer mehr annähert.

Abb. 388:

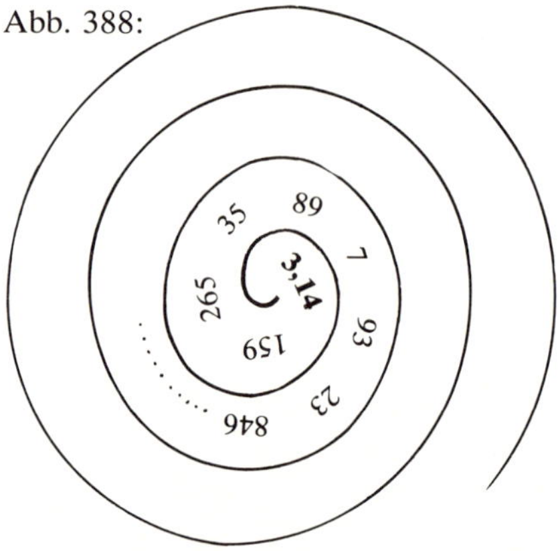

8.2.1.4 Formelableitung

Aus u: d = π wird nun die Formel für den Umfang abgeleitet:
$u : d = \pi \Rightarrow u = d \cdot \pi \Rightarrow u = 2r \cdot \pi$

Im Sinne einer operativen Durcharbeitung sollen aber auch d bzw. r als gesuchte Werte isoliert werden.

$u = d \cdot \pi \Rightarrow d = \frac{u}{\pi}$
$u = 2r\pi \Rightarrow r = \frac{u}{2\pi}$

8.2.2 Empirische Ermittlung des Flächeninhalts des Kreises

Auch bei der Berechnung des Flächeninhalts eines Kreises (A_K) empfiehlt sich der Weg, ihn zunächst empirisch zu ermitteln, um aus diesem Wert die Formel durch Vergleich ableiten zu können.

8.2.2.1 Eingrenzung durch In- und Umquadrat

Die Schüler zeichnen in und um einen Kreis ein Quadrat und ermitteln die Flächeninhalte.

Abb. 389:

Inquadrat | Umquadrat

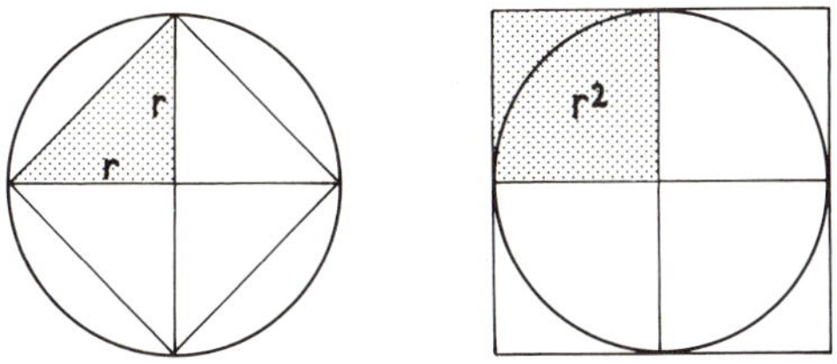

Bestimmungsdreieck: $A = \frac{1}{2} \cdot r^2$

Bestimmungsquadrat: $A = r^2$

$A_J = 4 \cdot \frac{1}{2} \cdot r^2 = 2r^2$ | $2r^2 < A_K < 4r^2$ | $A_U = 4\,r^2$

Lösung für r = 2 cm: $A = 2\,cm^2$ | $A_J < A_K < A_U$ | $A = 4\,cm^2$

$A_J = 8\,cm^2$ | $8\,cm^2 < A_K < 16\,cm^2$ | $A_U = 16\,cm^2$

8.2.2.2 Treppe

Die Kreisfläche wird treppenförmig abgedeckt, wobei die Stufenbreite bzw. -höhe 5 mm oder ein Vielfaches davon beträgt. So lassen sich die Teilflächeninhalte leicht ermitteln und addieren.

Abb. 390:

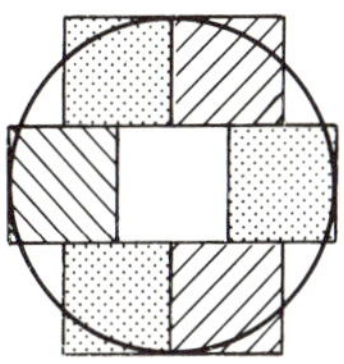

$A = 7\,cm^2$
$(A_K = 7{,}065\,cm^2)$

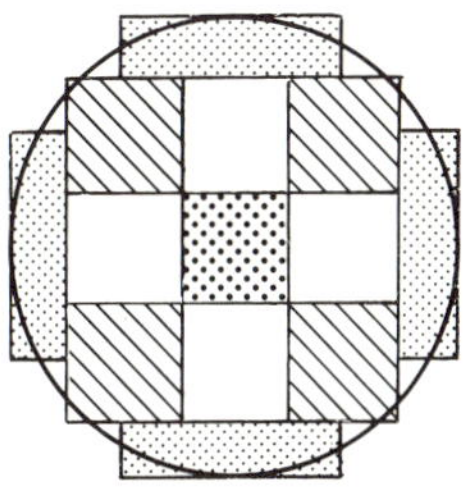

$A = 13\,cm^2$
$(A_K = 12{,}56\,cm^2)$

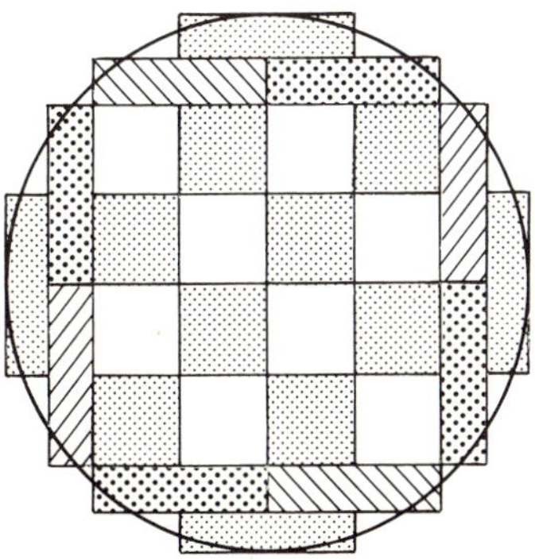

$A = 28\,cm^2$
$(A_K = 28{,}26\,cm^2)$

8.2.2.3 Auszählen der mm^2

Die Schüler zeichnen sich auf Millimeterpapier einen Kreis mit r = 10 mm und zählen die Anzahl der Millimeterkaros aus. Zerschnittene Kästchen werden als halbe Karos berücksichtigt. Als Hilfe sollte gegeben werden, daß es genügt, wenn die Schüler die bei einem Kreisviertel ermittelte Karozahl vervierfachen.

Abb. 391:

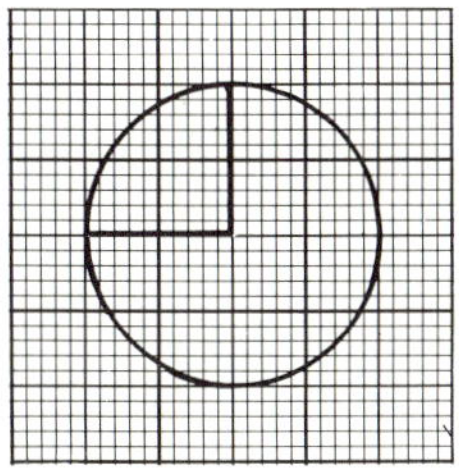

71 ganze Karos
12 zerschnittene Karos
⇓
$A = 308\,mm^2$

Wir erkennen:

Als Flächeninhalt ergibt sich ein Wert zwischen $300\,mm^2$ und $330\,mm^2$. Der mögliche Zusammenhang zu r^2 ($100\,mm^2$) fällt bei den überschaubaren Zahlen sofort ins Auge.
Im arbeitsteiligen Verfahren wird nun bei anderen Kreisen (r = 15 mm, 20 mm, 25 mm, 30 mm, . . .) diese Vermutung durch Auszählen der Millimeterkaros überprüft.

Möglicher Sachbezug:

- Bei einem kreisrunden Brunnen wird der Boden mit quadratischen Fliesen belegt.
- Die kreisförmige Tanzfläche wird mit quadratischen Parkettplatten belegt.
- Ein rundes Mosaikfenster wird mit quadratischen Mosaiksteinen ausgestattet.

8.2.2.4 Formelerarbeitung

Die Ergebnisse werden tabellarisch festgehalten und der Quotient aus A_K und r^2 ermittelt.

Abb. 392:

r in mm	A_K in mm^2	r^2 in mm^2	$A_K : r^2$
15	714	225	3,17
20	1264	400	3,16
25	1984	625	3,17
30	2836	900	3,15

Die Kinder werden überrascht sein, daß auch bei der Flächenberechnung die ihnen bekannte Kreiszahl π als Konstante auftritt.

Aus der Formel $A_K : r^2 = \pi$ läßt sich analog zu 8.2.1.3 ableiten:

$A_K = r^2 \cdot \pi$

8.2.3 Berechnung des Kreisflächeninhalts

Die Formel für den Flächeninhalt des Kreises läßt sich auch rechnerisch über den Grenzwert von Vielecken ermitteln.

8.2.3.1 Zerlegen ein- und umbeschriebener Vielecke

Bei diesem Weg zeichnet man in und um den Kreis regelmäßige Vielecke. Mit dem Sechseck beginnend wird die Eckenzahl erhöht, so daß sich der Umfang des Kreises annähernd mit dem Umfang des ein- bzw. umbeschriebenen Vielecks deckt.

Abb. 393:

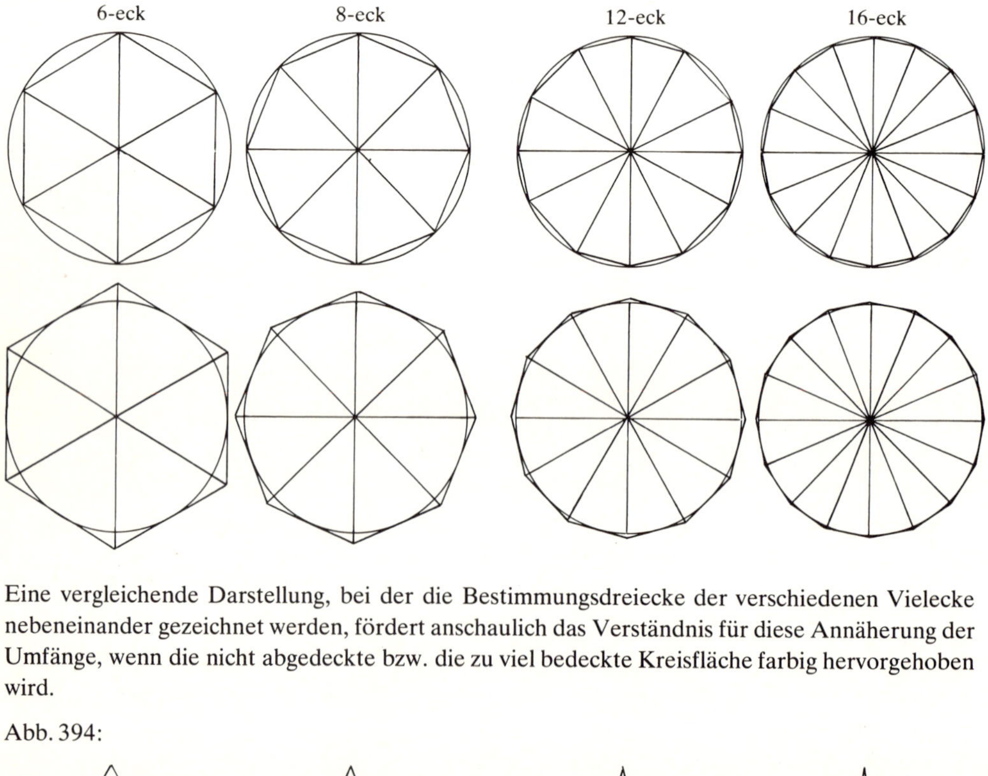

Eine vergleichende Darstellung, bei der die Bestimmungsdreiecke der verschiedenen Vielecke nebeneinander gezeichnet werden, fördert anschaulich das Verständnis für diese Annäherung der Umfänge, wenn die nicht abgedeckte bzw. die zu viel bedeckte Kreisfläche farbig hervorgehoben wird.

Abb. 394:

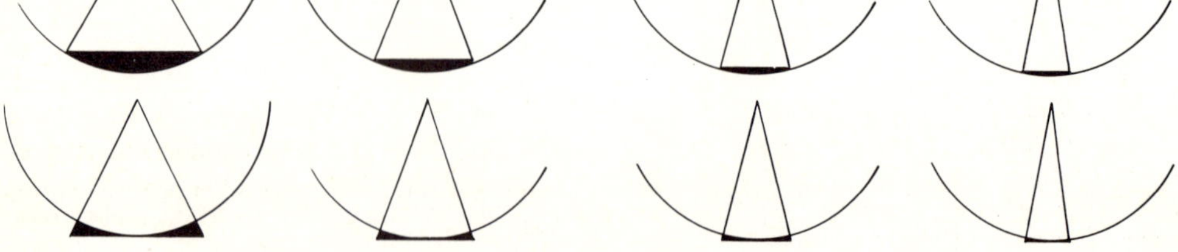

Zur annähernden Bestimmung des Flächeninhalts wird ein umbeschriebenes Vieleck (z. B. Zwölfeck bei r = 3 cm) ausgeschnitten. Vom Mittelpunkt ausgehend werden nun die Verbindungslinien zu den einzelnen Eckpunkten aufgeschnitten, so daß eine Art „Rechen“ entsteht.

Abb. 395:

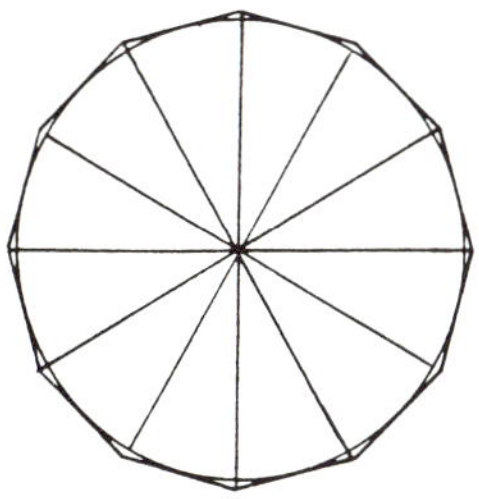

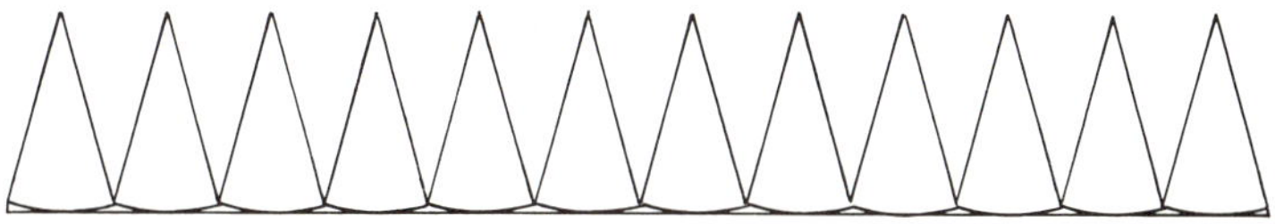

Die Höhe all dieser Dreiecke ist r, die Grundlinie $\frac{u}{16}$, da die geringe Krümmung unberücksichtigt bleiben kann und wie eine gerade Strecke behandelt wird.

Die Fläche eines solchen Dreiecks läßt sich dann errechnen:

$A_\Delta = \frac{1}{2} \cdot \frac{u}{16} \cdot r = \frac{u}{32} \cdot r$

Fläche der 16 Dreiecke:

$16 \cdot A_\Delta = 16 \cdot \frac{u}{32} \cdot r = \frac{u}{2} \cdot r = \frac{2r\pi}{2} \cdot r = r^2\pi \Rightarrow A_K$

8.2.3.2 Umformen zum Parallelogramm

Ein einbeschriebenes Vieleck (Zwölfeck) wird in die einzelnen Bestimmungsdreiecke zerschnitten, die sich anschließend zu einem Parallelogramm ($\frac{u}{2}$ lang, r hoch) anordnen lassen.

Abb. 396:

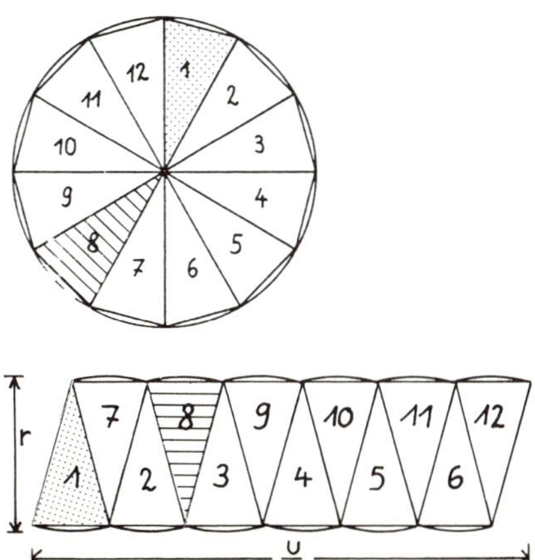

Über den Flächeninhalt des Parallelogramms läßt sich dann ebenfalls die Kreisformel ableiten.

$A_p = \frac{u}{2} \cdot r = r^2\pi \Rightarrow A_K$;

$A_p = \frac{u}{2} \cdot \frac{d}{2} = \frac{d \cdot \pi}{2} \cdot \frac{d}{2} = \frac{d^2\pi}{4} \Rightarrow A_K$

Als Variante ließe sich auch noch ein Rechteck bilden, wenn eines der Dreiecke halbiert wird.

Abb. 397:

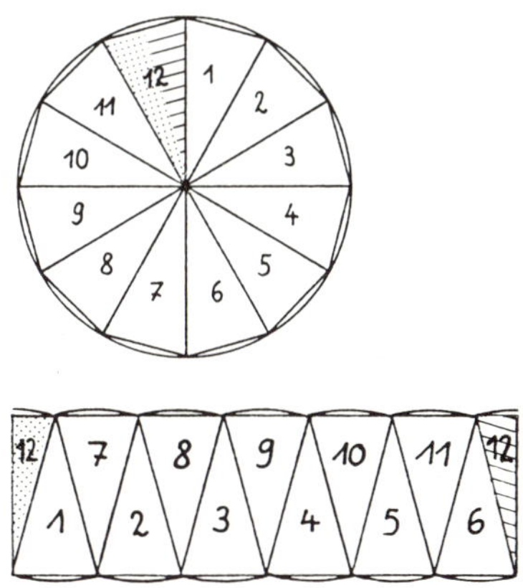

$A_R = \frac{u}{2} \cdot r = r^2 \cdot \pi \Longrightarrow A_K$

8.2.4 Operative Übungen

Ein operativer Geometrieunterricht ist wesentlich geprägt durch das Prinzip der Variation.

8.2.4.1 Variation der Fragestellung

Die zwischen den Größen r, d, u_K und A_K bestehenden Beziehungen ermöglichen es, bei Vorgabe eines einzigen dieser Werte die anderen drei zu errechnen. Dieses Beziehungsgeflecht ist unterrichtlich zu nützen.
Die Bestimmung des Radius ist erst durch den Einsatz elektronischer Taschenrechner möglich, da mit Hilfe der Wurzelautomatik das langwierige und vom Vorgehen her vielen Schülern unverständliche Wurzelziehen wegfällt. Es ist aber in der Klasse zu vereinbaren, ob das angezeigte Resultat grundsätzlich auf zwei Stellen zu runden ist oder ob damit (z. B. bei Verwendung des Speichers) sofort weitergerechnet werden darf.

8.2.4.2 Lösungsdarstellung im Rechenbaum

Hauptschüler haben oft mit der Umsetzung von Formeln Schwierigkeiten, weshalb eine Aufschlüsselung in Einzelschritte z. B. in Form eines Baumdiagramms zu empfehlen ist.

Abb. 398:

$A = \frac{d^2}{4} \cdot \pi$

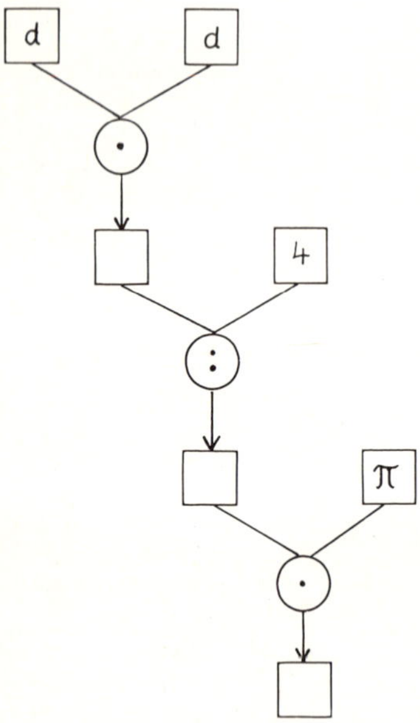

8.2.4.3 Berechnungsmöglichkeiten bei verschiedenen Vorgaben

Ist bei gegebenem Umfang (Flächeninhalt) der Flächeninhalt (Umfang) gesucht, so sollte sich der Schüler grundsätzlich angewöhnen, zunächst r bzw. d zu berechnen, um diesen Wert dann in die Ausgangsformel einzusetzen zu können.

Abb. 399:

a) u gegeben

⇓

$d = \frac{u}{\pi}$

⇓

$A = \frac{d^2}{4} \cdot \pi = \frac{u^2}{4\pi}$

b) A gegeben

⇓

$r^2 = \frac{A}{\pi}$

⇓

$r = \sqrt{\frac{A}{\pi}}$

⇓

$u = \sqrt{\frac{A}{\pi}} \cdot 2\pi$

Beispiele:

a) Der Verein der Pferdefreunde möchte einen neuen Trainingsrundkurs mit einer Länge von 150 m anlegen. Welche Fläche wird dafür benötigt?

b) Ein kreisrunder Brunnen mit einer Fläche von 28,26 m^2 soll neu gefaßt werden. Ein Stein ist 15 cm breit.

8.2.4.4 Tabelle

Will man ohne Sachzusammenhänge diese Umrechnungen einüben, so eignet sich eine Tabelle.

Abb. 400:

r (cm)	3		5,3		
d (cm)	6	4			
u (cm)	18,85			13,82	
A (cm^2)	28,27				176,71

8.2.4.5 Zeichnerische Aufgabenstellung

Zeichnerische Aufgabenstellungen motivieren und fordern die Schüler heraus. Gerade der Geometrieunterricht eröffnet ein breites

Spektrum mit den Skizzen und Zeichnungen als Veranschaulichungshilfe und mit der Möglichkeit, die Zeichnung selbst als Form der Aufgabenstellung einzusetzen.

● Beispiele zur Umfangberechnung:

– Wieviel lfd. Meter Material werden für das Gartentor (Balkongeländer) benötigt?

Abb. 401:

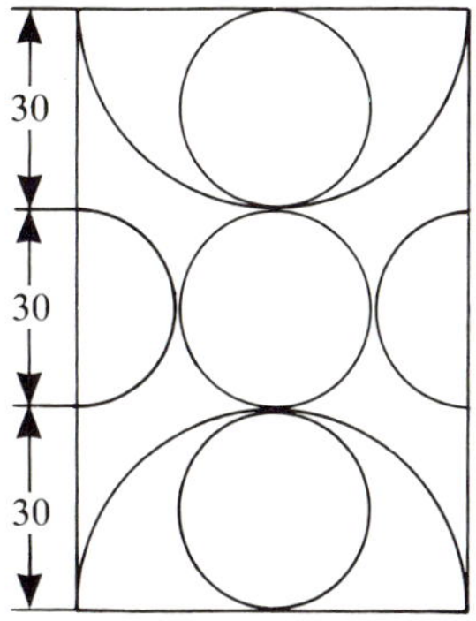

– Wieviel lfd. Meter Umfassungssteine werden für diese Brunnenanlage benötigt? Der kreisrunde Springbrunnen selbst wird auch eingefaßt.

● Beispiel zur Flächeninhaltsberechnung: (aus Welt der Zahl 8, S. 86):

Abb. 402:

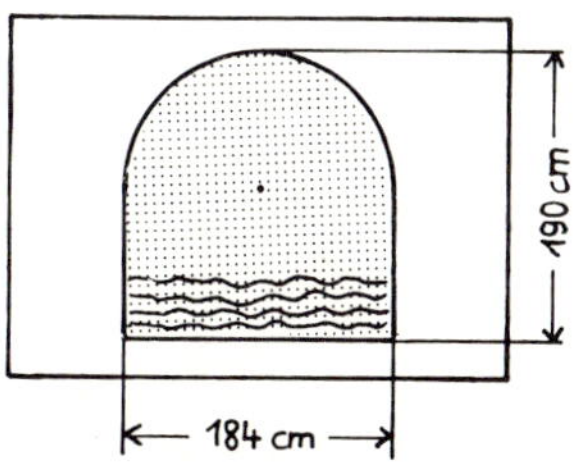

Ein Wasserstollen hat die Form eines Rechtecks mit aufgesetztem Halbkreis. Berechne den Querschnitt des Stollens.

8.2.4.6 Vergleich von Kreisen

Auch Kreise untereinander sollten hinsichtlich ihres Flächeninhalts und ihres Umfangs verglichen werden.

Folgende Erkenntnisse sind durch vergleichende Betrachtung zu erarbeiten:

Doppelter Radius $\Rightarrow$ doppelter Umfang
Doppelter Radius $\Rightarrow$ vierfacher Flächeninhalt

Abb. 403:

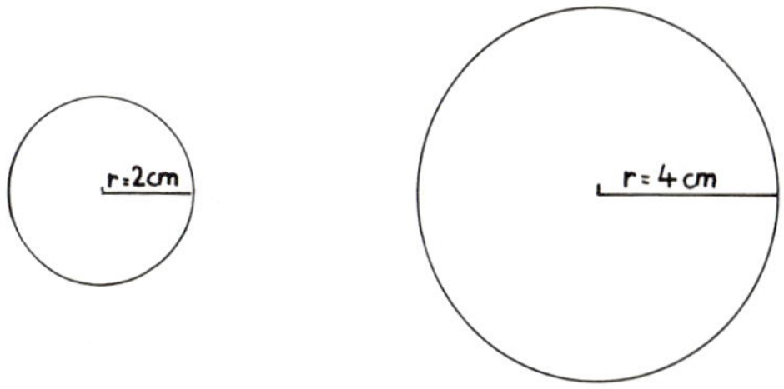

$u = 12{,}566 \longrightarrow (\cdot 2) \longrightarrow u = 25{,}132$

$A = 12{,}566 \longrightarrow (\cdot 4) \longrightarrow A = 50{,}264$

8.2.4.7 Themenbereiche für Sachaufgaben

Die folgende Übersicht enthält Anregungen und Hinweise, welche Variablen bei Sachaufgaben als gegeben bzw. gesucht eingesetzt werden können.

Sachverhalt	Variablen (eine davon ist gesucht)
– Baum umspannen	u (d, r); Armlänge; Anzahl der Personen
– Blumenbeet einfassen	d (r, u, A); Länge eines Umfassungssteines; Anzahl der Steine
– Erdumrundung mit Flugzeug	Erdradius (6366,2 km), Geschwindigkeit, Flugdauer
– Platzbedarf bei Autowendeplatz	r des Wendekreis (d); Spurbreite; Radius des Kreises der Innenräder
– Einkreisen bei einem Jagdspiel	A (d, r); Abstand zwischen den einzelnen Jägern, Anzahl der Jäger
– Stahlband um ein Holzrad	d (r, u); Meterpreis, Arbeitszeit, Stundenlohn, Gesamtpreis

– Heckenbepflanzung bei einem Rondell (Springbrunnen)	d (r, A, u); Abstand der Hekken vom Rondell, Zwischenraum der einzelnen Sträucher; Preis eines Strauches; Gesamtpreis
– rundes Fenster abdichten	d (r, A); Anzahl der Fenster; Preis pro Meter des Dichtungsbandes; Gesamtpreis
– rundes Fenster neu glasen	d (r, A); rechteckige (quadratische) Scheibe; Verschnitt
– runde Glasplatte verpacken	d (r, A); Seitenlänge der quadratischen Schachtel
– Radumdrehungen	d (r, u); Anzahl der Umdrehungen; zurückgelegte Strecke
– Straßenwalze, Traktor, Gangschaltung	d (r, u) der beiden verschieden großen Räder; Anzahl der Umdrehungen eines Rades; Anzahl der Umdrehungen des zweiten Rades
– Kettenkarussell	durchschnittlicher Flugradius; Anzahl der Umdrehungen; Dauer der Fahrt; Strecke pro Minute.

8.3 Teilflächen eines Kreises

Teilflächen eines Kreises sind der Kreisring und der Kreisausschnitt (Kreissektor).

8.3.1 Kreisring

Dem Kreisring als geometrische Form begegnet man im Alltag häufiger, als man im ersten Moment annimmt.

8.3.1.1 Anschauungsmodelle

- Verkehrszeichen „Gesperrt für Kfz aller Art“
- Der bespielte Teil einer Schallplatte
- Gefahrenbereich (Schwenkbereich) eines Krans bei Berücksichtigung der geringsten und der größten Auslegerweite
- Gefahrenbereich eines Kettenkarussells
- Lichtkegel eines Leuchtturms
- Bereich, den nur der große Uhrzeiger überstreicht
- Kreisrundes Blumenbeet inmitten eines Rondells
- Vergrößerung des Laufraumes eines angepflockten Hundes bei Verlängerung der Leine
- Kreisrundes Wasserbassin inmitten einer runden Brunnenanlage
- Kreisrundes Glasmosaik in der Mitte eines runden Fensters
- rundes Bild in einem runden Bilderrahmen (Passepartout)
- Querschnitt bei Röhren
- Beilagscheibe.

8.3.1.2 Kennzeichen

Am Beispiel einer Schallplatte werden die Kennzeichen eines Kreisrings erarbeitet, da sich bei diesem Anschauungsmodell Mittelpunkt, innere Kreisfläche (Titel, usw.) und äußere Kreisfläche (Platte an sich) deutlich voneinander abheben. Man stellt sich aus einer Folie – analog zur tatsächlichen Produktion – unabhängig voneinander die Platte und den betreffenden Aufkleber (Titel, Interpret, Plattenfirma, . . .) her. Wir markieren bei Platte und Aufkleber das Plattenloch und legen die beiden Teile aufeinander.
Führen die Schüler diesen Vorgang mit ausgeschnittenen Kreisen selbst aus, so wird ihnen die Verringerung der „schwarzen Plattenfläche“ deutlich und es bereitet ihnen keine großen Schwierigkeiten mehr, die Kennzeichen und das Vorgehen bei der Berechnung des Flächeninhalts eines Kreisringes zu beschreiben.

Abb. 404:

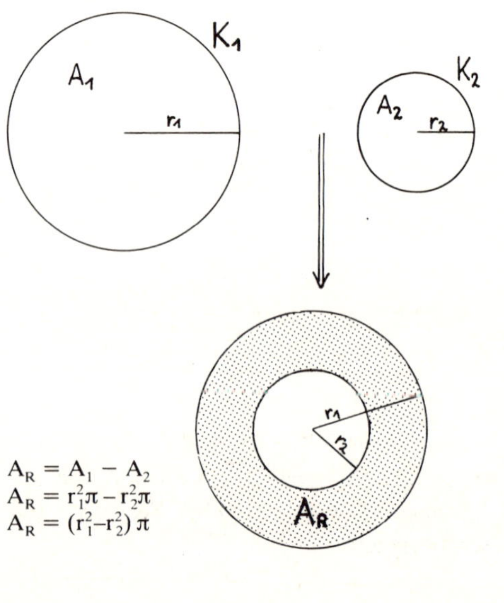

$A_R = A_1 - A_2$
$A_R = r_1^2\pi - r_2^2\pi$
$A_R = (r_1^2 - r_2^2)\,\pi$

8.3.1.3 Operative Übungen

Außer dem Flächeninhalt des Kreisringes kann auch r_1 (Radius des Außenkreises), r_2 (Radius des Innenkreises) oder b (Breite des Kreisringes) gesucht sein.
An einem Beispiel ($A_i r_2$ gegeben; r_1 gesucht) sei aufgezeigt, wie das Vorgehen zu erarbeiten ist, da die hierfür erforderliche algebraische Termumformung meist erst zu einem späteren Zeitpunkt behandelt wird.
Für die drei Flächen A_1 (größerer Kreis), A_2 (kleinerer Kreis) und A_R (Kreisring) liegen dreierlei, aufeinander abgestimmte Folien bereit.
Die Schüler nehmen die gegebenen Teile (A_1 und A_R), legen sie aufeinander und markieren den gesuchten Wert (A_2).

Durch dieses Darauflegen wird offensichtlich, daß A_1 um A_R verringert werden muß, damit man A_2 erhält. Die weitere Auflösung nach r_2 ist von der Kreisberechnung (siehe 8.2.3) her schon bekannt.

8.3.2 Kreisausschnitt

Jeder Bruchteil des Vollkreises wird als Kreisausschnitt oder Kreissektor bezeichnet. Seine Größe hängt vom Mittelpunktswinkel α des Kreisausschnittes ab.

Abb. 405:

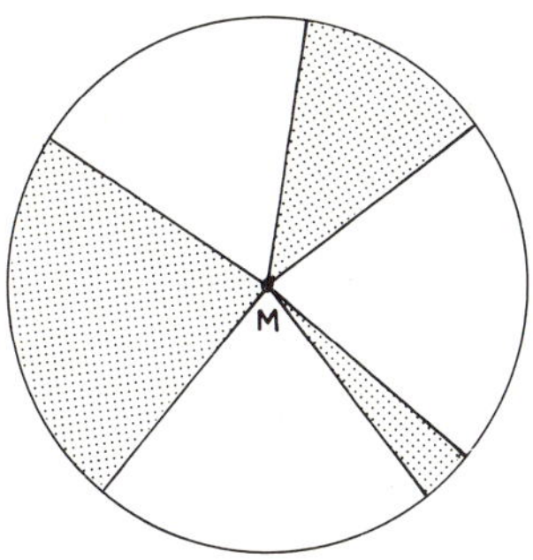

8.3.2.1 Sonderformen des Kreissektors

Manche Kreisausschnitte, die sich z. B. durch Faltung ergeben, bereiten den Schülern keine Schwierigkeiten.

Abb. 406:

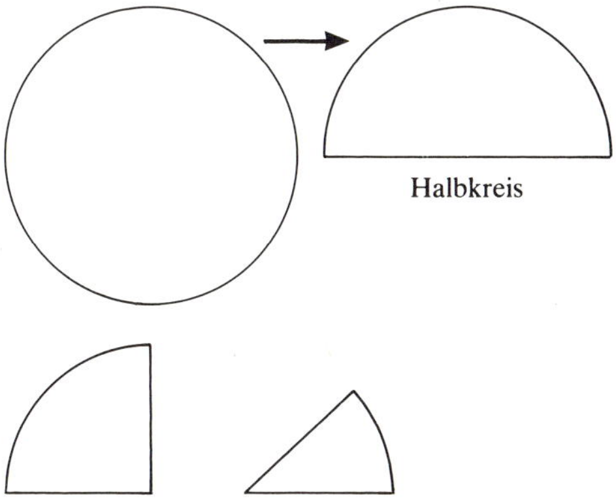

Bei diesen Formen ermitteln die Schüler den Flächeninhalt und die Bogenlänge b durch die entsprechende Division des Kreisflächeninhalts ($\frac{A}{2}$; $\frac{A}{4}$; $\frac{A}{8}$) bzw. des Kreisumfangs ($\frac{u}{2}$; $\frac{u}{4}$; $\frac{u}{8}$).
Ähnlich einfach gestaltet es sich bei Sektoren, die identisch sind mit dem „Bestimmungsdreieck“ einbeschriebener Vielecke.

Abb. 407:

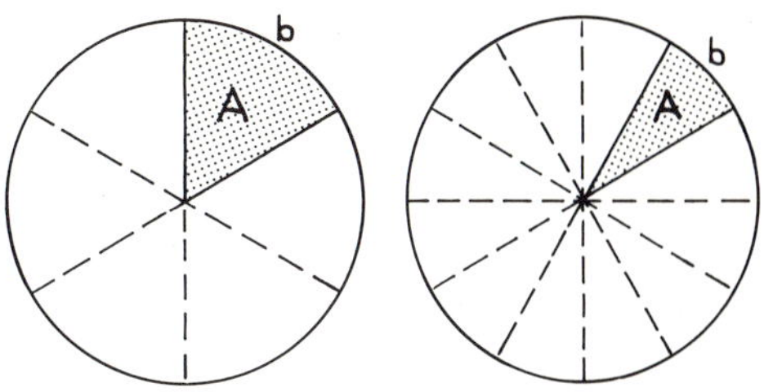

Sechstelkreis

$A = \frac{A_K}{6}$

$b = \frac{u_K}{6}$

Zwölftelkreis

$A = \frac{A_K}{12}$

$b = \frac{u_K}{12}$

8.3.2.2 Abhängigkeit des Kreissektors vom Mittelpunktswinkel

Bei allen Sonderformen des Kreissektors wurde der Flächeninhalt bzw. der Umfang des Vollkreises als Bezugsgröße gewählt und der entsprechende Wert des Kreisausschnitts als Bruchteil davon angegeben.
Bei allen anderen Ausschnitten, die keine leicht erkennbaren Bruchteile des Vollkreises sind, ist für die Berechnung des Flächenin-

halts bzw. der Bogenlänge ein anderer Weg zu suchen.
Die Sonderformen werden deshalb unter einem anderen Gesichtspunkt betrachtet. Der Mittelpunktswinkel wird farbig hervorgehoben und gemessen.

Abb. 408:

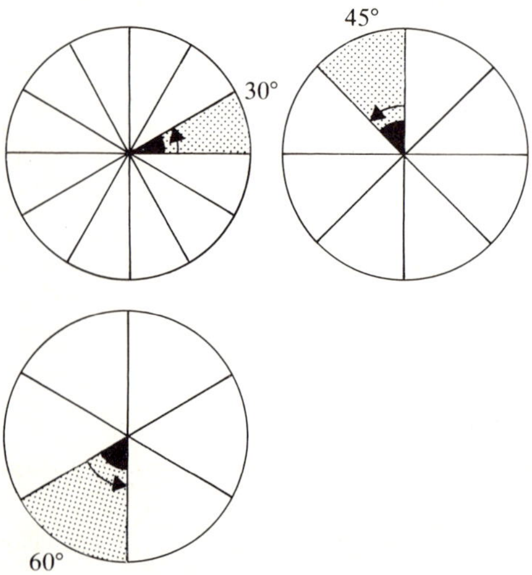

Die Ergebnisse werden tabellarisch erfaßt und in Beziehung zum Winkel des Vollkreises gesetzt.

Abb. 409:

Sektor	Winkelgröße	Bruchteil des Vollwinkels
Zwölftelkreis	30°	$= \frac{1}{12}$ von 360°
Achtelkreis	45°	$= \frac{1}{8}$ von 360°
Sechstelkreis	60°	$= \frac{1}{6}$ von 360°
Viertelkreis	90°	$= \frac{1}{4}$ von 360°
Halbkreis	180°	$= \frac{1}{2}$ von 360°

Durch eine solche Zusammenstellung erkennen die Schüler, daß der Mittelpunktswinkel das eigentlich bestimmende Maß eines Kreissektors ist.
Daraus läßt sich folgern, daß die Winkelmaßeinheit 1° auch zum Maß der Kreissektorberechnungen wird.
Flächeninhalt und Bogenlänge eines 1°-Sektors lassen sich als Bruchteil von A_K bzw. u_K ermitteln.

$$A_{1^\circ} = \frac{A_K}{360} = \frac{r^2 \pi}{360}$$

$$b_{1^\circ} = \frac{u_K}{360} = \frac{d\pi}{360}$$

8.3.2.3 Flächeninhalt/Bogenlänge als lineare Funktion des Mittelpunktswinkels

Eine einfache Tabelle, die die unter 8.3.2.2 erstellte weiterführt, läßt den linearen Zusammenhang deutlich werden.

Abb. 410:

Mittelpunktswinkel	Sektorfläche A	Bogenlänge b
1°	$A = \frac{A_K}{360} = \frac{r^2 \pi}{360}$	$b = \frac{u_K}{360} = \frac{d\pi}{360}$
2°	$A = \frac{A_K}{360} \cdot 2$	$b = \frac{u_K}{360} \cdot 2$
3°	$A = \frac{A_K}{360} \cdot 3$	$b = \frac{u_K}{360} \cdot 3$
5°	$A = \frac{A_K}{360} \cdot 5$	$b = \frac{u_K}{360} \cdot 5$
10°	$A = \frac{A_K}{360} \cdot 10$	$b = \frac{u_K}{360} \cdot 10$
30°	$A = \frac{A_K}{360} \cdot 30$	$b = \frac{u_K}{360} \cdot 30$
45°	$A = \frac{A_K}{360} \cdot 45$	$b = \frac{u_K}{360} \cdot 45$

An den letzten beiden Beispielen ist herauszustellen, daß eine Umstellung innerhalb der Formel vorteilhaft ist, weil so häufig gekürzt werden kann.

Abb. 411:

$$A = \frac{A_K}{360} \cdot 30 = A_K \cdot \frac{30}{360} = A_K \cdot \frac{1}{12}$$
$$A = \frac{A_K}{360} \cdot 45 = A_K \cdot \frac{45}{360} = A_K \cdot \frac{1}{8}$$
$$b = \frac{u_K}{360} \cdot 30 = u_K \cdot \frac{30}{360} = u_K \cdot \frac{1}{12}$$
$$b = \frac{u_K}{360} \cdot 45 = u_K \cdot \frac{45}{360} = u_K \cdot \frac{1}{8}$$

allgemein:
$$A = A_K \cdot \frac{\alpha}{360} = r^2\pi \cdot \frac{\alpha}{360}$$
$$b = u_K \cdot \frac{\alpha}{360} = d\pi \cdot \frac{\alpha}{360}$$

8.3.2.4 Operative Übungen

Operative Aufgaben setzen bei den Sektorrechnungen viele Einzelrechenschritte voraus. Der Schüler erhält für all diese Berechnungen als Grundgerüst den Rechenplan für A bzw. b gesucht, wobei r (d) und α bekannt sind.
Sind A bzw. b und r (d) oder α gegeben, so ist das Baumdiagramm von unten nach oben zu lesen.

Abb. 412:

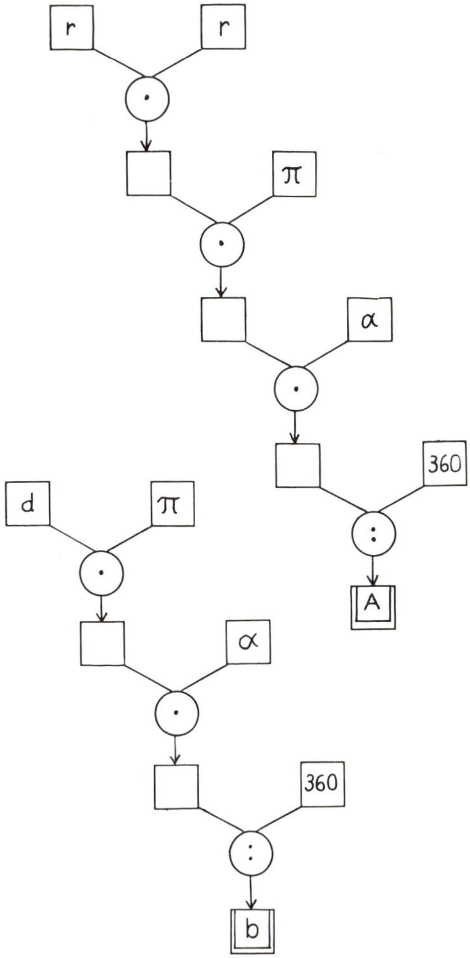

Der Sonderfall der Berechnung des Flächeninhalts des Kegelmantels (Kreissektor) wird unter 9.5.4.1, S. 219 f. aufgezeigt.

Ist u_K oder A_K gegeben, so muß analog zu 8.2.4.3 (Seite 192) d bzw. r daraus erst errechnet werden.

8.3.2.5 Themenbereiche für Sachaufgaben

Da bei jeder Drehung ein Kreissektor überstrichen wird, eröffnen sich von dieser Thematik her vielfältige Aufgabenstellungen.

- Bahnsignal (b oder α gesucht)
- Schwenkkran (A, b oder α gesucht)
- Suchscheinwerfer (A oder α gesucht)
- Uhrzeiger (b oder α gesucht)
- Scheibenwischer (A, b oder α gesucht)
- Zirkel (Drehung um . . .; A oder b gesucht)
- Runde Meßgeräte: Tachometer, Kompaß, Thermometer (abzudeckender Bereich und α gegeben; Skalierung gesucht)
- Drehschalter: Waschmaschine, Spülmaschine, Bügeleisen, . . . Einteilung vorgeben; α bei genannter Programmart gesucht.)

8.3.2.6 Erweiterter Themenbereich

Ziermuster und Ornamente, bestehend aus verschiedenen ebenen Grundformen bieten vielfältige Möglichkeiten zur zeichnerischen Übertragung bzw. zur Berechnung von Flächeninhalt und Bogenlänge.

Beispiele:

- Materialkosten für ein Ziermuster in einem Geländer, Gartentor oder Balkon.

- Die Berechnungen bei Flächen, die aus mehreren Teilen (Rechteck, Halbkreis, . . .) zusammengesetzt sind, bieten sich an bei Stadien, Brunnenanlagen, Cafés mit Tanzflächen, Gartenanlage usw.

Abb. 413 (aus Zahl und Form 8, S. 95):

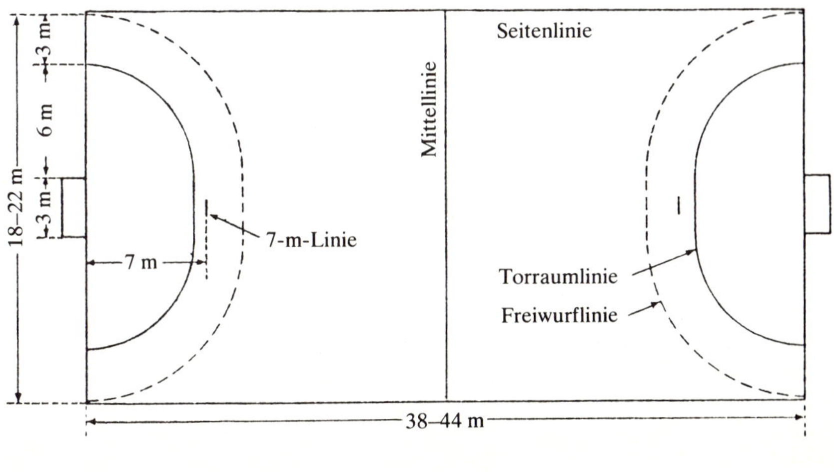

Die Abb. zeigt die Aufteilung des Spielfeldes beim Hallenhandball.

a) Übertrage die Skizze in einem geeigneten Maßstab in dein Heft! Wo befinden sich die Mittelpunkte der Kreisbögen?
b) Berechne, wie lang Torraum- und Freiwurflinie in Wirklichkeit sind!
c) Ist der Torraum größer als die Fläche zwischen Torraum- und Freiwurflinie?

– Berechnung einer Linse

Durch die Verkettung der Flächeninhaltsberechnung von Viertelkreis und Quadrathälfte läßt sich der Flächeninhalt einer Linse errechnen.

Abb. 414:

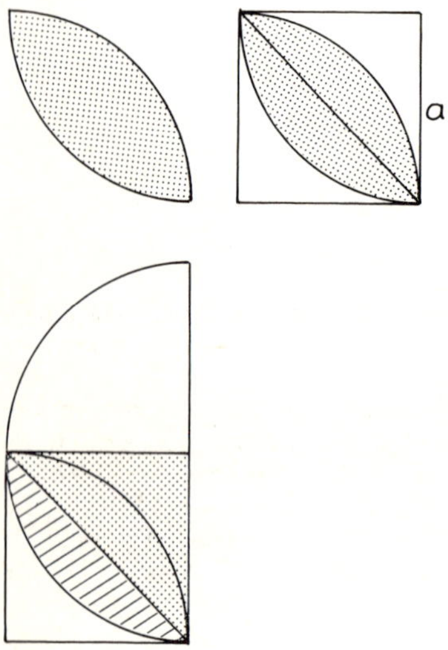

$\frac{A_{Li}}{2} = \frac{A_K}{4} - \frac{A_{Qu}}{2}$

$\frac{A_{Li}}{2} = \frac{a^2\pi}{4} - \frac{a^2}{2} = \frac{a^2}{2}\left(\frac{\pi}{2} - 1\right) = 0{,}57 \cdot \frac{a^2}{2}$

$A_{Li} = 0{,}57 \cdot a^2$

8.4 Ellipse

Ellipsen – von den Schülern häufig als Oval bzw. auseinandergezogener oder zusammengedrückter Kreis bezeichnet – begegnen uns meist nur als Schrägbilder von Zylindern oder geraden Kegeln.
Daher ist es erforderlich, den Schülern das Zustandekommen von Ellipsen zu verdeutlichen.

8.4.1 Entstehung von Ellipsen

8.4.1.1 Schrägschnitt

Wird ein zylinderförmiger Körper (aus Knetmasse, Kerze, Röhre, Besenstiel, . . .) oder auch ein gerader Kreiskegel im spitzen Winkel durchgeschnitten, so entsteht als Schnittfläche eine Ellipse.

Abb. 415:

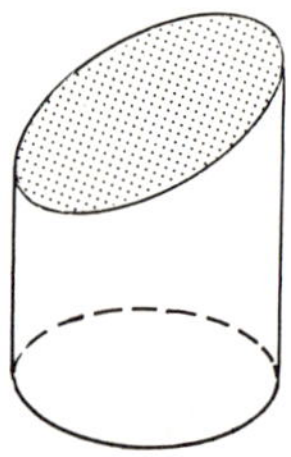

8.4.1.2 Flüssigkeitsspiegel im geneigten Wasserglas

Ein kreisrundes, mit gefärbtem Wasser gefülltes Glas wird unterschiedlich stark geneigt. Die Schüler erkennen rasch, daß die Wasseroberfläche eine Ellipsenform hat, deren Größe vom Neigungswinkel abhängt.

Abb. 416:

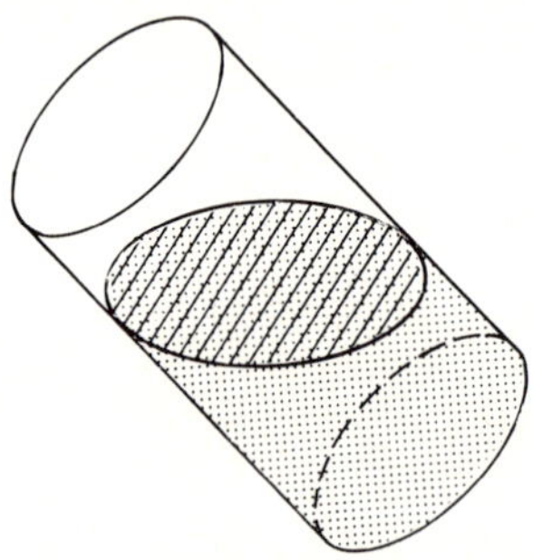

8.4.1.3 Schattenspiel

Dreht man eine kreisrunde Pappscheibe in einem starken Lichtstrahl, so kann man gut verdeutlichen, wie im Schattenbild aus dem Kreis eine Ellipse wird, sobald das Licht schräg auf die Pappscheibe fällt.

Abb. 417:

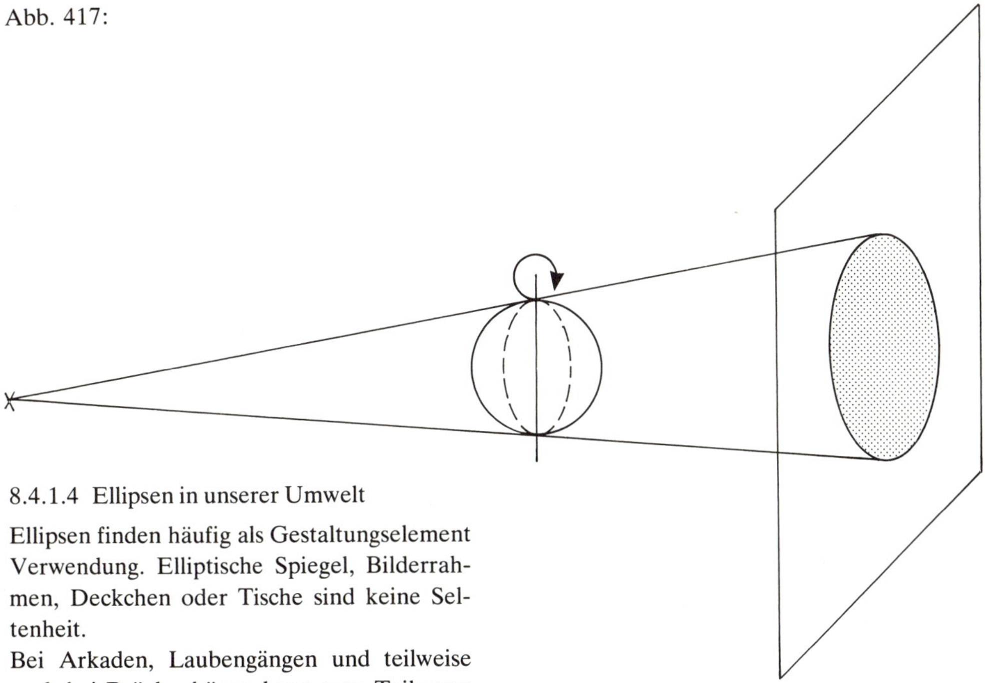

8.4.1.4 Ellipsen in unserer Umwelt

Ellipsen finden häufig als Gestaltungselement Verwendung. Elliptische Spiegel, Bilderrahmen, Deckchen oder Tische sind keine Seltenheit.

Bei Arkaden, Laubengängen und teilweise auch bei Brückenbögen kann man Teile von Ellipsen erkennen. Nicht zuletzt weisen Umlaufbahnen eine elliptische Form auf.

8.4.2 Kennzeichen von Ellipsen

Da in vielen Lehrplänen die Ellipse als eigenständiges Thema nicht vorgesehen ist, sei hier nur kurz der mathematische Zusammenhang erklärt:

Abb. 418:

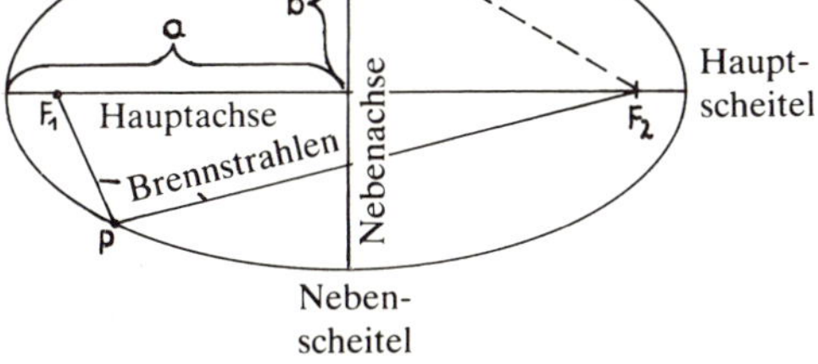

- Eine Ellipse ist eine geschlossene ebene Kurve mit zwei aufeinander senkrechten Achsen.
- Die längere Achse heißt Hauptachse und endet in den beiden Hauptscheiteln (Länge 2a). Die Mittelsenkrechte hierzu heißt Nebenachse und endet in den beiden Nebenscheiteln (Länge 2b).
- Im gleichen Abstand vom Schnittpunkt der beiden Achsen befinden sich die beiden Brennpunkte F_1 und F_2.
- Die Summe der Entfernungen eines jeden Punktes P einer Ellipse von den beiden Brennpunkten ist stets gleich.
- Die Nebenachse ist (bei den im Bereich der Hauptschule zu betrachtenden Ellipsen) meist halb so lang wie die Hauptachse. Der „Verkürzungsfaktor" bei diesen Ellipsen ist $\frac{1}{2}$.
- Die Entfernung der Brennpunkte von den Nebenscheiteln beträgt die halbe Länge der Hauptachse.

8.4.3 Konstruktionen

Für die Konstruktion von Ellipsen bieten sich mehrere Möglichkeiten an.

8.4.3.1 Faden- oder Gärtnerkonstruktion

Das Vorgehen gleicht der Gärtnerkonstruktion beim Kreis (siehe 8.1.3.2, S. 185). Zwei Nadeln (Pflöcke) bilden die beiden Brennpunkte F_1 und F_2. Ein Faden, der länger ist als der Abstand der beiden Nadeln, wird daran befestigt. Mit einem Bleistift (dritten Pflock) fährt man an dem durch ihn gespannten Faden entlang. Der Bleistift beschreibt dann eine Ellipse.

Abb. 419:

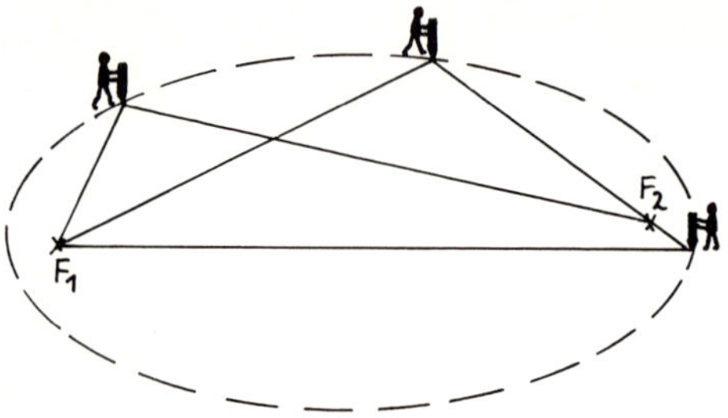

8.4.3.2 Konstruktion mit Hilfe eines Kreises

Um M wird ein Kreis mit der Hauptachse als Durchmesser geschlagen. Von jedem Punkt der Hauptachse wird nun der senkrechte Abstand zum Kreisbogen gemessen. Der halbe Abstand ergibt den betreffenden Ellipsenpunkt.

Abb. 420:

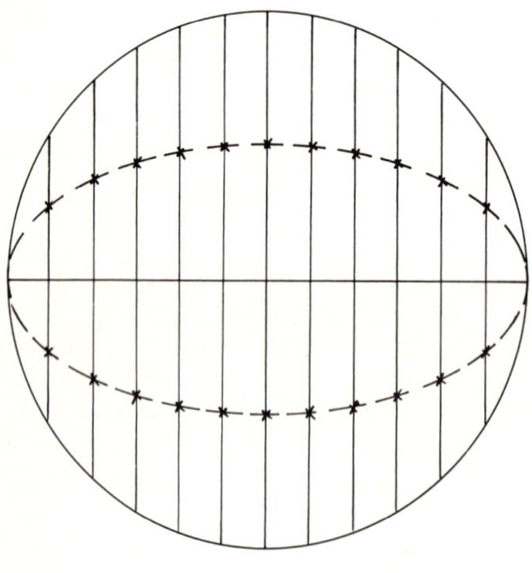

8.4.3.3 Konstruktion durch konzentrische Kreise

Mit den beiden Halbachsen als Radien werden konzentrische Kreise gezogen und von M ausgehend beliebige Strahlen eingezeichnet. Bei Schnittpunkt E der einzelnen Strahlen mit dem Innenkreis wird eine Parallele zur Hauptachse, beim Schnittpunkt G der Strahlen mit dem äußeren Kreis eine Parallele zur Nebenachse gezogen. Der Schnittpunkt der beiden Parallelen ergibt einen Ellipsenpunkt.

Abb. 421:

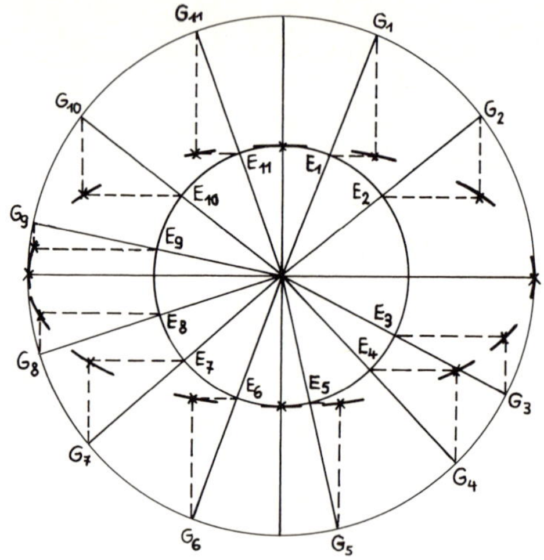

8.4.3.4 Konstruktion mit Hilfe eines Rechtecks

Bei einem Rechteck mit der Haupt- bzw. Nebenachse als Seitenlängen werden die eingezeichnete Hauptachse und die der Nebenhalbachse entsprechende Breitenhälfte in gleiche Teile zerlegt. Diese Teilpunkte werden jeweils mit den Nebenscheiteln A bzw. B verbunden. Die Schnittpunkte sind Kurvenpunkte der Ellipse.

Abb. 422:

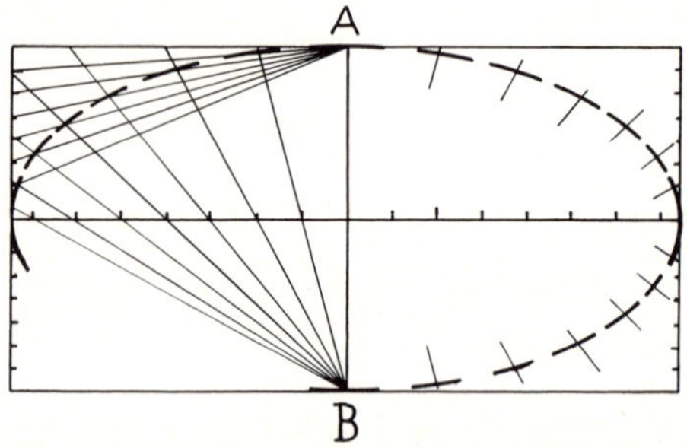

Die hier aufgezeigten Verfahren sind durch die große Anzahl der zu konstruierenden Punkte sehr zeitaufwendig und daher im Unterricht nur exemplarisch zu vollziehen. Ist beabsichtigt, öfter Ellipsen zu zeichnen, so wird man ohne Schablone nicht auskommen können.

8.4.4 Flächeninhaltsberechnung von Ellipsen

Der Umfang von Ellipsen läßt sich mit den in der Hauptschule angewandten Methoden nicht berechnen.
Der Flächeninhalt, dessen Berechnung z. B. nach dem bayerischen Lehrplan auch nicht gefordert ist, kann durch ein Näherungsverfahren ermittelt werden.

8.4.4.1 Annäherung durch umschriebenes Rechteck

Die Ellipse wird von einem Rechteck umschrieben, das in mehrere gleiche große Teilrechtecke zerlegt wird. So kann ein unterer und ein oberer Grenzwert für den Flächeninhalt angegeben werden. Von den durchschnittenen Rechtecken werden die mitgezählt, bei denen eindeutig mehr als die Hälfte zur Ellipsenfläche gehört.

Abb. 423:

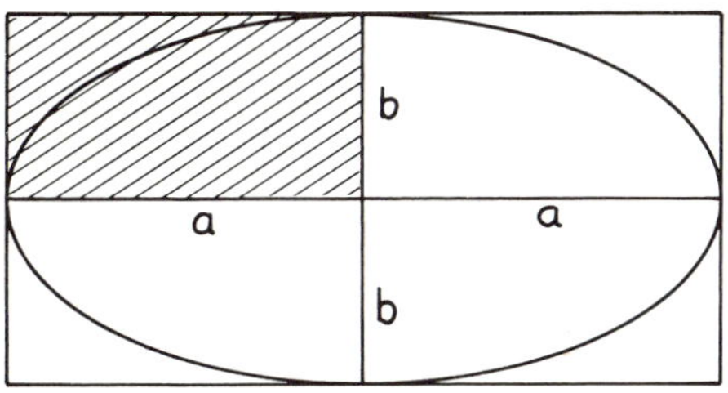

Bestimmungsrechteck: $a \cdot b$
Umschriebenes Rechteck: 4ab

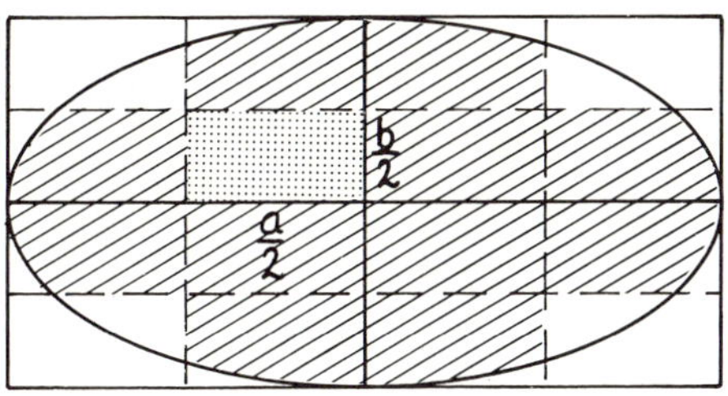

Bestimmungsrechteck: $\frac{ab}{4}$
Flächeninhalt der zu berücksichtigenden Rechtecke: $12\frac{ab}{4} = \underline{\underline{3ab}}$

$$4ab > A_E > 3ab$$

8.4.4.2 Auszählen auf Millimeterpapier

Man zeichnet mehrere Ellipsen auf Millimeterpapier und zählt die Quadratmillimeter in einem Ellipsenviertel. Angeschnittene Kästchen werden halb gezählt.

Abb. 424:

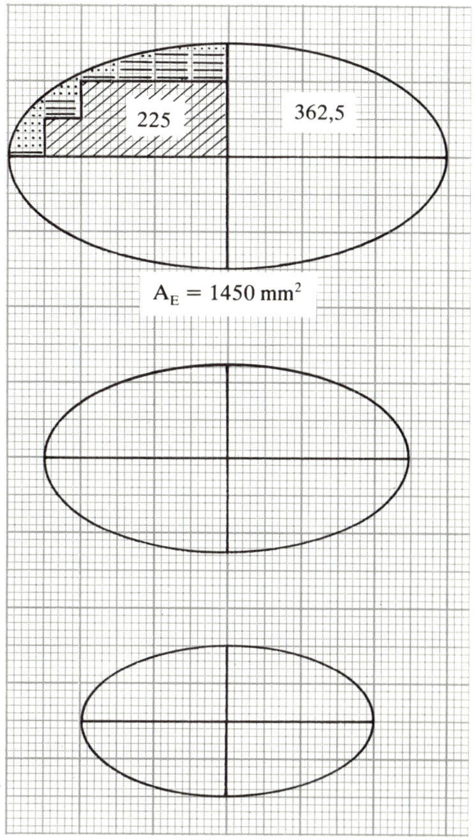

Bei der Ermittlung des Quotienten $A_E:(a \cdot b)$ werden die Schüler zu ihrer Überraschung feststellen, daß als konstanter Wert wieder die Kreiszahl π erscheint.

Abb. 425:

a in mm	b in mm	A_E (empirisch ermittelt)	$a \cdot b$	$A_E : (a \cdot b)$
10	5	160	50	3,2
15	7,5	366	112,50	3,25
20	10	624	200	3,12
25	12,5	966	312,5	3,18
30	15	1450	450	3,22

$\approx \pi$

Daraus läßt sich als Formel ableiten:

$$A_E = a \cdot b \cdot \pi$$

9. Geometrische Körper in der Hauptschule

Die räumliche Vorstellung spielt in der Raumgeometrie die entscheidende Rolle. Ständig stolpert der Schüler über die Dreidimensionalität. Daraus folgt eine ständige Verwechslung der Begriffe Volumen und Oberfläche, analog zu Flächeninhalt und Umfang. Raumgeometrie ohne Anschauung überfordert den Hauptschüler, besonders in den ersten Jahren, wenn er Würfel und Quader näher kennenlernt.
Erst mit zunehmender Sicherheit des formenkundlichen Wissens kann man zur Abstraktion als Endform im letzten Abschnitt der Abschlußklasse übergehen. Aber auch in dieser Stufe darf das Abstrakte (Formelrechnen im Schwerpunkt) die Anschauung nicht überdekken oder gar verdrängen.
Die folgenden Kapitel sind bewußt so angelegt, daß Stoff aus jeder Jahrgangsstufe aufgegriffen wird. Die einzelnen Übungsformen müssen aber vom Lehrer klassenspezifisch ausgewählt und angepaßt werden.
Würfel und Quader scheinen etwas kurz zu kommen. Betrachtet man beide aber als Mitglieder der Säulenfamilie, ist dieser Eindruck oberflächlich. Würfel und Quader sind sicherlich die Hauptobjekte der Raumgeometrie in der 5./6. Jahrgangsstufe. An ihnen werden Formenkunde, zeichnerische Darstellung und Berechnung eingeführt und geübt. Trotzdem müssen sie eingebunden bleiben in der Gesamtheit der geraden Prismen.
Mit fortschreitendem Wissen um die Zusammenhänge schiebt sich immer mehr die Berechnung von Volumen, Oberfläche und Masse in den Vordergrund des Geometrieunterrichtes. Der rechnerische Aspekt gewinnt immer mehr die Oberhand.
Die vorangegangene Arbeit war Mittel zum Zweck. Der formenkundliche und zeichnerische Bereich wird als gegeben vorausgesetzt.

9.1 Überblick

9.1.1 Entstehung der geometrischen Körper

Die Geometrie leitet Körper aus Dreh- und Schiebebewegungen von Flächen her (siehe A/3.7.1.4, Seite 27).
Alle geraden Prismen entstehen durch Parallelverschiebung der Grundfläche, die unabhängig von einer Ideallage ist.
Zylinder, Kegel und Kugel sind Drehkörper. Sie entstehen durch Drehung einer Fläche.
Im Unterricht sollte das Erzeugen von Körpern konkret veranschaulicht werden.

a) Schiebung

Zwei deckungsgleiche Flächen werden an den Ecken mit Gummischnüren verbunden. Durch Dehnen entstehen unterschiedliche Körperhöhen.
Grund- und Deckfläche bleiben gleich, die Körperhöhe verändert sich.

Abb. 426:

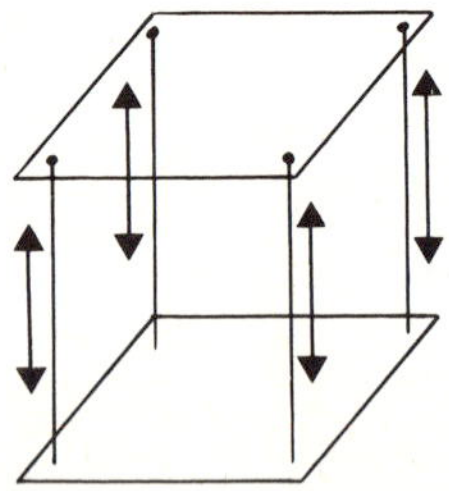

b) Drehung

Flächenmodelle werden mit einer Achse versehen (Stricknadel) und in eine senkrecht fixierte Bohrmaschine eingespannt.
Durch die schnelle Drehung der Fläche verschwimmen die Konturen der Fläche zu einer optisch stabilen Figur.

Abb. 427:

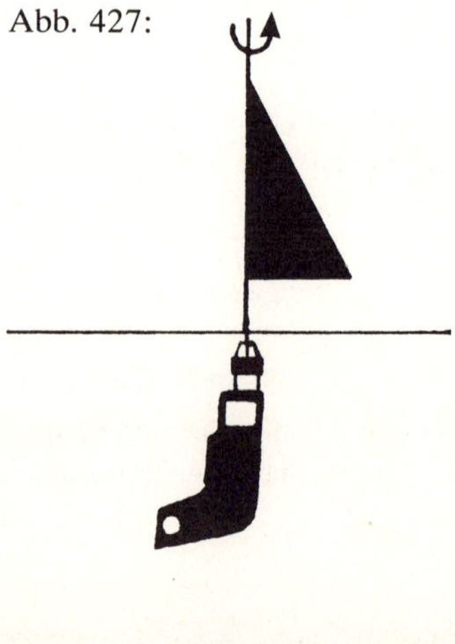

Hinweis:

Laden die Drehflächen zu weit aus oder ist die Drehzahl zu hoch, entstehen zu starke Fliehkräfte, die die Achse verbiegen. Der Hintergrund muß farblich so gewählt werden, daß starker Kontrast entsteht.

9.1.2 Gerade Säulen

Alle Säulen, deren Grundfläche in der Flächenlehre behandelt wurde, können in den Lehrstoff einbezogen werden.
Dieser Zusammenhang muß dem Schüler vorrangig gezeigt werden. Auf diesem Wege wird eine Einzelklassifizierung vermieden, und der Gesamtzusammenhang bleibt Grundlage der weiteren Arbeit.

Quadrat ⟶ Würfel, Quadratsäule

Rechteck ⟶ Quader, Rechtecksäule

Parallelogramm ⟶ Schiefeck- oder Parallelogrammsäule

Hinzu kommen noch Säulen, deren Grundflächen allgemeine Vierecke oder allgemeine Vielecke sind. Sie haben aber im Gesamtstoff nur geringe Bedeutung.

9.1.3 Spitze Körper

Auch bei den spitzen Körpern sind die Grundflächen bereits bekannt.

alle Vierecke und regelmäßigen Vielecke ⟶ Pyramide

Kreis ⟶ Kegel

9.1.4 Stümpfe

Betrachtet werden nur Stümpfe, deren Deckfläche aus einem parallelen Schnitt zur Grundfläche entstanden ist.

Pyramide ⟶ Pyramidenstumpf

Kegel ⟶ Kegelstumpf

9.1.5 Kugel

Die Kugel nimmt eine ähnliche Sonderstellung im Geometrieunterricht der Hauptschule ein wie der Kreis. Der Grund liegt in der Zahl π.
Die Entstehung einer Kugel kann als Drehung eines Kreises um seinen Durchmesser verstanden werden.

Kreis ⟶ Kugel

9.2 Einführung des Begriffes „Körper"

9.2.1 Erfahrungen aus dem Umfeld des Kindes

Der tägliche Sprachgebrauch und die Lebenserfahrung erlauben es dem Kind, eine Vielzahl von unterschiedlichen Körpern ohne Vorinformationen zu erkennen. Dieser Aspekt wird bereits in der Grundschule beachtet und in der Hauptschule vertieft.

Abb. 428:

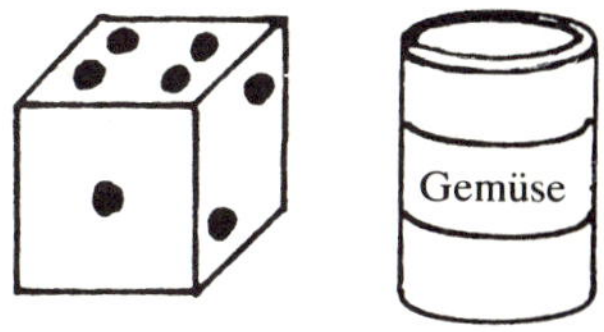

Die richtige Benennung dagegen bereitet manchmal Schwierigkeiten. Die Umgangssprache unterscheidet nicht nach geometrischen Gesichtspunkten, sondern ist wesentlich großzügiger. Oftmals ist für den Schüler nicht festzustellen, wer von wem die Bezeichnung übernommen hat.

Abb. 429:

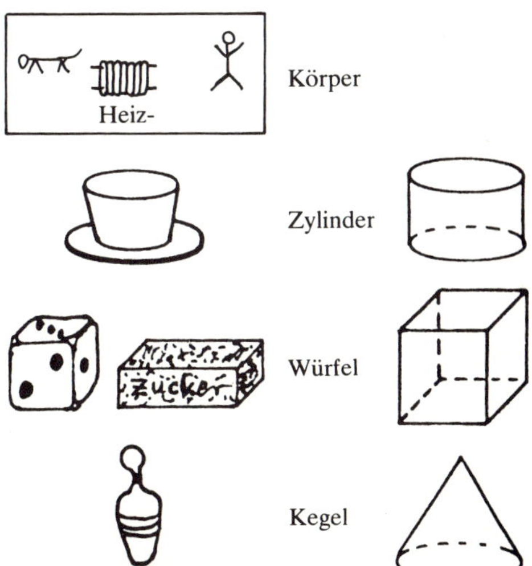

Deutlich wird in einer derartigen Gegenüberstellung sowohl die Absicht der Geometrie, eine Idealform nach Gesetzmäßigkeiten zu bestimmen als auch das Charakteristikum der Umgangssprache, Vergleiche zu ziehen und Bilder zu benützen.
Dieser Unterschied ist dem Schüler nicht einfach klarzumachen. Seine Umgangssprache hat ihn im Sinne des geometrischen Sprachgebrauchs oberflächlich werden lassen.
Stetig durchgeführte Erkennungs- und Beschreibungsübungen leisten hier gute Arbeit (siehe auch formenkundliche Betrachtungen).

9.2.2 Auffinden von Körperstrukturen in der Umwelt

Bereits im allernächsten Bereich des Unterrichts, im Schulgebäude, findet sich eine Vielzahl von Gegenständen und Strukturen, die den geometrischen Körpern zumindest ähnlich sind.
Ihre Formen sind nicht immer geometrisch ideal, daher seien sie im folgenden großzügig zugeordnet und im weiteren nur noch als Beispielsammlung aufgezählt. Bestimmt findet das kindliche Auge noch wesentlich mehr Beispiele, ist es einmal angeregt.

So werden zwei Ziele gleichzeitig angegangen:
- formenkundliche Arbeit und Beobachtung
- kritischer, suchender Umgang mit der Umwelt.

9.2.2.1 Im Klassenzimmer

Abb. 430:

Schwamm Schaukasten Klassenzimmer Tischplatten Tafelteile Kreidestücke	Quader Quadratsäule
Papierkorb Abfalleimer Zeigestock Neonröhre	Kegelstumpf Pyramidenstumpf Zylinder
Lampenschalen und -kugeln	Kugel

9.2.2.2 Im Schulhaus

Flure, Treppenabsätze, Mauervorsprünge, Türdurchbrüche, Türblätter, Ausstellungsvitrinen, Schauaquarien, Teile des Treppengeländers.

9.2.2.3 Im Außenbereich der Schule

Betonringe für Bäume und Pflanzungen, Fahnenmast, Säulen von Vordächern, Dach- und Giebelformen, Erker, Sandkasten für Streugut, Zaunteile
am Sportplatz:
Sprunggrube, Hochsprungmatte, Torbalken, Eckfahnen.

9.2.2.4 Gegenstände des täglichen Gebrauchs

- Verpackungsmaterial in besonderer Form: Tetrabeutel, Einheitskarton, Normtransportkörbe

Abb. 431:

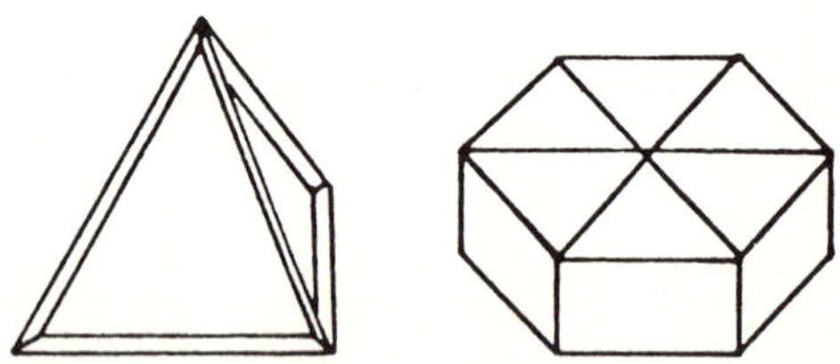

- Behälter: Medikamentenröhrchen, Sektkelch, Konservendose, Eimer, Schachteln, Tasse, Kanister

Abb. 432:

- Baumaterial: Hohlblocksteine (a), Ziegel, Fliesen, Bodenplatten, Pflastersteine,

Röhrenelemente, Nut-Federbretter, Bohlen und Balken (b); Profilleisten (c); Stahlträgerprofile und Führungsschienen (d); Reklameschriftzüge (e)

Abb. 433:

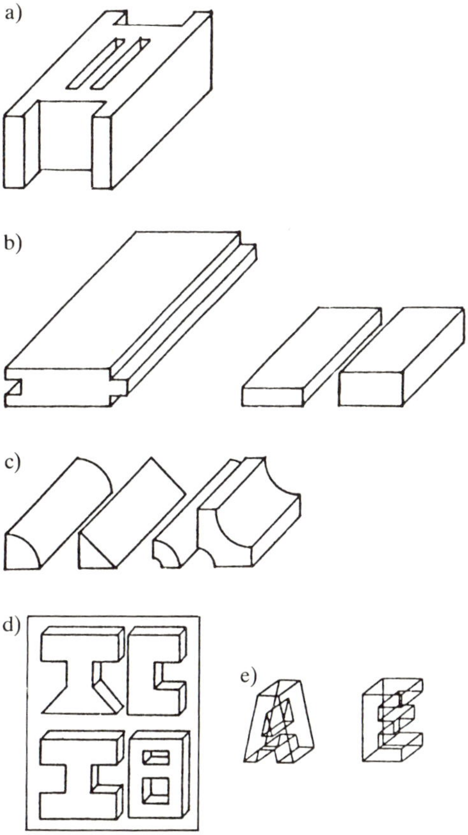

9.2.2.5 Zusammengesetzte Formen aus Technik und Architektur

An Gebäuden und Maschinen aller Art finden sich reichlich Beispiele geometrischer Körper. Meist sind sie jedoch mit anderen Körpern verbunden. Gedankliche Abtrennung erfordert gedankliche Variation und kann sehr anspruchsvoll werden. Manche Schritte werden erst in der Abschlußklasse erfolgen können.
Nicht immer wird es möglich sein, derartige Gegenstände im Original oder im Modell ins Klassenzimmer zu holen.
Allerdings genügt oft der gelenkte Blick aus dem Fenster oder die rasch angefertigte Skizze während eines Ausfluges oder eines Unterrichtsganges, der Anschaulichkeit Genüge zu tun.

- Maschinenteile: Tariergewicht; Führungsböcke, Wellen

Abb. 434:

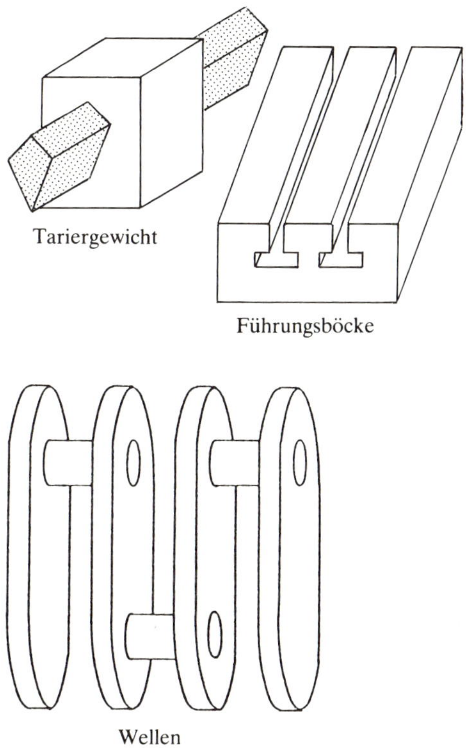

- Gebäude und Gebäudeteile (in starker Vereinfachung)

Abb. 435:

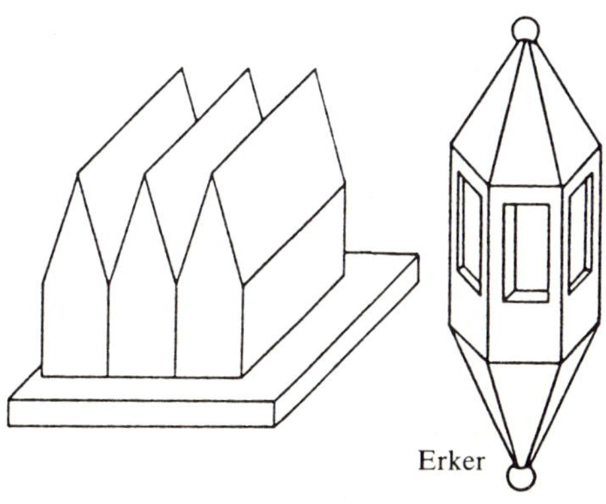

9.2.2.6 Gegenüberstellung eines Originales mit der geometrisch vereinfachten Darstellung

Abb. 436:

Luftbild Max Prugger, Freigabe-Nr. G 30/64

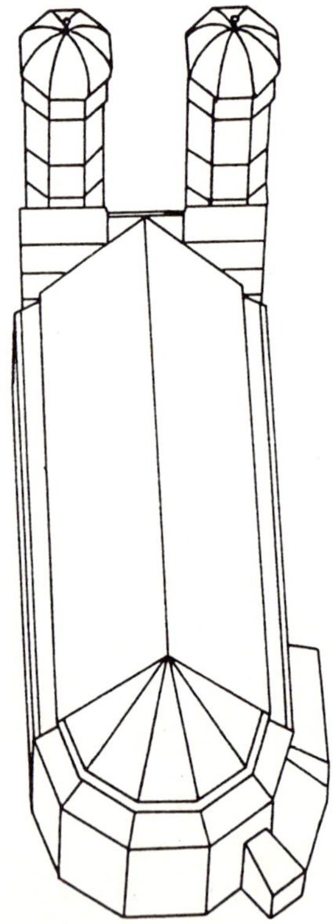

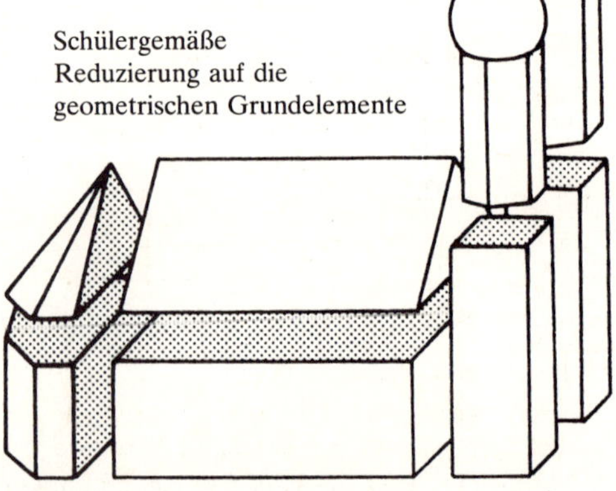

9.3 Geometrische Eigenschaften von Körpern

9.3.1 Gerade Säulen

9.3.1.1 Grund- und Deckflächen sind dekkungsgleich und parallel

Abb. 437:

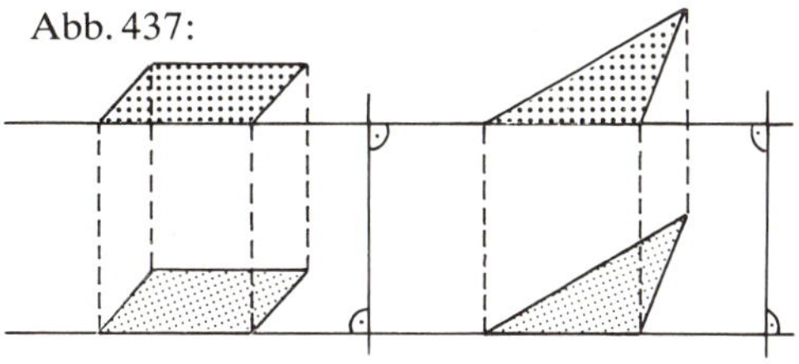

9.3.1.2 Die Kanten stehen senkrecht auf Grund- und Deckfläche

Abb. 438:

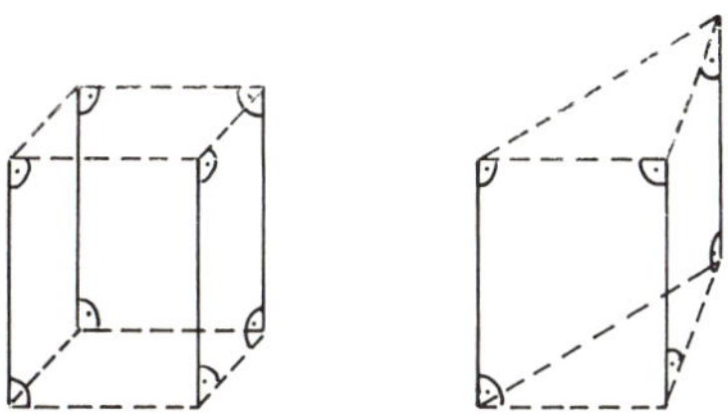

9.3.1.3 Zusammenwirken beider Aussagen

Eine der Aussagen (9.3.1.1 und 9.3.1.2) genügt nicht zu einer eindeutigen Festlegung der Figur.
Aussage 9.3.1.1 allein ausgeführt:

Abb. 439:

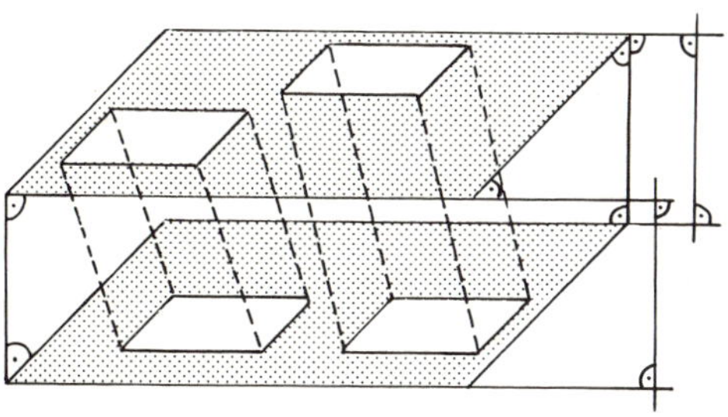

Aussage 9.3.1.2 allein ausgeführt:

Abb. 440:

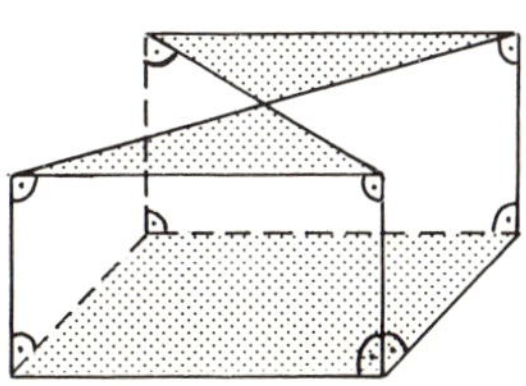

Beide Bedingungen müssen miteinander verknüpft werden.

9.3.1.4 Körperhöhe

Die Körperhöhe (senkrecht auf Grund- und Deckfläche) gibt den Abstand der Deckfläche zur Grundfläche an.

Abb. 441:

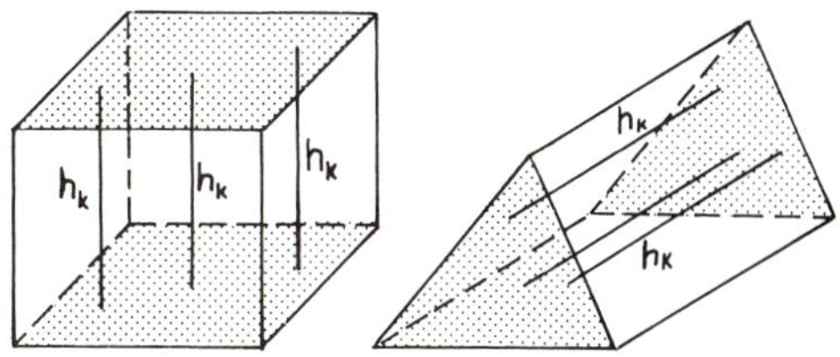

9.3.2 Spitze Körper

9.3.2.1 Pyramiden

Pyramiden entstehen durch Verbinden der Eckpunkte eines Vieleckes mit einem Punkt außerhalb der Ebene des Vieleckes. Der senkrechte Abstand der Spitze zur Grundfläche ist die Körperhöhe.
Die Seitenflächen einer Pyramide sind Dreiecke.
Zu jedem Vieleck lassen sich beliebig viele Pyramiden finden. Die Hauptschule arbeitet in der Regel mit geraden Pyramiden (Grundfläche ist ein regelmäßiges Vieleck, die Höhe liegt über der Mitte der Grundfläche).

Abb. 442:

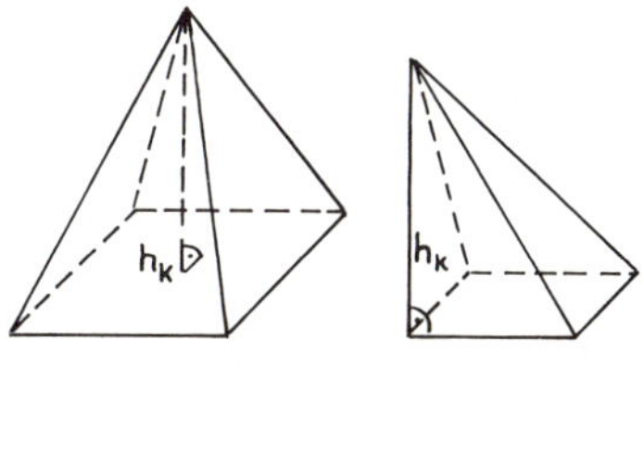

9.3.2.2 Kreiskegel

Ein Kegel läßt sich als Drehkörper verstehen (siehe A/3.7.1.4) oder als Pyramide mit kreisrunder Grundfläche.
Zu jedem Kreis läßt sich eine beliebig große Zahl von Kegeln finden. Die Hauptschule behandelt gerade Kegel.

Abb. 443:

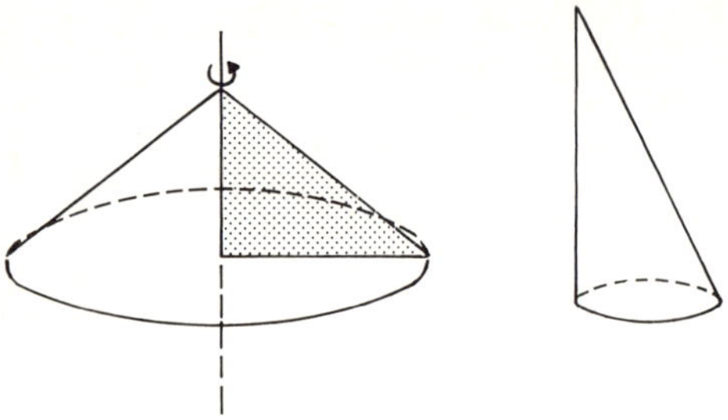

9.3.3 *Stümpfe*

Stümpfe entstehen durch parallele Schnitte an Pyramiden und Kegeln zur Grundfläche.
Bei Berechnungen an diesen Körpern begnügt sich die Hauptschule mit Näherungsformeln.

Abb. 444:

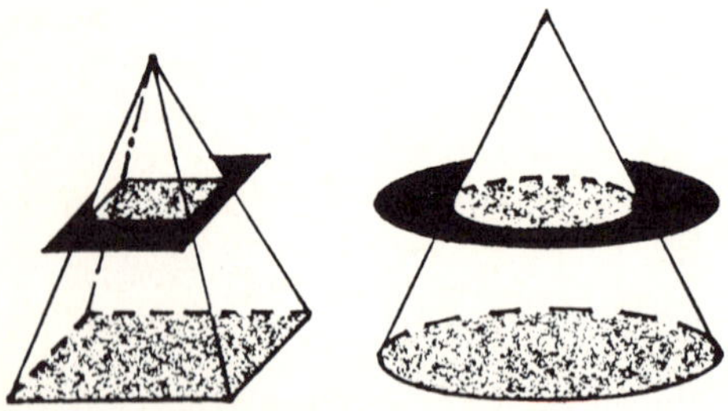

9.3.4 *Operative Übungen*

9.3.4.1 Zusammenschau von Einzelkörpern

Eine Vorstufe zur Erkennungsarbeit an solchen Körpern wäre die Präsentation von Einzelkörpern in einer Zusammenschau (Abb. 445a). Dabei sollte auf die räumliche Darstellung und ihre Verzerrung eingegangen werden.
Es muß von Anfang an auf die Existenz von unsichtbaren Linien hingewiesen werden, um besonders beim jüngeren Schüler das Bewußtsein für die „Räumlichkeit" der Zeichnung zu wecken.
Bei einer derartigen Übung muß auch an die Möglichkeit der Entstehung einer geometrischen Körperform durch Aushöhlung eines Ausgangskörpers (b) gedacht werden.

Abb. 445:

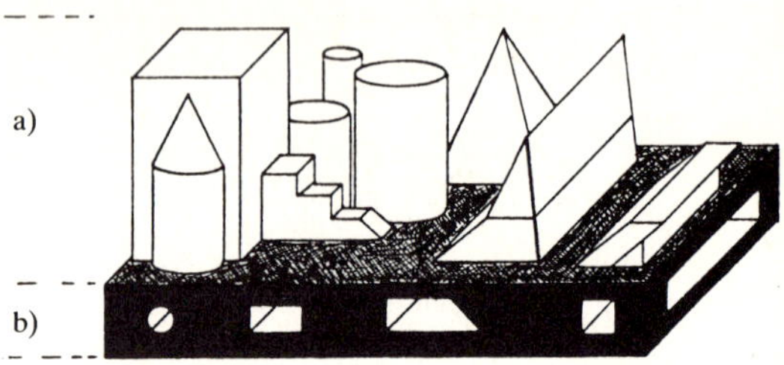

Abb. 446 zeigt einen Quader in sechs verschiedenen Lagen. Der Schüler kann rein optisch die Auswirkung von Verschrägungswinkel und Verkürzungsfaktor vergleichen.
Solche Übungen dienen dem Verständnis der räumlichen Darstellung und ihrer Auswirkungen auf den Habitus des Körpers.

Ziel/Erkenntnis der Übung: Mit dem Raumbild ohne weitere Angaben kann die endgültige Form des Körpers nicht eindeutig bestimmt werden.

Abb. 446:

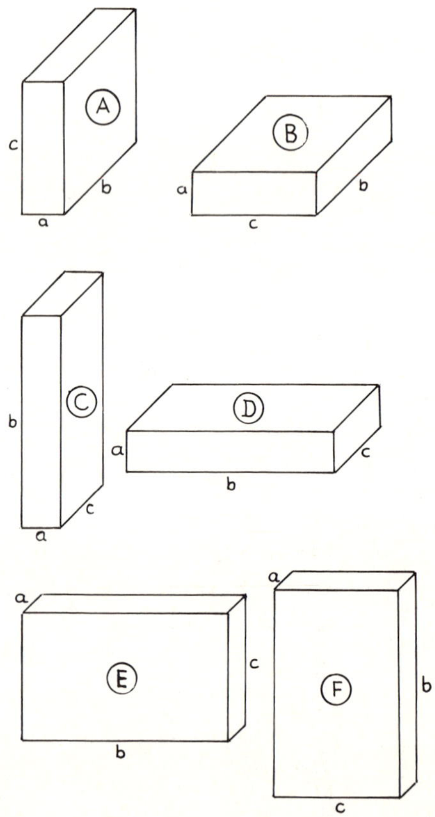

9.3.4.2 Aufsuchen und Festigen von geometrischen Eigenschaften.

Alle geometrischen Eigenschaften, die ein Schüler an Körpern erkennt, kann er mit seinen Kenntnissen aus dem Bereich der Abbildungen begründen. Mit folgenden Schwerpunkten sollte er sich beschäftigen:

- Vergleich von Grund- und Deckfläche
- Symmetrieachsen des Körpers
- Lagebeschreibung von Kanten und Ecken
- vorhandene rechte Winkel (Vorbereitung auf die Anwendung des pythagoreischen Lehrsatzes)
- eventuelle Folgen von Lageveränderungen (Abweichungen von der Ideallage).

Neben dem rein beschreibenden Vorgehen können dem Schüler Behauptungen vorgelegt werden, deren Aussagewert zu beurteilen ist und die gegebenenfalls zu berichtigen sind.
Manche der Behauptungen werden dem Schüler sofort unsinnig erscheinen, andere muß er länger überdenken. Besonders, wenn ihm Gegenbeispiele nicht gezeigt werden, gerät er in Schwierigkeiten.
Als Lösungshilfe dient eine Skizze. Findet der Schüler auf dem zeichnerischen Weg selbst gegenteilige Ergebnisse, beschreitet er den Weg zur Einsicht leichter. Die Durchdringung einer derartigen Behauptung bedarf eines hohen Abstraktionsniveaus, das erst erreicht sein will.
Ziel solcher Übungen muß es sein, die Kritikbereitschaft des Schülers zu wecken und ihm den Sinn und Zweck seines erworbenen Vorwissens aus früheren Jahren aufzuzeigen.
Später, bei der Arbeit mit mehrfach zusammengesetzten Körpern, die meist weit von der Ideallage abweichen, wird ihm dieses systematische Beurteilen zugute kommen.
In den folgenden Beispielen werden die Aussagen durch die beigefügten Zeichnungen widerlegt.

Abb. 447:

1. Grund- und Deckfläche sind gleich, also ist der Körper eine gerade Säule.

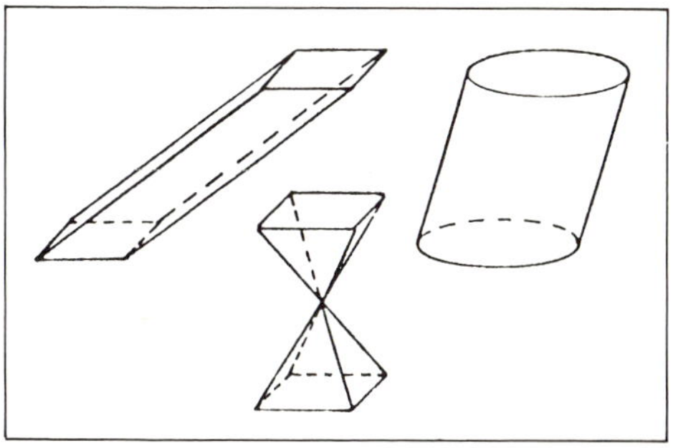

2. Alle senkrechten Kanten sind parallel, also sind auch Grund- und Deckfläche gleich.

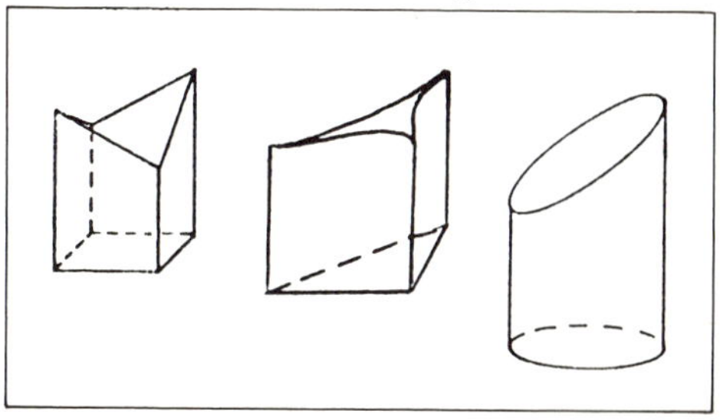

3. Grund- und Deckfläche haben überall gleichen Abstand, also sind Grund- und Deckfläche gleich.

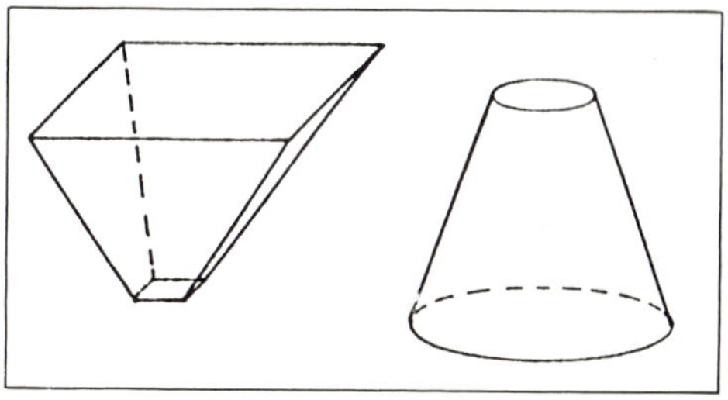

4. Die Standfläche des Körpers ist zugleich seine Grundfläche.

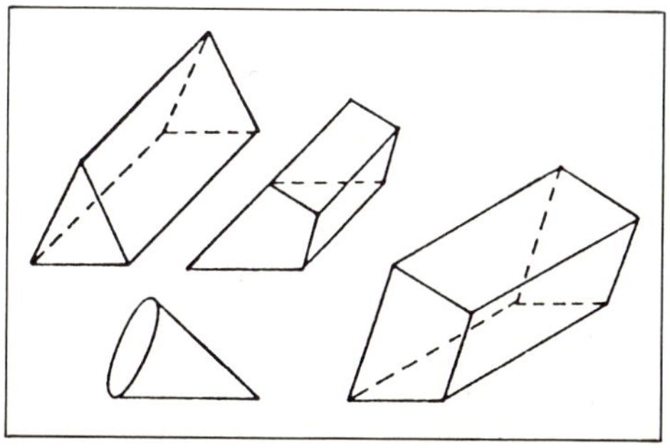

5. Alle Kanten stehen senkrecht auf der Grundfläche, also ist der Körper eine gerade Säule.

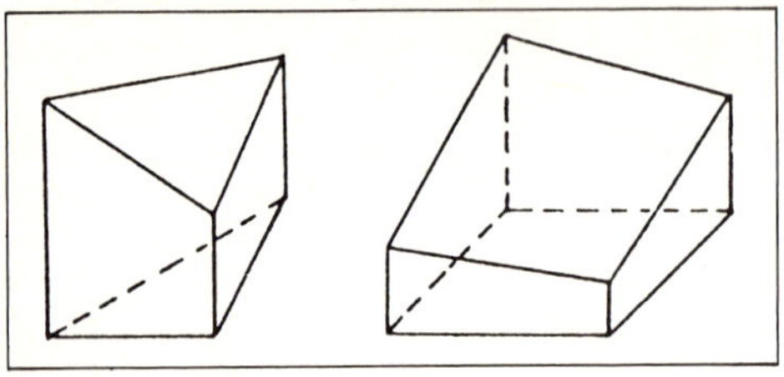

6. Durch Lageveränderungen des gesamten Körpers können sich seine Eigenschaften, sein Volumen, seine Oberfläche oder seine Masse ändern.

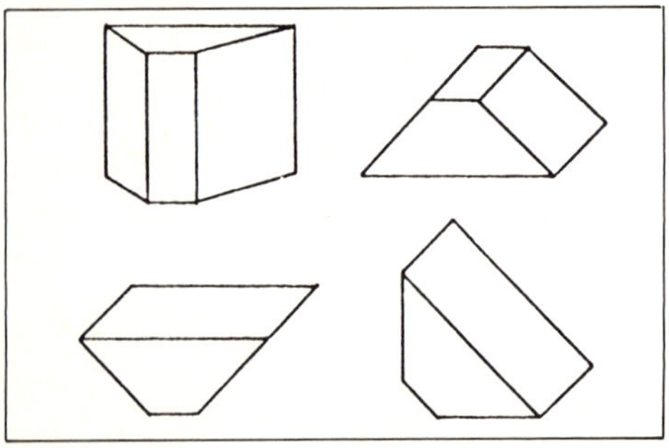

9.3.4.3 Erkennen von rechten Winkeln

Ein deutlicher Schwerpunkt muß das Auffinden von rechten Winkeln bei allen behandelten Körpern sein. Im fortgeschrittenen Stadium der rechnerischen Phase in der Hauptschule steht die Anwendung des pythagoreischen Lehrsatzes und somit das Erkennen rechter Winkel im Zentrum des Lehrstoffes. Dieses Ziel muß bei allen Betrachtungen immer wieder aufgegriffen werden. Das Auge des Schülers sollte nicht einen rechten Winkel sehen, ohne ihn sofort in die Figur einzuzeichnen.
Die häufigsten Fälle sind im folgenden zusammengefaßt:

Abb. 448:

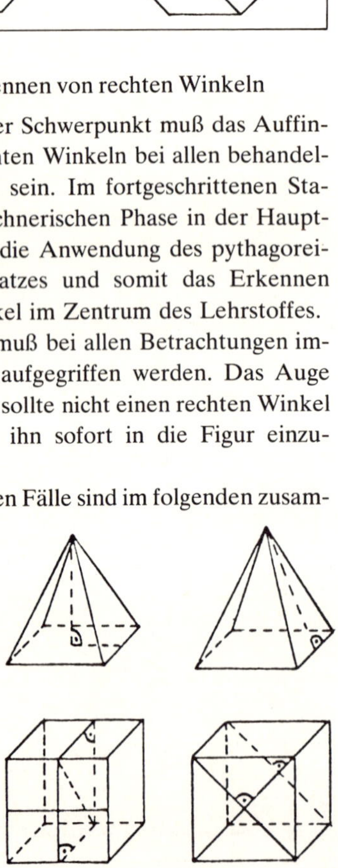

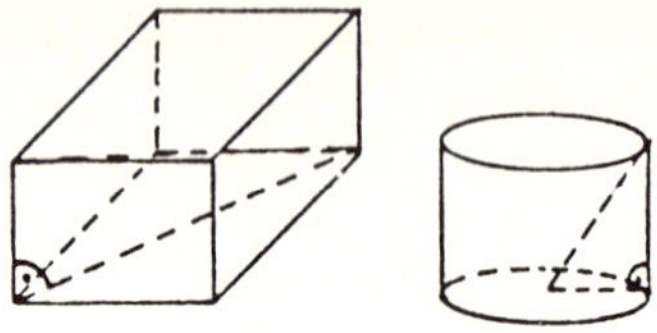

9.4 Schnitte an Körpern

Schnitte an geraden Säulen und spitzen Körpern sind für Hauptschüler nur dann von Belang, wenn ihre Durchführung wieder gerade Säulen oder spitze Körper ergibt.
Blickrichtung bei Schnittaufgaben muß stets das Erkennen geometrischer Eigenschaften und das Erkennen von neuen Teilkörpern sein.

9.4.1 Achsensymmetrische Schnitte

Jede durch einen Schnitt entstandene Figur läßt sich als überschaubarer Bruchteil des Ausgangskörpers darstellen, da die Schnitte entlang von Symmetrieachsen, Seitenhalbierenden und Diagonalen geführt werden (siehe Abb. 454 und 455, S. 212 f.).

Abb. 449:

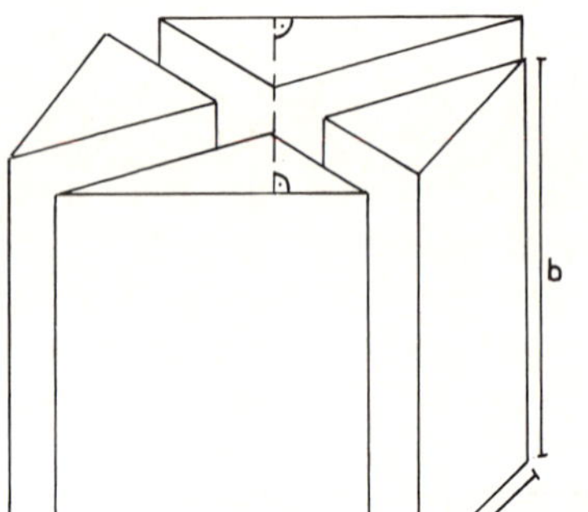

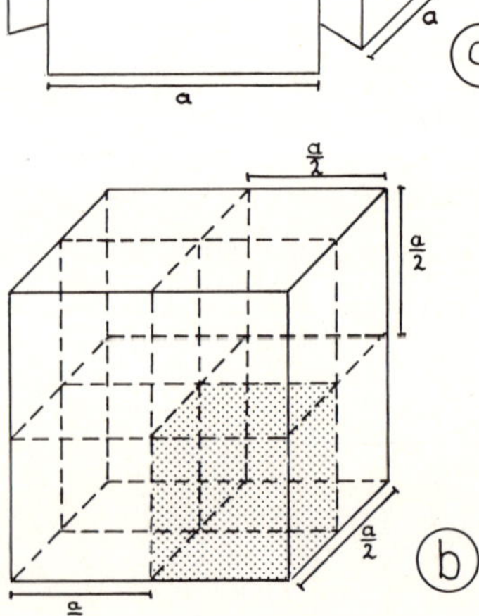

Abb. 449 a vertieft die Einsicht, daß Schnitte optisch zwar beurteilt und vermutet werden können, die mathematische Genauigkeit aber nähere Angaben erfordert. Die Angaben a und b legen fest, daß es sich um eine Quadratsäule handelt. Da die Schnitte durch die Diagonalen von Grund- und Deckfläche geführt sind, kann das Volumen der Teilkörper als $\frac{V}{4}$ ausgedrückt werden.
a und $\frac{a}{2}$ in Abb. 449 b machen die Schnitte eindeutig. Es wird keine weitere Eigenschaft benötigt. Das Teilvolumen kann als $\frac{V}{8}$ betrachtet werden.

9.4.2 Beliebige Schnitte

Frage:

Welche Körper entstehen durch die gezeigten Schnitte?

Abb. 450:

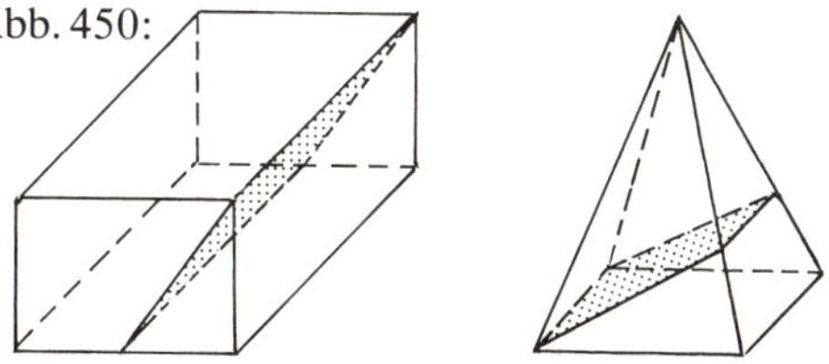

Antwort:

Dreieck-, Trapezsäule; Pyramide mit trapezförmiger Grundfläche und unregelmäßiger Körper.
Bei der Planung solcher Übungen geht man am besten von einer Skizze der Lösungsfigur aus, legt die beabsichtigten Schnitte zeichnerisch fest und zeichnet dann die Teilkörper.
Durch unregelmäßige Anordnung und Einfügung falscher Teile läßt sich die Übung deutlich erschweren.

9.4.3 Erfolgte Schnitte rekonstruieren

Abb. 451:

Die entstandenen Teilkörper können auch einen zusammengesetzten Körper bilden, der durch Umbau in den regelmäßigen Urkörper zurückgeführt werden soll.

Abb. 452:

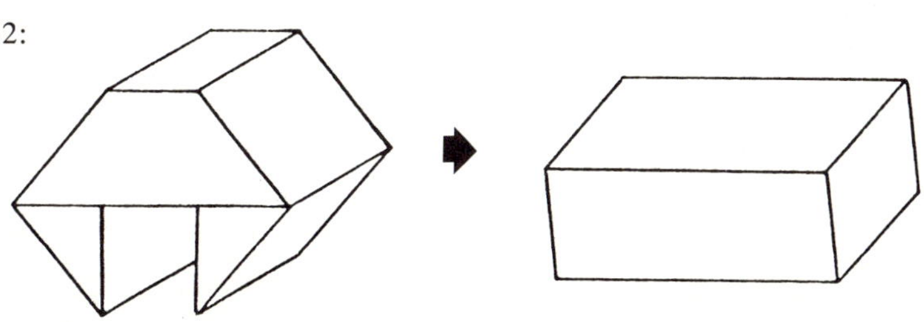

Beim Erkennen zusammengehöriger Körperhälften gibt es oft zwei Lösungen. Die Teilkörper H und D lassen sich z. B. zu einer Rechtecksäule oder einer Dreiecksäule zusammenfügen.

Lösung: HD, GA, KF, EJ, CB

Abb. 453:

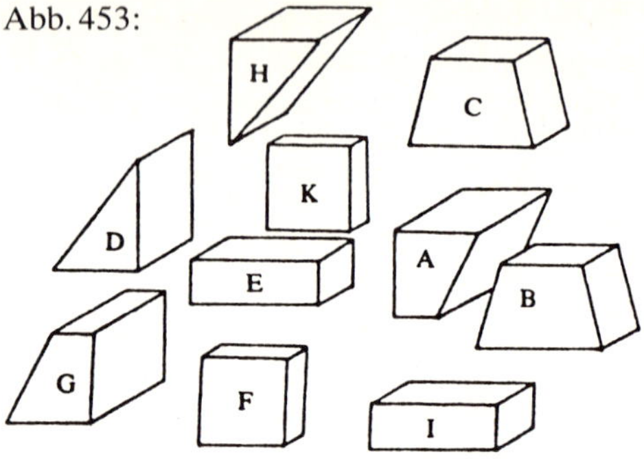

Welche Körperhälften gehören zusammen?

9.4.4 Verbindung von Schnittfolgen und rechnerische Darstellung

Abb. 454:

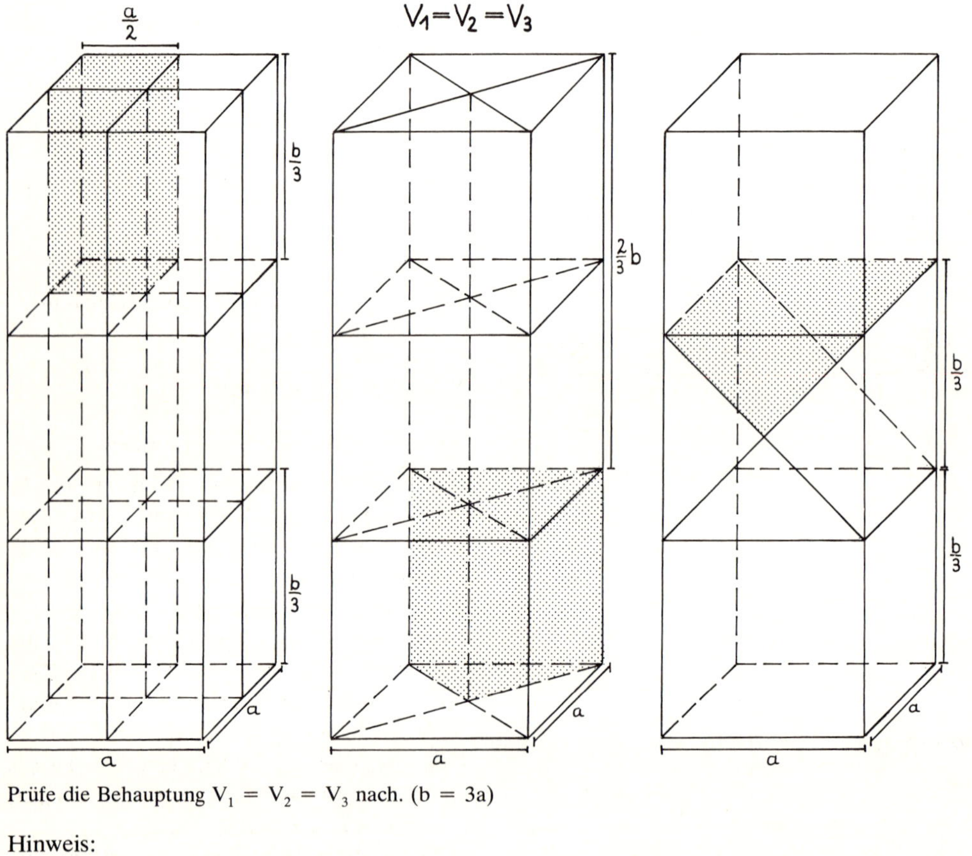

Prüfe die Behauptung $V_1 = V_2 = V_3$ nach. (b = 3a)

Hinweis:

Die drei volumengleichen Quadratsäulen sind zunächst in je drei volumengleiche Würfel geteilt (Kantenlänge a oder $\frac{b}{3}$).
Körper 1 ist in den Seitenhalbierenden geschnitten, Körper 2 und 3 in den Diagonalen.

Sollen Teilkörper als Bruchteil des Ausgangskörpers dargestellt werden, ist darauf zu achten, daß die Schnitte entsprechend angelegt sind. Der Schüler muß diese Voraussetzung kritisch prüfen.

9.4.5 Festlegung der zu erwartenden Schnittfläche

Abb. 455:

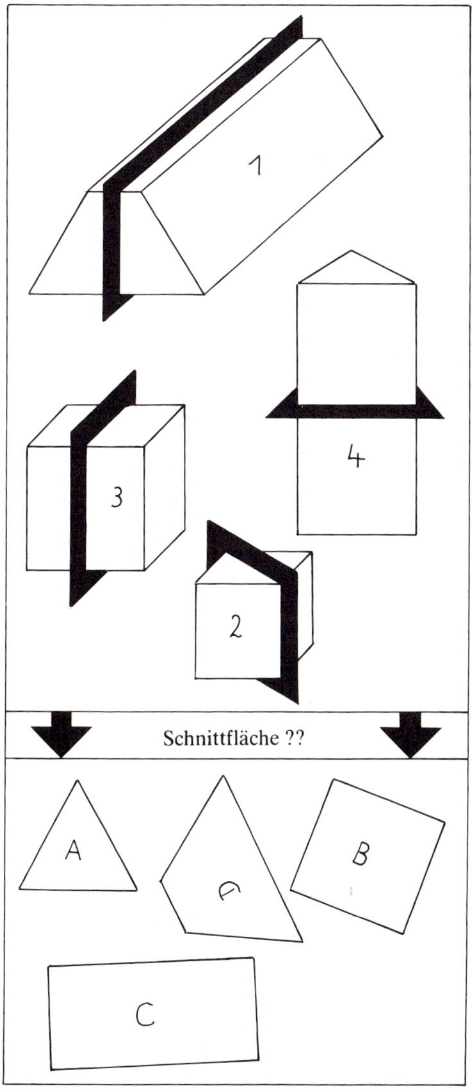

Lösung: 1 C, 2 C, 3 B, 4 A

9.4.6 Nachvollzug von Schnitten durch Analyse einer Formel

Bei dieser Umkehrübung zu 9.4.4 muß der Schüler zunächst erkennen, welcher der Körper geschnitten werden sollte.

Abb. 456:

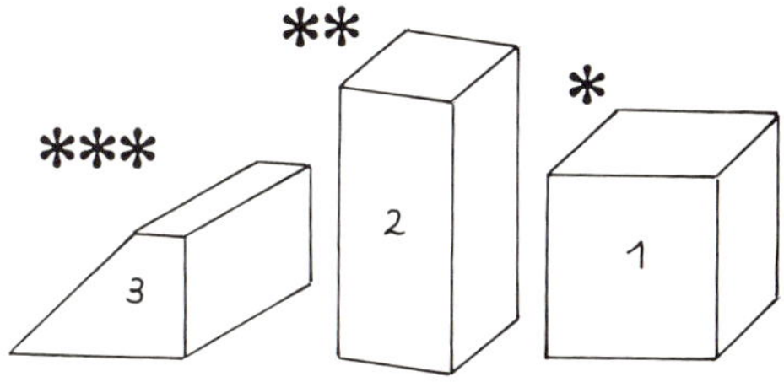

$V = \frac{a^3}{4}$	$V = \frac{a^2}{8} \cdot a$
$V = \frac{a \cdot b \cdot h_k}{8}$	$V = \frac{1}{4} \cdot a \cdot h \cdot h_k$
$V = \frac{1}{2} \cdot (\frac{a+c}{2} \cdot h \cdot h_k)$	$V = (\frac{a+c}{2} \cdot h \cdot h_k) : 4$

Arbeitsschritte:

1. Zuordnung Formel – Körper durch besondere Formelmerkmale ($a^2 \rightarrow$ Quadrat)
2. Körperbruchteil feststellen ($\frac{1}{2}$; $\frac{\;}{8}$)
3. Mögliche Schnittfolgen skizzieren (mehrere Lösungen?)
4. Lösungsschnitte und Teilkörper einzeichnen.

9.5 Die Berechnung des Oberflächeninhalts

9.5.1 Netz eines Körpers

9.5.1.1 Bedeutung des Körpernetzes

Arbeit an Körpernetzen zielt immer auf die Arbeit mit der Oberfläche eines Körpers ab. Durch die Netzdarstellung wird die Dreidimensionalität des Gegenstandes in die Zweidimensionalität übergeführt.

Läuft dieser Vorgang praktisch ab, d. h. der real vorhandene Körper wird an seinen Kanten aufgeschnitten und ausgebreitet, folgt das Kind dem Vorgang leicht.

Den umgekehrten Ablauf kennt es bereits von Bastelbogen, aus denen es Häuser, Schachteln u. ä. hergestellt hat.

Diese Methode funktioniert jedoch nur bei modellhaften Hohlkörpern von geringem Ausmaß. In allen anderen Fällen muß die rein gedankliche Arbeit genügen, deren Erfolg von mehreren speziellen Voraussetzungen abhängt:

Abb. 457:

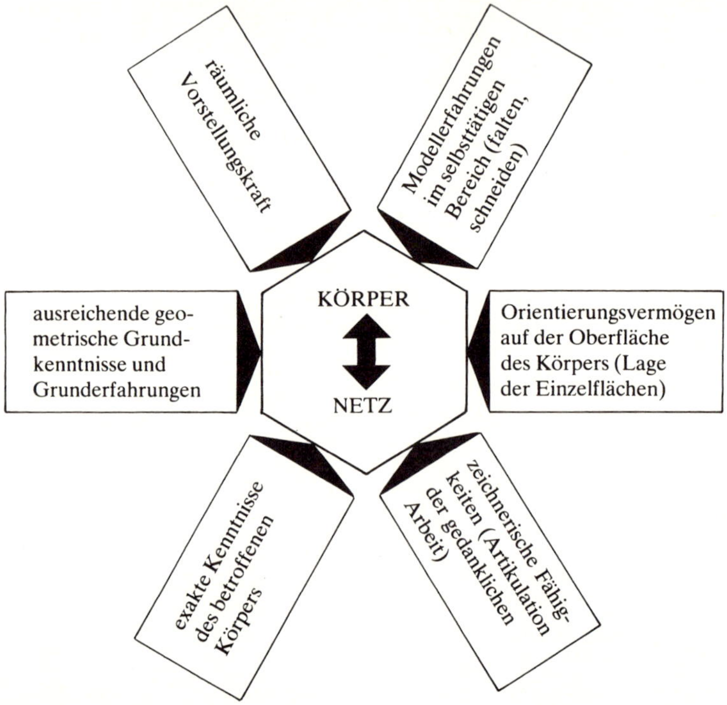

Alle Komponenten sind gleichrangig zu behandeln, können aber getrennt angebahnt und geübt werden:

a) *Räumliche Vorstellungskraft*
durch ausgedehnte formenkundliche Betrachtungen an Körpern in den verschiedensten Abstraktionsstufen (Abweichen von der Ideallage!)

b) *Modellerfahrungen im tätigen Bereich*
durch Herstellen von Körpermodellen nach verschiedensten Angaben (Muster, Beschreibungen, Zeichnungen, . . .)

c) *Orientierung auf der Oberfläche des Körpers*
durch genaue Analyse der beteiligten Einzelflächen und ihrer Lage zueinander

d) *Zeichnerische Fähigkeiten*
durch ständige Übertragung gedanklicher Arbeit in eine grafische Form (Arbeitsskizzen, Konstruktionen, . . .)

e) *Exakte Kenntnis des Körpers* (siehe auch 9.3.4)
durch formenkundliche Einzelarbeit am betroffenen Körper

f) *Geometrische Grundkenntnisse*
durch permanente Wiederholung der stofflichen Voraussetzungen aus früheren Jahren.

Erfahrungsgemäß fällt es dem Schüler nicht besonders schwer, Netze einfacher Herkunft (Quader, Würfel, Dreiecksäule) zu erkennen oder anzufertigen.
Eine Trapezsäule oder Schiefecksäule stellt dagegen bereits höhere Anforderungen. Netze von Kegeln, Pyramiden oder Stümpfen bedürfen besonderer Beachtung, da sie an das Leistungslimit eines Hauptschülers heranführen, insbesondere dann, wenn sie nicht den regelmäßigen Standarddarstellungen entsprechen.

9.5.1.2 Vom Körper zum Netz

- *Oberflächendarstellung*

– mit Körpernetzen durch Aufschneiden von Körpermodellen
– Herstellen von Stempelabdrücken durch

Abrollen oder Aufdrücken auf ein Stempelkissen
- Eindrücken oder Abrollen auf einer geglätteten Sandfläche.

● *Ziel:*

Herstellen einer Beziehung zwischen Körper und Netz. Anwendung der Detailkenntnisse über den Körper.

● Darstellung von Teilflächen der verschiedenen Ansichten
- Schattenwurf des Modells auf dem Tageslichtprojektor
- Ausleuchtung des Modells mit einer Taschenlampe oder einem Diaprojektor und Beurteilung des Schattens.
- drehbares Gesamtmodell mit einer Sammlung der häufigsten Körper.

Abb. 458:

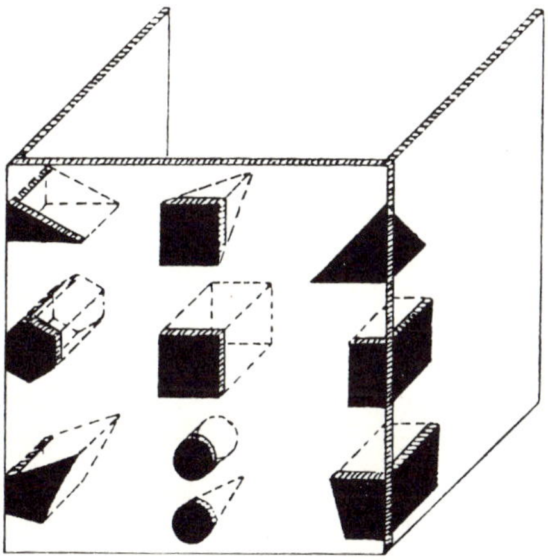

9.5.2 Übungsvarianten zu Körper – Netz

● Zuordnung Körper – Netz

Dem Schüler werden mehrere Körper und die dazugehörigen Netze vorgegeben. Körper und Netz sind zu verbinden.
Erschwerung: Mehr Körper als Netze bzw. umgekehrt sind gegeben.

● Welcher Körper entsteht

Der Schüler muß erkennen, welche Körper aus gegebenen Netzen entstehen.

● Brauchbare oder unbrauchbare Netze

Dem Schüler werden mehrere – brauchbare und unbrauchbare – Netze vorgegeben. Er hat zu entscheiden und zu begründen, welche dieser Netze zu keinem Körper gefaltet werden können.

Abb. 459:

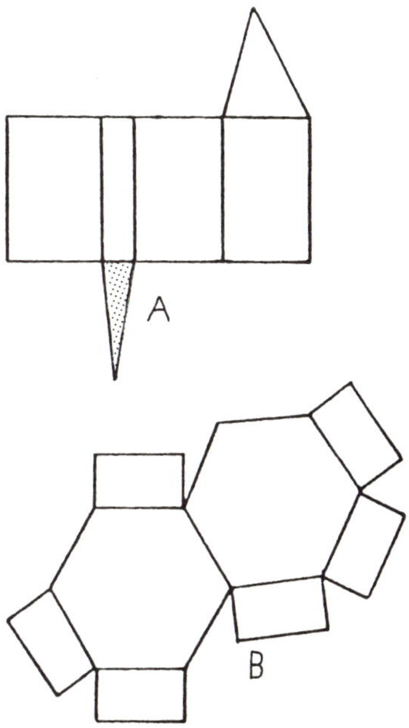

A: Grund- und Deckfläche müssen gleich sein
B: Grund- und Deckfläche können keine gemeinsame Kante haben.

● Netzvariationen

Der Schüler sollte immer wieder dazu angehalten werden, das Netz eines Körpers verschieden darzustellen.

● Netze zusammengesetzter Körper

Die Lösung kann hier durch Ausschneiden und Falten konkret erarbeitet werden.

Abb. 460:

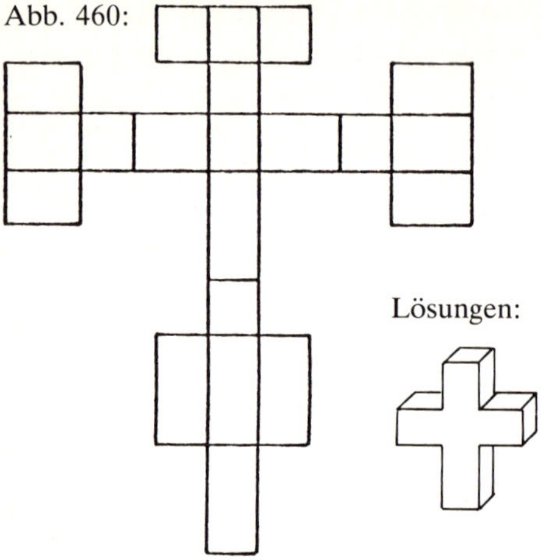

Lösungen:

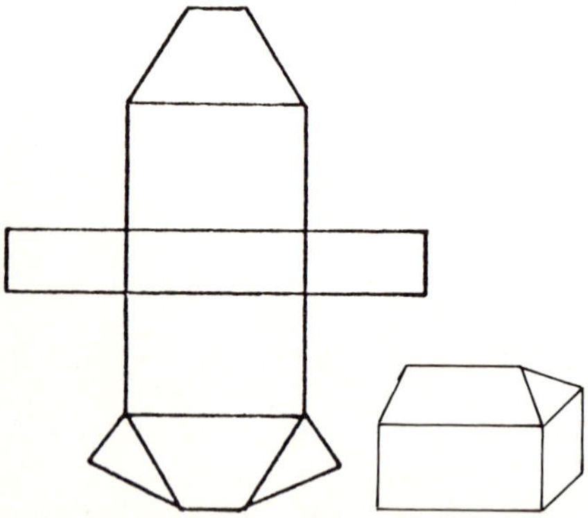

● Netze herstellen aus Teilflächen

Aus aufeinander abgestimmten Teilflächen sollen die Schüler Netze erstellen.

Abb. 461:

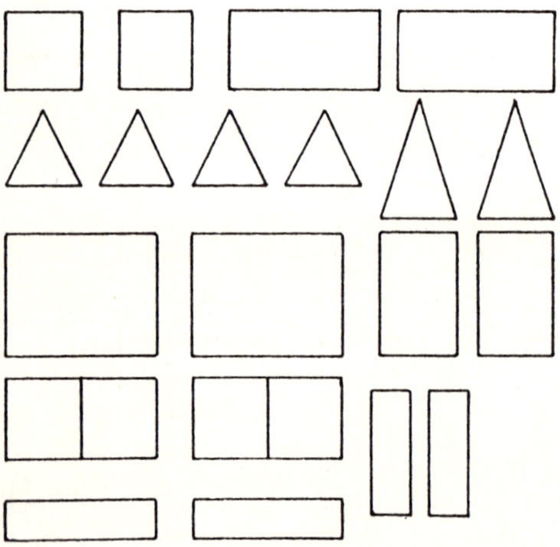

Lösungsbeispiele

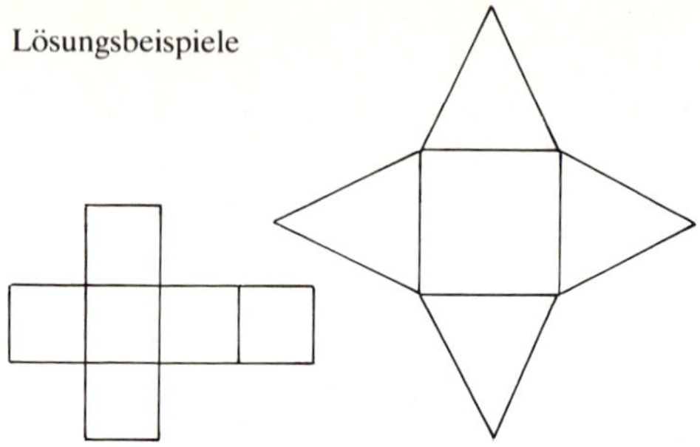

● Eulerscher Polyedersatz

Trage die gesuchten Angaben in die Tabelle ein. Überlege, welche Gesetzmäßigkeit sichtbar wird. Entwickle eine Formel!

Abb. 462:

		A	B	C
E +	Ecken			
F	Flächen			
=	Summe			
−	Kanten			
=	Differenz			
	Name des Körpers			

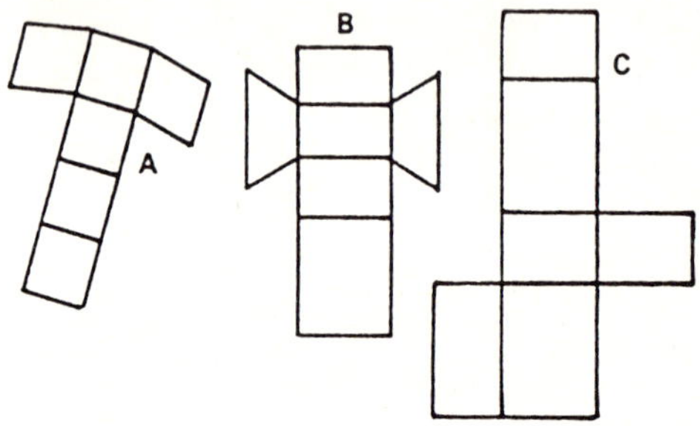

Lösung:

* Eulerscher Polyedersatz : $e + f = k + 2$

$e \rightarrow$ Anzahl der Ecken

$f \rightarrow$ Anzahl der Flächen

$k \rightarrow$ Anzahl der Kanten

Dieser Satz ist keinesfalls Lehrstoff der Hauptschule. Er eignet sich in der gezeigten Form aber bestens als Eigenkontrollmöglichkeit bei Übungen, in denen der Schüler An-

zahl der Ecken, Kanten und Flächen einer Säule bestimmen soll.
Gültigkeit hat der Satz nur bei Prismen.

- Überflüssige Flächen erkennen

Streiche überflüssige Flächen aus den Netzen. (Lösung: markierte Fläche)

Abb. 463:

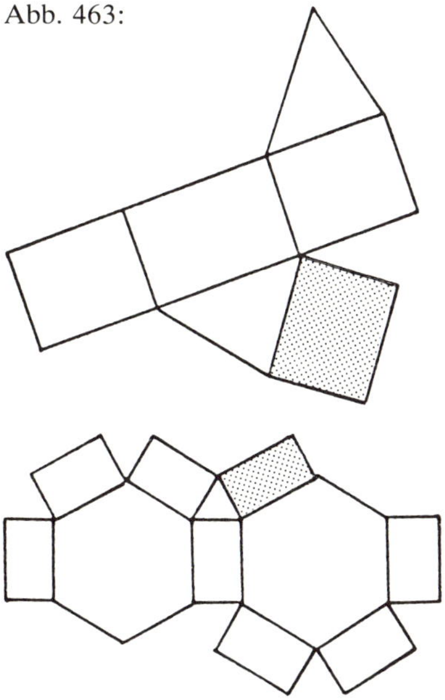

- Klebefalze markieren

Du sollst diese Netze zu Körpern zusammenkleben. Überlege, an welchen Kanten unbedingt Klebefalze angebracht werden müssen. (Lösung punktiert)

Abb. 464:

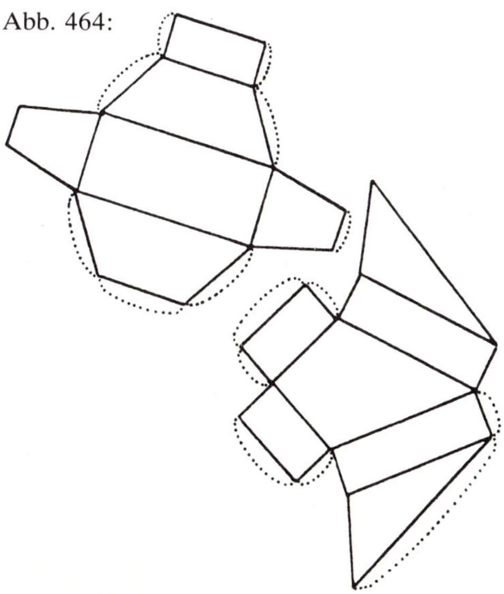

Diese Übung fördert das räumliche Vorstellungsvermögen und stellt eine gedankliche Verbindung Netz – Körper her.
Klebefalze müssen an freien Flächenseiten angebracht werden, die mit anderen Seiten gemeinsam eine Kante des Körpers bilden.

- Fehlende Faltlinien einzeichnen

Der Schüler muß das unstrukturierte Netz um die ausschlaggebenden Faltlinien ergänzen, also überlegen, welche Säule entstehen kann. (Lösung gestrichelt)

Abb. 465:

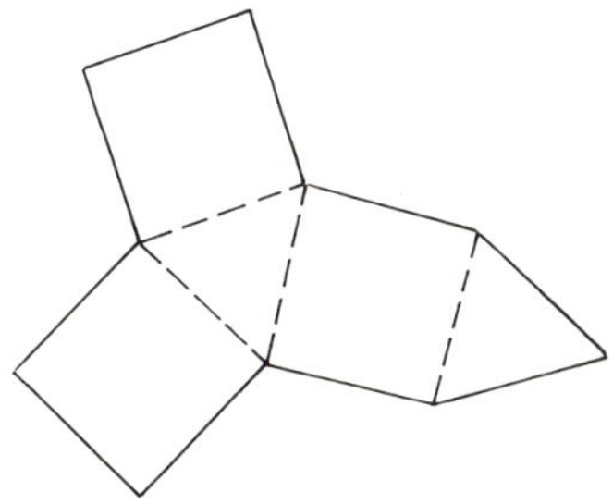

9.5.3 Orientierung auf der Oberfläche

Die folgenden Übungsmöglichkeiten verlangen den gedanklichen Aufbau des Netzes zum Körper und eine anschließende Orientierung auf der Oberfläche. Ratsam ist es, als Lösungshilfe Pappmodelle bereit zu haben. In manchen Fällen sollte das Netz sogar ausgeschnitten werden, damit der Schüler seinen Lösungsvorschlag überprüfen und gegebenenfalls revidieren kann.

- Welche Fläche liegt „G“ im Körper gegenüber?

Abb. 466:

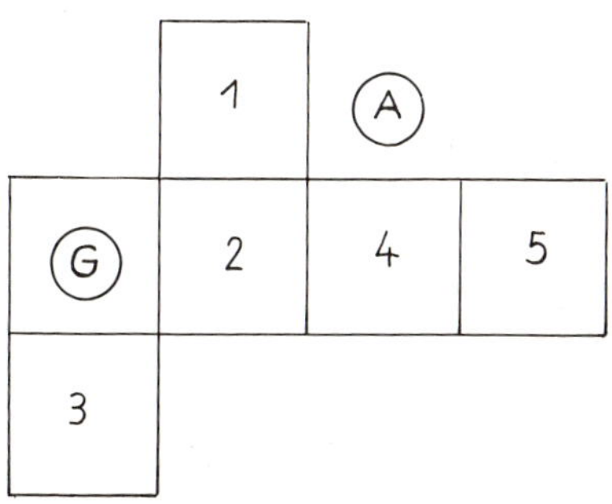

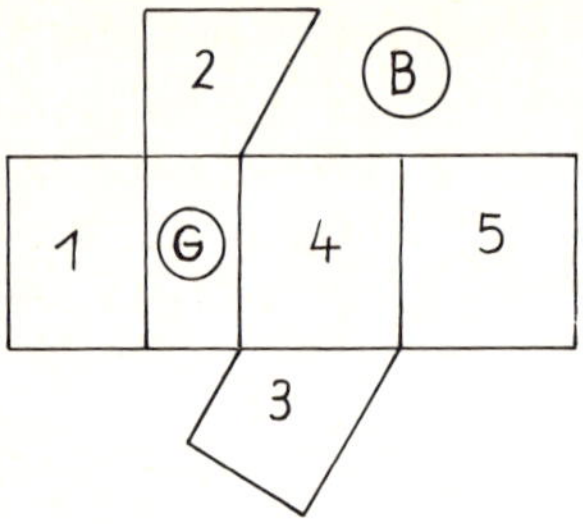

Lösungen:
A: G–4
B: G–5

● Welche Strecken bilden Kanten senkrecht zu „G"?

Abb. 467:

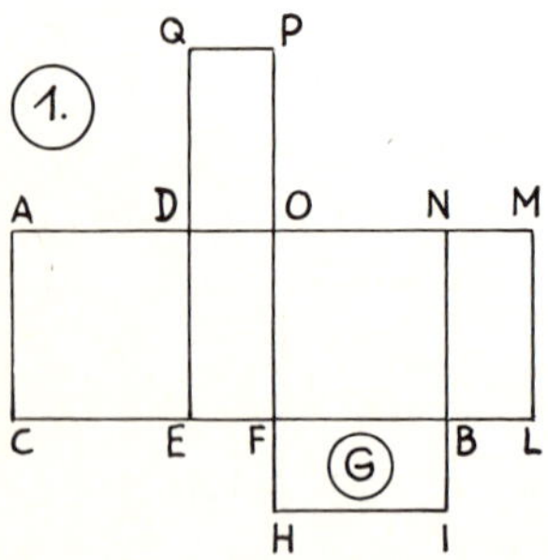

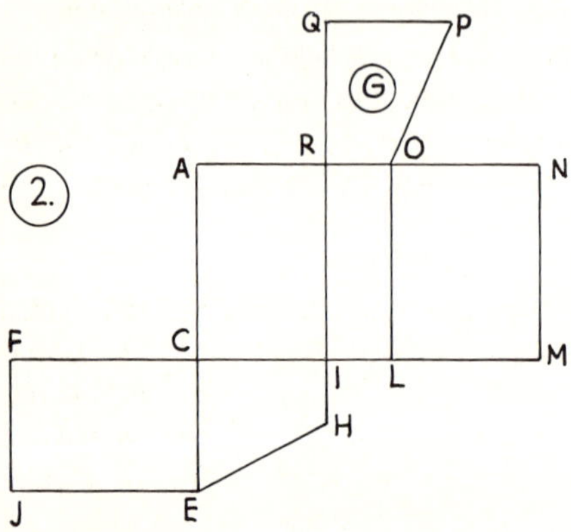

Lösungen:

1. [FO]; [BN]; [LM]; [ED]; [CA]
2. [NM]; [LO]; [RI]; [AC]; [FC]; [JE]

● Mit welchem Punkt trifft der „★" zusammen?

Abb. 468:

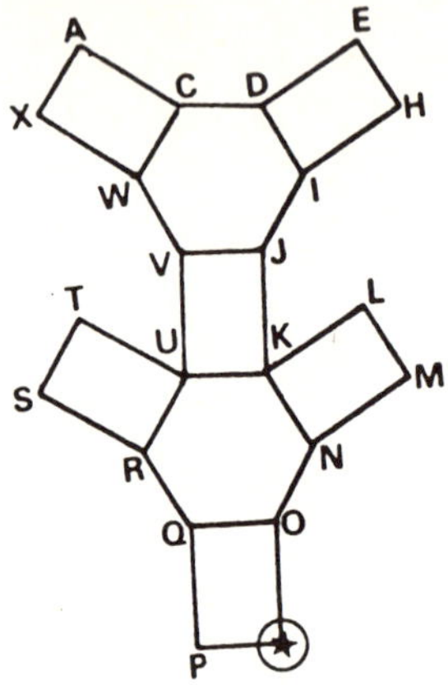

Lösung: „D"

● Wie viele Ecken, Kanten hat der Körper?

Nur anhand des Netzes müssen die Schüler erkennen, wie viele Ecken und Kanten der Körper hat. (siehe Abb. 462, S. 216)

● „S" ist die Standfläche des Körpers. Welche Figuren entsprechen dem Netz?

Abb. 469:

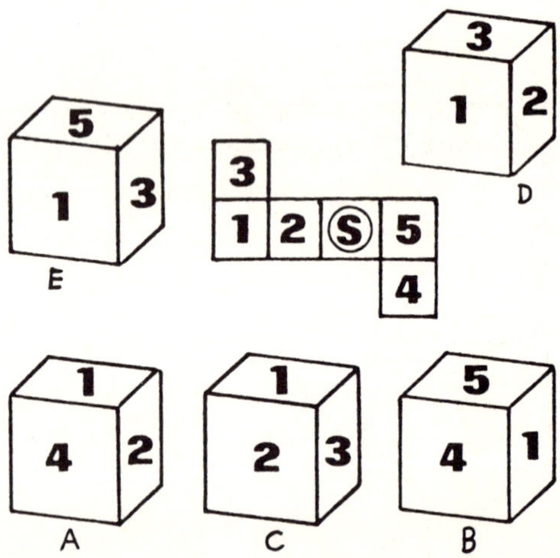

Lösung: A, C

● Der Pfeil zeigt die Faltrichtung an. Welche Figur paßt, wenn die dunkle Fläche auf der Unterlage befestigt ist?

Abb. 470:

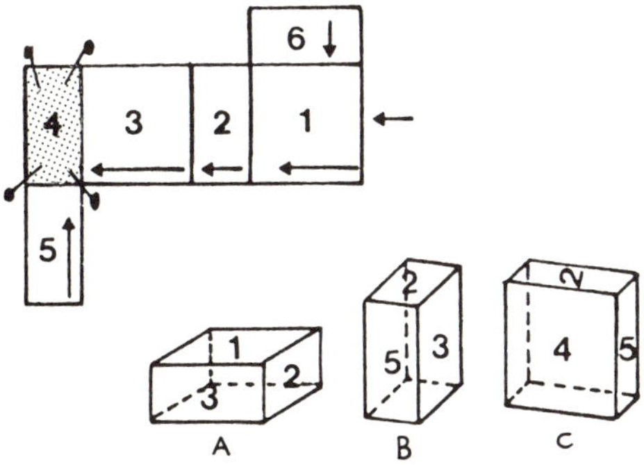

Lösung: „B“

● Nur 4 Würfel passen zum Netz!

Abb. 471:

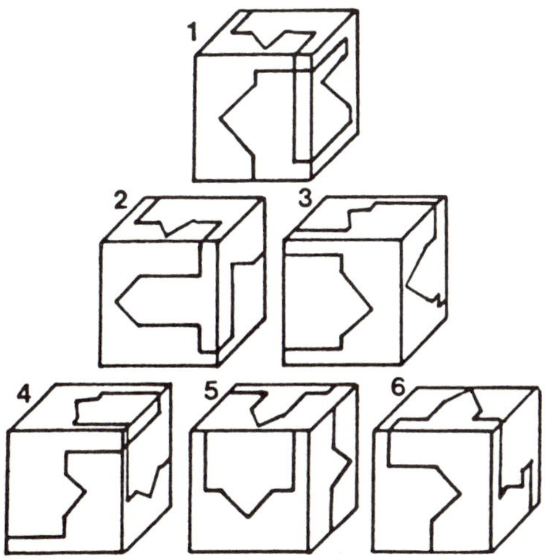

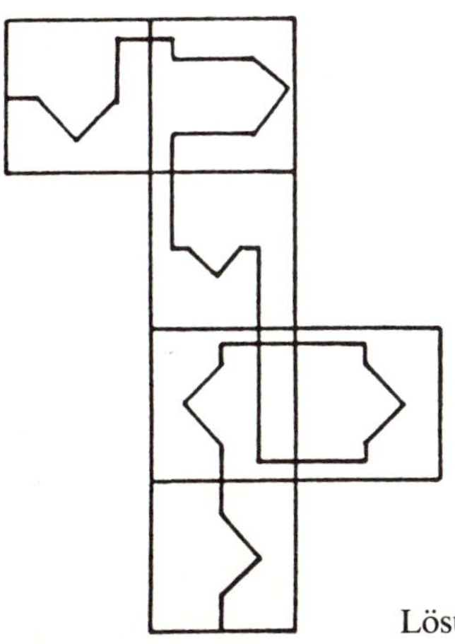

Lösung: 2, 3, 4, 6

● Welche Netze passen nicht zum Würfel?

Ein Körper mit charakteristischen Seitenflächen (z. B. Würfel) und mehrere „Netzvariationen“ werden gegeben. Anhand der Markierungen (Würfelaugen) ist zu entscheiden, welche Netze zum Würfel (nicht) passen.

● Suche die Standfläche im Netz?

Abb. 472:

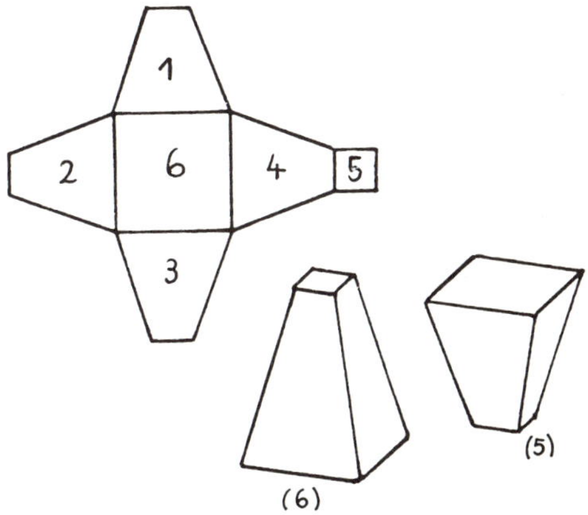

9.5.4 *Vom Netz zur Berechnung des Oberflächeninhalts*

9.5.4.1 Berechnen des Oberflächeninhalts

Oftmals lernt der Schüler Oberflächenformeln auswendig und zeigt damit, daß ihm unklar ist, daß er das gleiche Ziel auch mit bereits Gelerntem aus früheren Jahren erreichen kann.
Der Schüler sollte wissen:
Das Netz eines Körpers repräsentiert dessen Oberfläche. Durch Addition der Einzelflächeninhalte des Netzes läßt sich der Oberflächeninhalt des Gesamtkörpers errechnen.
Alle Formeln sind letztlich eine algebraisch vereinfachte Darstellung.

Abb. 473:

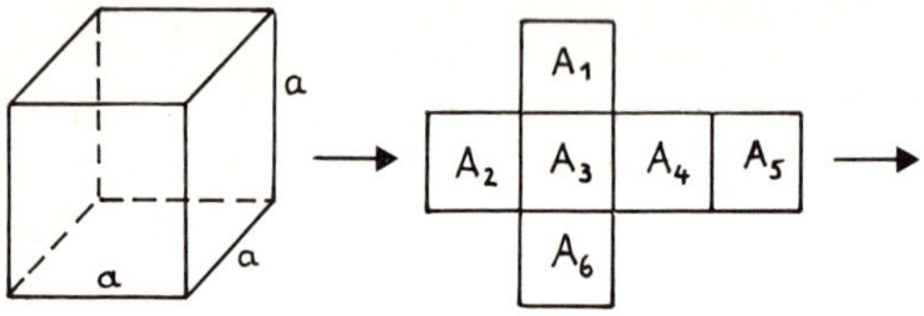

Alle Teilflächen sind gleich

$A_1 = A_2 = A_3 = A_4 = A_5 = A_6$

$A_1 = a^2$

$O = A_1 + A_2 + A_3 + A_4 + A_5 + A_6$

$O = 6 \cdot A_1$

$O = 6a^2$

Abb. 474:

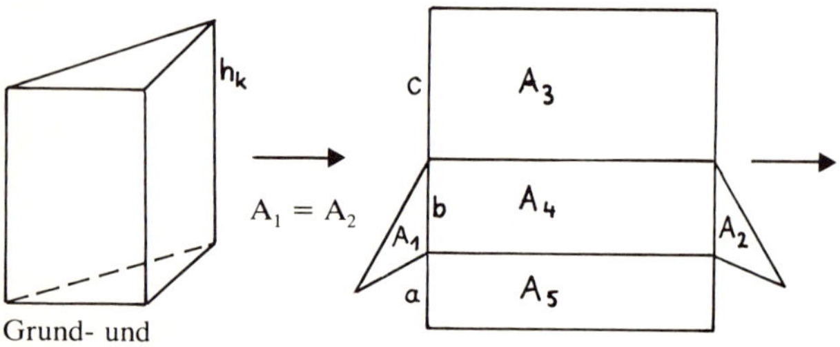

Grund- und Deckfläche gleich

$A_1 = A_2$

$O = A_1 + A_2 + A_3 + A_4 + A_5$

$O = 2 \cdot A_1 + A_3 + A_4 + A_5$

$O = 2 \cdot A_1 + (a + b + c) \cdot h_k$

$O = 2 \cdot \frac{a \cdot h_a}{2} + (a + b + c) \cdot h_k$

$O = a \cdot h_a + (a + b + c) \cdot h_k$

Die algebraische Umformung und Vereinfachung solcher Formeln ist in der Hauptschule zu vernachlässigen, da sie rechnerisch zu schwierig ist. Durch die notwendige Überführung des geometrischen Problems in die arithmetische Abstraktion wird der Schüler schnell überfordert und verliert Ziel und Überblick.

Allerdings sind drei Erkenntnisse erstrebenswert:

- Inhaltsgleichheit von Grund- und Deckfläche (Ausnahme Stümpfe): siehe Abb. 473.
- mögliche Überführung der Mantelteilflächen in ein inhaltsgleiches Rechteck (gerade Säulen): siehe Abb. 474.
- Umfang der Grundfläche bestimmt eine Seite des Mantelrechteckes, die Körperhöhe die zweite Seite: siehe Abb. 475.

Abb. 475:

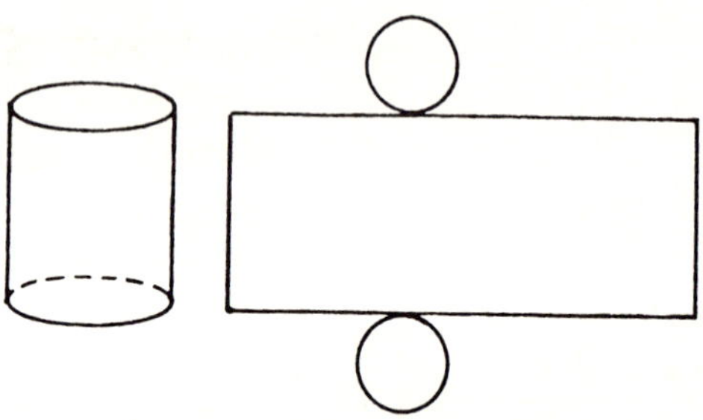

$O =$

$O = \underbrace{2\,(r^2 \cdot \pi)}_{\text{Grundfl. + Deckfl.}} + \underbrace{2\,r\,\pi \cdot h_k}_{\text{Kreisumfang} \cdot \text{Körperhöhe}}$

Grundfl. + Kreisumfang
(+) (·)
Deckfl. Körperhöhe

Als schwierigster Fall in der Hauptschule muß die Oberflächeninhaltsberechnung am Kegel angesehen werden.

Im Unterschied zu den Säulen kann der Mantel des Kegels nicht auf ein Rechteck zurückgeführt werden, sondern ist als Kreissektor zu betrachten. Diese Tatsache läßt sich durch:

- Aufschneiden eines Hohlmodelles
- Abrollen des Modelles auf einer Sandfläche

praktisch darstellen.

Die Hauptproblematik steckt in der Ableitung der Flächeninhaltsformel für den Kegelmantel. So muß der Umfang der Grundfläche als Kreisbogen des Kreissektors (Mantelfläche) verstanden werden und die Seitenlinie s des Kegels wird zum Radius des Kreissektors. Die Endformel muß dann auf algebraischem Weg durch Umformungen hergestellt werden.

Die Zusammenhänge werden in der folgenden Grafik gezeigt.

Abb. 476:

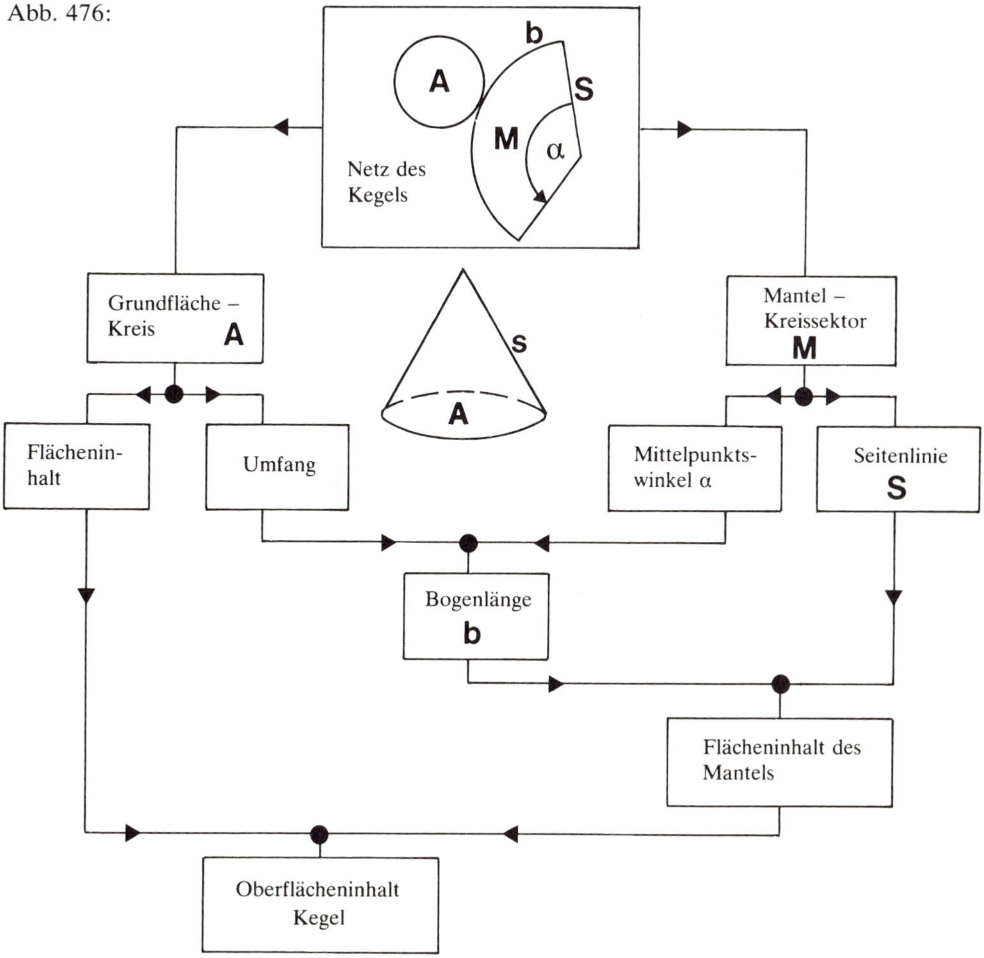

Die Umsetzung der Zusammenhänge in algebraische Schreibweise bedeutet für den Hauptschüler ein hohes Anspruchsniveau und verlangt von ihm gute algebraische Kenntnisse.

Die Schritte der Ableitung und Darstellungsformen ergeben sich aus dem Kapitel Kreis (siehe 8.3.2.3, S. 196).
Leichter verständlich für den Hauptschüler ist folgender Gedankengang:

Der Kreissektor wird analog Abb. 395 (S. 191) in n gleichschenklige Dreiecke mit der Grundlinie $\frac{b}{n}$ und der Höhe s (Seitenlinie) zerschnitten.

$A_D = \frac{g \cdot h}{2}$

$A_{Bestimmungsdreieck} = \frac{b \cdot s}{2 \cdot n}$

$A_{Kreissektor} = n \cdot \frac{b \cdot s}{2 \cdot n}$

$A = \frac{b \cdot s}{2}$

b wird ersetzt durch den Umfang der Grundfläche.

$b = 2r\pi$

$A = \frac{2 \cdot r \cdot \pi \cdot s}{2}$

$A = r \cdot \pi \cdot s$

$M_K = r \cdot \pi \cdot s$

9.5.4.2 Erkennen gleicher Flächen und Kanten

- Kanten gleicher Länge sind in Netzen zu markieren.

Fasse gleiche Flächeninhalte zusammen (z. B. $A_1 = A_4$)

Abb. 477:

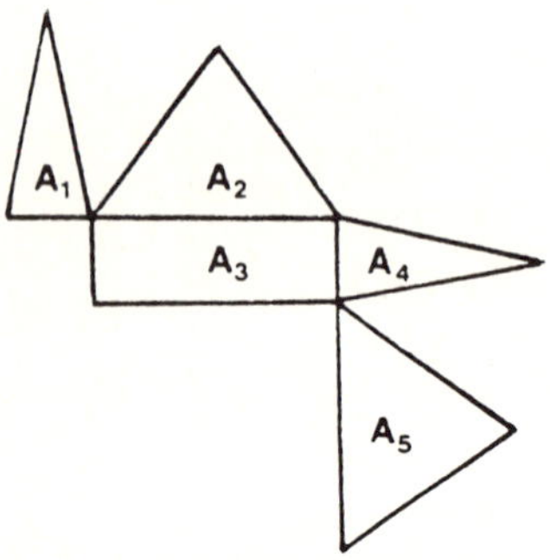

Lösungsbeispiel:

$A_1 = A_4 \rightarrow 2 \cdot A_1 = A_1 + A_4 = 2 \cdot A_4$

9.5.4.3 Zuordnung Netz – Formel

Abb. 478:

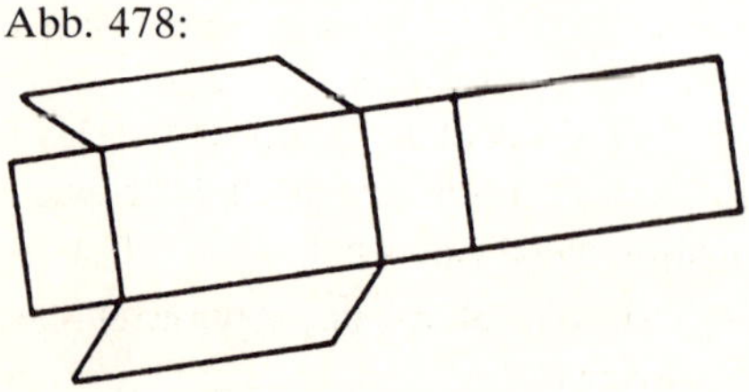

- $A_{gesamt} = A_G + A_D + (A_1 \cdot 2 + A_2 \cdot 2)$
  Übertrage die Formelteile ins Netz! (Abb. 478)

- Ordne die Formel dem richtigen Netz zu!

Flächeninhaltsformeln sind den entsprechenden Netzen zuzuordnen. Zur Erschwerung werden mehr Formeln als Netze bzw. umgekehrt vorgegeben.

9.5.5 Operative Übungen

- Streiche Faltlinien so, daß die Mantelfläche als Rechteck erscheint. Drücke ihre Maße als Vielfache von a, b, c aus.

Abb. 479:

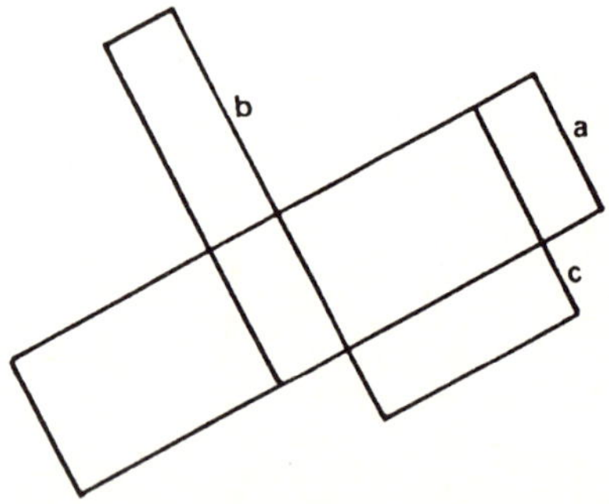

- „a“ genügt als Maßangabe. Drücke alle Maße des Netzes als allgemeine Rechnung aus.

Abb. 480:

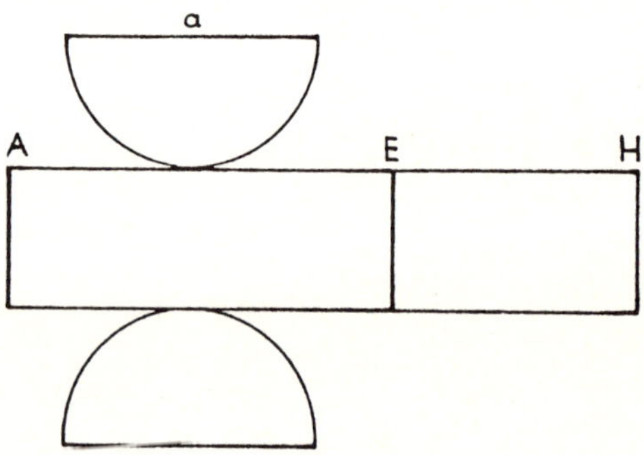

Lösungsbeispiel:

Bei dem Netz entspricht „a“ dem Durchmesser des Halbkreises.

$\overline{AE} = \frac{u}{2}$ also $\frac{a}{2} \cdot \pi$

$\overline{EH} = a$

9.6 Volumenberechnung

Mit dem Volumen lernt der Schüler eine Größe kennen, mit der er, allerdings unter anderer Bezeichnung, bereits gerechnet hat. Hohlmaße wie Liter und Hektoliter sind ihm geläufig, mindestens aber bekannt. Rauminhaltsvergleiche hat er bisher unter dieser Benennung angestellt, ohne sich dessen im geometrischen Sinne bewußt zu sein.
Die Herkunft und Entwicklung solcher Maßeinheiten blieben ihm verborgen.
Der Schüler kennt den Eichstrich an Gefäßen aller Art und weiß sie in der Regel auch zu handhaben. Aus dieser Kenntnis kann eine Problemfrage entwickelt werden:
„Wie kann man die Füllmenge verschiedener Gefäße bestimmen, wenn sie keinen Eichstrich besitzen?"

oder

„Woher weiß ein Hersteller von Meßbechern, an welche Stelle der Eichstrich gesetzt werden muß?"

9.6.1 Formen des Volumenvergleichs

9.6.1.1 Hohlmodelle

Durch Umfüllen von Wasser wird ein Vergleich zwischen zwei Hohlkörpern gezogen. Dieser Vergleich umfaßt aber nur den Innenraum des Körpers, sein Außenvolumen wird nicht einbezogen. Ein exakter Vergleich kann nicht durchgeführt werden.

Abb. 481:

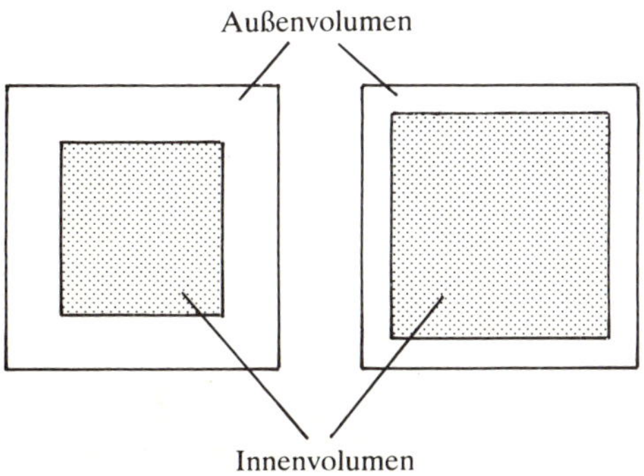

9.6.1.2 Balkenwaage

Ist sichergestellt, daß zwei Körper aus dem gleichen Material bestehen, können sie an der Balkenwaage verglichen werden. Besonders geeignet ist diese Methode, wenn zwei Körper durch Schnitt aus einem Urkörper entstanden sind.

Abb. 482:

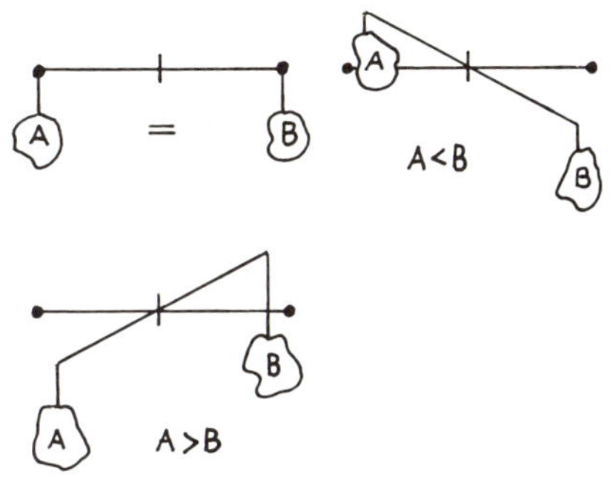

9.6.1.3 Messung durch Wasserverdrängung

Taucht man einen Körper in ein Meßglas, kann man am Anstieg des Wasserspiegels exakt sein Volumen ablesen.

Abb. 483:

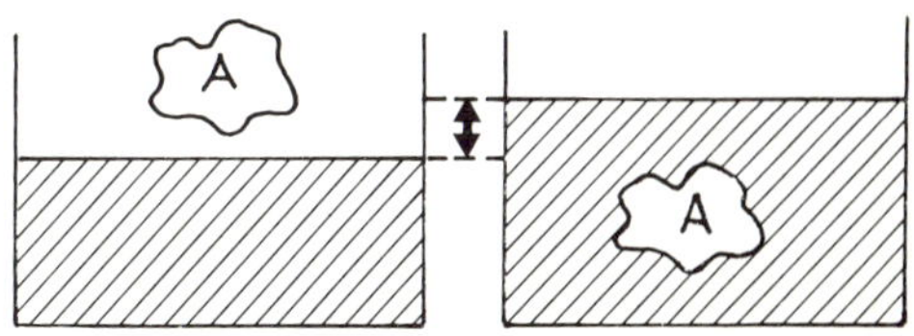

9.6.2 Volumenberechnung mit dem Schichtenmodell

Ähnlich dem Parkettieren von Flächen (siehe 4.6, S. 109) läßt sich der Rauminhalt eines Körpers experimentell bestimmen.
Die vereinbarten Meßkörper lassen sich in Reihen und Schichten ordnen. Ihre Anzahl bestimmt den Rauminhalt des Körpers.
Eine solche Erkenntnis erfolgt natürlich in kleinen Schritten, die sich in drei Hauptarbeitsschritte einteilen lassen:

– Abzählen der einzelnen Meßwürfel der Grundschicht

- Abzählen der Grundschichten
- Verknüpfen von Meßeinheiten pro Schicht und Anzahl der Schichten.

Abb. 484:

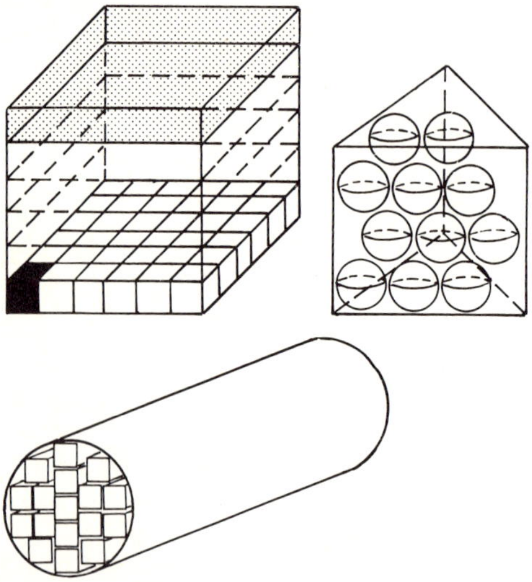

Mehrere Versuche, auch mit ungeeigneten Körpern und Meßkörpern (z. B. Murmeln, Glasperlen, Zuckerstücke, Legobausteine, Dominosteine, Spielwürfel ...), führen zur allmählichen Vereinheitlichung der Meßwürfel im Dezimalsystem und damit zur Messung der Kantenlängen (Länge, Breite, Höhe).
Die Anzahl der Meßwürfel in der Grundschicht läßt sich aus der Länge und Breite der Grundfläche (Flächenlehre) berechnen. Die Anzahl der Schichten ist leicht zu erkennen bzw. abzuzählen.

Abb. 485:

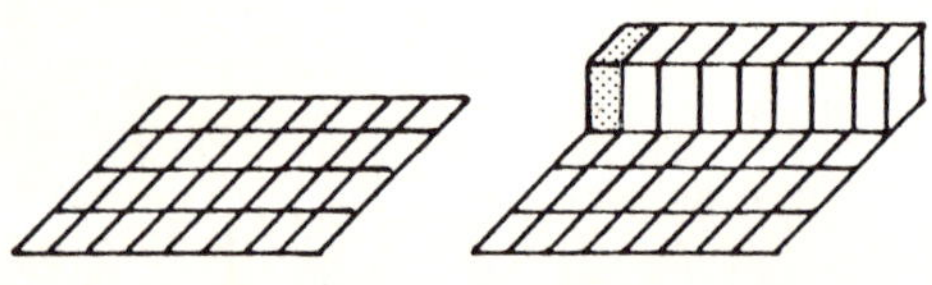

Aus der Aussage:

Anzahl der Meßwürfel in der Grundschicht ⊙ Anzahl der Schichten

läßt sich die Volumenformel als Produkt aus Grundfläche und Körperhöhe ableiten:

$$V = A_G \cdot h_k$$

Diese Entwicklung der Formel sollte anschaulich durch Meßexperimente unterstützt werden. Dabei kann auch noch die freie Wahl der Grundfläche in Verbindung mit der Körperhöhe demonstriert werden.

9.6.3 Volumenberechnung über Meßreihen

Die Einführung der Volumenberechnung mit dem Schichtenmodell ist aus gleichem Grunde wie die Einführung der Flächeninhaltsberechnung mit dem Streifenmodell umstritten und schwierig. Die reversible Operation vom Volumen zu den Kantenlängen ist dem Schüler nicht mehr möglich. Er stolpert zwangsläufig über die unterschiedlichen Maßeinheiten für Länge und Flächeninhalt (siehe auch 4.6, S. 109).
Um diese Verwechslung bzw. falsche Anwendung zu umgehen, verwendet man auch bei der Volumenberechnung Einheitsmaße, die als Zähl- und Meßgrundlage dienen. Im Laufe des Verfahrens wird die Maßeinheit zum Kubikzentimeter oder Kubikdezimeter vereinheitlicht. In mehreren Schritten gelangt man zur Erkenntnis, daß das Produkt aus den Kantenlängen mit der gezählten Anzahl von Maßeinheiten übereinstimmt.
Zu beachten ist, daß bei räumlicher Darstellung von Körpern ein Verkürzungsfaktor zu berücksichtigen ist. Dieser muß dem Schüler spätestens bei Meßvorgängen geläufig sein. Es ist zweckmäßig, bei Arbeitsaufträgen in diesem Bereich immer wieder darauf hinzuweisen (Beispiel 9.3.6.6). Zusätzlich kann bei allen Übungen der ständige Verwechslungsfehler Oberfläche – Volumen angegangen werden. Durch Anlegen von Vergleichstabellen wird deutlich, daß zwischen beiden Größen kein direkter Zusammenhang besteht.

9.6.3.1 Auszählen des Volumens mit verschiedenen Maßeinheiten

Das Volumen gleich großer Körper wird mit verschiedenen, willkürlich gewählten Maßeinheiten durch Auslegen bestimmt.

Abb. 486:

Gewählte Meßeinheit:

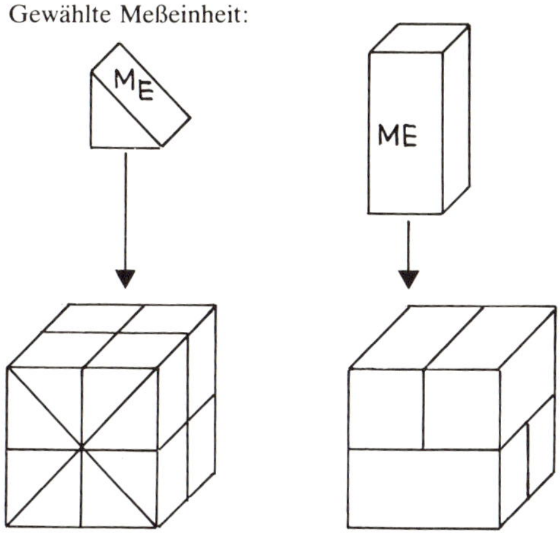

V = 16 ME

V = 4 ME

9.6.3.2 Die geeignete Maßeinheit

Der geringe Aussagewert von Volumenbestimmungen mit unterschiedlichen Maßeinheiten schärft den Blick für deren Beurteilung. Eine geeignete Maßeinheit sollte folgende Bedingungen erfüllen:

- Jeder Körper muß von ihr völlig ausgefüllt werden können.
- Bruchteile dieser Maßeinheit müssen leicht zu bilden und auszudrücken sein.
- Die Maßeinheit muß eine übersichtliche, eindeutige Form aufweisen.

Beim Vergleich der verwendeten Maßeinheiten erweist sich der Würfel als zweckmäßig. Die weiteren Übungen erfolgen daher mit der am leichtesten zu handhabenden Maßeinheit, dem *Kubikzentimeter* (Kubikdezimeter).

1 Würfel = 1 Maßeinheit = 1 Volumeneinheit (VE) = 1 cm^3

9.6.3.3 Auszählen und Vergleichen von unterschiedlichen Körpern mit gleicher Maßeinheit

Bei gleicher Maßeinheit läßt sich der Rauminhalt unterschiedlicher Körper vergleichen. Die Anzahl der Maßeinheiten entspricht der Zahl der Volumeneinheit (VE).

Abb. 487:

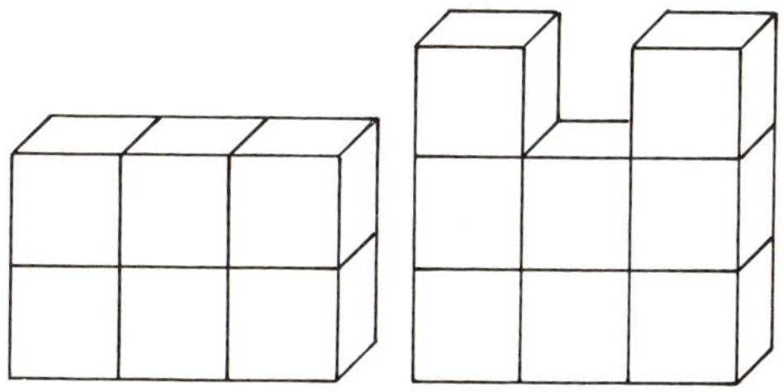

6 VE

8 VE

9.6.3.4 Meßübungen an räumlich dargestellten Körpern

Bei räumlich dargestellten Körpern lassen sich nur bei zwei Dimensionen (Quader in Normallage: Breite und Höhe) die Längenwerte direkt ermitteln. Bei der verschrägten Dimension (Länge) muß der Meßwert verdoppelt werden.

Abb. 488:

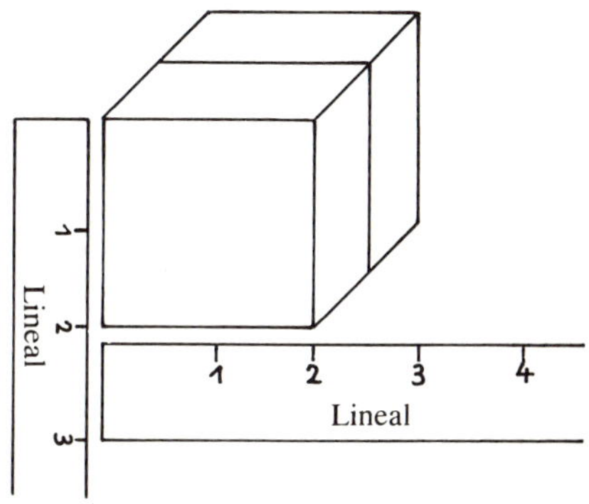

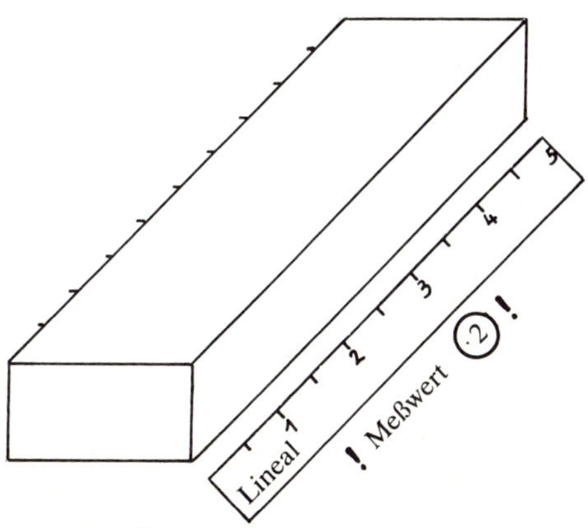

gemessen: 5 cm
tatsächliche Länge: 10 cm

9.6.3.5 Einteilen nach vorgegebenen Maßeinheiten

Der Schüler sieht die Einteilung des Körpers entstehen. Die angebotenen Hilfslinien dienen der Erleichterung und der Genauigkeit der Arbeit. Bei dieser Aufgabe muß spätestens der Verkürzungsfaktor angesprochen werden.

Abb. 489:

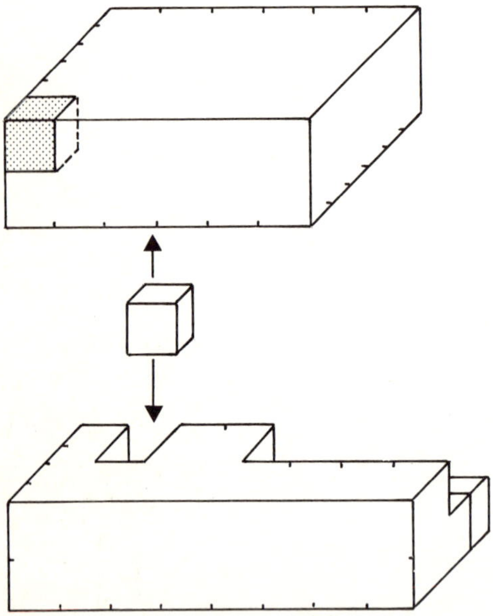

9.6.3.6 Volumenermittlung über Meßreihen

Durch vergleichende Messungen der Kantenlängen von Würfeln und Quadern, deren Volumen durch Auszählen ermittelt wurde, soll der Schüler Zusammenhänge und Gesetzmäßigkeiten entdecken.
Bei Messungen an gezeichneten Vorlagen ist der Verkürzungsfaktor zu berücksichtigen.
Die Meßwerte werden tabellarisch erfaßt.

Abb. 490:

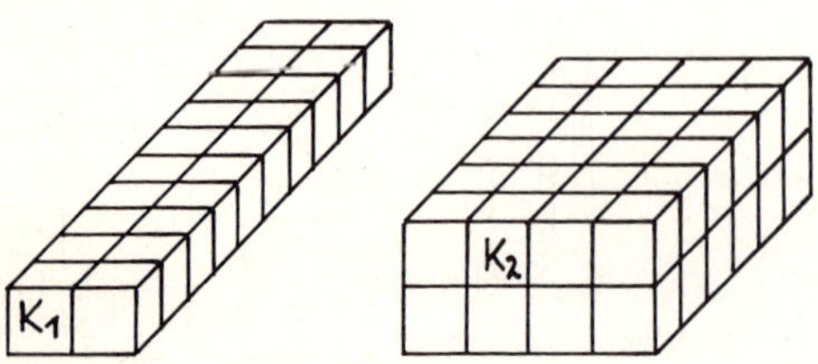

		Kantenlängen (cm)			
	VE	l	b	h	l · b · h
K_1	20	10	2	1	
K_2	48				
K_3					

Da bei jeder Messung die Zahl der Volumeneinheiten gleich dem Produkt aus Länge mal Breite mal Höhe ist, kann gefolgert werden:

$$V = l \cdot b \cdot h$$

9.6.3.7 Operative Übungen

- **Berechnen von Kantenlängen**

Die Volumenformel wird rechnerisch angewandt, indem einzelne Kantenlängen bei gegebenem Volumen zu berechnen sind.
Die Tabelle ist zu vollenden. Anfangs wird es sinnvoll sein, alle Maßangaben in nur einer Größenordnung (cm oder dm) vorzugeben.

Abb. 491:

l	9 cm		5 dm	8,4 m
b	7 cm	3 m		7,6 m
h	4 cm	6 m	3 dm	
V		144 m^3	67,5 dm^3	159,6 m^3

- **Vollenden von Zeichnungen**

Körper müssen in ihrer räumlichen Darstellung fertig gezeichnet werden, wobei die fehlenden Maße zu berechnen sind.
(Lösungen sind gestrichelt)

Abb. 492:

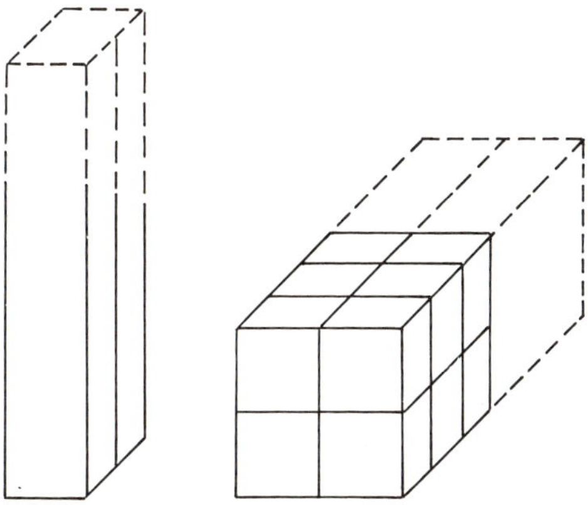

V = 10 cm³ V = 24 cm³

9.6.3.8 Beziehungslosigkeit zwischen Oberfläche und Volumen

Gerade in den Anfängen der Raumgeometrie werden Oberfläche und Volumen häufig verwechselt. Um zu verdeutlichen, daß zwischen Oberflächeninhalt und Volumen kein Zusammenhang besteht, werden tabellarisch die Volumeneinheiten (VE) und die Oberflächeninhaltseinheiten (OE) – also die Zahl aller sichtbaren Seiten der Maßeinheit Würfel (cm^3) – eines Körpers gegenübergestellt.

Abb. 493:

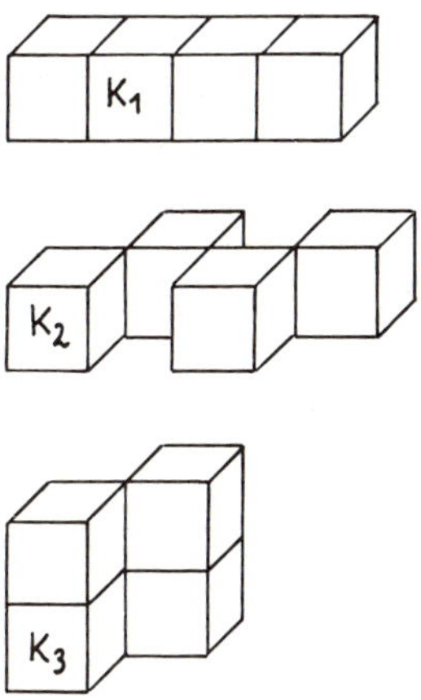

	OE	VE
K_1		
K_2		
K_3		

9.6.3.9 Spielerische Übungsformen

In Rätselheften, Knobelecken u. ä. finden sich häufig aus Würfeln zusammengesetzte Figuren wie Buchstaben, Tiere oder Gebäude, bei denen die Anzahl der Würfel ermittelt werden sollen, was einem Auszählen der Volumeneinheiten (VE) gleichkommt. Schwieriger sind die entsprechenden Flächeninhaltseinheiten der Oberfläche (OE) zu ermitteln, da ein Großteil davon verdeckt sind.

Abb. 494:

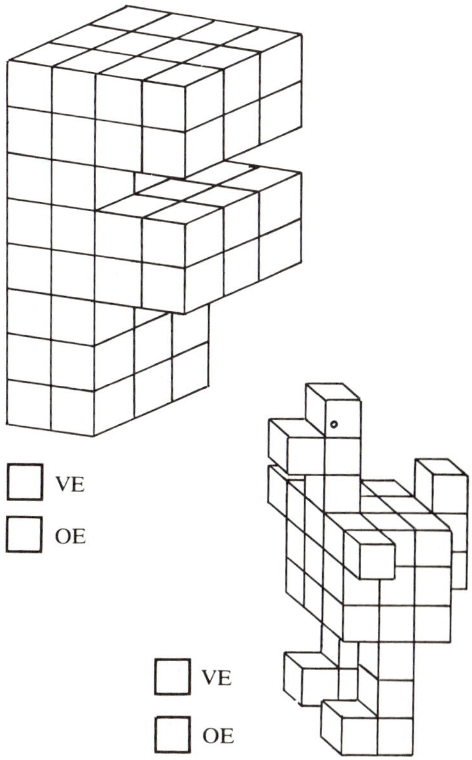

Anstelle des Auszählens kann jede Figur gedanklich sinnvoll „zerschnitten“ und dann das Volumen durch Berechnung der so entstandenen Teilkörper ermittelt werden.
Eine Erschwerung der Aufgabenstellung bedeutet es, wenn Teile der Figur verdeckt sind.

Abb. 495:

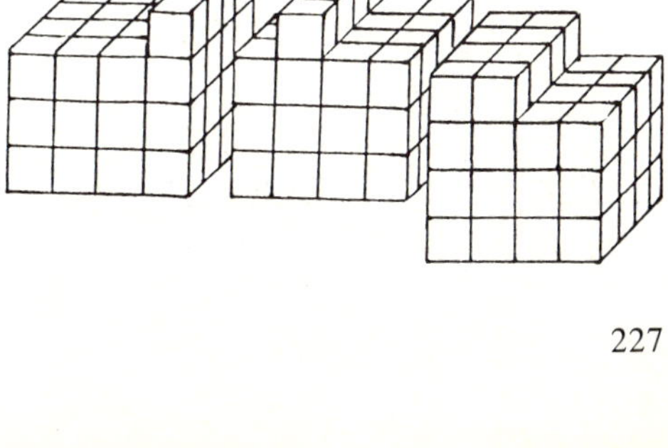

9.6.4 Operative Übungen

9.6.4.1 Invarianz des Volumens bei verschiedener Lage des Körpers

Abb. 496:

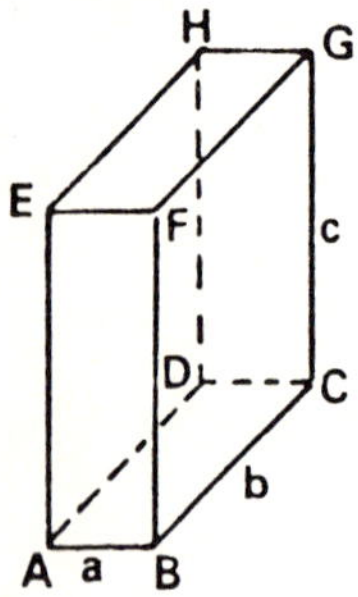

Grundfläche: ABCD
Körperhöhe: $\overline{CG}$
Rechnung: a · b · c

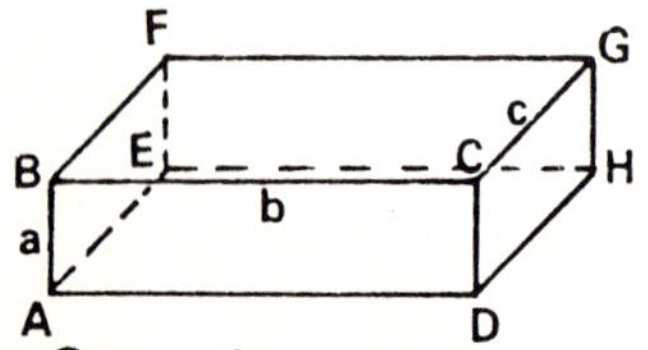

Grundfläche: ADHE
Körperhöhe: $\overline{AB}$
Rechnung: b · c · a

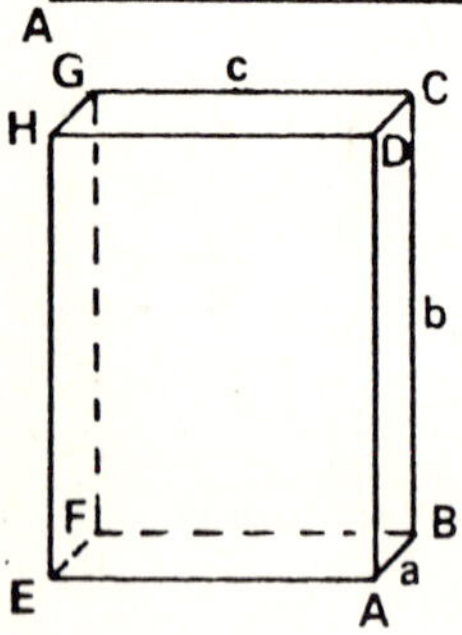

Grundfläche: EABF
Körperhöhe: $\overline{BC}$
Rechnung: a · c · b

Faktoren eines Produktes dürfen vertauscht werden, ohne daß sich das Ergebnis verändert.

a · b · c = b · c · a = a · c · b

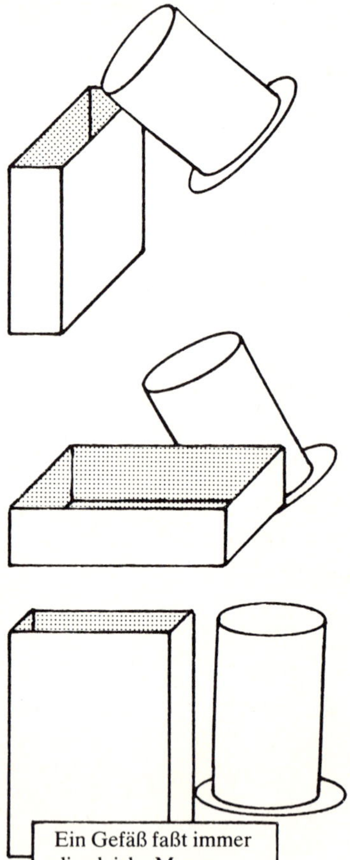

Ein Gefäß faßt immer die gleiche Menge Wasser, egal wo man einfüllt.

Ziel:

Ist die erarbeitete Formel richtig, muß in der Rechnung das gleiche Ergebnis erzielt werden.

9.6.4.2 Abhängigkeit des Volumens von der Grundfläche

Ziel:

Ändert sich der Flächeninhalt der Grundfläche, so ändert sich auch das Volumen des Körpers. Die Form der Grundfläche hat keine Auswirkung.

Abb. 497:

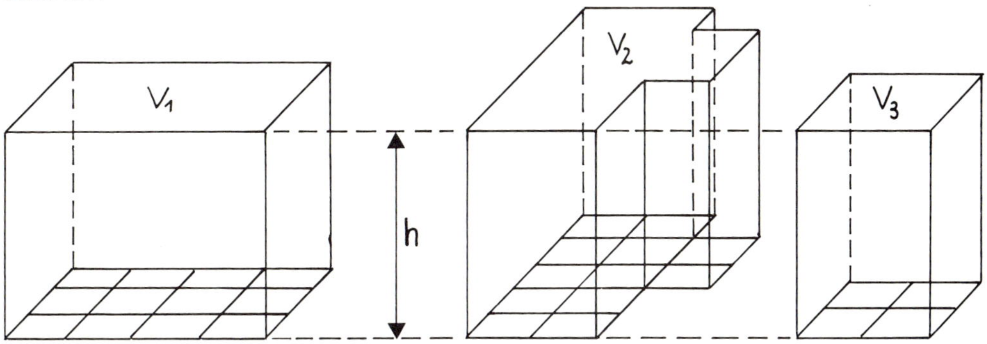

$h_1 = h_2 = h_3$
$A_{G1} = A_{G2} \neq A_{G3}$
$V_1 = V_2 \neq V_3$

9.6.4.3 Abhängigkeit des Volumens von der Körperhöhe

Ziel:

Ändert sich die Körperhöhe bei gleicher Grundfläche, so ändert sich auch das Volumen.

Abb. 498:

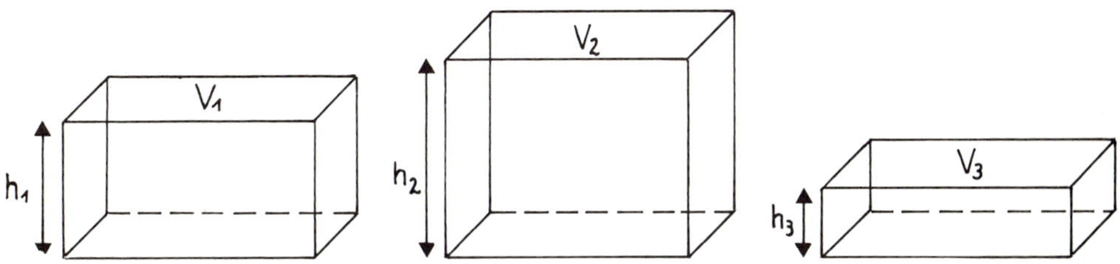

$A_{G1} = A_{G2} = A_{G3}$
$h_1 \neq h_2 \neq h_3$
$V_1 \neq V_2 \neq V_3$

9.6.5 Das Volumen spitzer Körper

Aus jeder geraden Säule lassen sich beliebig viele Pyramiden mit gleicher Grundfläche und gleicher Höhe herausschneiden.
Die Volumina dieser Körper betragen dann ein Drittel der zugehörigen Säule.
Die Beweisführung läßt sich gut nach 9.6.1 durchführen.
In der Übungsarbeit sollte immer der Zusammenhang zwischen Säule und Pyramide hergestellt werden.
Für das Volumen des Kegels gilt die gleiche Beweisführung und die gleiche Grundformel:

$\frac{1}{3} A_G \cdot h_K$

Als Grundfläche dient hier der Kreis.

Abb. 499:

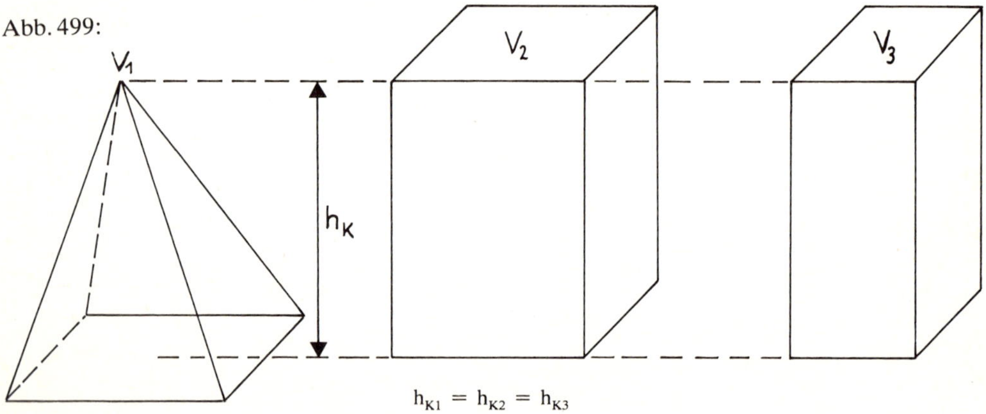

$h_{K1} = h_{K2} = h_{K3}$

$V_1 = \frac{1}{3} V_2 \neq V_3$

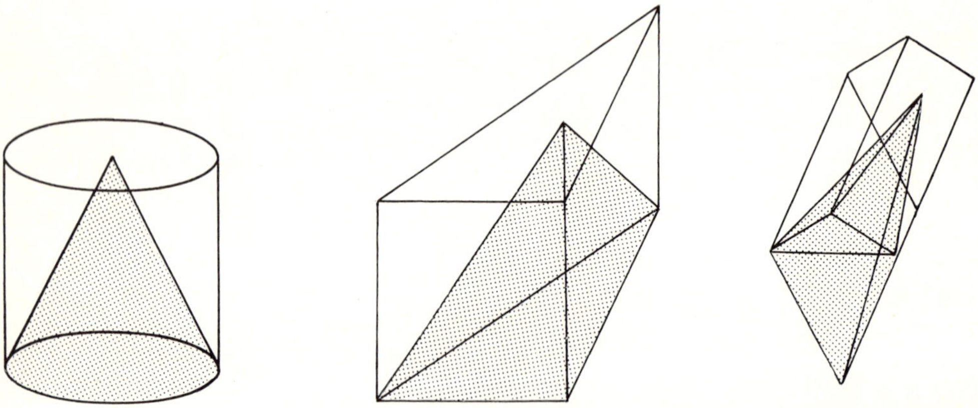

$V_p = \frac{1}{3} r^2 \pi \cdot h_K$	$V_p = \frac{1}{3} \frac{c \cdot h}{2} \cdot h_K$	$V_p = \frac{1}{3} \cdot \frac{e \cdot f}{2} \cdot h_K$
Grundfläche: Kreis	Dreieck	Drachen

9.6.6 Volumenberechnung bei Sachaufgaben

Das Lernverhalten schwächerer Schüler wird dazu führen, jede Säule als Einzelgegebenheit zu betrachten und entsprechend auch eine Formel dafür auswendig zu lernen. Um dies zu vermeiden, muß ihm eine Lösungsstruktur angeboten werden, deren Allgemeingültigkeit er einsieht und als Lösungshilfe anerkennt.
Ein Flußdiagramm kann Grundlage für eine systematische Arbeitsweise des Schülers sein.

Abb. 500:

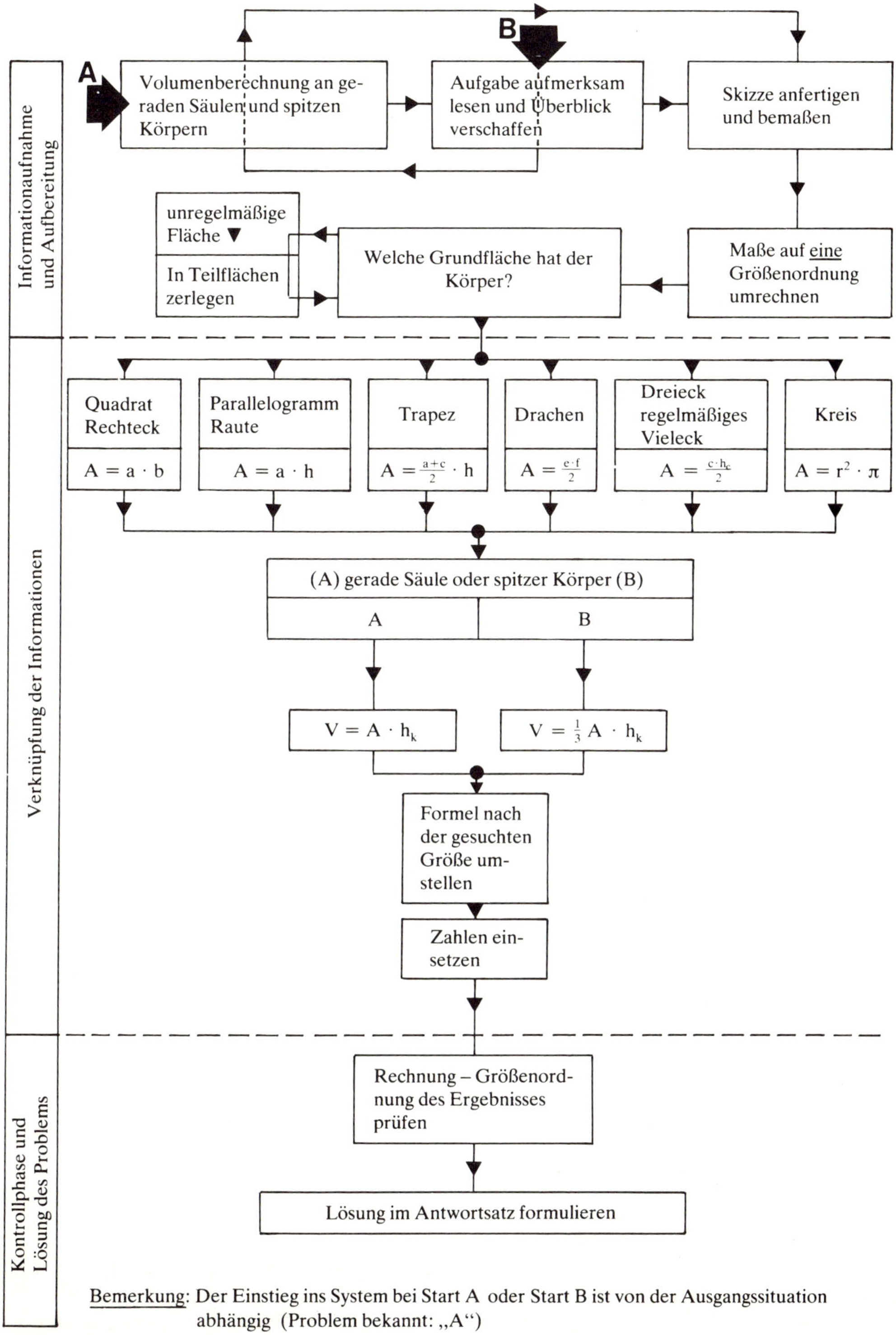

Bemerkung: Der Einstieg ins System bei Start A oder Start B ist von der Ausgangssituation abhängig (Problem bekannt: „A“)

Ein Ablaufschema dieser Art kann nicht Bestandteil und Ziel des Unterrichts sein, obwohl es gute Dienste leistet, wenn der Schüler an derartige Arbeits- und Denkweisen herangeführt wurde.
Vom Lehrer angestrebte Lösungsabläufe können sich aber an diesem Schema orientieren.

Abb. 501:

Gegeben:	Trapezsäule			
Maße:	a = 3 dm	c = 20 cm	h = 500 mm	h_k = 0,3 m
	▼	▼	▼	▼
	a = 30 cm	c = 20 cm	h = 50 cm	h_k = 30 cm
Grundfläche:	Trapez			
	$A = \frac{a+c}{2} \cdot h$			
Gesucht:	Volumen der Säule			
	$V = A \cdot h_k$			
Rechnung allgemein:	$V = A \cdot h_k$			
	$V = \frac{a+c}{2} \cdot h \cdot h_k$			
Rechnung mit Zahlen:	$V = \frac{30+20}{2} \cdot 50 \cdot 30$			
	$V = \underline{\underline{37\,500}}$			
Antwort:	Die Trapezsäule hat ein Volumen von 37 500 cm^3.			

Mit steigendem Schwierigkeitsgrad der Aufgaben kann das Lösungsschema erweitert werden (z. B. zusammengesetzte Körper). Sobald die allgemeine Rechnung aufgestellt ist, muß nach der gesuchten Größe gefragt und umgestellt werden. Die Grundstruktur des Ablaufes bleibt aber erhalten.

Abb. 502:

Gegeben:	Quader		
	Arbeitsskizze ohne Maßstab!		

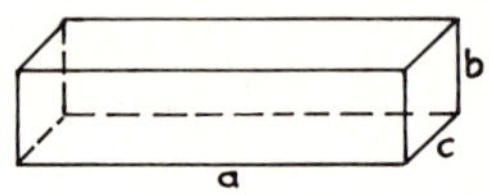

Maße:	$V = 1000\ dm^3$	a = 100 cm	c = 0,1 m
	▼	▼	▼
	$V = 1000\ dm^3$	a = 10 dm	c = 1 dm
Grundfläche:	Rechteck $A = a \cdot c$		
Körperhöhe:	$h_k = b$		
Gesucht:	Körperhöhe		
Rechnung allgemein:	$V = A \cdot h_k$	/ umstellen mit : A	
	$\frac{V}{A} = h_k$	bzw. $\frac{V}{a \cdot c} = h_K$	
Rechnung mit Zahlen:	$\frac{1000}{10 \cdot 10} = h_k$		
	$10 = h_k$		
Antwort:	Die Höhe des Quaders beträgt 10 dm.		

Alle geraden Säulen lassen sich nach der Formel $V = A \cdot h_k$ (spitze Körper: $\frac{1}{3} A \cdot h_k$) berechnen. Es ist nicht erforderlich, für jeden einzelnen Körper eine Formel zu entwickeln. Sie sollte bei Bedarf aus den Flächeninhaltsformeln und der Körperhöhe neu abgeleitet werden.
Bei den Stümpfen wird als Grundfläche ein Mittelwert aus Grund- und Deckfläche gebildet.
Die Volumenformel der Kugel ($\frac{4}{3} \pi r^3$) kann nur mit den unter 9.6.1, S. 223 beschriebenen Verfahren ermittelt werden.

9.7 Zusammengesetzte Körper

9.7.1 Formenkundliche Betrachtungen an zusammengesetzten Körpern

Formen, wie sie unter 9.3 bereits angesprochen wurden, sollen nochmals unter dem Aspekt der Anbahnung von Lösungswegen aufgegriffen werden. Zwei Berechnungen, die der Hintergrund für diese Betrachtungen sind, führt der Hauptschüler an solchen Körpern durch:

a) Berechnung des Oberflächeninhalts
b) Berechnung von Volumen/Masse

Die Berechnung von Oberflächeninhalten bereitet meist die größeren Schwierigkeiten, da gerade zusammengesetzte Körper besonders komplizierte Netzstrukturen aufweisen.
Der Rechenweg läßt selten sinnvolle Varianten zu. Sachzusammenhänge sind schwer zu finden bzw. liegen außerhalb des Beurteilungsvermögens der Schüler.

9.7.2 Betrachtungen zur Volumenberechnung

Die Volumenberechnung ist als Schwerpunkt zu verstehen, vor allem, wenn sie weiter zur Berechnung der Masse (m) führt.
Um dem Schüler Grundlagen für die Auswahl des günstigeren Lösungsweges zu schaffen, bedarf es einer Reihe von formenkundlicher Beispiele, um die Unterschiede zu verdeutlichen und die Vielfalt zu demonstrieren.
Je nach Form des Körpers bieten sich oft mehrere Lösungswege an, deren Güte von Fall zu Fall neu zu beurteilen ist.

9.7.2.1 Zerlegung in Teilkörper und Addition der Einzelvolumen

Der Körper bietet keine eindeutige Grundfläche für alle beteiligten Teilkörper. Hohlräume etc. gibt es nicht.

Abb. 503:

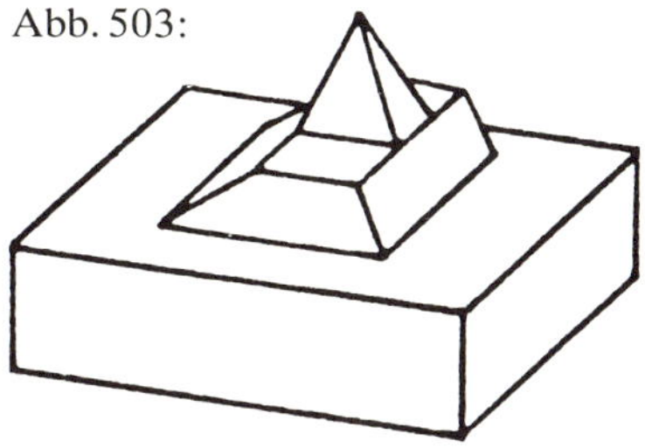

$$V_{gesamt} = V_1 + V_2 \ldots$$

9.7.2.2 Berechnung eines Gesamtvolumens und Subtraktion der Einzelvolumina von Aussparungen und Hohlräumen

Die Aushöhlungen sind nicht durchgängig, Grund- und Deckfläche sind nicht gleich bzw. die Kanten sind zum Teil unterbrochen, so daß keine eindeutige Körperhöhe zu bestimmen ist.

Abb. 504:

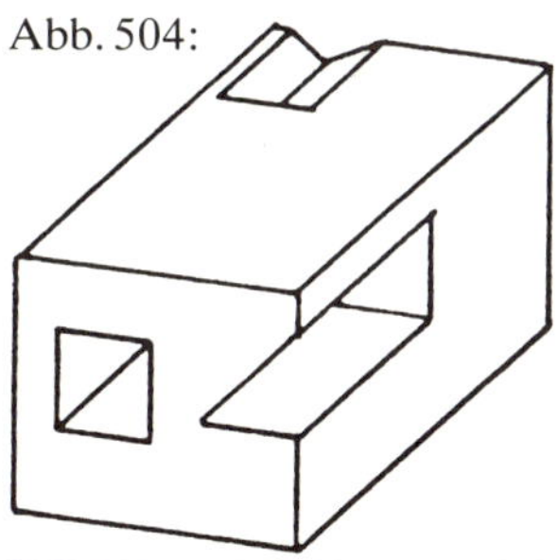

$$V = V_{gesamt} - (V_1 + V_2 + \ldots)$$

9.7.2.3 Isolieren einer gemeinsamen Grundfläche

Durch Kippbewegungen wird die Grundfläche zur Standfläche und deutlich als gemeinsame Fläche erkennbar.

Abb. 505:

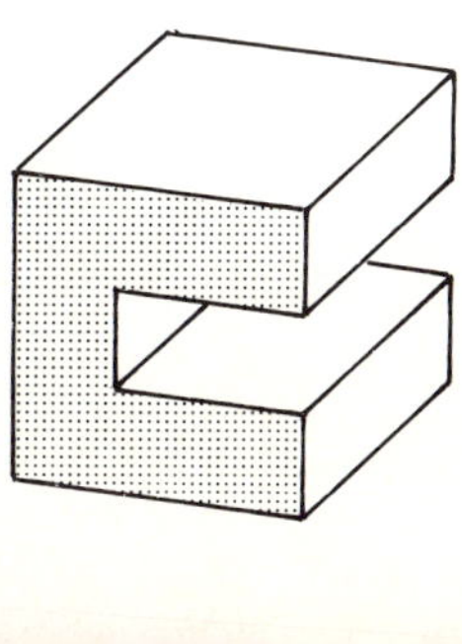

Bei dieser gemeinsamen Grundfläche wird der Flächeninhalt berechnet, und anschließend dieser Grundflächeninhalt mit der gemeinsamen Körperhöhe multipliziert.

Abb. 506:

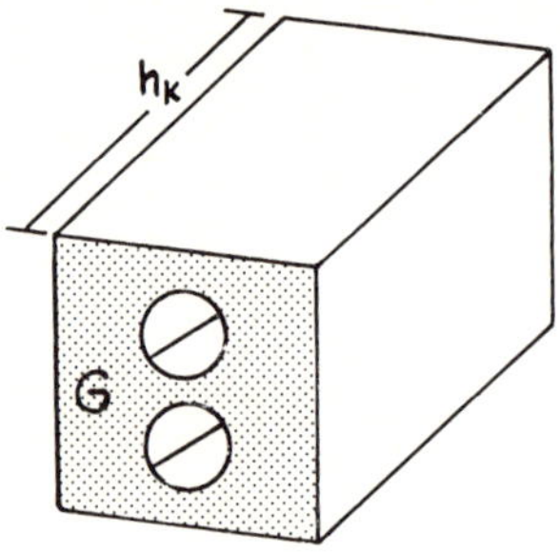

$$V = G \cdot h_k$$

Um sich ein endgültiges Urteilsvermögen zu verschaffen, muß sich der Schüler folgender Stoffgebiete sicher sein:

- Formenkunde der regelmäßigen und unregelmäßigen Vielecke
- Inhaltsberechnungen an Dreiecken, Vierecken und unregelmäßigen Vielecken
- Formenkunde und Volumenberechnungen an allen ihm bekannten Körperformen aus dem Bereich der geraden Prismen, spitzen Körper und der Stümpfe.

9.7.3 Strukturierung des gedanklichen Lösungsablaufes in einem Flußdiagramm

Ist der Leistungsstand des Schülers so weit fortgeschritten, daß er den Aufbau des Körpers erkennt und ihn in der Vorstellung so drehen und kippen kann, daß er den günstigsten Blickwinkel erreicht, kann er nach folgendem System vorgehen:

Abb. 507:

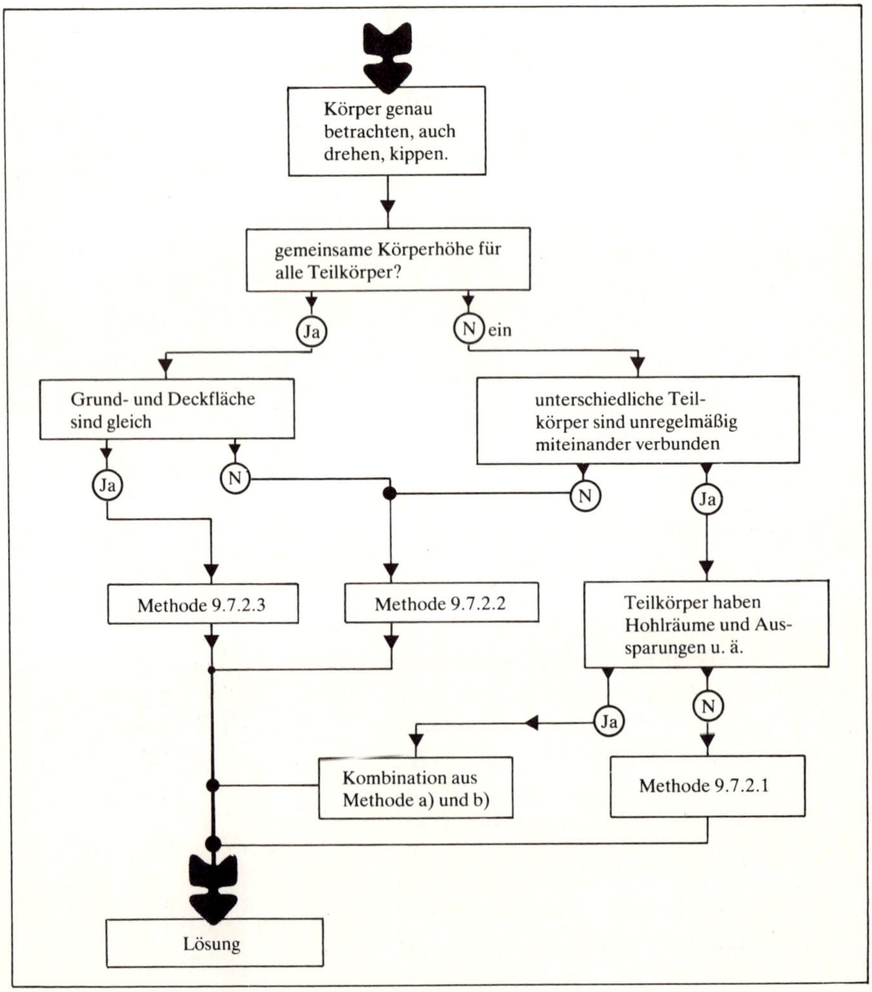

9.7.4 Formenkundliche Durcharbeitung eines Beispieles

Die Bearbeitung des folgenden Beispieles zielt sowohl auf die Volumen-, wie auch auf die Oberflächeninhaltsberechnung ab. Auf eine Variation der Netzdarstellung wurde bewußt verzichtet, da sie nicht zur Findung eines leichteren Lösungsweges beitrüge. Die Zerlegung der Grundfläche dient beiden Zielen gleichermaßen.

Abb. 508:

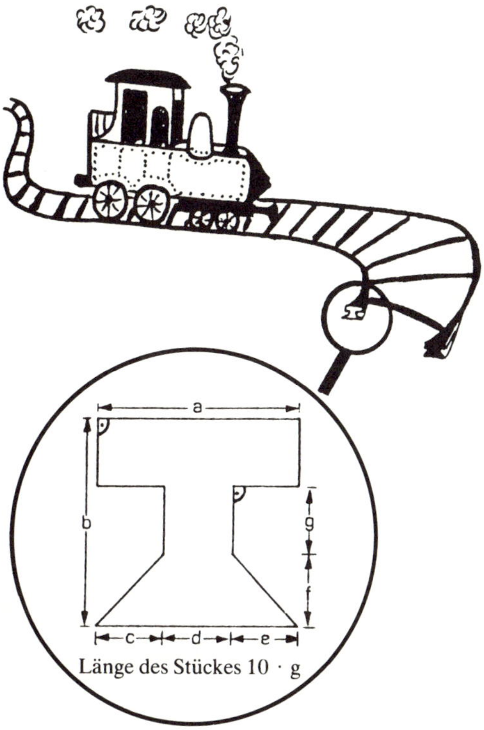

Aufgabenstellung: Berechne Volumen und Oberflächeninhalt der Schiene.

Zerlegung und Umformung der Querschnittsfläche (Grundfläche):

Abb. 509:

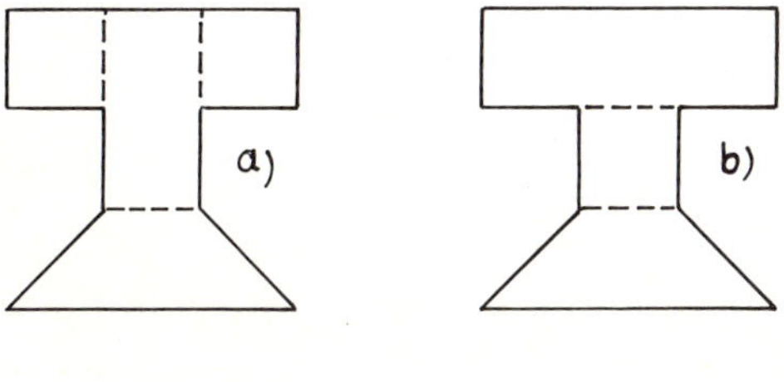

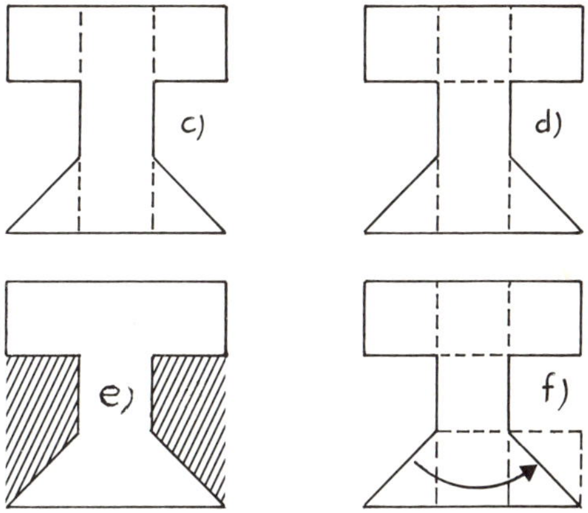

Jede der gefundenen Zerlegungen führt zum Ziel. Deutlich wird aber, daß die gedanklich anspruchsvollste Arbeit (f) die einfachste rechnerische Lösung bringen wird ($6e^2 \cdot h_k$). Die allgemeinen, zunächst verwirrenden Angaben über die Größenverhältnisse sind beabsichtigt. Sie zwingen den Schüler zu vergleichen und Verknüpfungen anzustellen:

$a = c + d + e$	$b = c + d + e$
$g = e$	$c + d = g + f$
$f = e$	. . . . . .

Oberflächeninhalt

Abb. 510:

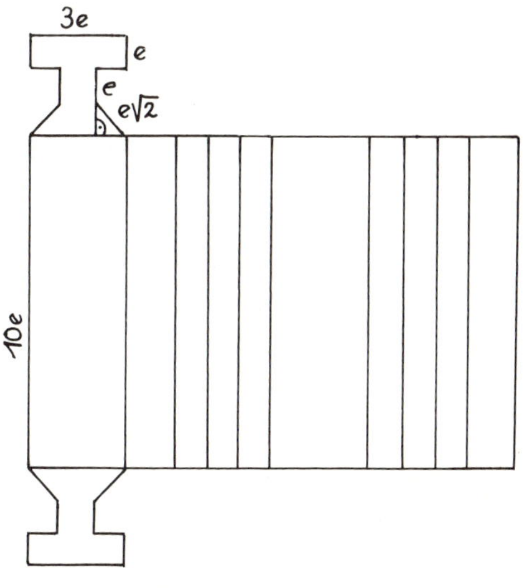

Das Studium des Netzes zeigt, daß sich die Maße der Mantelfläche nicht alleine durch die Quadratseiten angeben lassen.
Die schräge Kante muß als Diagonale des zusammengesetzten Quadrates oder als Hypotenuse eines rechtwinkligen Dreiecks erkannt werden. Nach einer allgemeinen Rechnung läßt sich die Länge als $e \cdot \sqrt{2}$ angeben.

9.7.5 Schlußbemerkungen zur Formenkunde im Bereich der Oberflächen

Da sich der Oberflächeninhalt bei zusammengesetzten Körpern nur selten nach der einfachen Formel $O = 2 \cdot A + M$ berechnen läßt, sind drei formenkundliche Aspekte während der Bearbeitung dieses Gebietes zu bedenken:

bei einfacher Struktur	→	Isolierung möglicher Grund- und Deckflächen und Bestimmung der Mantelfläche
bei mehrgestaltiger Struktur	→	Zerlegen der Körperoberfläche in überschaubare Teilflächen unter Beachtung von Einschnitten und Aussparungen etc.
⬇		
Transfer in das Wissensgebiet der Flächenlehre	→	Sinnvolles Zerlegen der Oberflächenteile in regelmäßige Teilflächen

9.8 Bedeutung der Arbeitsskizze in der Raumgeometrie

Der zeichnerische Aspekt kommt in der Geometrie der Hauptschule etwas zu kurz. Einmal fehlt es an der Zeit, die notwendigen motorischen Grundlagen in ausreichendem Maße zu schaffen, zum zweiten stellt der Lehrplan den rechnerischen Aspekt in den Vordergrund.
Es ist also ein Weg zu finden, der beide Betrachtungsweisen miteinander so verbindet, daß das eine dem anderen dienlich ist.
Bei einem solchen Kompromiß muß die echte geometrische Konstruktion im Bereich der Körper auf der Strecke bleiben. Sie muß dem Zeichnen im Sinne einer Arbeitsskizze weichen.
Die konstruktive Geometrie fällt dem Fach Technisches Zeichnen zu.
Jeder Lehrer wird den guten Einfluß dieses Faches bereits nach wenigen Wochen in seinem Unterricht spüren. Eine Kooperation mit dem entsprechenden Fachlehrer kann also nur von Vorteil sein.
Im Mathematikunterricht selbst kann man sich dann, besonders in der Oberstufe (8./9. Jahrgang) auf das absolut Notwendige beschränken und damit viel Zeit sparen für eine intensivere Durcharbeitung des Stoffes.

9.8.1 Herstellung der Arbeitsskizze

Die meisten Prismen lassen sich in liegender Form leicht räumlich darstellen. In dieser Lage wirkt sich die Verschrägung und Verkürzung nicht auf die arttypische Grundfläche aus. Ein Schüler tut sich dann erheblich leichter, wenn es um das Erkennen des Körpers geht (siehe auch A/3.7.1.7).

Abb. 511:

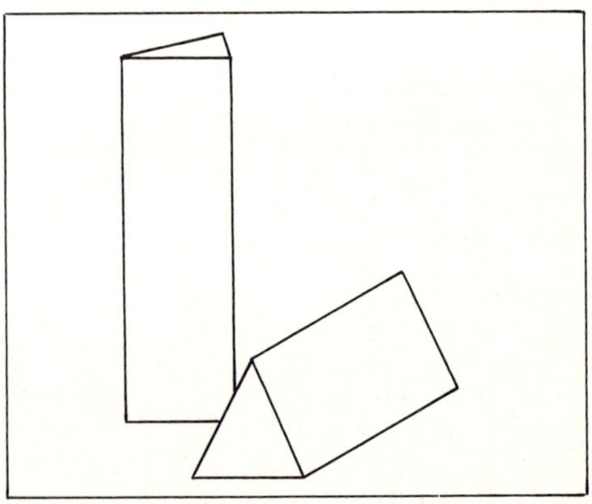

Da bei Skizzen Verschrägung und Verkürzung nicht exakt eingehalten werden müssen, kann nach folgender Arbeitstechnik vorgegangen werden. Verdeckte Kanten werden absichtlich nicht gestrichelt gezeichnet, um das Verfahren einfach zu halten.

Abb. 512:

1. Schritt	2. Schritt	3. Schritt
Grundfläche zeichnen	Deckfläche schräg nach hinten versetzt zeichnen	gegenüberliegende Ecken verbinden

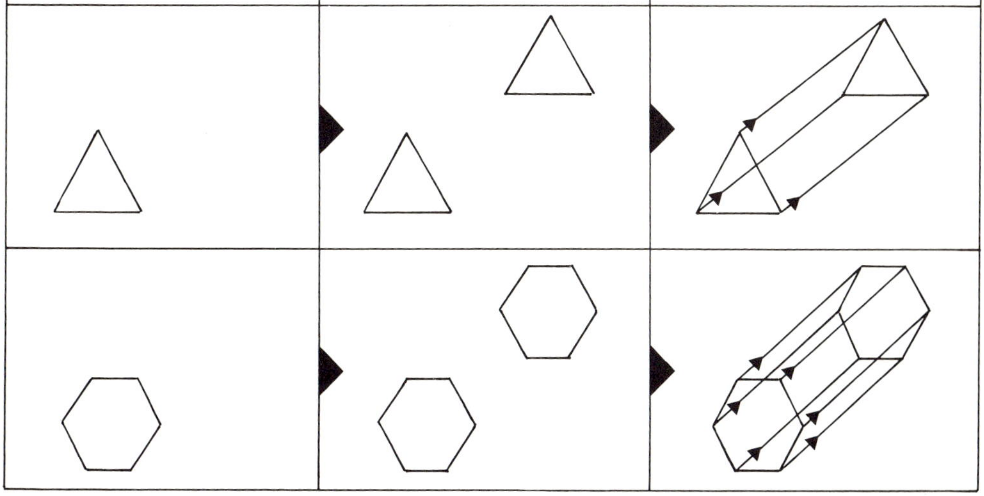

9.8.2 *Übungsformen*

- Vorgegebene Skizzenfragmente ergänzen
  Arbeitsauftrag: Ergänze zu einer geraden Säule.

  Abb. 513:

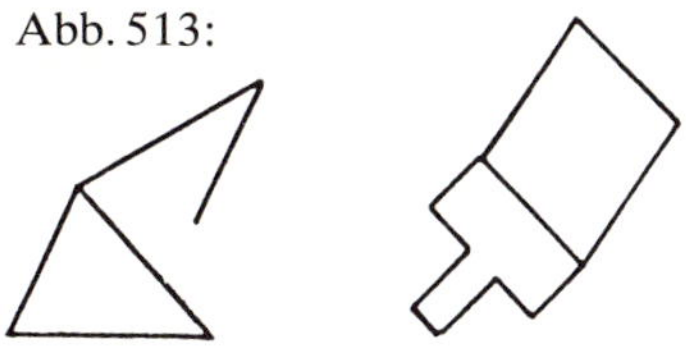

- Grundflächen als Ausgangspunkt werden zu einer geraden Säule ergänzt

- Fehleranalyse
  Arbeitsauftrag: Verbessere die Skizzen

  Abb. 514:

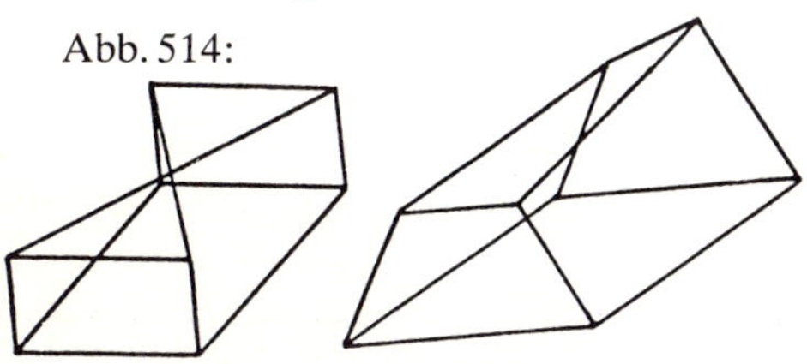

- Skizzen nach Modellen anfertigen

- Skizzen nach Beschreibung anfertigen

Abb. 515:

Seitenfläche	Grundfläche
Rechteck	Trapez
Rechteck	Quadrat
Quadrat	Quadrat
Rechteck	Rechteck
Rechteck	Drachen
Rechteck	Kreis*

9.8.3 *Einsatz der Arbeitsskizze*

(siehe auch 9.6.6 Flußdiagramm, Seite 231)

Eine Arbeitsskizze hat viele Funktionen, die zur Effektivität des Unterrichtes beitragen:

- Lagebeschreibung von gesuchten Fakten
- Umsetzen eines Textes in einen optisch-räumlichen Eindruck
- Diskussion von besonderen Eigenschaften (gleiche Teilflächen, rechte Winkel, ...)
- Vergleichen der Eigenschaften zweier Körper mit gemeinsamen Teilen

Abb. 516:

Quadratsäule mit Pyramide

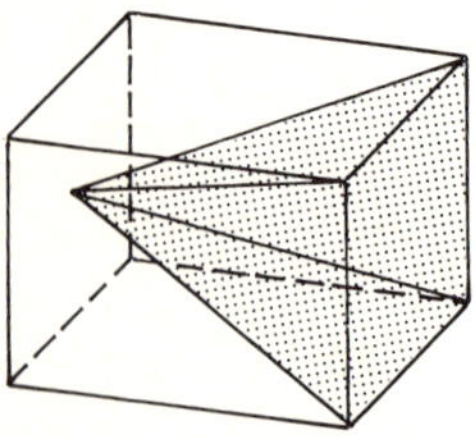

*gemeinsame Grundfläche
*gemeinsame Körperhöhe

Pyramide mit Kegel

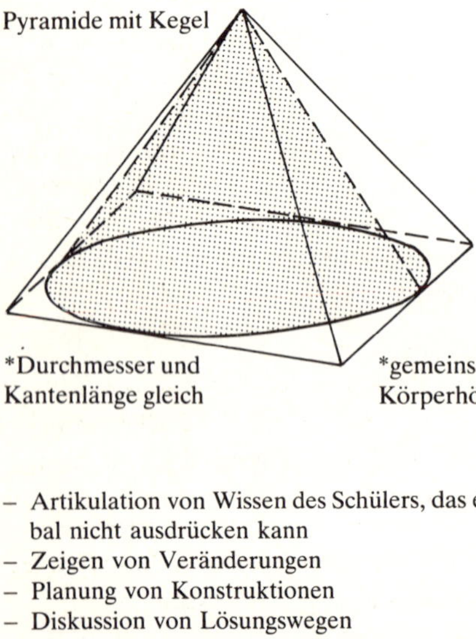

*Durchmesser und Kantenlänge gleich

*gemeinsame Körperhöhe

- Artikulation von Wissen des Schülers, das er verbal nicht ausdrücken kann
- Zeigen von Veränderungen
- Planung von Konstruktionen
- Diskussion von Lösungswegen
- Ersatz für lange, unverständliche Texte und wortreiche Erklärungen
- Bemaßung aus einem Text auf die Skizze des Körpers übertragen und damit Einblick in die Größenverhältnisse erlangen.

Hat der Schüler einmal den Vorteil der Arbeitsskizze erkannt, wird er freiwillig zu dieser Lösungshilfe greifen.

Wie er allerdings zu einer guten Skizze kommt (abgesehen von der rein zeichnerischen Tätigkeit), muß ihm gezeigt und mit einigem Zeitaufwand geübt werden.

Möglicher Übungsaufbau, nach Schwierigkeitsgrad geordnet:

- Skizzen nach Modellen anfertigen
- Skizzen Texten zuordnen
- Text selbst lesen, dann Skizze anfertigen
- Text hören, dann Skizze anfertigen
- Textteile durch Skizzen ersetzen
- selbst eine erfundene Aufgabe ohne Worte durch eine Skizze formulieren
- aus einer fertigen Skizze eine Aufgabe formulieren
- bestimmte, wichtige Skizzenteile im Text unterstreichen, dann in der Skizze schraffieren oder farbig kennzeichnen
- Teile aus einer Skizze herauslösen und isoliert darstellen (Detailskizze)
- spezielle Lagen der Figur nach Beschreibung erkennen und skizzieren
- Skizzen miteinander vergleichen und nach ihrer Brauchbarkeit beurteilen
- Beurteilen der Größenverhältnisse in einer Skizze im Vergleich zu den Maßangaben.

9.9 Behandlung raumgeometrischer Aufgaben

9.9.1 Systematisierung raumgeometrischer Erkenntnisse

In Schülerheften findet man Überschriften in folgendem Stil:

- „Wir berechnen das Volumen einer Dreiecksäule.“
- „Wir berechnen das Volumen des Quaders.“
- „Wir berechnen das Volumen einer Trapezsäule.“
- „...“

Gleiche Formulierungen finden sich zur Thematik der Oberflächen- und Massenberechnung.

Es ist nicht die Wortwahl der Überschriften, die hier diskutiert werden soll, sondern der gedankliche Hintergrund.

Wie im Flußdiagramm (S. 231) dargestellt, führen geometrische Körper im Sinne einer rechnerischen Betrachtung kein Eigenleben, sondern sind abhängig von den Eigenschaften ihrer Grundflächen. Die Identifizierung eines Körpers hängt also nicht von Wissen um seine „Höhe“ ab, sondern vom Erkennen seiner Grundfläche. Selbst bei den spitzen Körpern und den Stümpfen gilt dies, wenn man sie als Teile einer Ursprungsäule betrachtet (Näherungsformel).

Abb. 517:

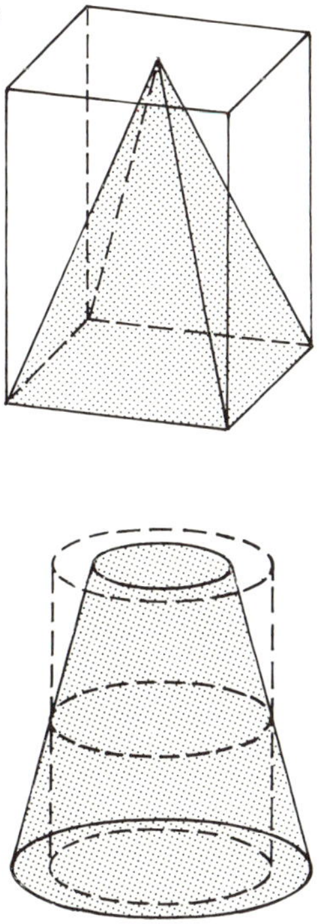

Aus diesem Blickwinkel heraus betrachtet wären die genannten Überschriften in Schülerheften durch eine einzige zu ersetzen:

„Wir berechnen das Volumen gerader Säulen (spitzer Körper, von Stümpfen)."

Grundbedingung für einen solchen Stoffaufbau ist natürlich die ausführliche Durcharbeitung der Flächenlehre unter allen Aspekten, die dem Hauptschüler zuzumuten sind. Dabei ist dann wiederum eine Systematisierung einer Katalogisierung vorzuziehen. Ausgehend vom Flächeninhalt und vom Umfang des Rechteckes lassen sich alle anderen Berechnungen an Flächen mit Hilfe der Grundlagen aus der Drehung, Spiegelung und Schiebung ableiten und festigen. Ist dieses fundamentale Wissen als Gesamtkomplex auf die Raumgeometrie übertragen, wird es leicht sein, die neu anfallenden Begriffe (Körperhöhe, Volumen, Masse, Oberfläche) einzuführen, zu festigen und als verwertbaren Lernzuwachs für die tatsächliche Sachproblematik der Raumgeometrie einzusetzen.

Eine Frage:

„Wie heißt die Formel für die Berechnung des Volumens einer Trapezsäule?"

wird überflüssig, denn der Schüler wird sich die Formel stets aus dem allgemeinen Ansatz neu zusammensetzen:

Abb. 518:

$$V = A_{\text{Grundfläche}} \cdot h_{\text{Körper}}$$

$$V = \frac{a+c}{2} \cdot h_{\text{Trapez}} \cdot h_K$$

9.9.2 Einbeziehen formenkundlicher und zeichnerischer Erkenntnisse

Auf der Basis der geschilderten Gedankengänge kann sich eine Phase der rechnerischen Betrachtung nicht alleine mit Rechenvorgängen im Detail eines Lösungsvorganges befassen, sondern muß Erkenntnisse der formenkundlichen und zeichnerischen Phase aufgreifen und in mathematische Darstellungsformen überführen.

Arbeitsauftrag:

Ein Quader soll in vier gleiche Teile aufgeteilt werden. Berechne das Volumen eines Teiles.

a) *Formenkundliche Phase* (am Modell oder Skizze) geht auf folgende Fragen ein:

- Können alle Standflächen auch als Grundflächen gewählt werden?
- Welche Körperhöhen entsprechen den gewählten Grundflächen?
- Welche Schnitte mit regelmäßigen Ergebnissen können geführt werden?
- Benennung und Beschreibung der Schnittlinien im Sinne geometrischer Eigenschaften.
- Welche Teilkörper entstehen?
- Welches Volumenverhältnis besteht zwischen den Teilkörpern?

b) *Zeichnerische Phase*

- Skizze aller ermittelten Grundflächen
- räumliche Skizze aller ermittelten Lagen
- Einbeziehung der diskutierten Schnittfolgen in die Skizzen
- Hervorheben von Grundfläche und Körperhöhe in allen Lagen
- Bemaßung mit Buchstaben.

Drei ausgewählte Möglichkeiten:

Abb. 519:

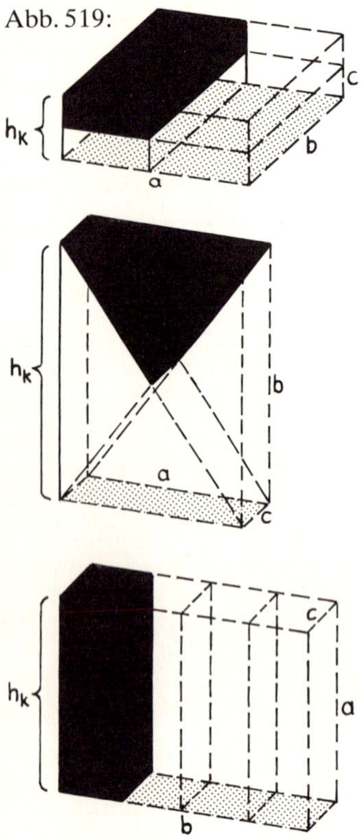

c) *Rechnerische Phase:*

- Festlegung der Ausgangsformel
  $V = A_G \cdot h_k$
- Festlegung der erzielten Bruchteile pro Schnitt:

Abb. 520:

- Erarbeitung der Lösungsformel

$$V = \frac{A_G \cdot h_k}{4}$$

- Diskussion der Lösungsformel unter dem Aspekt der Allgemeingültigkeit bei beliebig vielen regelmäßigen Schnitten
- Auswahl eines geeigneten Zahlenbeispieles (Lehrer), Bemaßung der Einzelskizzen und Berechnung von verschiedenen Lösungsvorschlägen.

Das gezeigte Beispiel eignet sich natürlich besonders durch die allgemeine Aufgabenstellung. Es soll die Fülle der möglichen Übungseinzelarbeiten zeigen, die zur sinnvollen Anwendung der gelernten Gesetzmäßigkeiten führt.

9.9.3 *Besondere Problematik der rechnerischen Phase*

9.9.3.1 Fehlen algebraischer Fertigkeiten

Viele Schüler ziehen Geometrie dem anderen Mathematikunterricht vor, weil sie aus verschiedenen Gründen glauben, sie wäre „einfacher". Gehen die Anforderungen in den höheren Klassen aber tiefer in die Materie, verändert sich die Auffassung sehr schnell. Dem Schüler werden nämlich plötzlich seine arithmetischen Wissenslücken bewußt.

Besonders folgende Gebiete sind betroffen:

- Umgang mit dem Dezimalkomma (Umrechnen von Maßeinheiten)
- allgemeines Bruchrechnen (Arbeit an Formeln)
- Gleichungslehre (Umstellen von Formeln)
- Überschlagsrechnung

Trotz des Taschenrechners scheitert der Schüler also an der arithmetischen Seite des Problems.
Aus dieser Tatsache heraus muß sich für den Lehrer die Konsequenz der straffen Führung während des gesamten Arbeitsprozesses ergeben. Diese Führung beginnt bei der Begegnung mit dem Problem und endet mit der Formulierung des Antwortsatzes und der Überprüfung des Rechenergebnisses.
Wie so ein Führungs- und Lösungsschema im Detail zu organisieren ist, muß dem Lehrer letztlich selbst überlassen sein. Es muß klassenbezogen aufgebaut sein, dem Außenste-

henden (Korrektor) jederzeit Einblick in den logischen Ablauf geben und es muß konsequent eingehalten werden.

Detailfragen:

- Trennung von Haupt- und Nebenrechnung
- Umgang mit Maßeinheiten während der Gesamtrechnung
- Trennung von allgemeiner und Zahlenrechnung
- Erarbeiten einer Gesamtformel oder schrittweises Arbeiten
- Verwendung der Arbeitsskizze
- Verfahren der Überschlagsrechnung und ihre schriftliche Niederlegung
- Verwendung von Notizblättern
- Einhaltung der algebraischen Schreibweisen
- Gliederung von Einzelschritten mit Zwischenantworten
- Mögliche Überprüfungsverfahren der Lösung durch Proben etc.
- Papierformate und Lineatur.

...

9.9.3.2 Die Formel als symbolische Kurzbeschreibung einer Gesetzmäßigkeit

Im Laufe der 5./6./7. Jahrgangsstufe kommt der Schüler immer häufiger mit Formeln in Berührung.

Er lernt sie auswendig und verwendet sie als Lösungsschlüssel für die ihm gestellten Aufgaben. Versucht man zu hinterfragen und dringt auf eine Klärung des Begriffes „Formel", bekommt man selten, wenn überhaupt, eine ausreichende (kindgemäße) Antwort.

Mühsam muß, ist die Zeit der aktiven Arbeit mit Formeln gekommen, Entstehung, Funktion und Eigenschaft einer Formel herausgearbeitet werden.

Unter aktiver Arbeit mit Formeln ist für einen Hauptschüler zu verstehen:

Abb. 521:

- Umstellen von Formeln nach der gesuchten Größe

$V = a \cdot h \cdot h_k$ ► $a = \frac{V}{h \cdot h_k}$

- Einsetzen einer Formel in eine andere

$A = a \cdot h$
$V = a \cdot h \cdot h_k$ ► $V = A_G \cdot h_k$

- Vereinfachen oder Erweitern eines Formelteiles

$V = \frac{a+c}{2} \cdot h \cdot h_k$ ► $V = m \cdot h \cdot h_k$

- Einsetzen von Zahlenmaterial in die Formel

$V = a \cdot h \cdot h_k$
$a = 10; h = 5; h_k = 25$ ► $V = 10 \cdot 5 \cdot 25$

- Aufbau einer Lösungsformel durch Verknüpfung verschiedener Einzelformeln.

$V_1 = a \cdot h \cdot h_k$
$V_2 = \frac{e \cdot f}{2} \cdot h_k$ ► $V_{gesamt} = (a \cdot h + \frac{e \cdot f}{2}) \cdot h_k$

Welche dieser Einzelaktivitäten mit Hauptschülern durchführbar ist, hängt vom Vorwissen und Leistungsvermögen der Schüler ab. Die innere Differenzierung leistet hier gute Dienste, und man kann so dem Großteil der Schüler gerecht werden.

9.9.3.3 Die Formel als Erkennungsmerkmal

Die Formel muß dem Schüler auch als Erkennungsmerkmal bekannt sein, das heißt, er sollte ihre Zusammensetzung interpretieren können.

Abb. 522:

V	$=\ \frac{1}{3}$	$\cdot\ a^2$	$\cdot\ h_k$
V ist die Abkürzung für Volumen (Rauminhalt) V kann nur bei Körpern berechnet werden.	Faktor für die Volumenberechnung an spitzen Körpern	Flächeninhalt eines Quadrates ↓ Grundfläche	Körperhöhe kann nur bei Körpern angegeben sein

Mit dieser Formel kann der Rauminhalt einer Pyramide mit quadratischer Grundfläche berechnet werden.

9.9.3.4 Beurteilung eines Ergebnisses

Die Wissenslücken aus dem arithmetischen Bereich verhindern oft, daß der Schüler ein erzieltes Rechenergebnis auf seine wahrscheinliche Richtigkeit hin überprüfen kann. Mehrere Faktoren wirken zusammen:

- unreflektiertes Reproduzieren von eingeübten Rechenwegen
- unkritischer, flüchtiger Einsatz des Taschenrechners
- Fehleinschätzung der Größenordnung von gegebenen Ausgangswerten
- unverstandener Sachzusammenhang der Aufgabe
- Fehlen einer Überschlagsrechnung vor dem eigentlichen Rechengang
- untrainierte Vorstellungen von benützten Maßeinheiten (keine Vergleichsmöglichkeit mit bekannten Vergleichsmaßstäben).

Jeder dieser Faktoren kann zumindest in seiner Auswirkung abgeändert werden, wenn er ständig in einem geplanten Phasentraining (Übungsreihen) sowohl in der Gestaltung der täglichen Kopfgeometrie, als auch in der anderen geometrischen Arbeit berücksichtigt wird.

Der Schwerpunkt muß in den Jahrgangsstufen fünf mit sieben liegen, da in dieser Zeit die meisten neuen Begriffe eingeführt werden.

9.9.4 Operative Übungen

9.9.4.1 Formeln nach einer gesuchten Größe umstellen

Arbeitsauftrag:

Bearbeite die Formeln wie Gleichungen und isoliere schrittweise die gesuchte Größe. Schreibe hinter jede Rechenzeile, welche Größe mit diesem Zustand der Formel (rechts) berechnet werden kann.

Abb. 523a:

$V = \frac{a+c}{2} \cdot h \cdot h_k$	$\mid : h_k$	Rauminhalt des Körpers
$\frac{V}{h_k} = \frac{a+c}{2} \cdot h$	$\mid : h$	Grundflächeninhalt des Körpers
$\frac{V}{h \cdot h_k} = \frac{a+c}{2}$	$\mid \cdot 2$	Mittellinie des Trapezes
$\frac{2 \cdot V}{h \cdot h_k} = a + c$	$\mid - c$	Summe der Trapezseiten a und c
$\frac{2 \cdot V}{h \cdot h_k} - c = a$		Seite a des Trapezes

Verfahre mit den folgenden Formeln ebenso, die eingekreiste Größe ist gesucht:

Abb. 523b:

$O = 2 \cdot A_{\text{Grundfläche}} + \textcircled{u_G} \cdot h_k$

$m = V \cdot \textcircled{ϱ}$ (m : Masse)

$m = a \cdot \textcircled{h} \cdot h_k$

$a = \frac{m}{\textcircled{b} \cdot h_k \cdot \varrho}$

Überlege, zu welchen Körpern diese Formeln gehören könnten. Skizziere sie und markiere die gesuchten Größen.

9.9.4.2 Formeln zuordnen

Ordne die Formeln den passenden Körpern zu:

Abb. 524:

$O = (\frac{c \cdot h}{2}) \cdot 2 + (a + b + c) \cdot h_k$

$\varrho = \frac{m}{a \cdot b \cdot c}$

$V = (r^2\pi \cdot h_k) : 3$

$O = (r^2\pi \cdot h) \cdot 2 + d\pi \cdot h_k$

$M = (a + b + c + d) \cdot h_k$

$V = (\frac{a+c}{2} \cdot h) \cdot h_k$

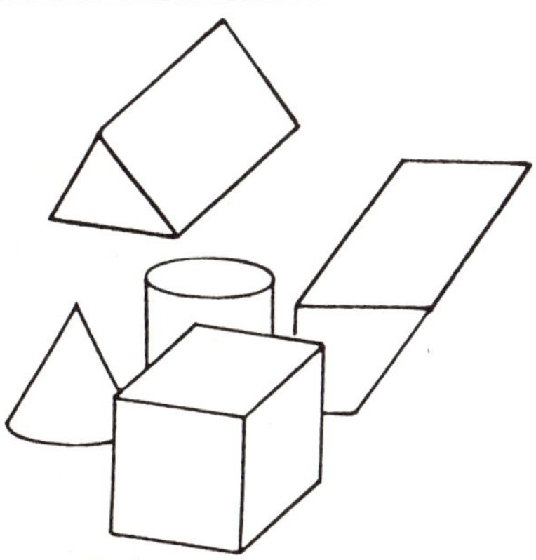

9.9.4.3 Aufsuchen von mathematisch dargestellten Größen

Durch eine Formelanalyse müssen die Schüler erkennen, welche Maßangaben gesucht sind (z. B. $x^2 \to a^2$) und diese in der Zeichnung eintragen (Lösung: punktiert).

Abb. 525:

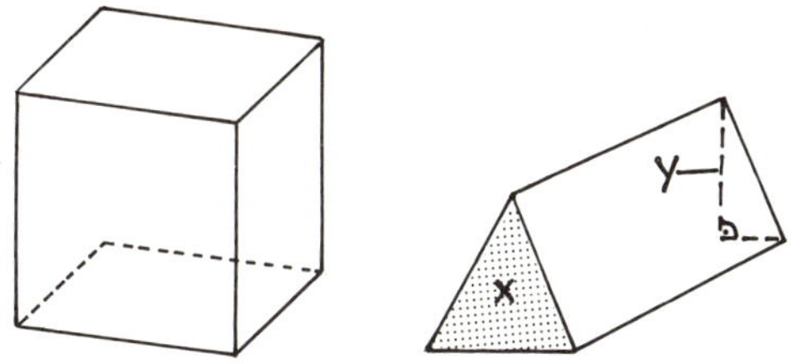

$x^2 = \frac{V}{a}$

$\frac{V}{h_k} = x$

$\frac{2 \cdot V}{h_k \cdot c} = y$

9.9.4.4 Erkennen von Formelfragmenten

Abb. 526:

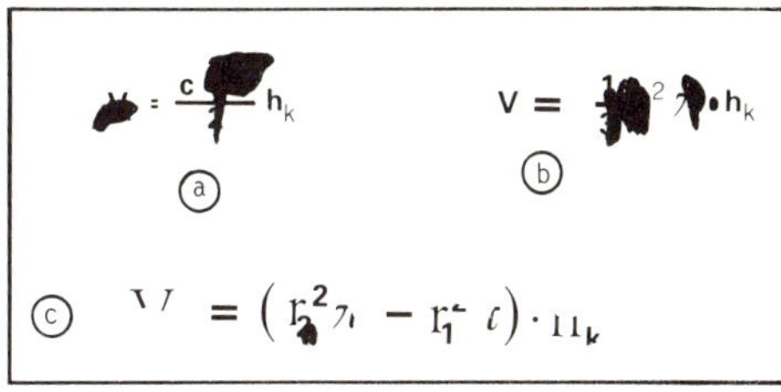

Lösung: Dreiecksäule, Kegel, Hohlzylinder

9.9.4.5 Rätselformen (hier: „Eine seltsame Einladung")

Abb. 527:

Entschlüßle folgende Einladung:
Die Formelteile sollen durch Worte ersetzt werden. (Die verwendeten Formeln sind zwar unvollständig, aber eindeutig!)

Einladung

Liebe Sportfreunde!
Die $V = a^3$ sind gefallen. Zum Abendempfang, so hat der Vereinsvorstand beschlossen, ist ein $V = r^2\pi \ldots$ zu tragen, auch wenn nur auf $V = \frac{r^2 \cdot \ldots}{3}$ geschoben wird.
Mit Hilfe eines $V = A \cdot h_k$ (aber $A \neq r^2 \cdot \pi$) kann der Spielverlauf aus versteckter Position beobachtet werden. Die Sieger des Abends stellen sich im $A = \frac{r^2 \cdot \pi}{2}$ auf und erhalten als Preis eine vergoldete $V = \frac{a^2 \cdot h_k}{3}$.
Die Verlierer müssen in die $V = r_1^2 \cdot \pi \cdot h_k - r_2^2 \cdot \pi \cdot h_k$ schauen.

Viel Spaß

Lösung:

Würfel, Zylinder, Kegel, Prisma, Halbkreis, Pyramide, Röhre

9.9.5 Zusammengesetzte Formeln

9.9.5.1 Formeln zuordnen

Welche Formeln sind zur Berechnung eines dieser Körper zu verwenden?

Abb. 528:

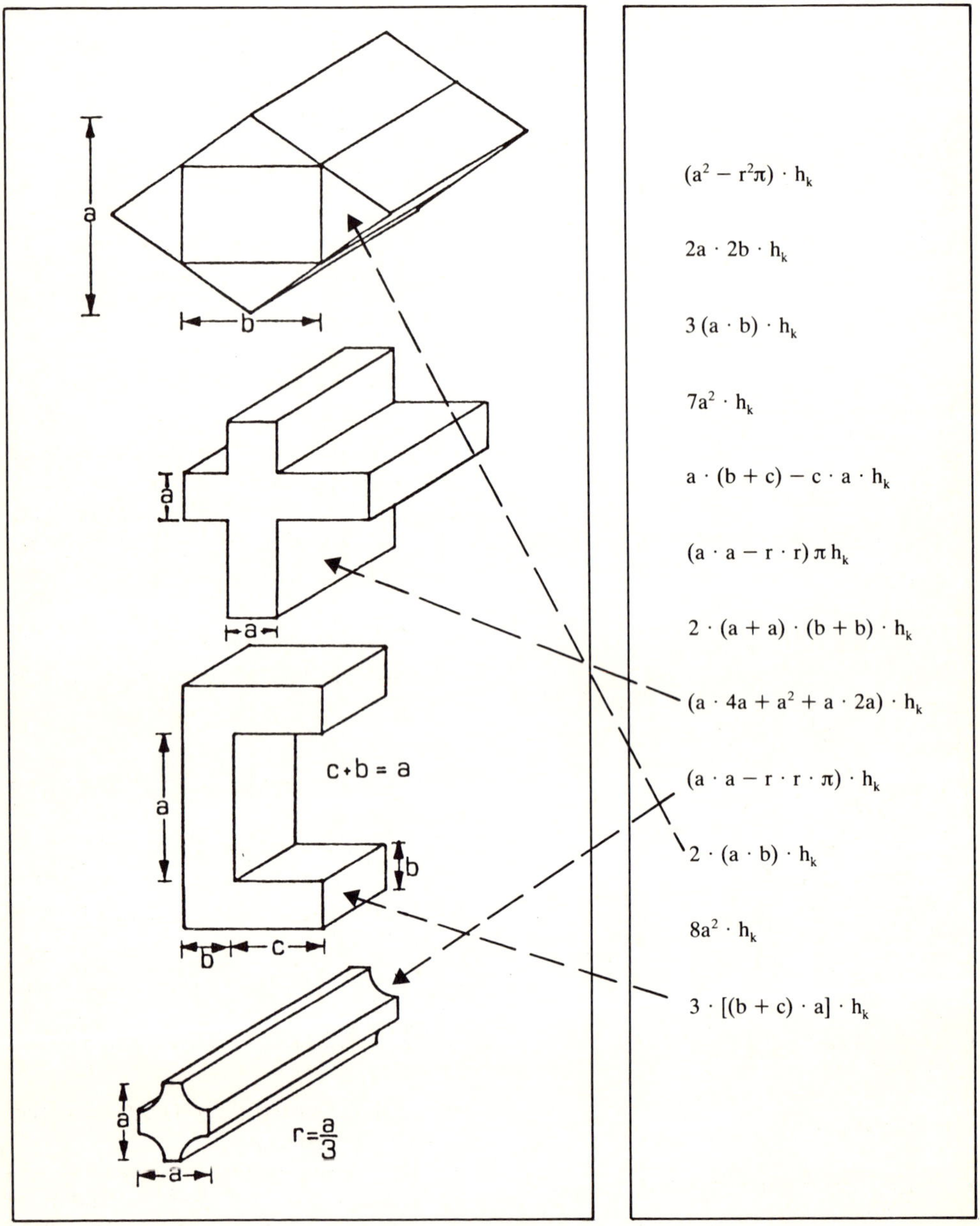

9.9.5.2 Fehlende Formelteile ergänzen

Welcher Körperteil ist in der Berechnung nicht berücksichtigt? Ergänze die Formel!

Abb. 529:

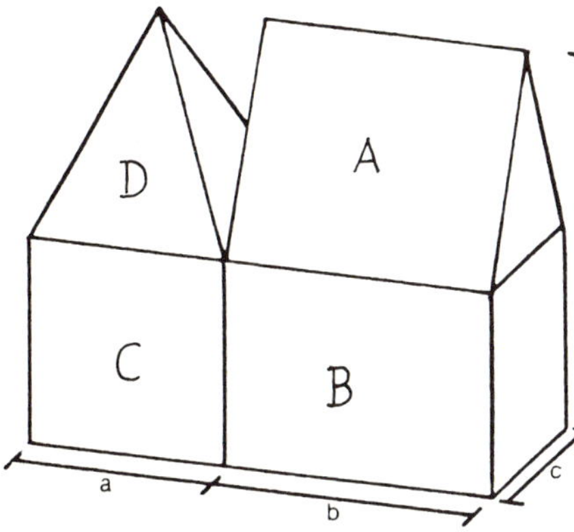

$V_{gesamt} = a^3 + \frac{c \cdot (d-e)}{2} \cdot b + b \cdot c \cdot e$

Lösung: $D = \frac{1}{3} a^2 \cdot (d-e)$

9.9.5.3 Teilkörper einzeichnen

- Wo steckt dieser Körperteil? Zeichne ein!

Abb. 530:

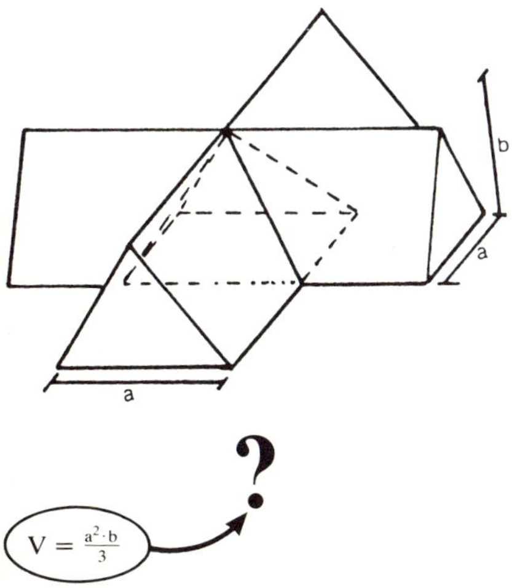

Lösung: gestrichelt

- Zeichne den berechneten Teil in den Körper ein!

Abb. 531:

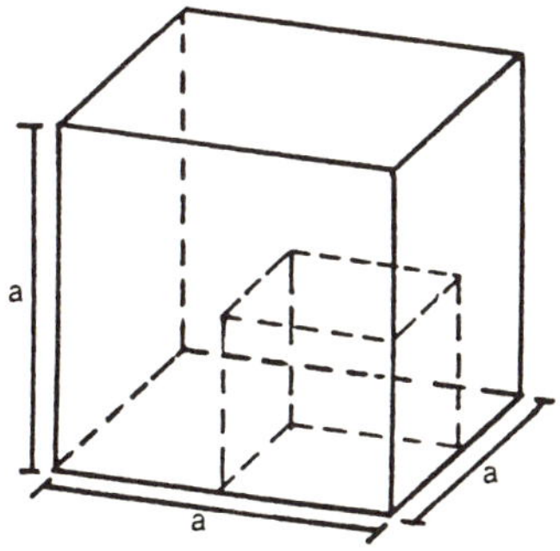

$V = V_{Würfel} - (\frac{a}{2})^3 \cdot 7$

Suche eine einfachere Rechnung

Lösung: $\frac{a^3}{8}$ (gestrichelt eingezeichnet)

9.9.6 Maßeinheiten als Erkennungsmerkmal

Das Einschätzen, das Umrechnen und Auswählen der richtigen Maßeinheit bereitet dem Hauptschüler große Schwierigkeiten.

Besonders Raummaße, die schwer zu schätzen sind, werden ständig falsch benützt. (Siehe auch 4.6.4)

9.9.6.1 Ordnungsübungen

- Ordne die Maßeinheiten in die Tabelle ein.

Abb. 532:

Längenmessung		mm^2 cm^3
Volumenberechnung		hl dm
Oberflächeninhaltsberechnung		km^2 m^2 kg
Flächeninhaltsberechnung		l ml dm^2

- Ordne der Größe nach, beginne mit dem größten Rauminhalt.

2 hl 10 ml 1 m^3 100 dm^3 5 l 100 dm^3

- Bemaße den Körper in jeder vorkommenden Einheit einheitlich!

  a = 3 dm b = 40 cm c = 100 mm

Abb. 533:

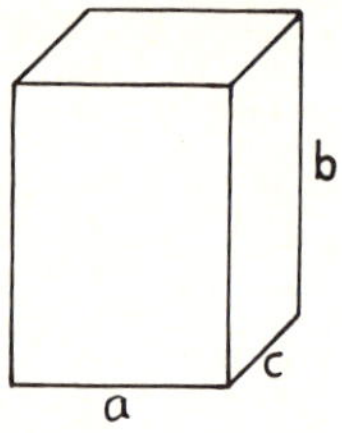

9.9.6.2 Förderung des vorstellenden Denkens

Dem Schüler werden Vergleichsmöglichkeiten aus seinem Umfeld geschaffen, so daß er Rechenergebnisse nach der Größenordnung einschätzen kann.

- Welche Füllmenge paßt zu den angegebenen Behältern?

Putzeimer, Reservekanister, Mülltonne, Limonadenflasche, Maßkrug, Schuhkarton, Spielwürfel

Abb. 534:

1000 ml	$1000\ mm^3$	$9\ dm^3$	$150\ dm^3$	
700 ml	50 000 ml	$1\ dm^3$	$5\ dm^3$	$1\ cm^3$

9.9.7 Überprüfen von Ergebnissen

Drei Möglichkeiten stehen zur Verfügung, Ergebnisse auf ihre Richtigkeit hin zu überprüfen:

a) Rechnerisch:

Das erzielte Ergebnis wird in die Ausgangsformel eingesetzt. Durch Umstellen wird versucht die ursprünglich gegebenen Maße auf dem Weg einer Gleichung wieder zu erhalten.

Proben:

$V = a \cdot b \cdot c$	$a = \frac{V}{b \cdot c}$	$b = \frac{V}{a \cdot c}$
$V = 5 \cdot 8 \cdot 10$	$a = \frac{400}{80}$	$b = \frac{400}{50}$
$V = 400$	$a = 5$	$b = 8$

b) Durch Nachmessen

Bewegt sich das Ergebnis und der Sachverhalt in „Schulzimmergröße", können Resultate durch Messung nachvollzogen werden.

Hilfsmittel:
- Hohlkörpermodelle
- Meßbecher
- Waagen
- Meterstäbe u. ä.

c) Durch Überschlag, Vergleich, Schätzen

Diese Methoden erfordern viel Erfahrung, um zu brauchbaren Werten zu kommen. Ein Rechenwert kann nur auf seine Größenordnung hin überprüft werden, nicht auf seinen genauen Zahlenwert.

9.10 Überblick über die Sachzusammenhänge in der Raumgeometrie der Hauptschule

Abb. 535:

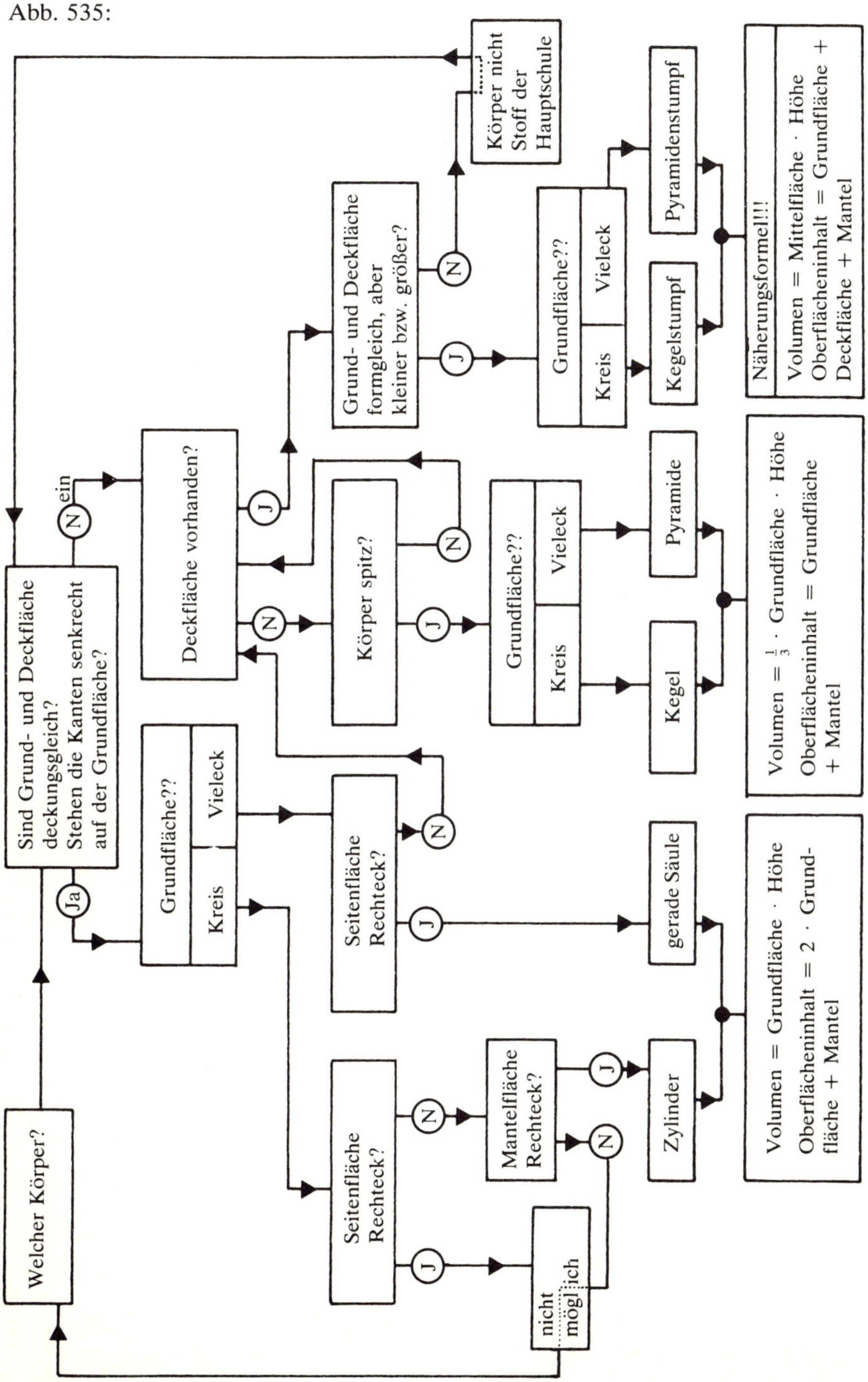

Literaturverzeichnis

Aebli, H.: Grundformen des Lernens. Klett, Stuttgart. 1977

Altmann/Gaßner/Gruber: Seminar und Schule, Band 1. Oldenbourg, München. 1975

Athen/Bruhn: Lexikon der Schulmathematik. Aulis, Köln. 1977

Barsig/Berkmüller/Sauter: Mathematik in der Hauptschule. Auer, Donauwörth. 1979

Bigalke/Hasemann/Walter: Didaktik der Mathematik in den Klassen 5 und 6, Band 2. Diesterweg, Frankfurt. 1978

Breidenbach, W.: Methodik des Mathematikunterrichts. Schroedel, Hannover. 1971

Eckert, R.: Betrachten – Darstellen und Berechnen des Kreises. In: Pädagogische Welt 4/1976, Donauwörth

Ellrot/Schindler: Reform des Mathematikunterrichts. Klinkhardt, Bad Heilbrunn. 1975

Griesel, H.: Die Neue Mathematik für Lehrer und Studenten, Band 2. Schroedel, Hannover. 1973

Holland, G.: Geometrie für Lehrer und Studenten, Band 1 und 2. Schroedel, Hannover. 1974

Hornschuh: Mathematik 5–9. Manz, München

Kratz/Wörle: Geometrie, Band 1 und 2. Bayer. Schulbuch-Verlag, München. 1980

Kusch: Mathematik, Geometrie: Girandet, Essen

Lauter, J.: Darstellung und Bewertung von Einstiegsmöglichkeiten in die Geometrie im 5. Schuljahr. In: Pädagogische Welt 4/1976, Donauwörth

Lauter/Baireuther: Zahl und Form, Band 5–9. Auer, Donauwörth. 1977–79

Lehrplan für den Mathematikunterricht in der 5.–9. Jahrgangsstufe der Hauptschule. In: Amtsblatt des Bayer. Staatsministeriums für Unterricht und Kultus, Sondernummer 4, 19 und 34. München. 1976/77

Meschkowski, H.: Mathematisches Begriffswörterbuch. Bibliographisches Institut, Mannheim. 1966

Nordmeier, G.: Westermann Mathematik 6, Ausgabe Bayern, Braunschweig. 1977

Oehl/Palzkill: Die Welt der Zahl, Band 5–9, Ausgabe Bayern. Oldenbourg/Schroedel, München/Hannover. 1976–1980

Palzkill, L.: Die Raumlehrestunde. Henn, Ratingen. 1974

Piaget/Inhelder/Szeminska: Die natürliche Geometrie des Kindes. Klett, Stuttgart. 1974

Pulanski, M. A.: Piaget, Eine Einführung in seine Theorien und sein Werk. Fischer, Frankfurt. 1978

Schmitt, H.: Geometrie in Primarstufe und Sekundarstufe I. Prögel, Ansbach. 1973

Stückrath, F.: Kind und Raum, Psychologische Voraussetzungen. Kösel, München. 1954

Weiser, G.: Der Geometrieunterricht in der Hauptschule. Auer, Donauwörth. 1981

Stichwortregister